应 用 化 学

（第二版）

高红武　周　清　张云梅　主编

杜重麟　副主编

中国环境出版集团·北京

图书在版编目（CIP）数据

应用化学/高红武，周清，张云梅主编. —2 版. —北京：
中国环境出版集团，2011.8（2021.2 重印）
全国高职高专规划教材
ISBN 978-7-5111-0690-2

Ⅰ．①应… Ⅱ．①高…②周…③张… Ⅲ．①应用
化学—高等职业教育—教材 Ⅳ．①O69

中国版本图书馆 CIP 数据核字（2011）第 171016 号

出 版 人　武德凯
责任编辑　黄晓燕
责任校对　任　丽
封面设计　宋　瑞

更多信息，请关注
中国环境出版集团
第一分社

出版发行　**中国环境出版集团**
　　　　　（100062　北京市东城区广渠门内大街 16 号）
　　　　　网　　　址：http://www.cesp.com.cn
　　　　　电子邮箱：bjgl@cesp.com.cn
　　　　　联系电话：010-67112765（编辑管理部）
　　　　　　　　　　010-67112735（第一分社）
　　　　　发行热线：010-67125803，010-67113405（传真）
印　　刷　北京市联华印刷厂
经　　销　各地新华书店
版　　次　2007 年 9 月第 1 版　2011 年 8 月第 2 版
印　　次　2021 年 2 月第 7 次印刷
开　　本　787×960　1/16
印　　张　23.5
字　　数　420 千字
定　　价　48.00 元

第二版编写委员会

主　　任　林振山

副 主 任　李　元　王京浩　王国祥

委　　员　（以姓氏拼音字母排序）

白建国　陈　文　谌永红　崔树军　傅　刚

高红武　高　翔　顾卫兵　关荐伊　郭　正

贺小凤　姜成春　蒋云霞　李党生　李树山

廉有轩　刘海春　刘建秋　刘晓冰　卢　莎

马　英　倪才英　石光辉　苏少林　孙　成

孙即霖　王　强　汪　葵　相会强　谢炜平

薛巧英　姚运先　张宝军　张　弛　赵联朝

周长丽　周　清

丛书统筹　黄晓燕

第一版编写委员会

主　任　胡亨魁

副主任　（按姓氏拼音字母排序）

高红武　宫学栋　谷群广　王红云

徐汝琦　杨仁斌　曾育才　周国强

委　员　（按姓氏拼音字母排序）

杜重麟　方向红　高红武　谷群广　郭一飞

郭　正　胡亨魁　李连山　李月红　李志红

梁　红　刘　彬　刘帅霞　刘颖辉　刘晓冰

罗爱武　吕小明　母小明　宋　霞　宋新书

苏少林　苏锡南　汪　翰　王红云　王　强

谢炜平　徐汝琦　鄢达成　袁　刚　袁英贤

魏连喜　曾育才　张　波　张云梅　赵建国

赵联朝　钟　松　周国强　周　清

前言

《应用化学》于 2005 年 8 月出版，至今已 6 年，期间得到了广大读者的认可。同时使用本教材的院校也反馈了建设性意见和建议。第二版《应用化学》教材是对《无机化学》和《分析化学》教材的有机整合，对第一版的部分章节及内容进行删除和调整，并进行了勘误。增强教材的适应性，突出其针对性。在保证学生稳固掌握基础理论的前提下，使学生能真正学到有用的、实用的知识，能在相对较短的学时内掌握化学学科的基础理论和实验研究方法，为专业课的学习奠定良好的基础。

教材内容总体上为两个部分：理论部分和实验部分。实验部分针对理论部分内容的实验而编写。两部分独立成册，以便教师和学生使用。

本书主要是理论部分。本书分为九章，教学学时建议安排如下：

第一章绪论 4~6 课时，第二章物质结构基础 8~12 课时，第三章化学反应速率和化学平衡 4~6 课时，第四章酸碱平衡和酸碱滴定 14~16 课时，第五章沉淀溶解平衡和沉淀滴定（包括重量分析）6~8 课时，第六章氧化还原平衡和氧化还原滴定 12~14 课时，第七章配位平衡和配位滴定 10~14 课时，第八章元素 14~20 课时，第九章现代化学进展 4 课时，总计 80~100 课时。

参加本书修订的人员有：高红武（第一、七章），周清（第八章），

杜重麟（第三、五、六章），张云梅（第二、四章及附录），张润虎（第
九章）。全书由高红武、周清、张云梅统稿。

　　由于编者水平有限，编写时间仓促，书中内容难免存在疏漏和错误，
恳请读者批评指正。

　　　　　　　　　　　　　　　　　　　　　　　　　编者

　　　　　　　　　　　　　　　　　　　　　　　　2011 年 8 月

目录

第一章 绪 论

本章提要：在化工及其他行业生产、科学实验和教学中，经常要运用化学基本概念和基本定律来讨论问题，并进行某些化学计算。本章在中学化学知识的基础上，介绍了化学基本概念、基本定律、单位和单位制、物质的量、摩尔质量、物质的量浓度等知识；在理解理想气体状态方程式、分压定律的基础上进行相关计算。

第一节 应用化学课程的基本内容和任务

化学是自然科学中的一门重要学科。化学是在分子、原子或离子等层次上研究物质的组成、结构、性质及其变化规律、相变化过程中能量关系的一门科学。简言之，化学是研究物质变化的科学。

化学来源于生产，从最初的制陶、金属冶炼以至纸的发明、火药的使用等，其产生和发展与人类最基本的生产活动紧密联系。

材料科学、能源科学、环境科学和生命科学是关系人类生存和发展的现代科学的四大支柱，它们与化学密不可分且互相促进。如材料科学的发展是社会文明进步的物质基础和显著标志。因为有了耐腐蚀的含氟聚合材料，才解决了原子能工业制取浓缩铀的问题；有了耐高温和耐烧蚀的增强复合材料，才有可能制造人造卫星、洲际导弹和航天飞机。信息工程中采集、储存、处理、传输和执行都需要相应的功能材料，这些都是化学工业提供的。

化学通过了解物质的结构，设计新物质的合成，目前世界上每年增加 100 万种以上的新物质。化学在注意合理利用传统能源的同时，开发新型、清洁的能源，以克服"能源危机"。满足社会发展的需要，改善因消耗能源对环境造成的污染。化学还探索人类生产过程给环境带来的负面影响，寻找既能使社会持续发展又保持良好生态环境的道路。生物化学和分子生物学通过揭示生命与疾病的奥秘，设计、生产新的药物和进行转基因工程，为不断提高人的健康水平，最终战胜癌症、艾滋病、老年痴呆症和心血管等顽疾带来了希望。由此可见，化学涉及科技、农业、国防和工业生产的机械、电子、冶金、建筑、石油、医药、食品、纺织、造纸、皮革、橡胶等各个领域。

一、化学变化的基本特征

物质的变化有物理变化和化学变化。化学变化的基本特征为：

（1）化学变化是"质变"，其实质是化学键的重新改组，即旧的化学键破坏和新的化学键形成过程。因此有关原子结构、分子结构的知识是化学学科的重要基础内容。

（2）化学变化是"定量"的变化，在化学变化中，参与反应的元素种类不会变化，各元素的原子核和核外电子的总数不变。因此化学变化前后物质的总质量不变，服从质量守恒定律，参与反应的各种物质之间有确定的计量关系。

（3）化学变化中伴随着能量的变化。化学变化中化学键的改组，伴随着体系与环境之间的能量交换，服从能量守恒定律。

了解并掌握化学变化这三个重要的基本特征，有助于加深对各种化学变化实质的理解，更好地掌握化学的基本理论和基本知识。

二、应用化学课程的基本内容和任务

化学课程是高等工业学校化工、轻工、应用化学、生物工程、食品、环境等类有关专业及农林医院校相近专业的必修基础课程，是培养上述专业工程技术人才的整体知识结构及能力结构的重要组成部分，同时也是后继化学课程的基础。

应用化学课程是立足于新的一门课程体系基础，对原来无机化学、分析化学的基本理论、基本知识进行优化组合、整合而成的一门课程。

应用化学课程的基本内容为：

（1）近代物质结构理论。研究原子结构、分子结构和晶体结构，了解物质的性质、化学变化与物质结构之间的关系。

（2）化学平衡理论。研究化学平衡原理以及平衡移动的一般规律，讨论酸碱平衡、沉淀溶解平衡、氧化还原平衡和配位平衡。

（3）物质组成的化学分析法及有关理论。应用平衡原理和物质的化学性质，确定物质的化学成分、测定各组分的含量，即四种平衡在定量分析中的应用，掌握一些基本的分析方法。

（4）元素化学。在元素周期律的基础上，研究重要元素及其化合物的结构、组成、性质的变化规律，了解常见元素及其化合物在各有关领域中的应用。

因此，应用化学课程的基本内容可用"结构""平衡""性质""应用"八个字来描述。学习应用化学课程就是要理解并掌握物质结构的基础理论、化学反应的基本原理及其具体应用、元素化学的基本知识，培养运用理论去解决一般问题的能力。

人类的社会实践，不仅限于生产活动的一种形式，对化学发展来说，科学实验有着特殊重要的意义。化学是一门以实验为基础的科学，化学实验始终是认识物质、改变物质的重要手段。因此应用化学实验十分重要，在学习基本知识、基本理论的同时，必须重视实验，进行严格的、科学的实验操作训练，掌握实验基本技能、培养良好的科学素养。

几乎任何科学研究，都要涉及化学现象与化学变化。应用化学的基本理论、基本知识以及基本实验技能，都被运用到研究工作中。如化工新产品的开发研究、工艺参数的确定、食品新资源的开发、食品中的各种营养成分与有害元素的研究与测试、控制以及环境保护和环境监测、"三废"的监测治理及综合利用等都需要牢固扎实的化学基础。

第二节　一些化学基本概念和定律

一、单位及单位制

化学工作中常常会遇到一些物理量的计算，例如质量、体积、长度、温度、压力、时间、物质的量、浓度等。这些物理量中，有些是基本物理量，如质量、时间等，有些属于导出物理量，如体积、压力等。根据国家法律规定，这些物理量的单位必须采用国际单位制。国际单位制是 1960 年第 11 届国际计量大会建议并通过的一种单位制。以米、千克、秒公制为基础，逐步加上其他单位，作了一些规定，制订了国际单位制，把现行的各单位和单位制加以选择调整，按一定原则统一到同一单位制中。如把各种能量单位均统一为焦[耳](J)，压力单位统一为帕[斯卡](Pa)。国际单位制克服了由历史原因造成的多种单位制并用的混乱现象，反映了当代的科学技术水平，具有科学、精确、简明和实用的特点。

国际单位制（International System of Units，简称 SI）包括三个部分，其构成如下：

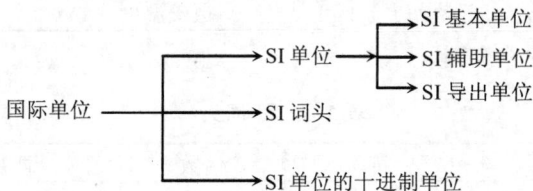

```
                              → SI 基本单位
                 → SI 单位 → → SI 辅助单位
                              → SI 导出单位
国际单位 →       → SI 词头
                 → SI 单位的十进制单位
```

SI 基本单位及部分导出单位见表 1-1。

除表中列出的导出单位外，化学中常用的量及其单位见表 1-2。

使用 SI 单位所表示的物理量太大或太小时，可在单位符号前加上词头，使物理量变成适中的数值。一般选用国际单位制的倍数单位或分数单位时，应使数值处在0.1～1 000。SI 词头见表 1-3。

表 1-1　SI 基本单位及部分导出单位

基本单位				导出单位			
量	量的符号	单位名称	单位符号	量	量的符号	单位名称	单位符号
长度	L	米	m	体积[3]	V	立方米	m^3
质量	m	千克（公斤）[1]	kg	力	F	牛［顿］	N
时间	t	秒	s	压力	P	帕［斯卡］	Pa
热力学温度	T	开［尔文］[2]	K	能量	E	焦［耳］	J
物质的量	n	摩［尔］	mol	电荷	Q	库［仑］	C
电流	i	安［培］	A	电位	U	伏［特］	V
发光强度	$I,(I_v)$	坎［德拉］	cd				

注：（1）圆括号中的名称，是它前面的名称的同义词。

（2）方括号中的字，在不致引起混淆、误解的情况下，可省略，下同。

（3）根据国家选定的非国际单位制单位，体积的单位可以采用"升"，单位符号"L"或"l"。

表 1-2　化学中常用的其他量及其单位

量	量的符号	单位名称	单位符号	量	量的符号	单位名称	单位符号
面积	$A(或 S)$	平方米	m^2	相对密度	D	—	1
元素的相对原子质量	A_r	—	1	物质 B 的质量分数	ω_B	—	1
物质的相对分子质量	M_r	—	1	物质 B 的摩尔分数	X_B	—	1
摩尔质量	M	千克每摩尔	kg/mol	物质 B 的摩尔浓度	c_B	摩尔每立方米	mol/m^3
摩尔体积	V_m	立方米每摩尔	m^3/mol	物质 B 的质量摩尔浓度	b_B, m_B	摩尔每千克	mol/kg
物质 B 的相对活性	α_m, α_B	—	1	功	W	焦［耳］	J
物质 B 的活度系数	γ_B	—	1	热	q	焦［耳］	J
密度	ρ	千克每立方米	kg/m^3	频率	γ	赫［兹］	Hz
物质 B 的质量浓度	ρ_B	千克每升	kg/L	摄氏温度	t	摄氏度	℃

注：单位为 1 的量，往往称为无量纲量。

表 1-3　SI 词头

倍数	词头	符号	倍数	词头	符号
10^9	吉［咖］giga	G	10^{-1}	分 deci	d
10^6	兆 mega	M	10^{-2}	厘 centi	c
10^3	千 kilo	k	10^{-3}	毫 milli	m
10^2	百 hecto	h	10^{-6}	微 micor	μ
10^1	十 deca	da	10^{-9}	纳［诺］nano	n

注：方括号中的字，在不致引起混淆、误解的情况下，可省略，下同。

二、物质组成的量度

1. 物质的量

物质的量是计量指定的微观基本单元，1971 年 10 月第 14 届国际计量大会正式通过有关"物质的量"的单位摩尔，符号为 mol。其定义为：① 摩尔是一系统的物质的量，单位摩尔物质所包含的基本单元数与 0.012 kg ^{12}C 的原子数目相等；② 在使用摩尔时，基本单元可以是原子、分子、离子、电子及其他粒子，或是这些粒子的特定组合。

物质的量是度量物质微粒数量大小的一个物理量。根据定义，只要指定微粒（如原子、分子、离子、电子等）的数目与 0.012 kg ^{12}C 所含碳原子的数目相等，这种微粒的物质的量就等于 1 mol。实验测定，一个 ^{12}C 原子的质量是 $1.992\ 7\times10^{-26}$ kg，0.012 kg ^{12}C 所含 ^{12}C 原子数目与阿伏伽德罗常数相等（$N_A=6.022\times10^{23}$）。也就是说，1 mol 任何物质包含的基本单元数约为 6.022×10^{23}。如果某物质系统中含某种微粒的数目为 N_A，则该微粒的物质的量即为 1 mol；如果该微粒的数目为 N_A 的 n 倍，则该微粒的物质的量就是 n mol。

"摩尔"的概念与"打"相似。一"打"用来表示十二件（或个、只等）指定的物品，说明物品数量的多少。"打"表示宏观物品数量的多少，而"摩尔"表示物质微粒数量的多少。

定义的第二条规定，使用"摩尔"这个单位时，必须同时用化学式表明具体的基本单元。例如：1 mol ^{12}C，表示含有 N_A 个 ^{12}C 原子；1 mol H，表示含有 N_A 个 H 原子；1 mol H^+，表示含有 N_A 个 H^+ 离子；1 mol H_2SO_4，表示含有 N_A 个 H_2SO_4 分子、2 倍 N_A 个 H 原子、4 倍 N_A 个 O 原子。也就是说，1 mol H_2SO_4 系统中，含有 H_2SO_4 分子的数量为 1 mol，H 原子或 H^+ 离子的数量为 2 mol，O 原子的数量为 4 mol。所指定物质的基本单元为 H_2SO_4、H、H^+、O 时，各物质的量不相等。

2. 摩尔质量

1 mol 物质的质量称为摩尔质量，用 M 表示。某物质 i 的质量（m_i）除以其物质的量（n_i），即为该物质的摩尔质量。用数学式表示为

$$M_i = \frac{m_i}{n_i} \tag{1-1}$$

摩尔质量的国际单位制单位名称为千克每摩尔，符号为 $kg \cdot mol^{-1}$，习惯上常用 $g \cdot mol^{-1}$。

任何元素原子、分子或离子的摩尔质量，当单位为 $g \cdot mol^{-1}$ 时，数值上等于其相对原子质量、相对分子质量或相对离子质量。例如：O 的摩尔质量为 16.00×10^{-3} $kg \cdot mol^{-1}$（或 16.00 $g \cdot mol^{-1}$）；H_2SO_4 的摩尔质量为 98.09×10^{-3} $kg \cdot mol^{-1}$（或 98.09 $g \cdot mol^{-1}$）等。

3．物质的量浓度

在均匀的混合物中，某物质 i 的物质的量（n_i）除以混合物的体积（V），称为物质的量浓度，即单位体积内该物质所含物质的量，常用 c_i 表示：

$$c_i = \frac{n_i}{V} \tag{1-2}$$

物质的量浓度的国际制单位名称为：摩尔每立方米，符号为 $mol \cdot m^{-3}$。习惯上用摩尔每升，符号为 $mol \cdot L^{-1}$。

由式（1-2）得出溶液中溶质的物质的量为

$$n_i = c_i V \tag{1-3}$$

由式（1-1）得出溶质的质量为

$$m_i = n_i M_i \tag{1-4}$$

将式（1-3）代入式（1-4）得出溶质的质量为

$$m_i = n_i M_i = c_i V M_i \tag{1-5}$$

在各种资料中，经常用到质量摩尔浓度，其定义为：在溶液中溶质 i 的物质的量除以其溶液的质量 m，即为该物质的质量摩尔浓度，常用 b_i 表示：

$$b_i = \frac{n_i}{m} \tag{1-6}$$

质量摩尔浓度的单位为摩尔每千克，符号是 $mol \cdot kg^{-1}$。

【例1-1】 将 40 g NaOH 溶于少量水，然后稀释至 1 L，求所得 NaOH 溶液物质的量浓度。

解：NaOH 的相对分子质量为 40，摩尔质量为 $40 \, g \cdot mol^{-1}$，根据摩尔质量的定义：

$$n_i = \frac{m_i}{M_i}$$

$$n(NaOH) = \frac{m(NaOH)}{M(NaOH)} = \frac{40 \, g}{40 g \cdot mol^{-1}} = 1 \, mol$$

$$c(NaOH) = \frac{n(NaOH)}{V} = \frac{1 \, mol}{1 \, L} = 1 \, mol \cdot L^{-1}$$

答：所得 NaOH 溶液物质的量浓度是 $1 \, mol \cdot L^{-1}$。

4．物质的量分数

在混合物中，某物质 i 的物质的量（n_i）与混合物中总的物质的量（n）之比，称为物质 i 的物质的量分数或物质 i 的摩尔分数，常用 x_i 表示：

$$x_i = \frac{n_i}{n} \tag{1-7}$$

x_i 是一个无量纲的常数。例如：在 N_2、H_2、NH_3 的混合气体的平衡系统中，含有 4.0 mol 的 N_2，15.0 mol 的 H_2，1.0 mol 的 NH_3，则它们的物质的量分数分别是：

$$x(N_2) = \frac{4.0\ mol}{(4.0+15.0+1.0)mol} = 0.20$$

$$x(H_2) = \frac{15.0\ mol}{(4.0+15.0+1.0)mol} = 0.75$$

$$x(NH_3) = \frac{1.0\ mol}{(4.0+15.0+1.0)mol} = 0.05$$

5．摩尔体积

摩尔体积的概念多用于气体物质。定义为某物质 i 的体积（V_i）除以该物质所含物质的量（n_i），常用 V_m 表示：

$$V_m = \frac{V_i}{n_i} \tag{1-8}$$

V_m 的国际单位制名称为立方米每摩尔，单位符号为 $m^3 \cdot mol^{-1}$。

在标准状况（273.15 K 及 100 kPa）下，理想气体的摩尔体积为 $2.24 \times 10^{-1} m^3 \cdot mol^{-1}$（即 $22.4\ L \cdot mol^{-1}$）。

6．物质的质量分数

物质的质量分数是指物质 i 的质量与混合物质量之比，常以符号 ω_i 表示，即

$$\omega_i = \frac{m_i}{m} \tag{1-9}$$

式中，物质的质量分数，无量纲，一般采用数学符号%表述。该表示方法就是在物质组成测定中应用较多的百分含量表示法。

7．物质的质量浓度

物质的质量浓度是指单位体积溶液所含溶质 i 的质量，常以符号 ρ_i 表示：

$$\rho_i = \frac{m_i}{V} \tag{1-10}$$

式中，V——溶液的体积。质量浓度的单位为 $kg \cdot L^{-1}$，也可采用 $g \cdot L^{-1}$。

8．滴定度

滴定度指每毫升滴定剂溶液相当于待测物质的质量（单位为 g），用 $T_{待测物/滴定剂}$ 表示，单位为 $g \cdot mL^{-1}$。

$$T_{待测物/滴定剂} = \frac{m_{待测物}}{V_{滴定剂}} \tag{1-11}$$

【例 1-2】 滴定含有 0.1645 g $H_2C_2O_4 \cdot 2H_2O$ 的溶液时，用去 24.12 mL $KMnO_4$ 标准滴定溶液，求该 $KMnO_4$ 标准滴定溶液对 $H_2C_2O_4 \cdot 2H_2O$ 的滴定度。

解：

$$T(H_2C_2O_4 \cdot 2H_2O/KMnO_4) = \frac{m(H_2C_2O_4 \cdot 2H_2O)}{V(KMnO_4)} = \frac{0.164\,5}{24.12} = 0.006\,820\ (g \cdot mL^{-1})$$

答：该 $KMnO_4$ 标准滴定溶液对 $H_2C_2O_4 \cdot 2H_2O$ 的滴定度是 $0.006\,820\ g \cdot mL^{-1}$。

在生产实际中，对大批试样进行组分的例行分析，用 T 表示很方便，如滴定消耗 V（mL）标准滴定溶液，则被测物质的质量为 $m = TV$。例如：$T(Fe/K_2Cr_2O_7) = 0.003\,489\ g \cdot mL^{-1}$，表示每毫升 $K_2Cr_2O_7$ 标准滴定溶液相当于 $0.003\,489\ g\ Fe$。

9. 几种溶液浓度之间的关系

（1）物质的量浓度与质量分数。

如已知溶液的密度为 ρ，溶液中溶质 B 的质量分数为 ω_B，则该溶液的浓度可表示为

$$c_B = \frac{n_B}{V} = \frac{m_B}{M_B V} = \frac{m_B}{M_B m / \rho} = \frac{\rho m_B}{M_B m} = \frac{\omega_B \rho}{M_B} \tag{1-12}$$

式中，V——溶液的体积；

M_B——溶质 B 的摩尔质量。

【例 1-3】 已知浓盐酸的密度为 $1.19\ g \cdot mL^{-1}$，其中 HCl 质量分数为 36%，求该盐酸每升中所含有的 $n_{(HCl)}$ 及其浓度 $c_{(HCl)}$ 各为多少？

解：根据式（1-1）有

$$n(HCl) = \frac{m(HCl)}{M(HCl)}$$

$$= \frac{1.19\ g \cdot mL^{-1} \times 1\,000\ mL \times 0.36}{36.5\ g \cdot mol^{-1}} \approx 12\ mol$$

$$c(HCl) = \frac{n(HCl)}{V(HCl)} = \frac{12\ mol}{1.0\ L} = 12\ mol \cdot L^{-1}$$

答：该盐酸每升中含 HCl 的摩尔数为 12 mol，其物质的量浓度 $c(HCl)$ 为 $12\ mol \cdot L^{-1}$。

以上是市售浓盐酸的物质的量浓度的计算实例。同理可计算得到市售浓硫酸、浓硝酸的物质的量浓度各为 $18\ mol \cdot L^{-1}$、$15\ mol \cdot L^{-1}$。

（2）物质的量浓度与质量摩尔浓度。

已知溶液的密度 ρ 和溶液的质量 m，则有

$$c_i = \frac{n_i}{V} = \frac{n_i}{m / \rho} = \frac{n_i \rho}{m} \tag{1-13}$$

若该系统是一个两组分系统，且 i 组分的含量较少，则 m 近似等于溶剂的质量 m_j，上式可近似成为

$$c_i = \frac{n_i \rho}{m} = \frac{n_i \rho}{m_j} = b_i \rho \tag{1-14}$$

若该溶液是稀的水溶液，则：

$$c_i \approx b_i \tag{1-15}$$

三、理想气体定律

物质总是以一定的聚集状态存在。常温常压下，物质有气态、液态和固态三种存在形态，在一定条件下这三种状态可以相互转变。此外，还发现物质有第四种状态，即等离子体的形态。

气体的基本特征是其具有扩散性和压缩性。将气体引入任何容器中，其分子立即向各方扩散，如在室内一角放上少量溴，很快在该室的另一角闻到溴的气味。气体分子彼此相距较远，分子间的引力非常小，分子之间空隙大，各个分子都处在无规则的快速运动中，因此气体具有较大压缩性，不同的气体可以任何比例混合成均匀混合气体。气体的存在状态主要决定于四个因素，即：温度、压力、物质的量和体积，它们之间有如下的关系。

1. 理想气体状态方程式

对于理想气体，其温度、压力、物质的量和体积之间满足以下关系：

$$pV = nRT \tag{1-16}$$

式中，p——气体压力，Pa；

V——气体体积，m^3；

n——气体物质的量，mol；

T——气体的绝对温度，K；

R——摩尔气体常数，又称气体常数，$R = 8.314 \, J \cdot mol^{-1} \cdot K^{-1}$。

该表达式称为理想气体状态方程。

理想气体是一种假想的气体模型，要求气体的分子间完全没有作用力，气体分子本身只是一个个几何点，不占体积。

真实气体只有在较高温度和较低压力的情况下，才接近理想气体，即气体分子间的距离很大，气体所占体积远远超过气体分子本身的体积，分子间作用力和分子本身体积均可忽略不计。那么，真实气体的相关数据代入理想气体状态方程计算，其结果才不会引起显著的误差。

气体常数 R 的值可由实验测得。如在 273.15 K、1 个标准大气压的条件下，测得 1.000 mol 气体所占的体积为 $22.414 \times 10^{-3} \, m^3$，代入式（1-16）则得

$$R = \frac{pV}{nT} = \frac{101.325 \times 10^3 \, Pa \times 22.414 \times 10^{-3} \, m^3}{1.000 \, mol \times 273.15 \, K}$$

$$= 8.314 \, N \cdot m \cdot mol^{-1} \cdot K^{-1}$$

$$= 8.314 \, J \cdot mol^{-1} \cdot K^{-1}$$

【例 1-4】 当温度为 360 K，压力为 9.6×10^4 Pa 时，0.400 L 的丙酮蒸气重 0.744 g。求丙酮的相对分子质量。

解：根据理想气体方程：

$$pV = nRT = \frac{m}{M}RT$$

$$M = \frac{mRT}{pV}$$

$$M = \frac{0.744 \text{ g} \times 8.314 \text{ Pa} \cdot \text{m}^3 \cdot \text{mol}^{-1} \cdot \text{K}^{-1} \times 360 \text{ K}}{9.6 \times 10^4 \text{ Pa} \times 4.00 \times 10^{-4} \text{ m}^3} = 58 \text{ g} \cdot \text{mol}^{-1}$$

所以，丙酮的相对分子质量为 58。

2. 气体分压定律

日常生活和工业生产中，所遇到的气体多为以任意比例混合的气体混合物。例如，空气就是氧气、氮气、惰性气体等多种气体的混合物。混合气体中各组分气体的相对含量，可用气体的分体积或体积分数表示，也可以用组分气体的分压来表示。

当组分气体的温度和压力与混合气体相同时，组分气体单独存在所占有的体积称为分体积，混合气体的总体积（V）等于各组分气体分体积（V_i）之和：

$$V = V_1 + V_2 + \cdots + V_i \tag{1-17}$$

例如，在恒温时，于固定压力下，将 0.04 L 氮气和 0.03 L 氧气混合，所得混合气体的体积为 0.07 L。

每一组分气体的体积分数就是该组分气体的分体积与总体积的比值。体积分数（x_i）表示为

$$x_i = \frac{V_i}{V} \tag{1-18}$$

上述混合气体中，氮和氧两种气体的体积分数分别为

$$x(\text{N}_2) = \frac{0.04}{0.07} = 0.57$$

$$x(\text{O}_2) = \frac{0.03}{0.07} = 0.43$$

在混合气体中，每一种组分气体总是均匀地充满整个容器，对容器壁产生压力，且不受其他组分气体的影响，如同单独存在于容器一样。各组分气体占有与混合气体相同体积时所产生的压力叫作分压力（p_i）。1801 年，英国科学家道尔顿（J. Dalton）总结大量实验数据，归纳出组分气体的分压与混合气体总压的关系为：混合气体的总压等于各组分气体的分压之和。这一关系称为道尔顿分压定律。

例如，混合气体中含有 1，2，3，$\cdots$，i 种气体，混合气体中各种气体的温度及体积都与混合气体相同，则分压定律可表示为

$$p = p_1 + p_2 + p_3 + \cdots + p_i \qquad (1\text{-}19)$$

式中，p —— 混合气体的总压。

理想气体定律同样适用于气体混合物。如混合气体中各气体的物质的量之和为 n，温度 T 时混合气体总压为 p，体积为 V，则：

$$pV = nRT$$

如以 n_i 表示混合气体中气体 i 的物质的量，p_i 表示分压，V 为混合气体体积，在温度 T 时，则：

$$p_i V = n_i RT$$

两式相除得

$$\frac{p_i}{p} = \frac{n_i}{n} \qquad (1\text{-}20)$$

$$p_i = \frac{n_i}{n} \times p$$

同理，可将分体积概念代入理想气体方程式得

$$p V_i = n_i RT$$

式中，p —— 混合气体总压力；

V_i —— 组分气体 i 的分体积；

n_i —— 物质的量。

用 $p = nRT$ 除上式，得

$$\frac{V_i}{V} = \frac{n_i}{n} \qquad (1\text{-}21)$$

结合式（1-20）与式（1-21）得

$$\frac{p_i}{p} = \frac{V_i}{V} \qquad (1\text{-}22)$$

混合气体中组分气体 i 的分压 p_i 与混合气体总压之比等于混合气体中组分气体 i 的摩尔分数；或混合气体中组分气体的分压等于总压乘以组分气体的摩尔分数。

【例 1-5】 在 18℃时取 0.200 L 煤气进行分析，得到气体的含量：CO 59.4%；H_2 10.2%；其他气体 30%，假定测定在 100 kPa 压力下进行，试求煤气中 CO 和 H_2 的物质的量及物质的量分数。

解：根据分压定律首先求得 CO 和 H_2 的分压：

$$p(CO) = p \times \frac{V(CO)}{V} \times 100\% = 100 \times 59.4\% = 59.4 \text{ kPa}$$

$$p(H_2) = p \times \frac{V(H_2)}{V} \times 100\% = 100 \times 10.2\% = 10.2 \text{ kPa}$$

由理想气体状态方程：$pV = nRT$ 得

$$n(\text{CO}) = \frac{p(\text{CO})V}{RT} = \frac{59.4 \times 1\,000 \times \dfrac{0.200}{1\,000}}{8.314 \times 291} = 0.004\,91(\text{mol}) = 4.91 \times 10^{-3}(\text{mol})$$

$$n(\text{H}_2) = \frac{p(\text{H}_2)V}{RT} = \frac{10.2 \times 1\,000 \times \dfrac{0.200}{1\,000}}{8.314 \times 291} = 0.000\,843(\text{mol}) = 8.43 \times 10^{-4}(\text{mol})$$

当温度和总压为定值时，物质的量分数和体积分数相等，所以 CO 的物质的量分数为 0.594；H_2 的物质的量分数为 0.102。

复习与思考题

1. 试述摩尔的含义，在使用摩尔时，基本单元包括什么？

2. 什么叫摩尔质量，摩尔质量和物质的量分数、气体物质的量体积、物质的量浓度有什么联系和区别？

3. 什么叫理想气体？理想气体状态方程式在什么情况下才可以使用？气体常数的值如何确定？

4. 在 30℃时，在一个 10.0 L 的容器中，O_2、N_2、CO_2 混合气体的总压为 93.3 kPa。分析结果得 $p(O_2) = 26.7$ kPa，CO_2 的含量为 5.00 g，求：容器中 CO_2 的分压是多少？容器中 N_2 的分压是多少？O_2 的摩尔分数是多少？

5. 计算 1 000 g 锌原子的物质的量是多少。

6. 已知 0.20 mol Mg^{2+} 的质量为 48.62×10^{-4} kg，试计算 Mg^{2+} 的摩尔质量是多少。

7. 已知浓硫酸的相对密度为 1.84，其中 H_2SO_4 含量（质量分数）为 98%，现要配制 0.5 L 0.1 mol·L^{-1} 的 H_2SO_4 溶液，应取这种硫酸多少毫升？

8. 一氧气储罐体积为 0.024 m^3，温度为 25℃，压力为 1.5×10^3 kPa，问罐中储有氧气的质量为多少？

9. 在 25℃时，将电解水所得氢、氧混合物 36.0 g 通入 60 L 的真空容器中，求氢气和氧气的分压各是多少？

第二章 物质结构基础

本章提要： 本章主要讨论原子核外电子层的结构和电子运动规律，在此基础上介绍元素周期表、原子结构与元素性质的周期性变化规律。简述化学键的形成和有关理论，分子结构和晶体结构的初步知识及三种类型的化学键：离子键、共价键（配位键）和金属键及其形成的晶体，重点是离子键和共价键的形成和特征，同时对分子结构、分子间作用力和氢键与物质性质间的关系作简单讨论。

世界由物质组成，物质又由相同或不同的元素组成。物质在不同条件下表现出各种性质，无论是物理性质还是化学性质都与它们的结构有关。近代科学实验揭示，原子很小，并有十分复杂的结构。不仅原子核内部如此，核外电子的运动状态也极为复杂。

第一节　原子核外电子的运动状态

一、粒子的波粒二象性

20世纪初，人们发现光不仅具有波动性，而且具有粒子性，即波粒二象性。光的干涉是指同样波长的光束相互重叠时形成明暗相间的条纹现象；光的衍射是光束绕过障碍物弯曲传播的现象。光在传播过程中的干涉、衍射等实验事实说明光具有波动性。而光电效应、原子光谱等现象说明光具有粒子性。

对于电子等具有波粒二象性的微观粒子，其运动状态和宏观物体的运动状态不同。按照经典力学理论，物体运动有确定的轨道，在任意瞬间都有确定的位置坐标和动量（或速度）。例如，导弹、人造卫星等的运动，在任何瞬间，都能根据经典力学理论，准确地测出其运动轨道。但是经典力学理论无法描述电子的运动状态。所以，经典力学的运动轨道概念在微观世界不适用。也就是说，在认识原子核外电子的运动状态时，必须完全摒弃经典力学理论，代之以量子力学理论。

二、波函数与原子轨道

1928年奥地利物理学家薛定谔考虑了微观粒子的波粒二象性概念及总结前人的实验成果后，把核外电子运动特性和光的波动理论联系起来，从数学上推导出描述微观粒子运动状态的数学方程式，叫薛定谔波动方程。薛定谔方程的解不是具体的数值，而是一个一个的函数。这些函数就是量子力学中描述原子核外电子运动状态的波函数 ψ（或数学表述式）。在解薛定谔方程的过程中引入了三个参数，即 n、l、m，取值都是整数，体现了微粒运动的量子化特性。所以，又把这三个参数叫作量子数。根据 n、l、m 三个参数的不同取值，薛定谔求解得到了一系列方程的解。

量子力学中把描述原子核外电子运动的每一个波函数都叫作原子轨道函数，简称原子轨道。如 ψ_{1s}、ψ_{2s}、ψ_{2p}、ψ_{3d} 等都叫原子轨道。它们的空间图像可以形象地理解为电子运动的空间范围。

必须注意，上述原子轨道概念，与经典力学中描述宏观物体运动的轨道概念不同。宏观物体的运动轨道，就是物体的运动轨迹。如自由落体、平抛物体的轨迹等。而原子核外电子运动的原子轨道则只能说明电子运动的范围，不能说明电子的运动轨迹。

三、概率密度和电子云

波函数 ψ 是描述原子核外电子运动状态的数学函数，但 ψ 本身不能与任何可以观察到的物理量相联系，而波函数平方 $|\psi|^2$ 有明确的物理意义。$|\psi|^2$ 表示电子在核外空间某点附近单位微体积内出现的概率，即概率密度。对于原子核外高速运动的电子，并不能确定某一瞬间它在空间所处位置，只能用统计方法计算出电子在空间一定范围出现的概率，或者在一定空间单位体积内出现的机会。为了形象地表示电子运动的概率分布情况，通常用小黑点分布的疏密来表示电子在核外空间出现的概率密度分布情况，这种图像被形象地称为电子云。

电子云形象地描绘了电子在核外空间概率密度的大小。这种图形能表示电子在空间不同角度所出现的概率密度大小，但是不能表示出电子出现的概率密度和离核远近的关系。

综上所述，原子轨道和电子云的空间图像既不是通过实验，也不是直接观察到的，而是根据量子力学理论计算得到的数据绘制出来的。

四、四个量子数

波函数 ψ 的具体表达式与前面所述的三个量子数有关，当三个量子数的数值改变时，波函数 ψ 的表达式也就随之改变。此外，还有用来描述电子自旋运动的第四个量子数即自旋量子数。现分别给予说明。

1. 主量子数（n）

主量子数 n 确定电子运动离核的平均距离和电子的能量大小。当主量子数增加时，表示电子运动离核的平均距离增大，电子的能量增加。n 的取值是正整数：$n=$ 1，2，3，4，…，∞。n 值越大，电子所处轨道离核越远，该轨道所具有的能级越高。$n=1$，称第一电子层；$n=2$，称第二电子层，依此类推。在一个原子内，具有相同主量子数的电子几乎在离核距离相近的空间内运动，可看作构成一个核外电子"层"。电子层也常用 K，L，M，N，O，P，… 符号表示。n 的取值和各层名称、符号如表 2-1 所示。

表 2-1　主量子数 n 的取值和各层名称、符号

n	1	2	3	4	5	6
电子层名称	第一层	第二层	第三层	第四层	第五层	第六层
电子层符号	K	L	M	N	O	P

2．角量子数（l）

角量子数（l）是确定原子轨道的形状，并在多电子原子中和主量子数（n）一起决定电子的能级。

角量子数的取值受主量子数的制约，可取 0 到（$n-1$）的正整数，共 n 个值。l 的每一个数值表示一个亚层（能级），相应地用 s，p，d，f 等符号表示。如表 2-2 所示。另外，每一个 l 值还表示一种形状的电子云。$l=0$，即 s 亚层，电子云呈圆球形；$l=1$，即 p 亚层，电子云呈双球形或哑铃形；$l=2$，即 d 亚层，电子云呈花瓣形等。亚层符号相同，则该亚层上的电子名称都相同，如 1s，2s，3s，4s…都称 s 态电子，简称 s 电子；2p，3p，4p 等都称 p 电子等。它们的对应关系如表 2-3 所示。

表 2-2

角量子数的取值	l	0	1	2	3	4	…	$n-1$	受 n 的限制
电子亚层符号		s	p	d	f	g	…		
原子轨道形状		球形	双球形	花瓣形	（复杂）		…		

表 2-3

主量子数	角量子数	电子亚层	轨道形状
当 $n=1$ 时	$l=0$（$n-1$）	1s	球形
当 $n=2$ 时	$l=0$	2s	球形
	$l=1$	2p	双球形或哑铃形
当 $n=3$ 时	$l=0$	3s	球形
	$l=1$	3p	双球形或哑铃形
	$l=2$	3d	花瓣形
当 $n=4$ 时	$l=0$	4s	球形
	$l=1$	4p	双球形或哑铃形
	$l=2$	4d	花瓣形
	$l=3$	4f	（复杂）

在多电子原子系统中，电子的能量由主量子数（n）和角量子数（l）决定。

（1）n 不同，l 相同时，能量大小为　1s<2s<3s<4s，2p<3p<4p。

（2）n 同，l 不相同时，能量大小为　4s<4p<4d<4f。

3．磁量子数（m）

原子轨道不仅有一定的形状，还具有不同的空间伸展方向。磁量子数（m）用来描述原子轨道在空间的伸展方向，还表示在特定的亚层中所包含的轨道数。磁量子数的取值受角量子数（l）的制约。可取从$-l\sim+l$的任何正整数（包括 0 在内），即 $m=0$，±1，±2，…，±l，共有（$2l+1$）个值。例如，当 $l=2$ 时，m 有 0，±1，±2，共 5 个值，每个取值表示某一轨道的空间伸展方向或一个原子轨道，即 d 亚层有 5 个在空间取向不同的轨道。因此，一个亚层中 m 有几个数值，该亚层中就有几个不同伸展方向的原子轨道。磁量子数（m）和角量子数（l）的关系及它们确定的空间原子轨道数如表 2-4 所示。

表 2-4　磁量子数（m）和角量子数（l）的关系及空间原子轨道数

n	l	m	空间原子轨道数
1	0	0	s 轨道，1 个
2	1	+1，0，-1	p 轨道，3 个
3	2	+2，+1，0，-1，-2	d 轨道，5 个
4	3	+3，+2，+1，0，-1，-2，-3	f 轨道，7 个
5	4	+4，+3，+2，+1，0，-1，-2，-3，-4	……

由表 2-4 可见，当 $n=1$，$l=0$ 时，$m=0$，表示 s 亚层只有一个轨道即 1s 轨道。s 轨道是球形对称的，所以在空间只有一种伸展方向。当 $n=2$，$l=1$ 时 $m=0$，+1，-1，表示 2p 亚层中有三个不同空间伸展方向的轨道，即 p_x，p_y，p_z。这 3 个轨道的 n，l 相同，轨道的能量相同，所以称为等价轨道或简并轨道。当 $n=3$，$l=2$ 时，$m=0$，±1，±2，表示 3d 亚层中有五个空间伸展方向不同的 d 轨道。这 5 个 d 轨道的 n，l 相同，轨道能量相同，所以也是等价轨道或简并轨道。

当三个量子数各自的取值一定时，波函数的函数式也随之确定。例如，当 $n=1$ 时，l 只可取 0，m 也只可取 0 一个数值。n，l，m 三个量子数组合形式只有一种，即（1、0、0），此时波函数的函数式也只有一种；当 $n=2$，3，4 时，n，l，m 三个量子数组合的形式依次有 4，9，16 种，并可得到相应数目的波函数或原子轨道。

4．自旋量子数（m_s）

除了上述描述核外电子运动状态的三个量子数外，量子力学中引入描述电子自身运动特征的第四个量子数——自旋量子数（m_s）。原子中的电子除绕核运动外，还有自旋运动，自旋运动有两个运动方向，顺时针和逆时针方向。m_s 的取值为 $\left(+\dfrac{1}{2}，-\dfrac{1}{2}\right)$，表示电子的两种不同的自旋方式，用符号"↑"和"↓"表示，由于自旋量子数只有两个取值，因此每个原子轨道最多能容纳两个电子。

综上所述，原子中任何一个电子的运动状态，如电子云或原子轨道离核远近、形状、伸展方向以及电子的自旋方向等，需要四个参数才能确定。这四个参数即主量子数、角量子数、磁量子数和自旋量子数，四个量子数相互联系又相互制约，四者缺一不可。主量子数（n）决定电子的能量和电子离核的远近（电子所处的电子层）；角量子数（l）决定原子轨道的形状（电子所处的电子亚层）；磁量子数（m）决定原子轨道在空间的伸展方向；自旋量子数（m_s）决定电子的自旋方向。可以说，四个量子数确定了，电子的运动状态也就确定了。从表 2-5 可以看出根据四个量子数数值间的关系算出各电子层中可能有的运动状态。

表 2-5　核外电子运动的可能状态数

主量子数	1	2		3			4			
电子层符号	K	L		M			N			
角量子数	0	0	1	0	1	2	0	1	2	3
原子轨道符号	1s	2s	2p	3s	3p	3d	4s	4p	4d	4f
磁量子数	0	0	0 ±1	0	0 ±1	0 ±1 ±2	0	0 ±1	0 ±1 ±2	0 ±1 ±2 ±3
轨道空间取向数	1	1	3	1	3	5	1	3	5	7
电子层总轨道数	1	4		9			16			
自旋量子数	↑↓	↑↓	↑↓	↑↓	↑↓	↑↓	↑↓	↑↓	↑↓	↑↓
电子数目	2	2	6	2	6	10	2	6	10	14

【例 2-1】　用四个量子数表示 2s 轨道上的 2 个电子的运动状态。

解：这两个电子的四个量子数分别为 $\left(n=2,\ l=0,\ m=0,\ m_s=+\dfrac{1}{2}\right)$ 和

$\left(n=2,\ l=0,\ m=0,\ m_s=-\dfrac{1}{2}\right)$。

【例 2-2】　（1）s，p，d，f 各轨道最多能容纳多少个电子？为什么？（2）当主量子数 $n=4$ 时，有几个亚层能级，共有几个原子轨道，最多能容纳多少个电子？

解：（1）s 轨道只能容纳两个电子，且两个电子的自旋方向相反；p 亚层有 3 个 p 轨道，所以能容纳 6 个电子；d 亚层有 5 个轨道，可容纳 10 个电子；f 亚层有 7 个轨道，可容纳 14 个电子。

（2）当 $n=4$ 时，l 的取值可有 0，1，2，3，所以第四电子层有 4 个亚层能级，分别是 4s，4p，4d，4f，共有 16 个原子轨道，最多能容纳 32 个电子。

五、多电子原子轨道的能级

氢原子核外只有一个电子，只受到核的吸引作用，其原子轨道能级取决于主量子数（n），在主量子数（n）相同的同一电子层内，各亚层的能量是相等的。但对于多电子原子，电子不仅受核的吸引，电子与电子之间还存在着相互排斥作用，因此原子轨道能级关系较为复杂。原子中各原子轨道能级的高低主要根据光谱实验确定，用图示法近似表示，这就是所谓近似能级图。

鲍林（Pauling L）根据光谱实验结果，把原子轨道分为 7 个组，按照能级由低到高的顺序排列，将能量相近的能级组成一组，称为能级组，以虚线方框表示。如图 2-1 所示，称为鲍林近似能级图。

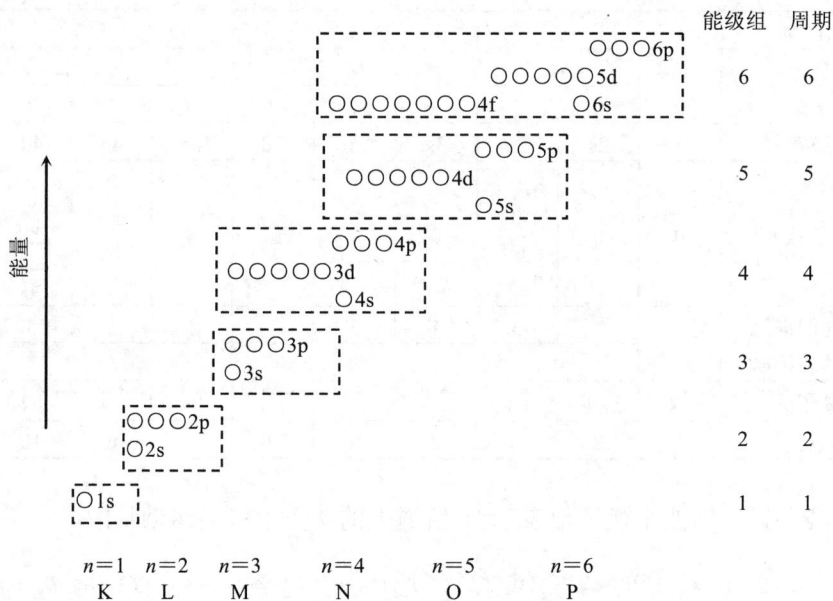

图 2-1　鲍林原子轨道近似能级

能级图中每个圆圈代表一个原子轨道，方框内同一横排的圆圈代表一个能级（亚层），每一横排的圆圈数目就是各能级（或亚层）中的原子轨道数。如 s 亚层有一个原子轨道，p 亚层有能量相近的 3 个原子轨道，d 亚层有 5 个原子轨道。能级组之间能量相差较大，而同一能级组中各轨道能级间的能量相差很小或很接近。能级组的划分是元素划分为不同周期的根本原因。从图 2-1 可以看出：

（1）当角量子数（l）相同时，随着主量子数（n）增大，原子轨道能量依次升高。例如，$E_{1s} < E_{2s} < E_{3s} \cdots$

（2）当主量子数（n）相同时，随着角量子数（l）的增大，原子轨道能量升高。

例如，$E_{ns} < E_{np} < E_{nd} < E_{nf} \cdots$

（3）当主量子数（n）和角量子数（l）都不同时，且 $n \geqslant 3$ 时，在能级组中常出现能级交错现象。

例如：

$$E_{4s} < E_{3d} < E_{4p}$$
$$E_{5s} < E_{4d} < E_{5p}$$
$$E_{6s} < E_{4f} < E_{5d} < E_{6p}$$

必须指出，鲍林近似能级图反映了多电子原子中原子轨道能量的近似高低，不能用来比较不同元素原子轨道能级的相对高低。

第二节　原子核外电子排布与元素周期律

一、核外电子排布原则

为了说明基态原子的电子分布，根据光谱实验结果，并结合对元素周期律的分析，科学家们归纳、总结了原子处于基态时核外电子排布遵循的三个基本原则：

1. 能量最低原理

自然界任何体系总是能量越低，状态越稳定，这个规律称为能量最低原理。同样原子核外电子的排布也遵循这个原理，电子在原子轨道上的分布，随着原子序数的递增，电子总是优先进入能量最低的能级（亚层）。根据鲍林近似能级图和能量最低原理，可得到核外电子填充各亚层的顺序如图 2-2 所示。也就是电子首先填充 1s 轨道，然后按图 2-2 的次序依次向较高能级填充。

2. 泡利不相容原理

泡利（Pauli W）提出：在同一原子中不可能有四个量子数完全相同的两个电子。也就是说，在同一轨道上最多只能容纳两个自旋方向相反的电子。应用泡利不相容原理，可以推算出每一电子层上电子的最大容量为 $2n^2$。例如在第三电子层（$n=3$）中，电子的最大容量为 18。

3. 洪特规则

洪特（Hund F）提出：在同一亚层的等价轨道上，电子将尽可能占据不同的轨道，且自旋方向相同（这样分布时总能量最低）。例如 $_6$C 电子分布为 $1s^2 2s^2 2p^2$，其轨道上的电子分布为

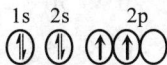

而不是

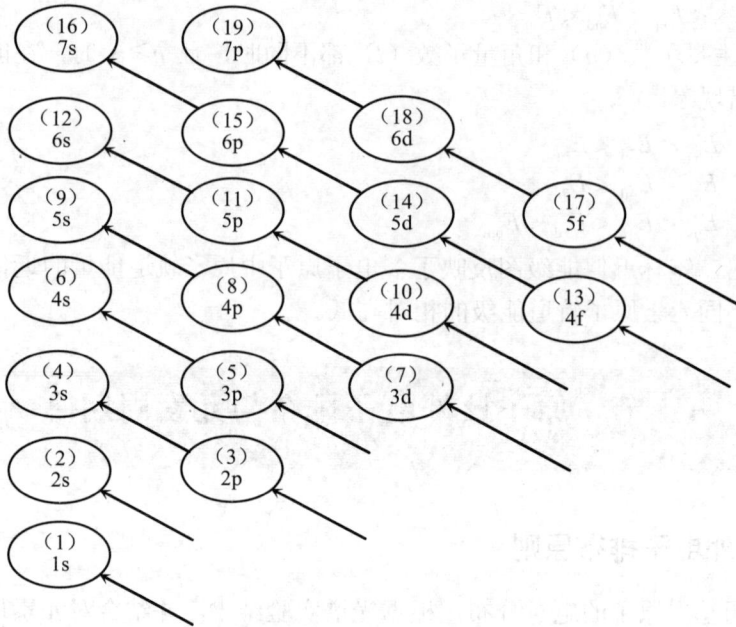

图 2-2　电子填入各亚层的顺序

根据能量最低原理、泡利不相容原理和洪特规则，应用近似能级图，可写出已知原子序数元素原子的电子排布式，即电子排布构型。例如，第 1 号元素氢，核外一个电子，电子排布式为 $1s^1$；第 5 号元素硼，电子排布式为 $1s^22s^22p^1$。这里主量子数和亚层符号一起表示一个能级，右上角的数字表示该能级中的电子数。另外，第 26 号元素铁，电子排布式为 $1s^22s^22p^63s^23p^63d^64s^2$。按照近似能级图，由于能级交错，$4s^2$ 应填充在前，$3d^6$ 应填充在后，但在书写电子排布式时，习惯上还是把主量子数相同的亚层写在一起，即按主量子数由小到大将同一电子层各亚层的电子排布在一起。

此外，根据光谱实验结果，归纳出一个规律：等价轨道在全充满、半充满或全空的状态是比较稳定的，即

p^6 或 d^{10} 或 f^{14}　全充满

p^3 或 d^5 或 f^7　半充满

p^0 或 d^0 或 f^0　全　空

例如，铬和铜原子核外电子的分布：

$_{24}$Cr　不是 $1s^22s^22p^63s^23p^63d^44s^2$

而是 $1s^22s^22p^63s^23p^63d^54s^1$。$3d^5$ 为半充满

$_{29}$Cu　不是 $1s^22s^22p^63s^23p^63d^94s^2$

　　　而是 $1s^22s^22p^63s^23p^63d^{10}4s^1$。$3d^{10}$ 为全充满

为了书写方便，有时用"原子实"表示内层电子。所谓原子实是指某原子的内层电子分布与相应的稀有气体原子的电子分布相同的那部分实体。以上两例的电子分布式也可简写成：

$_{24}Cr$: [Ar] $3d^5 4s^1$ $_{29}Cu$: [Ar] $3d^{10} 4s^1$

式中，[Ar] 表示 Cr 和 Cu 的原子实。

二、基态原子中电子的分布

核外电子排布原理是概括了大量事实后提出的一般结论，大多数原子的核外电子的实际排布与这些原理是一致的，然而有些副族元素，特别是第 6、7 周期中的元素较多，实验测定结果并不能用排布原理完满解释，说明这些原则还不够全面，还需要发展、完善，使它更符合实际。

1. 核外电子的排布

元素基态原子的电子分布见表 2-6。从表 2-6 可以看出，基态原子最外层最多有 8 个电子（第一电子层只能容纳 2 个电子）；次外层最多只能容纳 18 个电子（若次外层 $n=1$ 或 2 时，则最多只能容纳 2 个或 8 个电子）；原子的外数第三层最多只能容纳 32 个电子（若该层的 $n=1$、2、3 时，最多分别只能有 2、8、18 个电子）。

表 2-6　基态原子的电子分布

周期	原子序数	元素符号	元素名称	电　子　层						
				K	L	M	N	O	P	Q
				1s	2s2p	3s3p3d	4s4p4d4f	5s5p5d5f	6s6p6d	7s
1	1	H	氢	1						
	2	He	氦	2						
2	3	Li	锂	2	1					
	4	Be	铍	2	2					
	5	B	硼	2	2 1					
	6	C	碳	2	2 2					
	7	N	氮	2	2 3					
	8	O	氧	2	2 4					
	9	F	氟	2	2 5					
	10	Ne	氖	2	2 6					
3	11	Na	钠	2	2 6	1				
	12	Mg	镁	2	2 6	2				
	13	Al	铝	2	2 6	2 1				
	14	Si	硅	2	2 6	2 2				
	15	P	磷	2	2 6	2 3				
	16	S	硫	2	2 6	2 4				
	17	Cl	氯	2	2 6	2 5				
	18	Ar	氩	2	2 6	2 6				

周期	原子序数	元素符号	元素名称	电 子 层						
				K	L	M	N	O	P	Q
				1s	2s2p	3s3p3d	4s4p4d4f	5s5p5d5f	6s6p6d	7s
4	19	K	钾	2	2 6	2 6	1			
	20	Ca	钙	2	2 6	2 6	2			
	21	Sc	钪	2	2 6	2 6 1	2			
	22	Ti	钛	2	2 6	2 6 2	2			
	23	V	钒	2	2 6	2 6 3	2			
	24	Cr	铬	2	2 6	2 6 5	1			
	25	Mn	锰	2	2 6	2 6 5	2			
	26	Fe	铁	2	2 6	2 6 6	2			
	27	Co	钴	2	2 6	2 6 7	2			
	28	Ni	镍	2	2 6	2 6 8	2			
	29	Cu	铜	2	2 6	2 6 10	1			
	30	Zn	锌	2	2 6	2 6 10	2			
	31	Ga	镓	2	2 6	2 6 10	2 1			
	32	Ge	锗	2	2 6	2 6 10	2 2			
	33	As	砷	2	2 6	2 6 10	2 3			
	34	Se	硒	2	2 6	2 6 10	2 4			
	35	Br	溴	2	2 6	2 6 10	2 5			
	36	Kr	氪	2	2 6	2 6 10	2 6			

2. 电子构型

表示原子核外最高能级组的电子排布，叫作外围电子构型，简称原子电子构型或价电子构型。它能反映元素原子电子层结构的特征，由它推知内层电子排布和原子核外电子数等有关原子的基本性质时，通常只列出价电子构型。所谓价电子，就是原子参加化学反应时易参与形成化学键的电子，价电子的电子排布称价电子构型。举例如表 2-7 所示。

表 2-7　价电子构型示例

元素	核外电子分布	最外层电子构型	价电子构型
Na	[Ne] $3s^1$	$3s^1$	$3s^1$
Cl	[Ne] $3s^23p^5$	$3s^23p^5$	$3s^23p^5$
Cr	[Ar] $3d^54s^1$	$4s^1$	$3d^54s^1$

三、核外电子排布与元素周期律

元素周期律是 1869 年门捷列夫首先提出来的，但是电子尚未被发现，故对实质并不了解。研究了原子的电子层结构，才揭示了周期律的本质。根据大量事实总结得出：元素及其所形成的单质和化合物的性质，随着元素原子序数（核电荷数）的递增，呈现周期性的变化。这一规律称为元素周期律。当把元素按原子序数（即核电荷）递增的顺序依次排列成周期表时，原子最外层上的电子数目由 1～8，呈现出明显的周期性变化，即电子构型重复 s^1 到 s^2p^6 的变化。所以，每一周期（除第 1 周期外）都是由碱金属开始，以稀有气体结尾。同时，原子最外层电子数目的每一次重复出现，元素性质在发展变化中就重复呈现出某些相似的性质。因为元素的化学性质主要取决于它的最外电子层的构型；而最外电子层的构型，又是由核电荷数和核外电子排布规律决定的。因此，元素周期律是原子内部结构周期性变化的反映，元素在周期表中的位置和其电子层结构有直接关系。

元素周期律的图表形式称为元素周期表，元素周期表有多种形式，本书所用的为长式周期表，是目前常用的一种（见书后元素周期表）。

1. 周期与能级组

元素划分为周期的本质是能级组的划分，以七个能级组为依据，将周期表分七个周期，横向排列（表 2-8）。周期系各元素的核外电子排布情况由光谱实验得到，每建立一个新的能级组（电子层），就出现一个新的周期。基态原子最后一个电子填入的最高能级组序数与该原子所处的周期数相同，各周期容纳元素的总数等于该能级组中各轨道所能容纳的电子总数。

表 2-8　周期的划分及其名称

周期	周期名称	起始元素	终止元素	元素种类
1	特短周期	H	He	2
2	短周期	Li	Ne	8
3	短周期	Na	Ar	8
4	长周期	K	Kr	18
5	长周期	Rb	Xe	18
6	特长周期	Cs	Rn	32
7	未完成周期	Fr	—	—

第一周期只有 2 个元素，称为特短周期；第二、三周期各有 8 个元素，称为短周期；第四、五周期各有 18 个元素，称为长周期；第六周期有 32 个元素，称为特长周期；第七周期称为未完全周期。从各元素的电子层结构可知，主量子数（n）每增加一个数值，就增加一个能级组，也增加一个新的周期。从周期表可以看出，每一周期总是从活泼的碱金属开始（第一周期例外），过渡到稀有气体为止。每一周期最后一个元素是稀有气体元素，相应各轨道上的电子都已充满，是一种最稳定的原子结构。

每一周期中的元素（第一周期例外）随着原子序数的递增，最外层的电子总是

以 ns^1 开始至 np^6 结束，如此周期性地重复。在长周期中间还夹着 d 亚层或 f，d 亚层，见表 2-9。

表 2-9　能级组与周期的关系

周期	能级组	原子序数	能级组内各亚层电子填充顺序	电子填充数	元素种类
1	Ⅰ	2	$1s^{1\sim2}$	2	2
2	Ⅱ	3～10	$2s^{1\sim2}\cdots2p^{1\sim6}$	8	8
3	Ⅲ	11～18	$3s^{1\sim2}\cdots3p^{1\sim6}$	8	8
4	Ⅳ	19～36	$4s^{1\sim2}\cdots3d^{1\sim10}\cdots4p^{1\sim6}$	18	18
5	Ⅴ	37～54	$5s^{1\sim2}\cdots4d^{1\sim10}\cdots5p^{1\sim6}$	18	18
6	Ⅵ	55～86	$6s^{1\sim2}\cdots4f^{1\sim14}\cdots5d^{1\sim10}\cdots6p^{1\sim6}$	32	32
7	Ⅶ	87～未完	$7s^{1\sim2}\cdots5f^{1\sim14}\cdots6d^{1\sim7}$ 未完	未填满	

镧系元素和锕系元素。第 6 周期中第三个元素镧的后面从铈到镥（原子序数由 58～71），新增电子依次填入（$n-2$）f 亚层（钆、镥等例外，填充到 5d 轨道上），这 14 个元素性质与镧非常相似，在周期表中放在同一位置上，称镧系元素。由于同一位置不便排列 15 个元素，所以另列在周期表的下面。锕系元素也作同样安排。

2. 族与价电子构型

元素分族以价电子构型为依据划分。对主族元素，其价电子构型为最外层电子构型（ns，np）；对副族元素，其价电子构型不仅包括最外层的 s 电子，还包括（$n-1$）d 亚层，甚至（$n-2$）f 亚层的电子。在长式元素周期表中元素纵向分为 18 个纵行，每一个纵行为一族，其中有 8 个主族和 10 个副族，同族元素虽然电子层不同，但价电子构型相同（少数例外）。

（1）主族元素。周期表中，1～2 列和 13～18 列共 8 列为主族元素，在各族号罗马字旁加 A 表示主族，用符号ⅠA～ⅧA 表示。凡原子核外最后一个电子填入 ns 或 np 亚层上的，都是主族元素。价电子总数等于其族数。例如，元素 $_9$F，核外电子排布是 $1s^2 2s^2 2p^5$，电子最后填入 2p 亚层，价电子构型为 $2s^2 2p^5$，故为主族元素，价电子总数为 7，所以是ⅦA 族。ⅧA 族为稀有气体，这些元素原子的最外层 ns 和 np 上电子已填满，成为 8 电子稳定结构（He 只有 2 个电子）。它们的化学性质很不活泼，又称为惰性气体。

（2）副族元素。周期表中，第 3～12 列共 10 列为副族元素，在各族号罗马字旁加 B 表示副族，用符号ⅠB～ⅧB 表示，其中ⅧB（也称Ⅷ族）元素有 3 列，共 9 个元素。凡原子核外最后一个电子填入（$n-1$）d 或（$n-2$）f 亚层上的，都是副族元素，也称过渡元素，其中镧系元素、锕系元素称内过渡元素。ⅢB～ⅦB 副族元素的族数等于最外层 s 电子和次外层（$n-1$）d 亚层的电子数之和，即原子的价电子总数。ⅠB、ⅡB 族元素由于其（$n-1$）d 亚层已填满，所以最外层上电子数等于其族数。

例如，元素 $_{25}$Mn，核外电子填入顺序是 $1s^2 2s^2 2p^6 3s^2 3p^6 4s^2 3d^5$，电子最后填入 3d 亚层，价电子构型是 $3d^5 4s^2$，故为副族元素，即ⅦB 族。元素 $_{29}$Cu，核外电子填入顺序是 $1s^2 2s^2 2p^6 3s^2 3p^6 4s^1 3d^{10}$，电子最后填入 3d 亚层，价电子构型是 $3d^{10} 4s^1$，最外层电子数为 1，故为副族元素，即ⅠB 族。

ⅧB 族有三个纵行，价电子数分别为 8、9、10。原子核外最后一个电子仍填在 $(n-1)$d 亚层上，也称为过渡元素。但外围电子构型是 $(n-1)d^{6\sim10}ns^{1\sim2}$（Pd 无 ns 电子），总数为 8～10。多数元素在化学反应中表现出的价电子并不等于族数。第 6 周期元素从 $_{58}$Ce（铈）到 $_{71}$Lu（镥）共 14 个元素称为镧系元素。第 7 周期元素 $_{70}$Th（钍）～ $_{103}$Lr（铹）也是 14 个元素称为锕系元素。

3. 价电子构型与元素分区

根据周期、族和原子结构特征的关系，可将周期表中的元素划分成四个区域，如图 2-3 所示。

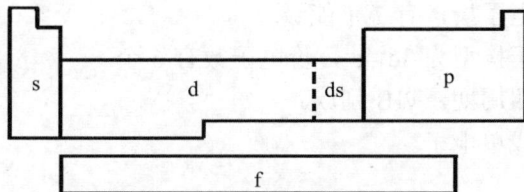

图 2-3　周期表中元素分区

s 区，s 区元素最后一个电子填充在 s 轨道，价电子构型为 ns^1 或 ns^2，位于周期表左侧，包含ⅠA 族碱金属和ⅡA 族碱土金属。这些元素的原子容易失去 1 个或 2 个电子，形成 +1 价和 +2 价离子，它们是活泼金属。

p 区，p 区元素最后一个电子填充在 p 轨道，价电子构型为 $ns^2 np^{1\sim6}$，位于周期表右侧，包含ⅢA～ⅧA 族。

d 区，d 区元素最后一个电子基本填充在次外层 $(n-1)$d 轨道（个别例外），价电子构型为 $(n-1)d^{1\sim10}ns^{1\sim2}$，位于长周期表的中部，包含ⅢB～ⅧB 族，这些元素化学性质相似，有可变氧化态，全部为过渡元素。d 区中的ⅠB，ⅡB 族元素由于 $(n-1)$d 已填满，ns 上的电子与 s 区相同，所以又称 ds 区元素。ds 区元素的价电子构型为 $(n-1)d^{10}ns^{1\sim2}$。

f 区，为镧系、锕系元素。最后一个电子填充在 f 亚层上，价电子构型为 $(n-2)f^{0\sim14}(n-1)d^{0\sim2}ns^2$，位于周期表的下方。

原子的电子层结构与元素周期表之间有着密切的关系。对于多数元素来说，如果知道了元素的原子序数，便可写出该元素原子的电子层结构，从而判断其所在的周期、族和区。反之，如果已知某元素所在的周期、族和区，也能推知它的原子序数，从而写出该元素原子的电子层结构。

【例2-3】 已知某元素在周期表中位于第四周期ⅦB族,试写出该元素的电子结构式、名称和符号。

解: 根据该元素位于第四周期可以判定,其核外电子一定是填充在第四能级组,即4s3d4p。又根据它位于ⅦB族得知,这个副族元素的族数应等于它的价电子数,即$3d^54s^2$。该元素原子的电子结构式为$1s^22s^22p^63s^23p^63d^54s^2$,该元素为25号元素锰(Mn)。

【例2-4】 某元素的原子序数为24,试问:

(1)此元素原子的电子总数是多少?

(2)它有多少个电子层?有多少个能级?

(3)它的价电子构型是怎样的?价电子数有多少?

(4)它属于第几周期?第几族?主族还是副族?

(5)它有多少个成单电子?

答:(1)此元素原子的电子总数为24。

(2)它有4个电子层,有7个能级。

(3)它的价电子构型为$3d^54s^1$,价电子数有6个。

(4)它属于第四周期,ⅥB副族。

(5)它有6个成单电子。

第三节 元素性质的周期性

元素性质决定于原子的内部结构。由于原子核外电子层结构周期性的变化,元素基本性质,如原子半径、电离能、电子亲和能、电负性等也呈现出明显的周期性变化规律。

一、有效核电荷

在多电子原子中电子不仅受到原子核的吸引,还存在着各电子间的相互排斥作用。多电子原子中其余电子对指定电子的排斥作用,可看成是抵消一部分核电荷对指定电子的吸引作用,使核电荷数减少;在多电子原子中其余电子抵消核电荷对指定电子的作用叫作屏蔽效应。屏蔽效应的强弱可用斯莱脱(Slater J C)从实验归纳出来的屏蔽常数(σ)来衡量。屏蔽效应使该电子实际上受到核电荷(有效核电荷)的引力比原来原子序数(Z)的核电荷的引力要小。所以核电荷(Z)减去屏蔽常数(σ)得到有效核电荷(Z^*):

$$Z^* = Z - \sigma \tag{2-1}$$

可见屏蔽常数可以理解为被抵消的那部分核电荷数,有效核电荷是对指定电子产生有效吸引作用的核电荷。

在周期表中元素的原子序数依次递增，原子核外电子层结构呈周期性变化。由于屏蔽常数（σ）与电子层结构有关，所以，有效核电荷也呈现周期性变化。如图2-4 所示。

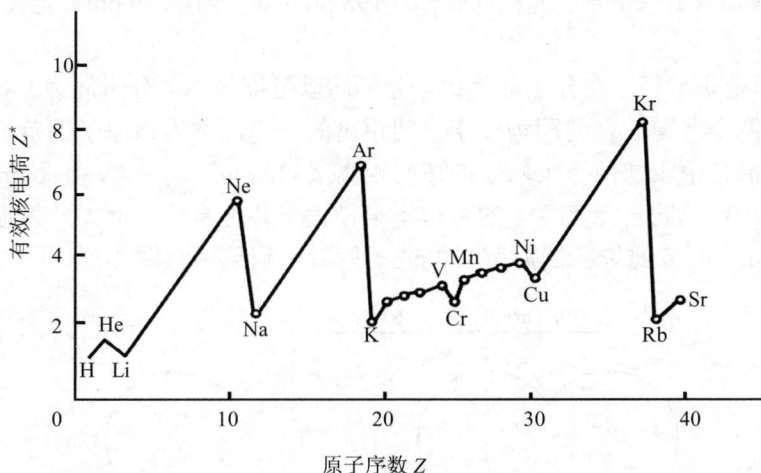

图 2-4　有效核电荷的周期性变化

在同一周期中，从左到右主族元素电子依次增加在最外层上，有效核电荷 Z^* 也明显依次递增。过渡元素电子依次增加在$(n-1)d$ 亚层上，有效核电荷的增加较为缓慢。造成这种差别的原因是：主族是同层电子之间的屏蔽，屏蔽作用较小；而副族是内层电子对外层电子的屏蔽，屏蔽作用较大。

在同一族中，从上到下，由于电子层增加、核电荷数跳跃式增加，但上下两相邻元素的原子依次增加一个电子层，屏蔽常数较大，故有效核电荷增加的并不多。

元素有效核电荷呈现的周期性变化，体现了原子核外电子层的周期性变化，也使得元素的许多基本性质如原子半径、电离能、电子亲和能、电负性等呈现周期性变化。

二、原子半径

1. 原子半径的概念

根据量子力学的观点，原子中的电子在核外运动并无固定轨迹，电子云本身也没有明显的界面，所以原子的大小无法直接测定。但在实物中同种原子之间总是紧密相邻，如果设原子为球体，则球面相切或相邻的两原子核间距离的一半，可作为原子的半径。常将此球体的半径称为原子半径，根据原子存在的不同形式，原子半径的数据常用的有以下三种：

（1）金属半径。把金属晶体看成是由金属原子紧密堆积而成。因此，测得两相邻金属原子核间距离的一半，称为该金属元素的金属半径。例如把金属铜晶体中，两相邻铜原子核间距离（256 pm）的一半（128 pm）定义为铜原子的金属半径。

（2）共价半径。同种元素的两个原子以共价键结合时，测得它们核间距离的一半，称为该原子的共价半径。如果没有特别注明，通常指的是形成共价单键时的共价半径。例如把 Cl—Cl 分子的核间距离（198 pm）的一半（99 pm）定义为 Cl 原子的共价半径。

（3）范德华半径。在分子晶体中，分子间以范德华力（分子间力）相结合。将相邻分子间两个非键结合的同种原子核间距离的一半，称为该原子的范德华半径。例如，氖的晶体中相邻两个氖原子的核间距离（320 pm）的一半（160 pm）为氖原子的范德华半径。同一元素原子的范德华半径大于共价半径。例如，氯原子的共价半径为 99 pm，其范德华半径则为 180 pm。两者区别见示意图 2-5。

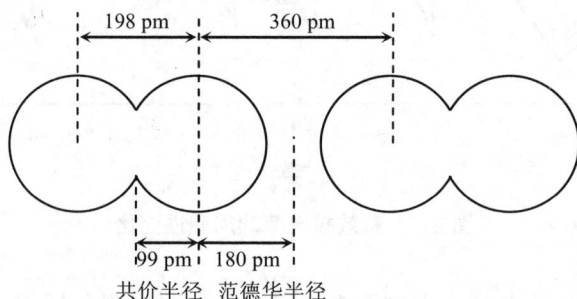

图 2-5　氯原子的共价半径与范德华半径

原子半径既然有不同的定义，使用时应当注明，如不作注明，通常指共价半径。

2．原子半径变化的周期性

原子的半径大小主要决定于核外电子层数和有效核电荷。同一周期中原子半径的递变按短周期和长周期有所不同。在同一短周期中，从左到右，由于电子层数不变，随原子序数递增，电子增加在最外层上，屏蔽作用较小，使有效核电荷增加的较多，因此原子核对外层电子的吸引力增大较多，原子半径逐渐减小。在同一长周期中，s 区和 p 区元素原子半径的变化趋势与短周期元素基本一致。副族元素原子中新增加的电子进入次外层的 d 亚层，所产生的屏蔽作用比进入最外层所产生的屏蔽作用要大一些，有效核电荷增加的不多，原子核对外层的吸引力也增加较少，使原子半径减小缓慢。长周期内过渡元素，如镧系元素从镧（La）到镥（Lu）原子过渡时，由于新增加的电子填入外层第三层的 $(n-2)f$ 亚层，对外层电子的屏蔽作用更大，因而原子半径减小更慢，半径依次减小的现象称为镧系收缩。例如镧系元素从镧到镥 15 个元素，原子半径只收缩 12 pm 左右。由于镧系收缩，影响镧系以后元素原子半径的缩小，从而使它们与相应的第五周期同族元素原子半径十分接近，以至 Zr 和 Hf，Nb 和 Ta，Mo 和 W 等的性质极为相似。

同一主族元素的原子半径从上到下逐渐增大，原因是核电荷数增多，但有效核电荷相差很小，电子层数（n）的增加起了主要作用，因此原子半径显著增大；同一副族元素的原子半径，从上到下过渡时也增大，但增大的幅度较小，尤其是第五周期和第六周期的同族之间原子半径非常接近。

三、电离能

从基态原子移去电子，需要消耗能量以克服核电荷的吸引力。原子失去电子的难易程度可用电离能来衡量。基态的气态原子失去第一个电子成为气态一价阳离子所需能量，称为该元素的第一离解能，以 I_1 表示，SI 单位为 $kJ \cdot mol^{-1}$。从一价气态阳离子再失去一个电子成为气态二价阳离子所需能量，称为第二电离能，以 I_2 表示，以此类推，还可有第三电离能、第四电离能等。随着原子逐步失去电子，所形成的离子正电荷越来越大，因而失去电子逐渐困难，故第二电离能大于第一电离能，第三电离能大于第二电离能……即 $I_1 < I_2 < I_3$……例如：

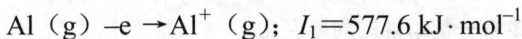

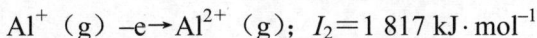

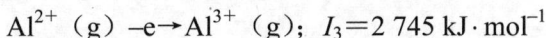

$Al（g）-e \rightarrow Al^+（g）$；$I_1 = 577.6 \ kJ \cdot mol^{-1}$

$Al^+（g）-e \rightarrow Al^{2+}（g）$；$I_2 = 1\ 817 \ kJ \cdot mol^{-1}$

$Al^{2+}（g）-e \rightarrow Al^{3+}（g）$；$I_3 = 2\ 745 \ kJ \cdot mol^{-1}$

离解能有加合性，如上例中：

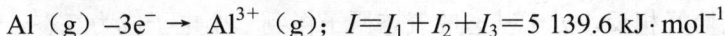

$Al（g）-3e^- \rightarrow Al^{3+}（g）$；$I = I_1 + I_2 + I_3 = 5\ 139.6 \ kJ \cdot mol^{-1}$

通常讲的电离能，如果不加标明，指的是第一电离能。电离能的大小反映原子失电子的难易。电离能越大，原子失电子越难；反之，电离能越小，原子失电子越容易。通常用第一电离能 I_1 衡量原子失去电子的能力。

元素原子的电离能，可通过实验测出。电离能的大小取决于有效核电荷、原子半径和电子层结构等，还与元素的许多化学和物理性质密切相关。电离能也呈现周期性变化，见图 2-6。

由图 2-6 可见，对同一周期的主族元素来说，从左到右，从碱金属到卤素，随着元素的有效核电荷 Z^* 增加，原子半径逐渐减小，失电子由易变难，故电离能明显增大。稀有气体由于具有稳定的电子层结构，在同一周期中，电离能最大。有些元素如 N，P 的第一离解能在曲线上突出冒尖，是由于电子要从 np^3 半充满的稳定状态中离解出去，需要消耗更多的能量。过渡元素电离能升高较缓慢，这种现象与其有效核电荷增加缓慢、半径减小缓慢是一致的。

同一主族元素从上到下，最外层电子数相同，虽然核电荷增多，但原子的电子层数也相应增多，原子半径增大起了主要作用，因此核对外层电子的吸引力逐渐减弱，电子失去的倾向增大，故电离能逐渐减小。过渡元素从上到下原子半径稍有增大，电离能变化不大。

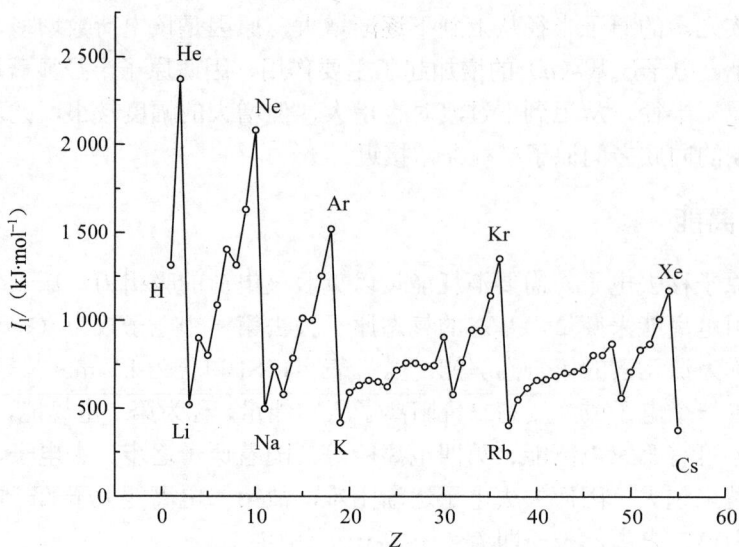

图 2-6　元素的第一离解能的周期变化

四、电子亲和能

与电离能的定义恰好相反，处于基态的气态原子得到一个电子成为气态一价阴离子时所放出的能量，称为该元素原子的第一电子亲和能，用符号 Y_1 表示，负值表示放出能量，SI 单位为 $kJ·mol^{-1}$。电子亲和能也有 Y_1，Y_2，……之分，例如：

$O（g）+e→O^-（g）$；$Y_1=-141\ kJ·mol^{-1}$

$O^-（g）+e→O^{2-}（g）$；$Y_2=+780\ kJ·mol^{-1}$

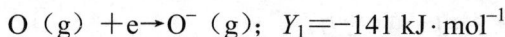

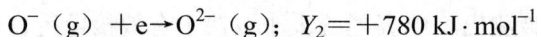

如果没有特殊说明，电子亲和能是指第一电子亲和能，各元素原子的 Y_1 一般为负值，由于原子获得第一个电子时体系能量降低，要放出能量。第二电子亲和能是指-1 氧化态的气态阴离子再得到一个电子，需要克服阴离子电荷的排斥作用，必须吸收的能量，故 Y_2 为正值。

电子亲和能的大小反映了原子获得电子的难易程度，即元素非金属性的强弱。电子亲和能的负值越大，表示原子越容易获得电子，其非金属性越强。电子亲和能的大小与有效电荷、原子半径和电子层结构有关，所以也呈现周期性的变化。

以主族元素为例。同一周期从左到右，原子结合电子时放出能量的趋势是增加的（稀有气体除外），表明原子容易结合电子形成阴离子，如表 2-10 所示。

同族从上到下，结合电子时放出能量总的趋势逐渐减小，表明结合电子的能力逐渐减弱，如表 2-11 所示。

表 2-10　同一周期元素从左至右原子结合电子时放出能量趋势示例

原子	Na	Mg	Al	Si	P	S	Cl
$Y_1/kJ \cdot mol^{-1}$	−52.7	−230	−44	−133.6 590（Y_2)	−71.7	−200.4	−348.8

表 2-11　同族元素从上至下原子结合电子时放出能量趋势示例

原子	F	Cl	Br	I
$Y_1/mol \cdot L^{-1}$	−327.6	−348.8	−324.6	−295.3

注：电子亲和能、电离能只能表征孤立气态原子（或离子）得失电子的能力。常温下元素的单在形成水合离子的过程中得失电子能力的相对大小要用电极电势的大小来判断。

五、电负性

所谓元素的电负性（x）是指：元素的原子在分子中吸引电子能力的相对大小，即不同元素的原子在分子中对成键电子吸引力的相对大小，它全面地反映了原子在分子中吸引电子的能力及元素金属性和非金属性的强弱。1932 年鲍林首先提出电负性的概念，并根据热化学数据和分子的键能，指定最活泼非金属元素氟的电负性为4.0，然后计算出其他元素电负性的相对值。元素电负性越大，表明该元素原子在分子中吸引电子的能力越强。反之，则越弱。表 2-12 列出了鲍林元素电负性的数值。

表 2-12　电负性

Li	Be						H						B	C	N	O	F
1.0	1.5						2.1						2.0	2.5	3.0	3.5	4.0
Na	Mg												Al	Si	P	S	Cl
0.9	1.2												1.5	1.8	2.1	2.5	3.0
K	Ca	Sc	Ti	V	Cr	Mn	Fe	Co	Ni	Cu	Zn	Ga	Ge	As	Se	Br
0.8	1.0	1.3	1.5	1.6	1.6	1.5	1.8	1.9	1.9	1.9	1.6	1.6	1.8	2.0	2.4	2.8
Rb	Sr	Y	Zr	Nb	Mo	Tc	Ru	Rh	Pd	Ag	Cd	In	Sn	Sb	Te	I
0.8	1.0	1.2	1.4	1.6	1.8	1.9	2.2	2.3	2.2	1.9	1.7	1.7	1.8	1.9	2.1	2.5
Cs	Ba	Lu	Hf	Ta	W	Re	Os	Ir	Pt	Au	Hg	Tl	Pb	Bi	Po	At
0.7	0.9	1.3	1.3	1.5	1.7	1.9	2.2	2.2	2.2	2.4	1.9	1.8	1.9	1.9	2.0	2.2
Fr	Ra															
0.7	0.9															

由表 2-12 可见，同一周期主族元素的电负性从左到右依次递增。表示元素的金属性逐渐减弱，非金属逐渐增强。这是由于原子在有效核电荷逐渐增大，半径依次减小，原子在分子中吸引电子的能力逐渐增加的缘故；在同一主族中，从上到下电

负性趋向减小，说明原子在分子中吸引电子能力趋向减弱。过渡元素电负性的变化没有明显的规律。

需要注意的是，电负性是一个相对值，本身没有单位，除鲍林外，1934 年密立根等也分别提出一套电负性数据，因此在使用数据时要注意出处，并尽量采用同一套电负性数据。

六、元素的金属性与非金属性

元素的金属性，是指原子失去电子成为阳离子的能力，常用电离能来衡量。元素的非金属性，是指原子得到电子成为阴离子的能力，常用电子亲和能来衡量。元素的电负性综合反映了原子得失电子的能力，故作为元素金属性与非金属性统一衡量的尺度。一般来说，金属元素的电负性在 2.0 以下，非金属元素的电负性在 2.0 以上。

同一周期主族元素从左到右，元素的金属性逐渐减弱，非金属性逐渐增强，见表 2-13。

表 2-13　同周期中元素金属性的变化

元素	Na	Mg	Al	Si	P	S	Cl
$I_1/\text{kJ} \cdot \text{mol}^{-1}$	495.8	737.7	577.6	786.5	1 011.8	999.6	1 251.1
x	0.9	1.2	1.5	1.8	2.1	2.5	3.0
金属性	逐渐减弱						
非金属性	逐渐增强						

同一主族从上到下，元素的非金属性逐渐减弱，金属性逐渐增强，见表 2-14。过渡元素都是金属，所以不再有明显的金属性与非金属性之分。

表 2-14　同族元素非金属性的变化

元素	F	Cl	Br	I	At
$Y_1/\text{kJ} \cdot \text{mol}^{-1}$	−327.6	−348.8	−324.6	−295.3	−270.0
x	4.0	3.0	2.8	2.5	2.2
金属性	逐渐减弱				
非金属性	逐渐增强				

七、元素的氧化数

元素表现的氧化值与原子结构密切相关，氧化数与原子的价层电子构型有关。由于元素价层电子构型周期性的重复，所以元素的最高正氧化数也周期性重复。元素参加化学反应时，可达到的最高正氧化数等于价电子总数，也等于所属族数，见表 2-15。

表 2-15　主族元素的氧化数和价层电子构型

主族	ⅠA	ⅡA	ⅢA	ⅣA	ⅤA	ⅥA	ⅦA
价层电子构型	$n\text{s}^1$	$n\text{s}^2$	$n\text{s}^2n\text{p}^1$	$n\text{s}^2n\text{p}^2$	$n\text{s}^2n\text{p}^3$	$n\text{s}^2n\text{p}^4$	$n\text{s}^2n\text{p}^5$
价电子总数	1	2	3	4	5	6	7
主要氧化数	+1	+2	+3（Tl 还有+1）	+4 +2（C 有-4）	+5 +3（N，P 有-3）（N 还有+1，+2，+4）	+6 +4 -2（O 只有-1，-2）	+7 +5 +3 +1 -1（F 只有-1）
最高正氧化数	+1	+2	+3	+4	+5	+6	+7

　　主族元素的氧化值只与最外层的价电子有关。主族元素（除 O、F 外）的最高正氧化数等于价电子总数，也等于所属族数，如表 2-15 所示，随元素核电荷数的递增，主族元素的氧化值呈周期性变化。

　　副族元素的氧化值，除与最外层电子有关以外，还与其次外层 d 电子有关。它们都是价电子，可参与成键。对于ⅢB～ⅦB 的元素，最高氧化值等于价电子总数。如表 2-16 所示。但是ⅠB 和ⅦB 变化不规律，ⅡB 族的最高氧化值为+2。如Ⅷ族元素中至今只有 Ru 和 Os 两个元素有达到+8 氧化数的化合物。

表 2-16　ⅢB～ⅦB 族元素最高氧化数和价层电子构型

族　数	ⅢB	ⅣB	ⅤB	ⅥB	ⅦB
第四周期元素	Sc	Ti	V	Cr	Mn
价层电子构型	$3\text{d}^14\text{s}^2$	$3\text{d}^24\text{s}^2$	$3\text{d}^34\text{s}^2$	$3\text{d}^54\text{s}^1$	$3\text{d}^54\text{s}^2$
最高正氧化数	+3	+4	+5	+6	+7

第四节　化学键与分子结构

　　自然界中，除稀有气体以单原子形式存在外，其他物质均以分子（或晶体）形式存在。分子是保持物质化学性质的一种粒子，物质间进行化学反应的实质是分子的形成和分解。分子（或晶体）中相邻原子（或离子）间强烈相互作用称为化学键。按照电子运动方式不同，化学键分为离子键、共价键（含配位键）和金属键。

一、离子键与离子晶体

1. 离子键

阴、阳离子间通过静电作用而形成的化学键，称为离子键。离子键本质是静电作用。例如，金属钠和氯气能发生反应，生成氯化钠：

$$2Na + Cl_2 \xrightarrow{\text{点燃}} 2NaCl$$

钠原子容易失去电子，氯原子很容易得到电子。钠和氯气反应时，钠原子的 3s 电子转移到氯原子的 3p 轨道上：

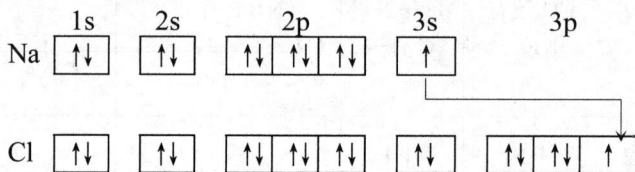

钠原子失去一个 3s 电子，带上一个单位的正电荷，形成稳定的电子层结构，成为钠离子（Na^+）；而氯原子得到一个电子，带上一个单位的负电荷，也形成稳定的电子层结构，成为氯离子（Cl^-）。

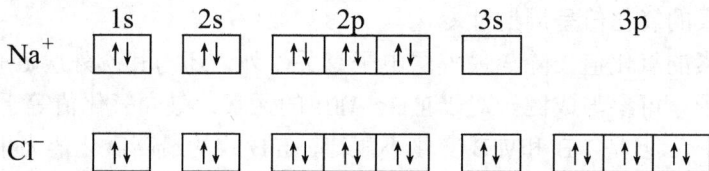

Na^+ 和 Cl^- 靠静电吸引力而相互靠拢，当它们充分接近时，Na^+ 和 Cl^- 还存在外层的电子之间和原子核之间的相互排斥作用。这种排斥作用在它们之间的距离较大时可忽略不计。当两种离子接近到某一定距离时，吸引和排斥作用达到了平衡，于是阴、阳离子间就形成了稳定的结构。

活泼金属（如钾、钠、钙、镁等）与活泼非金属（如氯、溴、氧、硫等）化合时，都能形成离子键。例如，氧化镁、溴化钾等都由离子键所形成。

离子的电场分布呈球形对称，可以从任何方向吸引带异号电荷的离子，故离子键无方向性。只要离子周围空间允许，它将尽可能多地吸引带异号电荷的离子，即离子键无饱和性。

2. 离子晶体

自然界的物质以固态、液态和气态三种聚集状态存在，而组成固体的质点，是牢固地相互联系着的。固体分为晶体和非晶体（无定形体），多数固体物质是晶体。无定性体内部质点排列不规则，没有一定的结晶外形。晶体与非晶体比较，晶体具有一定的有规则的几何外形、固定的熔点、各向异性的特征。质点（分子、离子、原子）在空间有规则地排列、具有整齐外形，以多面体存在的固体物质，叫作晶体。

用 X 射线研究晶体结构得出结论：组成晶体的微粒在空间呈有规则的排列，且每隔一定间距便重复出现，有明显的周期性。这种排列状态或点阵结构在结晶学上称为结晶格子，简称晶格。晶格中最小的重复单位或者说能体现晶格一切特征的最小单位称为晶胞。微粒所占据的点叫晶格的结点。结点按照不同方式排列，即构成不同类型的晶格。如图 2-7（a）为一种类型的晶格，图 2-7（b）为该种晶格晶胞。

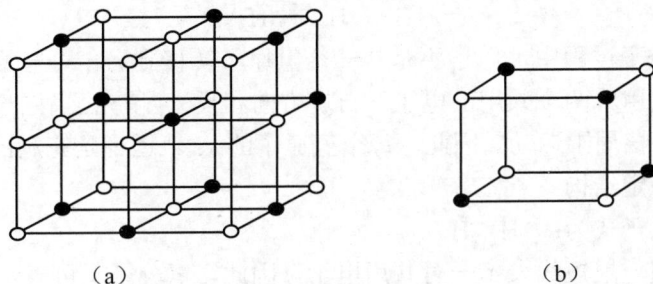

（a）   （b）

图 2-7　晶体和晶胞

晶体某些物理性质的差异，除因晶格类型不同外，主要取决于晶格结点上所排列的微粒种类和微粒间的相互作用。

以离子键结合的化合物称为离子化合物。有些离子化合物在气态时以分子的形态存在。例如，LiF 蒸气中，存在由一个 Li^+ 离子和一个 F^- 离子组成的 LiF 分子；NaCl 蒸气中也存在着相似的 NaCl 分子。但离子化合物在室温下以离子晶体形式存在。

由阴、阳离子按一定规律在晶格结点上排列形成的晶体称为离子晶体。在 NaCl 晶体中，每一个 Na^+ 离子同时吸引着 6 个 Cl^- 离子，每个 Cl^- 离子也同时吸引着 6 个 Na^+ 离子，阴、阳离子的数目之比是 1∶1。因此，在 NaCl 晶体中不存在单个的 NaCl 分子。所以，严格地说，NaCl 是表示食盐晶体中离子的个数比，NaCl 是用元素符号表示物质组成的化学式，而不是表示分子组成的分子式。同样，在其他离子晶体中，也没有单个分子存在，而是用化学式来表示它们的组成。

在离子晶体中，离子间存在着较强的离子键。一般来说，离子晶体具有硬度较大，密度较大，难于压缩，难于挥发，有较高的熔点和沸点的特点。离子晶体易溶于极性溶剂如水中。在离子晶体中，阴、阳离子被束缚在相对固定的位置上，不能自由移动，故不导电。在形成水溶液或熔融状态时，离子能自由移动，在外电场作用下可导电。

二、共价键与原子晶体

共价键概念最早由美国化学家路易斯（Lewis G N）于 1916 年提出。他认为在 H_2、O_2、N_2 等分子中，两个原子由于共用电子对吸引两个相同的原子核而结合在一起，电子成对并共用后，每个原子都可达到稳定的稀有气体原子的 8 电子结构。一般来说，电负性相差不大的元素原子之间常形成共价键。

1. 共价键

原子间通过共用电子对（或电子云重叠）所形成的化学键，叫作共价键。以 H_2 分子的形成为例，说明共价键的形成。一般情况下，当一个氢原子和另一个氢原子接近时，就相互作用生成一个氢分子。

$$H + H \rightarrow H_2$$

在形成氢分子过程中，电子不是从一个氢原子转移到另一个氢原子上，而是在两个氢原子间共用。两个共用的电子（自旋方向相反），填充了两个氢原子的 1s 轨道，在两个原子核周围运动。因此，每个氢原子的 1s 轨道都是充满的，每个氢原子具有氦原子的稳定结构。

氢分子的电子式为：$H \colon H$。

化学上常用一根短线表示一对共用电子。因此，氢分子又可表示为 H—H。

氢分子的形成过程也可用电子云的重叠来说明，两个原子的电子云部分重叠后，两核间的电子云密度增加，对两核产生引力，形成稳定分子，见图 2-8 所示。电子云重叠越多，分子越稳定。

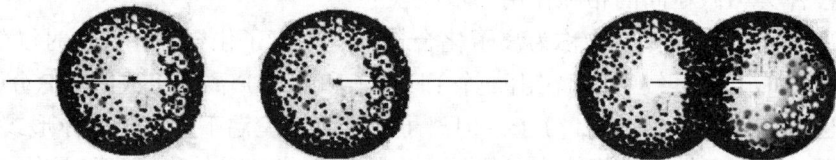

图 2-8　电子云重叠

海特勒和伦敦应用量子力学理论解释由 H 原子形成 H_2 分子的系统，做如下假设：

（1）两个 H 原子中电子的自旋方向相反。两个原子相互靠近时，每个原子核除了吸引自身的 1s 电子外，还可吸引另一个原子的 1s 电子，即发生两个 1s 轨道的重叠。从电子出现的概率密度分布（电子云）来看，由于轨道的重叠，两核间的概率密度增大，形成了高电子概率密度的区域（图 2-9），从而增强了核对其的吸引，同时部分抵消了两核间的排斥，此时系统能量降到最低，形成稳定的化学键（图 2-10 中的曲线 a）。但两原子也不能无限靠近，因为在更靠近时，两核间的斥力迅速增加。在曲线上的能量最低点处，吸引力和排斥力达到平衡。

（2）两个原子的自旋方向相同。相互靠近时，两原子核间的电子概率密度几乎为零，两核的正电荷互相排斥，使系统能量升高，处于不稳定状态，不能形成化学键（图 2-10 中的曲线 b）。

2. 价键理论的要点

1930 年美国化学家鲍林把海特勒和伦敦的成果推广到其他分子体系，发展为价键理论。价键理论的两个基本要点为：

（1）电子配对原理。两个成键原子互相接近时，各提供一个自旋方向相反的电子彼此配对，形成共价键，故价键理论又称为电子配对法。例如，H_2 分子的形成可表示为

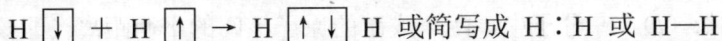

$$H \boxed{\downarrow} + H \boxed{\uparrow} \longrightarrow H \boxed{\uparrow \downarrow} H \quad \text{或简写成} \quad H : H \quad \text{或} \quad H—H$$

（2）最大重叠原理。成键电子的原子轨道重叠越多，则两核间的电子概率密度越大，形成的共价键越牢固。

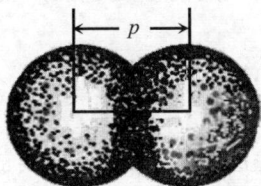

图 2-9　H_2 分子示意

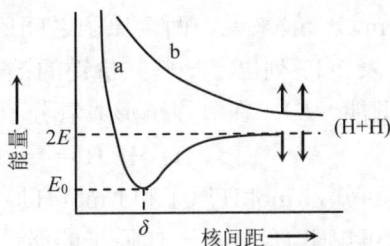

图 2-10　H_2 分子能量曲线

3. 共价键的特征

价键理论的两个基本要点，决定了共价键具有两种特性，即饱和性和方向性。

（1）饱和性。根据自旋方向相反的两个未成对电子，可以配对形成一个共价键。由此推知一个原子有几个未成对电子，就只能和同数目的自旋方向相反的未成对电子配对成键，即原子所能形成共价键的数目受未成对电子数所限制。这一特征称为共价键的饱和性。例如，Cl 原子的电子排布为 $1s^2 2s^2 2p^6 3s^2 3p^5$，3p 轨道中只有一个未成对电子，因此，只能和另一个 Cl 原子中自旋方向相反而未成对的电子配对，形成一个共价键，即 Cl_2 分子。当然，该 Cl 原子也可以和一个 H 原子中自旋方向相反的未成对电子配对，形成一个共价键，即 HCl 分子。但一个 Cl 原子决不能同时和两个 Cl 原子或两个 H 原子配对成键。

（2）方向性。原子轨道中，除 s 轨道是球形对称没有方向性外，p，d，f 原子轨道中的等价轨道，都具有一定的空间伸展方向。在形成共价键时，只有当成键原子轨道沿一定的方向相互靠近时，才能达到最大程度的重叠，形成稳定的共价键。因此共价键具有方向性，称为共价键的方向性。例如，HCl 分子中共价键的形成，假如 Cl 原子的 p 轨道中的 p_x 有一个未成对电子，H 原子的 s 轨道中自旋方向相反的未成对电子只能沿着 x 轴方向与其相互靠近，才能达到原子轨道的最大重叠，见图 2-11 所示。

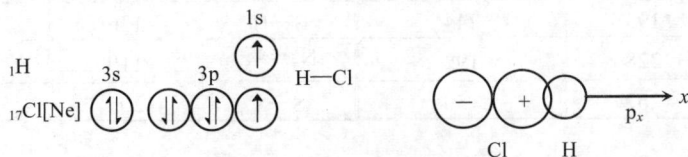

图 2-11　HCl 分子的形成

4. 键参数

共价键的基本性质可以用某些物理量来表征，如键长、键能、键角等，称为键参数。

（1）键长（l）。在分子中，两个成键的原子核间的平衡距离（即核间距）叫作键长或间距，常用单位为 pm（皮米）。用 X 射线衍射方法可以精确地测得各种化学键的键长。例如 H—H 键长 0.74×10^{-10} m，C—C 键长 1.54×10^{-10} m，Cl—Cl 键长 1.99×10^{-10} m。一般来说，两个原子之间所形成的键越短的，键越强，就越牢固，不易断开。表 2-17 列出了一些共价键的键长。

（2）键能（E）。在氢原子形成氢分子的过程中，要放出热量：

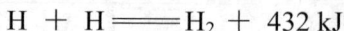

$$H + H \Longrightarrow H_2 + 432 \text{ kJ}$$

由上式可知，1 mol H 原子和 1 mol H 原子作用，生成 1 mol H_2 分子，要放出 432 kJ 热。上式也可说明 H_2 分子比 H 原子的能量降低，H_2 分子比 H 原子稳定。

如果要使 1 mol H_2 分子分裂为 2 mol H 原子，即断开 H—H 键，需要吸收 432 kJ 的能量，这个能量就是 H—H 键的键能。键能是化学键强弱的量度，定义为：在一定的温度和标准压力下，断裂 1 mol 气态分子的化学键，使它成为气态原子或原子团时所需要的能量，称为键能，可用符号 E 表示，其 SI 单位为 $kJ \cdot mol^{-1}$。对于双原子分子，键能在数值上等于键离解能（D）；对于 A_mB 和 AB_n 型的多原子分子所指的是 m 个或 n 个等价键的离解能的平均键能。表 2-17 列出了一些化合键的平均键能。从表中数据可以看出，共价键是一种很强的结合力。化学键键能越大，表示化学键越牢固，断裂该键所需的能量越大，含有该键的分子越稳定。故键能可以作为共价键牢固程度的参数。

表 2-17 某些共价键的键长和键能

键	键长（l）/pm	键能（E）/$kJ \cdot mol^{-1}$	键	键长（l）/pm	键能（E）/$kJ \cdot mol^{-1}$
H—H	74	432	C—H	109	414
C—C	154	347	C—N	147	305
C=C	134	611	C—O	143	360
C≡C	120	837	C=O	121	736
N—N	145	159	C—Cl	177	326
O—O	148	142	N—H	101	389
F—F	128	158	O—H	96	464
Cl—Cl	199	244	S—H	136	368
Br—Br	228	192	N≡N	110	946
I—I	267	150	S—S	205	264

非金属元素的单质分子都是以共价键结合成的。如氯分子的形成和氢分子相似，

两个氯原子共用一对电子。这样，每个氯原子具有氩原子的电子层结构。

氯分子可以用下列式子表示：

$$Cl : Cl \quad 或 \quad Cl—Cl$$

再如氮分子的形成跟氯分子相似，只是有三对电子共用，形成三键。氮分子可以用下列式子表示：

$$N :: N \quad 或 \quad N≡N$$

同样，两个不同的非金属原子之间也可以共价键的方式结合，如 HCl 分子表示为

$$H : Cl \quad 或 \quad H—Cl$$

（3）键角（α）。分子中键与键之间的夹角，称为键角。键角是反映分子几何构型的重要因素之一。对于双原子分子，分子的形状总是直线型的。对于多原子分子，原子在空间排列不同，所以有不同的键角和几何构型，键角的大小由实验测得。

一般来说，如果知道一个分子中所有共价键的键长和键角，就能确定这个分子的几何构型。例如 H_2O 分子中 O—H 键的键长和键角分别为 96 pm 和 104.5°，说明水分子呈 V 形结构。一些分子的键长、键角和几何构型见表 2-18。

表 2-18　一些分子的键长、键角和几何构型

分子（AB_n）	键长（l）/pm	键角（α）	几何构型	
$HgCl_2$	234	180°	直线形	
CO_2	116.3	180°		
H_2O	96	104.5°	角形（V 形）	
SO_2	143	119.5°		
BF_3	131	120°	三角形	
SO_3	143	120°		
NH_3	101.5	107°18″	三角锥形	
SO_3^{2-}	151	106°		
CH_4	109	109°28″	四面体形	
SO_4^{2-}	149	109°28″		

5. 配位键

配位共价键简称为配位键或配价键。配位键的形成是由一个原子单方面提供一对电子而与另一个有空轨道的原子（或离子）共用形成的共价键。这种共价键称为配位键。在配位键中，提供电子对的原子称为电子给予体；接受电子的原子称为电子接受体。配位键的符号用箭头"→"表示，箭头指向接受体。以 CO 为例说明配位键的形成：

C 原子的价层电子是：$2s^2 2p^2$

O 原子的价层电子是：$2s^2 2p^4$

C 原子和 O 原子的 2p 轨道上各有 2 个未成对电子，可以形成 2 个共价键。此外，C 原子的 2p 轨道上还有一个空轨道，O 原子的 2p 轨道上又有一对成对电子（又称孤对电子），正好提供给 C 原子的空轨道共用而形成配位键。配位键的形成见图 2-12。

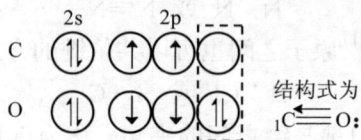

图 2-12　配位键的形成

无机化合物中大量存在配位键，如 NH_4^+，SO_4^{2-}，PO_4^{3-}，ClO_4^- 等离子中都有配位键。以配位键结合而成的化合物，叫作配位化合物，详细介绍见第七章。

6. σ 键和 π 键

根据原子轨道重叠方式，将共价键分为 σ 键和 π 键。

（1）σ 键

原子轨道沿两原子核的连线（键轴），以"头碰头"方式重叠，重叠部分集中于两核之间，通过并对称于键轴，这种键称为 σ 键。形成 σ 键的电子称为 σ 电子，如图 2-13 所示的 H—H 键、H—Cl 键、Cl—Cl 键均为 σ 键。

由于它的成键方式是"头碰头"方式重叠，成键的原子可以绕键轴旋转，而不破坏键。

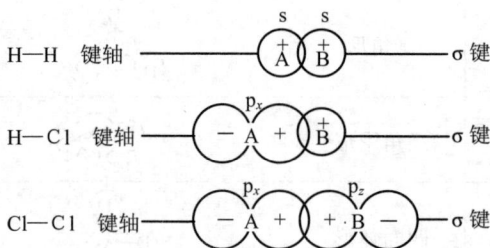

图 2-13　σ 键

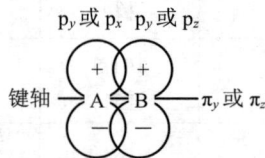

图 2-14　π 键

（2）π 键

原子轨道垂直于两核连线，以"肩并肩"方式重叠，重叠部分在键轴的两侧并对称于与键轴垂直的平面，这样形成的键称为 π 键（图 2-14），形成 π 键的电子称为 π 电子。通常 π 键形成时原子轨道重叠程度小于 σ 键，故 π 键没有 σ 键稳定，π 电子容易参与化学反应。

当两原子间形成双键或三键时，既有 σ 键又有 π 键。例如，N_2 分子的 2 个 N 原子之间就有一个（且只能有一个）σ键和两个π键。N 原子的价层电子构型是 $2s^2 2p^3$，三个未成对的 2p 电子分布在三个互相垂直的 $2p_x$，$2p_y$，$2p_z$ 原子轨道上。当两个 N 原子形成 N_2 分子时，若两个 N 原子的 $2p_x$ 以"头碰头"方式重叠形成$\sigma p_x\text{-}p_x$键，则垂直于σ键键轴的 $2p_y$ 和 $2p_z$ 只能分别以"肩并肩"方式重叠，形成$\pi p_y\text{-}p_y$和$\pi p_z\text{-}p_z$键，如图 2-15 所示。

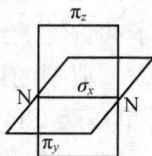

图 2-15　N_2 分子中σ键和π键

7. 非极性共价键和极性共价键

根据共价键的共用电子对偏向情况，可分为极性共价键和非极性共价键（简称为极性键和非极性键）。

由同种原子组成的共价键，如单质分子 H_2、O_2、N_2、Cl_2 等分子中的共价键，由于元素的电负性相同，成键电子云在两核中间均匀分布（并无偏向），称为非极性共价键。

另一些化合物如 HCl、H_2O、NH_3、CH_4、H_2S 等分子中的共价键由不同元素的原子形成的，元素的电负性不同，对电子对的吸引能力也不同，所以共用电子对偏向电负性较大的元素原子，致使电负性较大的元素原子一端电子云密度大，带上部分负电荷而显负电性；电负性较小的元素原子一端，则显正电性。于是在共价键的两端出现了正极和负极，这样的共价键称为极性共价键。其键极性的大小，通常可用成键的两元素电负性差值 （Δx）来衡量。Δx 值越大，键的极性越强；Δx 越小，键的极性越弱。离子键可看作极性共价键的一个极端，而非极性共价键则是极性共价键的另一个极端。显然，极性共价键是非极性共价键与离子键之间的过渡键型。

化学键的极性大小常用离子性来表示。所谓化学键离子性，是把完全得失电子而构成的离子键定为 100%；把非极性共价键定为 0%；一种化学键的离子性与两元素的电负性差值（Δx）有关，就 AB 型化合物单键而言，其离子性成分与电负性差值（Δx）之间的关系有以下经验值：

电负性差值（Δx）	0.8	1.2	1.6	1.8	2.2	2.8	3.2
键的离子性（%）	15	30	47	55	70	86	95

以上可见，如果 Δx 大于 1.7，离子性大于 50%，可认为该化学键属于离子键。

但以最典型的离子化合物 CsF 来说，化学键的离子性也只达到 92%，其中还有 8% 的共价性成分。因此纯粹的离子键是没有的。实际上绝大多数的化学键，既不是纯粹的离子键，也不是纯粹的共价键，都具有双重性。对某一具体的化学键来说，只是哪一种性质占优势而已。

8. 原子晶体

在晶体晶格结点上排列的是原子，原子之间以共价键结合形成的晶体，称为原子晶体。由于共价键的结合力极强，所以这类晶体的熔点极高，硬度极大。典型的原子晶体并不多，常见的有金刚石（C）（图 2-16）、单质硅（Si）、单质硼（B）、碳化硅（SiC，俗称金刚砂）、石英（SiO_2，俗称水晶）等。

图 2-16　金刚石
的晶体结构

在不同的原子晶体中，原子的排列方式可能不同，但原子之间都是以很强的共价键结合在一起的。例如，在金刚石晶体结构中，C 原子以 sp^3 杂化轨道成键。每个 C 原子周围都有 4 个 C—C σ 键，将所有 C 原子结合成一个整体。若要破坏这种结构，要打开晶体中所有的共价键，需消耗很高的能量。故原子晶体熔点高、硬度大、不溶于一切溶剂中，且熔融状态下也不导电。例如：金刚石、金刚砂、石英的硬度和熔点见表 2-19。

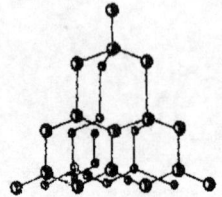

表 2-19　三种原子晶体的硬度和熔点

类型	硬度	熔点/℃
金刚石	10	3 570
金刚砂	9.5	2 700
石英	7	1 713

原子晶体和分子晶体中虽然都存在共价键，但前者占据晶格结点上是原子，晶格是以原子间的共价键维系的；后者晶格结点上是分子，晶格是以分子间力维系的，与其分子内的共价键多少和强弱无关。

三、金属键与金属晶体

1. 金属键

在一百多种元素中，金属元素约占五分之四。常温下，除汞为液体外，其余金属都是晶状固体。金属元素都有一些共同的物理化学特性，如有金属光泽、导电性、导热性、延展性等。这些特性表明，金属具有某些类似的内部结构。为了说明金属的这些特性，目前主要有"自由电子"理论和能带理论两种理论，此处只介绍"自由电子"理论。

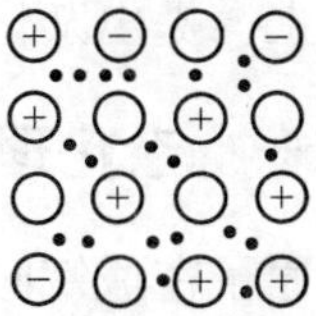

金属键的"自由电子"理论（又叫"电子气"理论）认为金属原子的外层电子和原子核的结合比较松弛，容易丢失电子，形成正离子。在金属中排列着大量相对显正性的离子和原子，在这些正离子和原子之间，存在着从原子上脱落下来的电子。这些电子不是固定在某一金属离子的附近，而是被许多原子或离子所共用，能够在离子晶格中相对自由地运动，处于非定域状态。众多原子或离子被这些电子"胶合"在一起，形成金属键（图 2-17）。也就是说，金属键是金属晶体中的金属原子、金属离子与维系它们的自由电子间产生的结合力。由于金属键中电子不是固定于两原子之间，而是无数金属原子和金属离子共用无数自由流动的电子，故金属键无方向性和饱和性。

图 2-17 金属键

2. 金属晶体

晶体内部以金属键结合，在晶格结点上排列着金属相对显正性的离子和原子所形成的晶体称为金属晶体。由于自由电子可在整个晶体中运动，能将电能和热能迅速传递，故金属是电和热的良导体。金属晶格各部分如发生一定的相对位移，不会改变自由电子的流动和"胶合"状态，也就不会破坏金属键，故金属有较好的延展性。金属键有一定强度，故大多数金属有较高的熔点、沸点和硬度。

第五节　杂化轨道理论

价键理论部分说明了分子中共价键的形成，但不能很好地说明如 $HgCl_2$，BF_3，CH_4 等分子的成键情况，并且往往不能圆满地解释分子的几何构型。例如，CH_4 分子中 C 原子的电子排布是 $1s^2 2s^2 2p^2$，p 轨道上只有 2 个未成对电子。按照价键理论，与 H 原子只能形成 2 个 C—H 键。但实验测定，在 CH_4 分子中却有 4 个 C—H 键。为了说明这一问题，提出激发成键的概念，即在化学反应中，C 原子的 2 个 s 电子，其中有 1 个跃迁到 2p 轨道上去，使价电子层内具有 4 个未成对电子，见图 2-18。

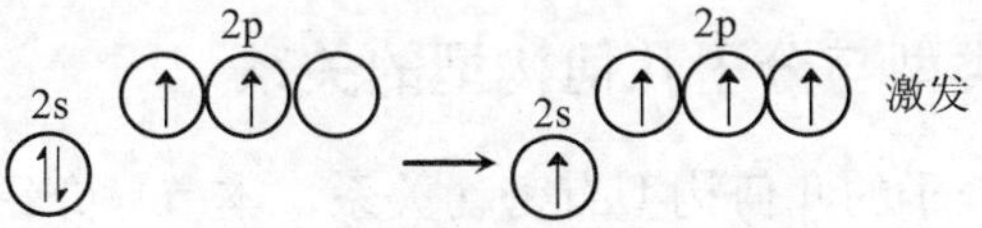

图 2-18　C 原子的电子激发

这样就可形成 4 个 C—H 键。但并没有完全解决问题，由于 s 轨道和 p 轨道能级不同，这 4 个 C—H 键的键能和键角不应相同。而实验测知 CH_4 分子中的键长、键角却是相同的，且 CH_4 分子的构型是正四面体，C 原子位于正四面体中心，H 原子分别位于四面体的顶点。为了解决上述矛盾，1931 年鲍林和斯莱脱在价键理论的基础上，提出杂化轨道理论。

一、杂化理论概要

原子在成键时，常将其价层成对电子中的 1 个电子激发到邻近的空轨道上，以增加能成键的单个电子数。如 Be（$2s^2$）、Hg（$5d^{10}6s^2$）、B（$2s^22p^1$）、C（$2s^22p^2$）等元素的原子，成键时都将 1 个 ns 电子激发到 np 轨道上去，相应增加 2 个成单电子，便可多形成 2 个键。多成键后释放出的能量远比激发电子所需的能量多，故系统的总能量是降低的。

与此同时，同一原子中一定数目、能量相近的几个原子轨道会重新组合成相同数目的等价新轨道，这一过程称为原子轨道的杂化，简称杂化。所组成的新轨道称为杂化轨道。轨道经杂化后，其角度分布及形状均发生了变化，形成的杂化轨道形状一头大、一头小，大的一头与另一原子成键时，原子轨道可以得到更大程度的重叠，所以杂化轨道的成键能力比未杂前更强（图 2-19），系统能量降低得更多，生成的分子也更加稳定。因此杂化轨道理论认为原子轨道在成键时会采取杂化方式。

电子激发和轨道杂化虽都可使成键系统的能量降低，但前者由于多成了键，后者因为成的键更强，二者并不相同。原子在成键时，既可以同时发生电子激发和轨道杂化，也可以只进行轨道杂化。

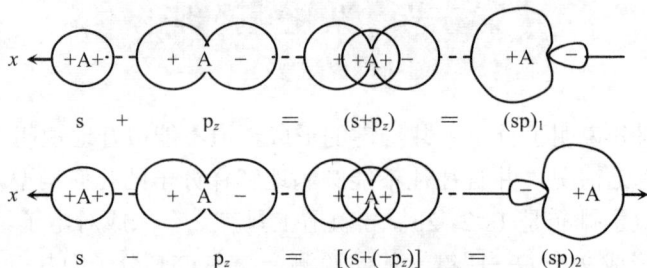

图 2-19　两个 sp 杂化轨道的形成和方向

二、杂化轨道类型与分子几何构型的关系

杂化轨道类型与分子的几何构型有密切关系，本节只介绍由 s 轨道和 p 轨道参与杂化的三种方式，即 sp，sp^2，sp^3 杂化以及等性杂化和不等性杂化。

1．sp 杂化

sp 杂化是同一原子的 1 个 s 轨道和 1 个 p 轨道之间进行的杂化，形成 2 个等价的 sp 杂化轨道。以 $HgCl_2$ 分子的形成为例，实验测得 $HgCl_2$ 的分子构型为直线形，键角为 180°。该分子的形成过程如下：

Hg 原子的价层电子为 $5d^{10}6s^2$，成键时 1 个 6s 轨道上的电子激发到空的 6p 轨道上（成为激发态 $6s^1 6p^1$），同时发生杂化，组成 2 个新的等价 sp 杂化轨道。每个 sp 杂化轨道均含有 1/2s 轨道和 1/2p 轨道成分，这两个轨道在一直线上，杂化轨道间的夹角为 180°，如图 2-20 所示。2 个 Cl 原子的 3p 轨道以"头碰头"方式与 Hg 原子的 2 个杂化轨道大的一端发生重叠，形成两个 σ 键。所以 $HgCl_2$ 分子中三个原子在一直线上，Hg 原子位于中间（又称其为中心原子）。这样就圆满地解释了 $HgCl_2$ 分子是直线形的几何构型。$BeCl_2$ 以及 ⅡB 族元素的其他 AB_2 型直线形分子的形成过程与上述过程相似。

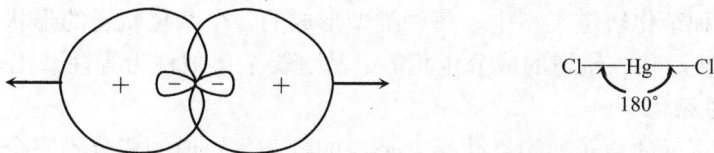

图 2-20　sp 杂化轨道的分布和分子的几何构型

2. sp^2 杂化

sp^2 杂化是同一原子的 1 个 s 轨道和 2 个 p 轨道进行杂化，形成 3 个等价的 sp^2 轨道。以 BF_3 分子的形成为例，实验测得 BF_3 分子的几何构型是平面正三角形，键角为 120°。该分子形成过程如下：

B 原子的价层电子为 $2s^2 2p^1$，只有 1 个未成对电子，成键过程中 2s 的 1 个电子激发到 2p 空轨道上（成为激发态 $2s^1 2p_x^1 2p_y^1$），同时发生杂化，组成 3 个新的等价的 sp^2 杂化轨道，每个杂化轨道均含有 1/3s 和 2/3p 轨道成分。这 3 个杂化轨道指向正三角形的 3 个顶点，杂化轨道间的夹角为 120°，如图 2-21 所示。3 个 F 原子的 2p 轨道以"头碰头"方式与 B 原子的

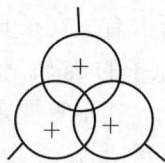

图 2-21　sp^2 杂化轨道的分布和分子的几何构型

3 个杂化轨道的大头重叠，形成 3 个 σ 键。所以 BF_3 为平面正三角形的几何构型，B 原子位于中心。

3. sp^3 杂化

sp^3 杂化是同一原子的 1 个 s 轨道和 3 个 p 轨道间的杂化，形成 4 个等价的 sp^3 轨道。CH_4 分子的形成即属此例。实验测得 CH_4 分子为正四面体，键角为 109°28′，分子形成过程如下：

C 原子的价层电子为 $2s^2 2p^2$（或 $2s^2 sp_x^1 2p_y^1$），只有 2 个未成对电子。成键过程中，经过激发，成为 $2s^1 2p_x^1 2p_y^1 2p_z^1$。同时发生杂化，组成 4 个新的等价的 sp^3 杂化轨道，每

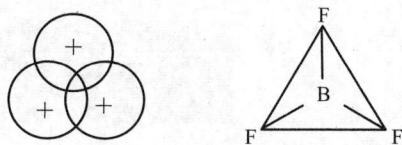

图 2-22　sp^3 杂化轨道的分布和分子的几何构型

个杂化轨道均含 1/4 s 和 3/4 p 轨道成分。4 个杂化轨道的大头指向正四面体的 4 个顶点，杂化轨道间的夹角为 109°28′，见图 2-22 所示。4 个 H 原子的 s 轨道以"头碰头"方式与 4 个杂化轨道的大头重叠，形成 4 个 σ 键。所以，CH_4 分子为正四面体的几何构型，C 原子位于其中心。

比较 sp、sp^2、sp^3 三种杂化轨道，可知轨道含有的 s 成分依次减少，p 轨道成分依次增多，且轨道间的夹角也依次变小：1/2 p 轨道时为 180°，2/3 p 轨道时为 120°，3/4 p 轨道时为 109°28′，纯 p 轨道时为 90°。

在以上三种杂化轨道类型中，每种类型形成的各个杂化轨道的形状和能量完全相同，所含 s 轨道和 p 轨道的成分也相等，故这类杂化被称为等性杂化。

4．不等性杂化

几个能量相近的原子轨道杂化后，形成的各杂化轨道的成分不完全相等时，即为不等性杂化。下面以 NH_3 分子形成为例予以说明。

实验测定 NH_3 为三角锥形，键角为 107°18′，略小于正四面体的 109°28′的键角。N 原子的价层电子构型为 $2s^2 2p^3$，1 个 s 轨道和 3 个 p 轨道进行杂化，形成 4 个 sp^3 杂化轨道。其中 3 个杂化轨道中各有 1 个成单电子，第 4 个杂化轨道则被成对电子所占有。3 个具有成单电子的杂化轨道分

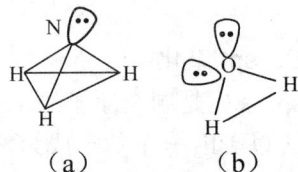

图 2-23　NH_3 和 H_2O 的几何构型

别与 H 原子的 1s 轨道重叠成键，而为成对电子占据的杂化轨道不参与成键，此即不等性杂化。在不等性杂化中，由于成对电子没有参与成键，则离核较近，故其占据的杂化轨道所含 s 轨道成分较多、p 轨道成分较少，其他成键的杂化轨道则相反。因此，受成对电子的影响，键的夹角小于正四面体中键的夹角，见图 2-23（a）。

H_2O 分子的形成与此类似，其中 O 原子也采取不等性 sp^3 杂化，只是 4 个杂化轨道中有 2 个被成对电子所占有。成键轨道所含 p 轨道成分更多，其键的夹角也更小，分子为角折形（或 V 形），见图 2-23（b）。

如果键合原子不完全相同，也可引起中心原子轨道的不等性杂化。如 $CHCl_3$ 分子中，C 原子采取 sp^3 杂化，其中与 Cl 原子键合的 3 个 sp^3 杂化轨道，每个含 s 轨道成分为 0.258，而与 H 原子键合的 1 个 sp^3 杂化轨道所含 s 轨道成分为 0.226。所以，$CHCl_3$ 中 C 原子的 sp^3 杂化也是不等性的共价键。

第六节　分子间力和氢键

分子之间也存在着相互作用力，这种力虽不及化学键强烈，但气态物质能凝聚成液态，液态物质能凝固成固态，正是分子之间相互作用或吸引的结果。分子间作

用力是 1873 年由荷兰物理学家范德华提出，故又称范德华力。随着人们对原子、分子结构研究的深入，认识到分子间力本质上也属于一种电性引力。为了说明这种引力的由来，先介绍分子的极性与变形性。

一、分子的极性和变形性

1. 分子的极性

任何以共价键结合的分子中，都存在带正电荷的原子核和带负电荷的电子。尽管整个分子是电中性的，可设想分子中两种电荷分别集中于一点，称为正电荷中心和负电荷中心，即"＋"极和"－"极。如果两个电荷中心间存在一定的距离，即形成偶极，这样的分子就有极性，称为极性分子。如果两个电荷中心重合，分子就无极性，称为非极性分子。

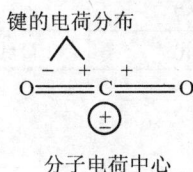

图 2-24　CO_2 分子中的正、负电荷中心分布　　图 2-25　H_2O 分子中的正、负电荷中心分布

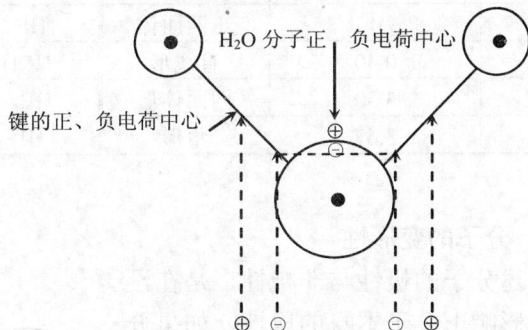

对于双原子分子来说，分子的极性和化学键的极性一致。例如 H_2、O_2、N_2、Cl_2 等分子都由非极性共价键相结合，都是非极性分子；而 HF，HCl，HBr，HI 等分子由极性共价键结合，正、负电荷中心不重合，都是极性分子。

对于多原子分子来说，分子有无极性，由分子的组成和结构而定。例如，CO_2 分子中的 C—O 键虽为极性键，但由于 CO_2 分子是直线形，结构对称（图 2-24），两边键的极性相互抵消，整个分子的正、负电荷中心重合，故 CO_2 分子是非极性分子。在 H_2O 分子中，H—O 键为极性键，分子为 V 形结构（图 2-25），分子的正、负电荷中心不重合，所以水分子是极性分子。

分子极性的大小通常用偶极矩来衡量。偶极矩（μ）定义为分子中正电荷中心或负电荷中心上的荷电量（q）与正、负电荷中心间距离（d）的乘积：

$$\mu = q \cdot d$$

d 又称偶极长度。偶极矩的 SI 单位是 C·m，是一个矢量，规定方向从正极到负极。双原子分子偶极矩示意如图 2-26。

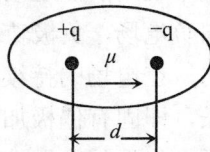

图 2-26　分子的偶极矩

分子的偶极矩可通过实验测定（但还未能分别求得）。表 2-20 是一些气态分子偶极矩的实验值。表中 μ 值等于零的分子为非极性分子。μ 值不等于零的分子为极性分子。μ 值越大，分子的极性越强。分子的极性既与化学键的极性有关，又和分子的几何构型有关，测定分子的偶极矩，有助于比较物质极性的强弱和推断分子的几何构型。

表 2-20 一些物质分子的偶极矩与几何构型

分子式	$\mu/10^{-30}C \cdot m$	分子构型	分子式	$\mu/10^{-30}C \cdot m$	分子构型
H_2	0	直线形	SO_2	5.33	角形
N_2	0	直线形	H_2O	6.17	角形
CO_2	0	直线形	NH_3	4.90	三角锥形
CS_2	0	直线形	HCN	9.85	直线形
CH_4	0	正四面体	HF	6.37	直线形
CO	0.40	直线形	HCl	3.57	直线形
$CHCl_3$	3.50	四面体形	HBr	2.67	直线形
H_2S	3.67	角形	HI	1.40	直线形

2. 分子的变形性

上述分子的极性与非极性，是在没有外界影响下分子本身的属性。如果分子受到外加电场的作用，分子内部电荷的分布因同电相斥、异电相吸的作用而发生相对位移。例如，非极性分子在未受电场的作用前，正、负电荷中心重合，如图 2-27（a）所示。当受到电场作用后，

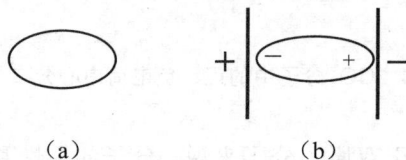

图 2-27 非极性分子在电场中的变形极化

分子中带正电荷的原子核被吸向负极，带负电的电子云被引向正极，使正、负电荷中心发生位移产生偶极（称为诱导偶极），整个分子发生了变形，如图 2-27（b）所示。外电场消失时，诱导偶极也随之消失，分子又恢复为原来的非极性分子。

对于极性分子来说，分子原本就存在偶极（称为固有偶极），通常这些极性分子在做不规则的热运动，如图 2-28（a）所示。当分子进入外电场后，固有偶极的正极转向负电场，负极转向正电场，进行定向排列，如图 2-28（b）所示，这个过程称为取向。在电场的持续作用下，分子的正、负电荷中心也随之发生位移而使偶极距离增长，即固有偶极加上诱导偶极，使分子极性增加，分子发生变形，如图 2-28（c）所示。如果外电场消失，诱导偶极也随之消失，但分子的固有偶极不变。

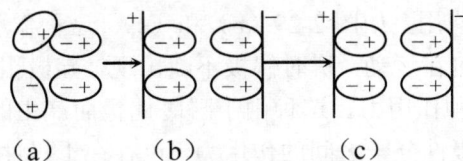

（a）　　　（b）　　　（c）

图 2-28　极性分子在电场中极化

　　非极性分子或极性分子受外电场作用而产生诱导偶极的过程，称为分子的极化（或称变形极化）。分子受极化后外形发生改变的性质，称为分子的变形性。电场越强，产生诱导偶极越大，分子的变形越显著；另外，分子越大，所含电子越多，变形性也越大。分子在外电场作用下的变形程度，可以用极化率（α）来量度，α 可由实验测定。一些气态分子的极化率见表 2-21。

表 2-21　一些气态分子的极化率

分子式	$\alpha/10^{-40}\ C \cdot m^2 \cdot V^{-1}$	分子式	$\alpha/10^{-40}\ C \cdot m^2 \cdot V^{-1}$
He	0.277	HCl	2.85
Ne	0.437	HBr	3.86
Ar	1.81	HI	5.78
Kr	2.73	H_2O	1.61
Xe	4.45	H_2S	4.05
H_2	0.892	CO	2.14
O_2	1.74	CO_2	2.87
N_2	1.93	NH_3	2.39
Cl_2	5.01	CH_4	3.00
Br_2	7.15	C_2H_6	4.81

　　由表 2-21 可见，ⅧA 族的单原子分子（从 He 到 Xe），ⅦA，ⅥA 族部分元素及其与氢的化合物（如 HCl，HBr，HI，H_2O，H_2S），以及 CO，CO_2 和 CH_4，C_2H_6 等分子的极化率分别依次增加，这是由于它们的相对分子质量和分子体积依次增大（在同类型分子的前提下），故其变形性也依次增大。

二、分子间力

　　分子具有极性和变形性是分子间产生作用力的根本原因。分子间存在三种作用力，即色散力、诱导力和取向力，统称范德华力。

1. 色散力

　　非极性分子的偶极矩为零，似乎不存在相互作用。事实上分子内的原子核和电子在不断地运动，在某一瞬间，正、负电荷中心发生相对位移，使分子产生瞬时偶极，如图 2-29 （a）。当两个或多个非极性分子在一定条件下充分靠近时，由于瞬时偶极会发生异极相吸的作用，如图 2-29（b）和（c）。这种作用力虽然短暂、瞬间即逝。但原子核和电子时刻在运动，瞬时偶极不断出现，异极相邻的状态也时刻出现，所以分子间始终维持这种作用力。这种由于瞬时偶极而产生的相互作用力，称为色散力。色散力不仅是非极性分子之间的作用力，也存在于极性分子的相互作用之中。

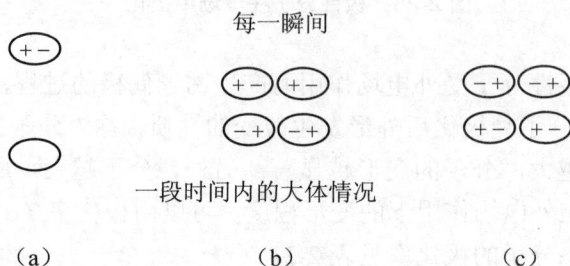

图 2-29　非极性分子间的相互作用

色散力的大小与分子的变形性或极化率有关。极化率越大，分子之间的色散力越大，物质的熔点、沸点越高（表 2-22）。

表 2-22　物质的极化率、色散能与熔沸点

物质	极化率（α）/10^{-40} C·m²·V⁻¹	色散能（E）/10^{-22}J	熔点（t_m）/℃	沸点（t_b）/℃
He	0.227	0.05	−272.2	−268.94
Ar	1.81	2.9	−189.38	−185.87
Xe	4.45	18	−111.8	−108.10

2．诱导力

极性分子中存在固有偶极，可作为一个微小的电场。当与非极性分子充分靠近时，会被极性分子极化产生诱导偶极（图 2-30），诱导偶极与极性分子固有偶极之间有作用力。同时，诱导偶极又可反过来作用于极性分子，使其也产生诱导偶极，从而增强了分子之间的作用力，这种由于形成诱导偶极而产生的作用力，称为诱导力。诱导力与分子的极性和变形性有关，分子的极性和变形性越大，其产生的诱导力也越大。当然，极性分子与非极性分子之间也存在色散力。

（a）分子离得较远　　　　　　　（b）分子靠近时

图 2-30　极性分子和非极性分子间的作用

3．取向力

当两个极性分子充分靠近时，由于极性分子中存在固有偶极，会发生同极相斥、

异极相吸的取向（或有序）排列。取向后，固有偶极之间产生的作用力，称为取向力。取向力的大小决定于极性分子的偶极矩，偶极矩越大，取向力越大。当然，极性分子之间也存在着诱导力和色散力。

综上所述，在非极性分子之间只有色散力，在极性分子和非极性分子之间有诱导和色散力，在极性分子和极性分子之间有取向力、诱导力和色散力。这些力本质上都是静电引力。

在三种作用力中，色散力存在于一切分子之间，一般也是分子间的主要作用力（极性很大的分子除外），取向力次之，诱导力最小。从表 2-23 的数据可以看出某些物质分子间作用能的三个组成部分的相对大小。

表 2-23　某些物质分子间作用能及其构成（两分子间距离 $d=500$ pm，温度 $T=298$ K）

分子	$E_{取向}/kJ \cdot mol^{-1}$	$E_{诱导}/kJ \cdot mol^{-1}$	$E_{色散}/kJ \cdot mol^{-1}$	$E_{总}/kJ \cdot mol^{-1}$
Ar	0.000	0.000	8.49	8.49
CO	0.003	0.0084	8.74	8.75
HCl	3.305	1.004	16.82	21.13
HBr	0.686	0.502	21.92	23.11
HI	0.025	0.1130	25.86	26.00
NH_3	13.31	1.548	14.94	29.80
H_2O	36.38	1.929	8.996	47.30

4. 范德华力对物质性质的影响

分子间的吸引作用比化学键弱得多，即使在分子晶体中或分子靠得很近时，其作用力也不过是化学键的 1/100 到 1/10，只是在分子间的距离为几百皮米时，才表现出分子间力，随分子间距离的增加而迅速减小。分子间力普遍存在于各种分子之间，对物质的物理性质如熔点、沸点、硬度、溶解度等都有一定的影响。例如，在周期表中，由同族元素生成的单质或同类化合物，其熔点或沸点随着相对分子质量的增大而升高。稀有气体按 He→Ne→Ar→Kr→Xe 的顺序，相对分子质量增加，分子体积增大，变形性或极化率升高，色散力随着增大，故熔、沸点依次升高。卤素单质都是非极性分子，常温下，F_2 和 Cl_2 是气体，Br_2 是液体，而 I_2 是固体，也反映了从 F_2 到 I_2 色散力依次增大这一事实。

卤化氢分子是极性分子，按 HCl→HBr→HI 顺序，分子的偶极矩递减，极化率递增，分子间的取向力和诱导力依次下降，色散力明显上升，致使这几种物质的熔点、沸点依次升高。此例也说明色散力在范德华力中所起的重要作用。除了极性很大的分子如 H_2O、NH_3 等，取向力起主要作用外，一般都是以色散力为主。

三、氢键

按照前面对分子间力的讨论，在卤化氢中，HF 的熔、沸点理应最低，但事实并非如此。类似情况也存在于ⅥA、ⅤA 族各元素与氢的化合物中，见图 2-31 所示。

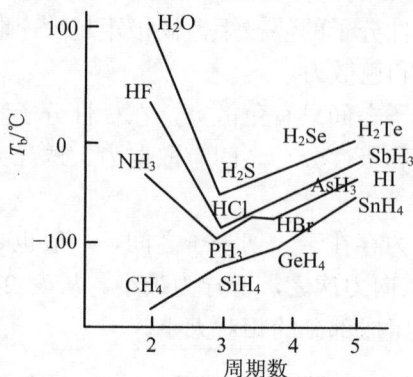

图 2-31　ⅣA～ⅦA 族各元素的氢化物的沸点递变情况

从图 2-31 可看出：HF、H_2O 和 NH_3 有着反常高的熔、沸点，说明这些分子除了普遍存在的分子间力外，必然还存在着另一种作用力。如在 HF 分子中，由于 F 原子的半径小、电负性大，共用电子对强烈偏向于 F 原子一方，使 H 原子的核几乎"裸露"出来。这个半径很小、又无内层电子的带正电荷的氢核，能和相邻 HF 分子中 F 原子的孤对电子相吸引，这种静电吸引力称为氢键。由于氢键的形成，简单 HF 分子缔合，如下图所示（其中虚线表示氢键）：

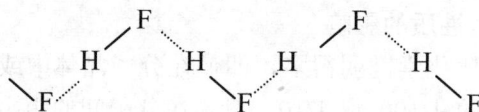

氢键的组成可用 X—H--Y 来表示，其中 X、Y 代表电负性大、半径小，且有孤对电子的原子，一般是 F、O、N 等原子。X、Y 可以是不同原子，也可是相同原子。氢键既可在同种分子或不同分子之间形成，又可在分子内形成（例如在 HNO_3 或 H_3PO_4 中），分别叫作分子间氢键和分子内氢键。

与共价键相似，氢键也有饱和性和方向性：每个 X—H 只能与一个 Y 原子相互吸引形成氢键；Y 与 H 形成氢键时，尽可能采取 X—H 键键轴的方向，使 X—H--Y 在一直线上。

氢键的键能比化学键小得多，但通常又比分子间力大很多，如 HF 的氢键键能为 28 kJ·mol^{-1}。氢键的形成会对某些物质的物理性质产生一定的影响，如由固态转化为液态，或由液态转化为气态时，除需克服分子间力外，还需破坏比分子间力更大的氢键，要多消耗不少能量，此即 HF、H_2O 和 NH_3 的熔、沸点出现异常的原因。如果溶质分子与溶剂分子间能形成氢键，将有利于溶质的溶解。NH_3 在水中有较大的溶解度就与此有关。

四、分子晶体

以分子间力结合，且晶体的晶格结点上排列的微粒是分子，即形成分子晶体。虽然分子内部是以较强的共价键结合，但分子之间的作用力是范德华力。固态 CO_2（干冰）就是一种典型的分子晶体（图 2-32）。CO_2 分子内是以 C—O 共价键结合，但占据晶格结点的是 CO_2 分子，结点之间以范德华力结合。此外，非金属单质如 H_2、O_2、N_2、P_4、S_8、卤素等和非金属化合物如 NH_3、H_2O、SO_2 等及大部分有机化合物，在固态时也都是分子晶体。有些分子晶体中还同时存在氢键，如冰的结构。

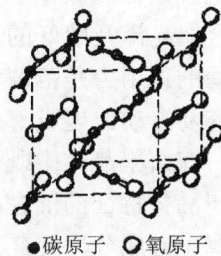

●碳原子 ○氧原子

图 2-32 CO_2 分子晶体（俗称干冰）

由于分子间力比化学键弱得多，因而分子晶体有熔点、沸点低，硬度小等特征。四种晶体的基本性质见表 2-24。

表 2-24 四种晶体的结构和性质

晶体类型	晶格结点上的粒子	离子间的作用力	晶体的一般性质	实例
离子晶体	阴、阳离子	离子键	熔点较高，硬度较大而脆，固体不导电，熔融态或水溶液导电	NaCl，MgO
原子晶体	原子	共价键	熔点高，硬度大，不导电	金刚石，SiC
分子晶体	分子	分子间力（或氢键）	熔点低，硬度小，不导电	CO_2，NH_3
金属晶体	原子、正离子	金属键	熔点一般较高，硬度一般较大，能导电，导热，具有延展性	W，Ag，Cu

上述四种基本类型的晶体中，同一类晶格结点上粒子间的作用力都是相同的，而在实际中，还存在另一种晶体，其晶格结点上离子间的作用力并不完全相同，这种晶体称为混合型晶体。比如说石墨就是混合型晶体，通过实验测定，石墨是层状结构。在同一层中相邻两 C 原子之间的距离为 142 pm，层与层之间的距离为 335 pm（图 2-33）。每个 C 原子均以 3 个 sp^2 杂化轨道与同一平面的 3 个 C 原子形成三个 σ 键，键角为 120°。这种结构不断重复延展，构成由无数个正六边形组成的网状平面。此外，每一个 C 原子还有一个未杂化的 $2p_z$ 轨道垂直于平面，和相邻的其他 C

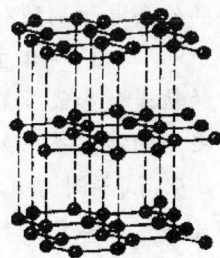

图 2-33 石墨的层状结构

原子的 $2p_z$ 轨道以"肩并肩"的方式重叠，形成多个原子参与的一个大 π 键整体。这种由多个原子（3 个或 3 个以上原子）形成的 π 键，称为大 π 键。大 π 键垂直于网状平面构成一个"巨大"的分子（通常写作 π_n^m，上面的 m 为大 π 键中的电子数，下面的 n 为组成大 π 键的原子数）。大 π 键中的电子并不固定在两个原子之间，而是在整个层中的各原子间自由运动，好似金属中的自由电子，所以大 π 键中的电子是非定域电子或称离域电子，大 π 键又可称为非定域键。由于石墨中有离域电子，所以具有金属光泽及较好的导电性，常用作电极材料。石墨的层与层之间相距较大，它们之间的作用力是范德华力。这种作用力很弱，当受到与层相平行的外力作用时，层间容易滑动或裂成薄片，所以石墨又可以做润滑剂和铅笔芯。

在石墨晶体中既有共价键，又有分子间力，可见是兼有原子晶体、分子晶体和金属晶体特征的混合晶体。其他如云母、氮化硼等也是层状结构的混合型晶体，既有离子键成分，又有共价键成分的过渡晶体，如 $AgCl$、$AgBr$ 等也属于混合型晶体。

关于分子结构中的大 π 键，不仅存在于很多无机化合物分子中，更多地存在于有机化合物的分子中。

复习与思考题

1. 试述四个量子数的意义和它们的取值规律。哪些量子数决定了原子中电子的能量。

2. 列举原子核外电子的排布遵循哪些原则。

3. 为什么周期表中各周期所包含的元素数不一定等于相应电子层中电子的最大容量 $2n^2$？为什么任何原子的最外层均不超过 8 个电子，次外层均不超过 18 个电子？

4. 什么是有效核电荷？其递变规律如何？有效核电荷的编号对原子半径、电离能产生什么影响？

5. 什么是电离能？什么是电子亲和能？什么是电负性？后者数值的大小与元素的金属性、非金属性有何联系？

6. 原子半径通常有哪几种？其大小与哪些因素有关？

7. 什么是价层电子构型？写出周期表中各族元素原子的价层电子构型通式。各层的价层电子构型有什么规律性变化。

8. 写出 $n=4$ 主层中各电子的 n、l、m 量子数与所在轨道符号，并指出各亚层中的轨道数和最多能容纳的电子数，总的轨道数和最多能容纳的总的电子数，各轨道之间的能量关系如何？

9. 试举例说明元素性质的周期性递变规律。短周期与长周期元素性质的递变有何差异？主族元素与副族元素的性质递变有何差异？

10. 下列电子运动状态是否存在，为什么？

（1）$n=2$，$l=1$，$m=0$；　　（2）$n=2$，$l=2$，$m=-1$；

（3）$n=3$，$l=0$，$m=0$；　　（4）$n=3$，$l=1$，$m=+1$；

（5）$n=2$，$l=0$，$m=-1$；　　（6）$n=2$，$l=3$，$m=+2$

11. 写出 Ne 原子中 10 个电子各自的四个量子数。

12. 写出 Ni 原子最外两个电子层中每个电子的四个量子数。

13. 试讨论在第四能级组上：

（1）能级数是多少？并用符号表示各能级；

（2）各能级上的轨道数是多少？该能级组上的轨道总数是多少？哪些是等价轨道？用轨道图表示。

14. （1）主、副族元素的电子构型各有什么特点？

（2）周期表中 s 区、p 区、d 区和 ds 区元素的电子构型各有什么特点？

15. 选择题：

（1）关于原子轨道的下述观点，正确的是：_____。

A. 原子轨道是电子运动的轨道

B. 某一原子轨道是电子的一种空间运动状态，即波函数

C. 原子轨道表示电子在空间各点出现的概率

D. 原子轨道表示电子在空间各点出现的概率密度

（2）$3s^1$ 表示_____的一个电子。

A. $n=3$ B. $n=3$, $l=0$

C. $n=3$, $l=0$, $m=0$ D. $n=3$, $l=0$, $m=0$, $m_s=+1/2$, $m_s=-1/2$

（3）下列电子构型中，电离能最小的是：_____。

A. ns^2np^3 B. ns^2np^4 C. ns^2np^5 D. ns^2np^6

（4）某元素的价电子构型为 $3d^54s^2$，该元素是：_____。

A. 钒   B. 铬   C. 锰   D. 铁

16. 已知四种元素的原子的价电子层结构分别为（1）$4s^2$，（2）$3s^23p^5$，（3）$3d^34s^2$，（4）$5d^{10}6s^2$。试指出：它们在周期表中各属于哪一区？哪一周期？哪一族？它们电负性的相对大小。

17. 已知某元素在周期表中位于第五周期ⅣA主族，试写出该元素的电子结构式、名称和符号。

18. 已知某副族元素 A 的原子，电子最后排入 3d，最高氧化值为＋4；元素 B 的原子，电子最后排入 4p，最高氧化值为＋5。回答下列问题：

（1）写出 A、B 元素原子的电子排布式；

（2）根据电子排布式，指出它们在周期表中的位置（周期、族）。

19. 不看周期表，试推测下列每组原子中哪一个原子具有较大的电负性值。

（1）17 和 19；（2）37 和 55；（3）8 和 14

20. 试讨论并解释：

（1）原子半径在短周期主族元素、d 区元素和 f 区元素从左到右的变化特点；

（2）原子半径在主族各族和副族左半部分自上而下的变化特点。

21. 写出周期表各族元素的价层电子构型通式，并简述其与各族元素最高氧化值的一般关系。

22. 写出 29、56、80 号元素原子的核外电子分布式、价电子构型及其在元素周期表中的位置。

23. 不看周期表完成下表：

价电子结构	周期	族	区	电负性相对大小	最高正氧化数
$3s^1$					
$3s^2 3p^5$					
$3d^5 4s^2$					
$4d^{10} 5s^1$					

24. 不看周期表完成下表：

原子序数	电子层结构	价电子构型	周期	族	区	金属或非金属
	$[Ne] 3s^2 3p^4$					
		$4d^5 5s^2$				
			六	ⅡB		

25. 下列各种元素有哪些主要价数（氧化数）？并举出与各价态相应的化合物各一种。

Cl，Pb，Mn，Cr

26. 离子键是怎样形成的？离子键的特征和本质是什么？

27. 共价键理论的基本要点是什么？它们如何说明了共价键的特征？

28. BF_3 分子是平面三角形的几何构型，但 NF_3 分子却是三角锥形的几何构型，试用杂化轨道理论加以说明。

29. 试用杂化轨道理论说明下列分子的中心原子可能采取的杂化类型，并预测其分子的几何构型。

BF_3　　　CO_2　　　CF_4　　　PH_3　　　SO_2

30. 试判断下列各组的两种分子间存在哪些分子间作用力。

（1）Cl_2 和 CCl_4　　　　　（2）CO_2 和 H_2O

（3）H_2S 和 H_2O　　　　　（4）NH_3 和 H_2O

31. 说明下列每组分子之间存在着什么形式的分子间作用力（取向力、诱导力、色散力、氢键）？

（1）苯和 CCl_4　　　（2）甲醇和水　　　（3）HBr 气体

（4）He 和水　　　（5）NaCl 和水

32. 何谓氢键？试从能量性质上比较氢键与化学键、分子间力的异同。

第三章　化学反应速率和化学平衡

本章提要：任何一个化学反应都涉及两大问题：一是化学反应的快慢程度，即化学反应速率；二是化学反应的方向和限度，即化学平衡。两者既有区别又有联系。本章主要介绍化学反应速率的基本概念，讨论浓度、温度、压力、催化剂等因素对化学反应速率的影响，运用表征化学反应进行限度的理论标志——平衡常数，讲解平衡常数的概念、平衡常数及平衡组成的计算。着重讨论外界条件对化学平衡移动的影响及在化工生产中的运用。

第一节　化学反应速率及其影响因素

一、化学反应速率及其表示法

物质化学反应的快慢程度各不相同，有的反应得快，瞬间即可完成，如酸碱中和反应，爆炸反应等，有些反应得慢，较长时间才能察觉，如金属的腐蚀、岩石的风化、塑料或橡胶的老化等。化学反应速率是表示化学反应的快慢程度。

化学反应速率以单位时间内反应物或生成物浓度变化的正值来表示。如某反应为

$$a\text{A} + b\text{B} \longrightarrow d\text{D} + e\text{E}$$

随着反应的进行，反应物 A 和 B 的浓度不断减小，生成物 D 和 E 的浓度不断增大。对生成物 D，其反应速率为

$$v(\text{D}) = \frac{\Delta c(\text{D})}{\Delta t} \tag{3-1}$$

式中，Δt —— 时间间隔，s、min 或 h；

$\Delta c(\text{D})$ —— 在 Δt 时间间隔内 D 物质浓度变化的量，$\text{mol} \cdot \text{L}^{-1}$；

$v(\text{D})$ —— 以生成物 D 来表示的反应速率，$\text{mol} \cdot \text{L}^{-1} \cdot \text{s}^{-1}$（$\text{min}^{-1}$、$\text{h}^{-1}$）。由于 $\Delta c(\text{A})$ 为负值，故在前面加负号使反应速率为正值，以反应物 A 来表示的反应速率为

$$v(\text{A}) = -\frac{\Delta c(\text{A})}{\Delta t} \tag{3-2}$$

例如：在一定条件下，氮气和氢气合成氨的反应

$$\text{N}_2 + 3\text{H}_2 = 2\text{NH}_3 \uparrow$$

起始浓度（$mol \cdot L^{-1}$）：　　　　1.0　2.0　　0

2 s 末浓度（$mol \cdot L^{-1}$）：　　0.60 0.80　0.80

用反应物 N_2、H_2 和生成物 NH_3 浓度变化表示的反应速率为

$$v(N_2) = -\frac{\Delta c(N_2)}{\Delta t} = -\frac{(0.60-1.0)}{2.0-0} = 0.20 \ (mol \cdot L^{-1} \cdot s^{-1})$$

$$v(H_2) = -\frac{\Delta c(H_2)}{\Delta t} = -\frac{(0.80-2.0)}{2.0-0} = 0.60 \ (mol \cdot L^{-1} \cdot s^{-1})$$

$$v(NH_3) = \frac{\Delta c(NH_3)}{\Delta t} = \frac{(0.80-0.0)}{2.0-0} = 0.40 \ (mol \cdot L^{-1} \cdot s^{-1})$$

由以上计算结果可知，用不同的反应物或生成物表示的反应速率不同，这是由于各种物质的化学计量系数不同而引起数值上的差异。事实上同一反应，在一定条件下只能有一个反应速率，所以反应速率必须指明是用何种物质表示。例如在合成氨的反应中，各物质表示的反应速率之间存在如下关系：

$$v(N_2) = \frac{1}{3}v(H_2) = \frac{1}{2}v(NH_3)$$

由此推广到任一反应：$aA + bB \longrightarrow dD + eE$

其反应速率之间的关系为：$\frac{1}{a}v(A) = \frac{1}{b}v(B) = \frac{1}{d}v(D) = \frac{1}{e}v(E)$

上述反应速率都是 Δ 时间内的平均速率，用 $\bar{v}$ 表示。实际反应中，各物质的浓度随时间变化，反应速率也随时间变化而变化。为准确描述某一瞬间的反应速率，将时间间隔取无限小，则平均速率的极限值取为化学反应在某时刻的瞬时速率。如反应 $A \rightarrow B$ 的瞬时速率：

$$N(A) = \lim_{\Delta t \to 0} -\frac{\Delta c(A)}{\Delta t} = -\frac{dc(A)}{dt} \ \text{或} \ v(B) = \frac{dc(B)}{dt}$$

瞬时速率在速率曲线上表现为某时刻的切线斜率，如图 3-1 CCl_4 中 N_2O_5 浓度随时间的变化曲线所示。随着反应的进行，反应物浓度不断减小，瞬时速率不断减小，故斜率为负值。

二、影响反应速率的因素

化学反应速率的大小取决于反应物的性质。化学反应速率还与反应物浓度（或压力）、温度和催化剂等因素有关。

1.浓度对化学反应速率的影响

反应浓度改变，化学反应速率也发生改变，如物质在纯氧中燃烧比在空气中燃烧更剧烈。显然，反应物浓度越大，反应速率越大。

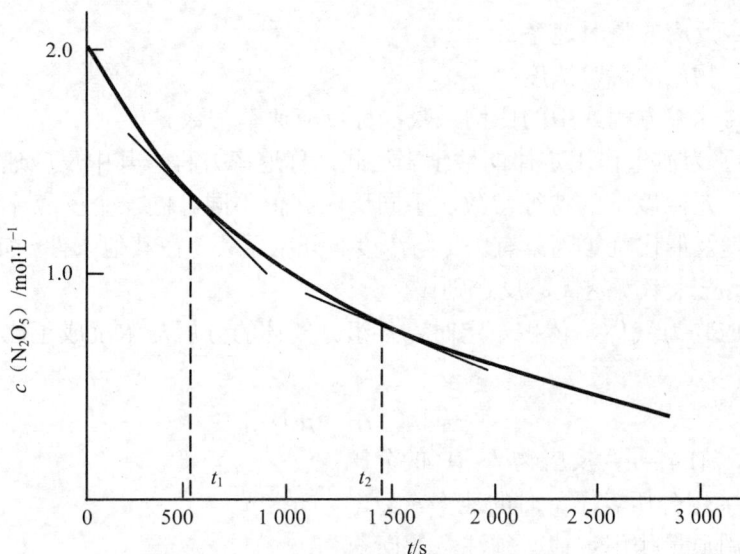

图 3-1　CCl₄ 中 N₂O₅ 浓度随时间的变化曲线

（1）基元反应和非基元反应。实际过程中一步就能完成的反应称为基元反应。例如：

$$2NO_2（g）\longrightarrow 2NO（g）+O_2（g）$$
$$NO_2（g）+CO（g）\xrightarrow{327℃} NO（g）+CO_2（g）$$

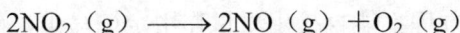

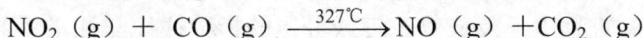

实验表明，大多数的化学反应不是一步完成，需要分步进行，分步进行的反应称为非基元反应，例如：

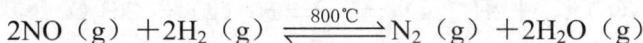

$$2NO（g）+2H_2（g）\xrightleftharpoons{800℃} N_2（g）+2H_2O（g）$$

实际上该反应分两步进行：

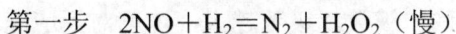

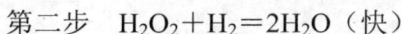

第一步　$2NO+H_2=N_2+H_2O_2$（慢）

第二步　$H_2O_2+H_2=2H_2O$（快）

每一步为一个基元反应，总反应为两步反应之和。其中，慢反应控制整个反应的步骤，总反应的反应速率由慢反应决定。

（2）质量作用定律。在大量实验的基础上，总结出反应物浓度与化学反应速率之间的定量关系，称为质量作用定律，即：在一定温度下，化学反应速率与各反应物浓度指数的幂的乘积成正比。浓度指数在数值上等于基元反应中各反应物前面的化学计量系数。

如反应：$aA+bB\longrightarrow cC+dD$

反应速率 $v\propto\{c(A)\}^a\cdot\{c(B)\}^b$，用比例系数来表示为

$$v=k\{c(A)\}^a\cdot\{c(B)\}^b \tag{3-3}$$

式中，v —— 反应的瞬时速率；

$\quad\quad c$ —— 物质的瞬时浓度；

$\quad\quad k$ —— 速率方程式中的比例系数，称反应速率常数。

式（3-3）为质量作用定律的数学表达式，称速率方程。其中反应速率常数 k 是化学反应在一定温度下的特征常数。不同反应 k 值不同。同一个反应 k 值与反应物的性质、温度及催化剂等因素有关，与浓度、分压无关。在其他条件一定的情况下，k 值越大，反应速率就越快，反之则慢。

如果反应物为气体，体积一定时，各组分气体的分压与浓度成正比，则速率方程为

$$v = k'\{p(A)\}^a \cdot \{p(B)\}^b \tag{3-4}$$

式中，$p(A)$，$p(B)$ —— 反应物 A，B 的分压；

$\quad\quad k'$ —— 用分压表示 v 时的速率常数。

（3）使用质量作用定律必须注意的问题

只有基元反应才能根据质量作用定律直接写出速率方程，例如：

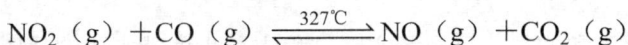

$$NO_2（g）+CO（g）\underset{}{\overset{327℃}{\rightleftharpoons}} NO（g）+CO_2（g）$$

其速率方程为：$v = kp(NO_2) \cdot p(CO)$

非基元反应的速率方程不能直接由质量作用定律写出，必须由实验确定。由实验数据得出的速率方程中，反应物浓度或分压的指数往往与计量系数不一致，故被称为经验速率方程。例如反应：

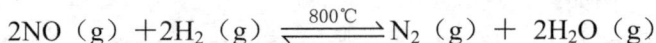

$$2NO（g）+2H_2（g）\underset{}{\overset{800℃}{\rightleftharpoons}} N_2（g）+ 2H_2O（g）$$

经验速率方程为：$v = k\{p(NO)\}^2 \cdot p(H_2)$

速率方程中反应物浓度或分压的指数称作级数。级数越大，浓度对反应速率的影响越大。

例如反应 $aA+bB \rightarrow cC+dD$ 速率方程为 $v = k\{c(A)\}^a \cdot \{c(B)\}^{\beta}$，式中 α 为 A 物质的反应级数，β 为 B 物质的反应级数，$\alpha+\beta$ 为总反应级数。如果反应为基元反应，有 $\alpha = a$，$\beta = b$。若为非基元反应，速率方程中 α 和 β 与方程式中的计量数不一致，可能出现 α 和 β 不同时等于 a、b 的情况。α、β 值可以为整数、分数或零，零级反应表示反应物浓度与反应速率无关。

2. 温度对化学反应速率的影响

温度是影响化学反应速率的重要因素，对大多数反应，不论吸热还是放热反应，温度升高，反应速率都会增大。例如，氢气和氧气在常温下反应速率极小，几乎不发生化合反应。当温度超过 600℃ 时，立即发生剧烈爆炸。一般温度升高 10℃，反应速率增加 2~4 倍。对于温度升高 10℃，反应速率增加 2 倍的反应，100℃ 时的反

应速率为 0℃时的 2^{10} 倍，即在 0℃时需要 7 天多才能完成的反应，在 100℃时只需 10 分钟。可见温度对化学反应速率的影响之大，见图 3-2。

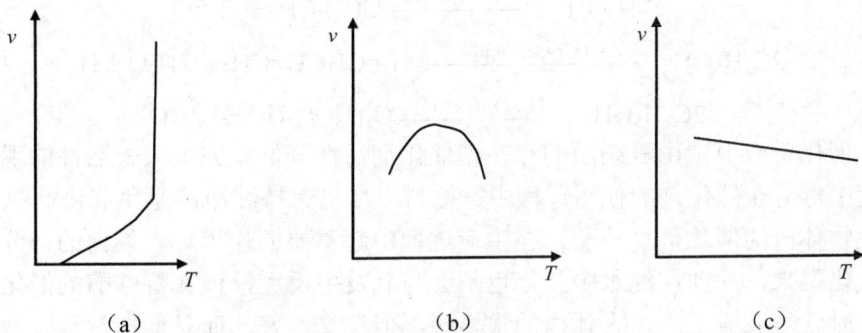

图 3-2　温度对速率影响的几种特殊情况

图 3-2（a）表示爆炸反应。当温度达到某一数值时，化学反应速率急剧增大，发生爆炸。如 1986 年 1 月 28 日，美国挑战者号航天飞机升空时失事，其原因是助推火箭密封装置失灵，引起燃烧箱内的液氢和液氧在高温下迅速发生反应，导致爆炸。

图 3-2（b）表示反应速率在一定温度范围内达到最大值，温度过高或过低反应速率都会变小。例如生物酶的催化反应，在适宜的温度范围内，生物酶具有催化作用，反应速率最大。

图 3-2（c）表示反应速率随着温度升高而降低。如 $2NO(g) + O_2(g) \longrightarrow 2NO_2(g)$。

3. 催化剂对反应速率的影响

能显著改变反应速率，其在反应前后组成、质量和化学性质能保持不变的物质称为催化剂（又称触媒）。催化剂对反应速率的影响称催化作用。使反应速率加快的催化剂叫作正催化剂，使反应速率减慢的催化剂叫作负催化剂。通常的催化剂一般指正催化剂。催化剂在工业上的应用广泛，无机化工原料硝酸、硫酸、合成氨的生产，汽油、煤油、柴油的精制，橡胶以及化纤单体的合成和聚合等，都是随着催化剂的研制成功而实现的。例如接触法生产硫酸，将 SO_2 氧化为 SO_3，在 470℃下采用 V_2O_5 作催化剂后，反应速率可以提高 1.6×10^8 倍。甲苯是重要的化工原料，从存在于石油中的甲基环己烷脱氢制得。因该反应极慢，长时间不能用于工业生产，直到发现能显著加速反应的 Cu、Ni 催化剂后，才有了工业生产价值。某些反应如金属腐蚀，加入缓蚀剂可减慢其反应速率，延缓腐蚀，缓蚀剂起负催化的作用。

一种催化剂往往对某种或某几种特定的反应起催化作用，因此催化剂具有选择性。如 V_2O_5 宜于催化 SO_2 氧化反应，铁宜于合成氨生产等。相同的反应物采用不同的催化剂，会得到不同的产物。根据这一特性，可由一种原料制取多种产品。例如以乙醇为原料，在不同条件下，采用不同催化剂可得到不同的产物：

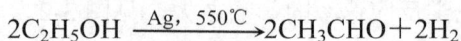

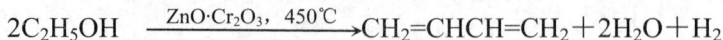

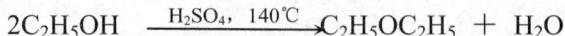

$$2C_2H_5OH \xrightarrow{\text{Ag, 550℃}} 2CH_3CHO + 2H_2$$

$$C_2H_5OH \xrightarrow{\text{Al}_2\text{O}_3,\ 350℃} CH_2=CH_2 + H_2O$$

$$2C_2H_5OH \xrightarrow{\text{ZnO·Cr}_2\text{O}_3,\ 450℃} CH_2=CHCH=CH_2 + 2H_2O + H_2$$

$$2C_2H_5OH \xrightarrow{\text{H}_2\text{SO}_4,\ 140℃} C_2H_5OC_2H_5 + H_2O$$

在催化反应中，由于杂质的存在使催化剂活性降低或完全失去活性的现象称为催化剂中毒。在催化剂的使用过程中，原料应尽量保持纯净，避免催化剂中毒。

生物体内的催化剂——酶，在生命过程中起重要的作用。人体内的部分能量由蔗糖氧化得来，蔗糖在纯水中几年也不会与氧发生反应，但在特殊酶的催化下，只需几小时就能完成反应。人体内的很多酶不但选择性好，而且能在常温、常压和接近中性的条件下加速某些反应的进行。工业生产中不少催化剂往往需要在高温、高压等条件才具有催化作用。为适应新技术的发展需要，模拟酶的催化作用成为当今重要的研究课题。

4. 影响反应速率的其他因素

研究体系涉及两个或两个以上相的反应，称作多相反应。例如：固—气反应、固—液反应、固—固反应。多相反应发生在两相界面上，其反应速率除受上述几种影响因素外，还与反应物接触面的大小和接触机会有关。增大反应物表面积，使反应物接触面积增大，有利于提高反应速率。例如大煤块燃烧比煤屑慢，细煤粉颗粒与空气的混合物会发生燃烧爆炸。气—液反应，用液态喷淋的方式扩大与其他反应物的接触面，增加反应速率。此外，搅拌也可增加反应物的接触，让生成物及时离开反应界面，提高反应速率。其他如超声波、紫外光、激光和高能射线等，对反应速率也有影响。

第二节　化学平衡

一、可逆反应与化学平衡

化学反应分为可逆反应和不可逆反应。在一定条件下，向一个方向几乎能进行完全的反应称为不可逆反应。即反应物几乎完全转化为生成物，而相同条件下，生成物几乎不能向反应物方向转化，即反应只能向正方向进行而不能逆向进行。不可逆反应用单向箭头（ ⟶ ）表示，例如：

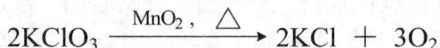

$$2KClO_3 \xrightarrow{\text{MnO}_2,\ \triangle} 2KCl + 3O_2$$

$$HCl + NaOH \longrightarrow NaCl + H_2O$$

实际上这类反应是很少的。大多数反应都是可逆反应。描述反应的可逆性，用逆向平行的双箭头（$\rightleftharpoons$）表示，例如：高温下，CO_2 和 H_2 反应可生成 CO 和 H_2O（g），同时 CO 和 H_2O（g）也可以生成 CO_2 和 H_2：

$$CO_2（g）+H_2（g）\rightleftharpoons CO（g）+ H_2O（g）$$

向右进行的反应叫正反应，向左进行的反应叫逆反应。在同一条件下，既能正反应方向进行又能逆反应方向进行的反应，称为可逆反应。可逆反应的进行必然导致化学平衡的实现。

在一定温度下，把定量的反应物 CO_2 和 H_2 置于一个密闭容器中反应，开始时，反应物浓度最大，具有最大的正反应速率 $v_{正}$，生成物浓度为零，即逆反应速率 $v_{逆}$ 为零；随着反应的进行，反应物浓度不断减小，生成物浓度不断增大，即正反应速率 $v_{正}$ 不断减小，逆反应速率 $v_{逆}$ 不断增大，当到达某一时刻时，正、逆反应速率相等 $v_{正}=v_{逆}$（不为零），反应达到平衡状态（图3-3）。此时，体系中单位时间内因正反应使反应物浓度

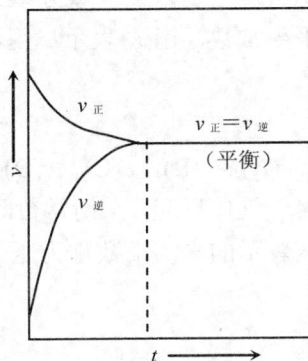

图 3-3　可逆反应速率随时间变化

减小的量等于因逆反应使反应物浓度增加的量，各物质的浓度不再随时间而变化，表面上看反应似乎达到"停顿"状态，事实上，正、逆反应仍在进行，反应并未停止，化学平衡是一种动态的平衡。化学平衡是有条件的，相对地，当原来的平衡条件改变，原平衡状态被破坏，平衡将发生转移，并在新的条件下建立新的平衡。

二、平衡常数

1. 平衡常数的定义及其表达式

对于可逆反应 $CO_2（g）+H_2（g）\rightleftharpoons CO（g）+H_2O（g）$，有这样一组实验数据，如表 3-1。

表 3-1　$CO_2（g）+H_2（g）\rightleftharpoons CO（g）+H_2O（g）$ 平衡体系实验数据

编号	起始浓度/mol·L^{-1}				平衡浓度/mol·L^{-1}				$\dfrac{c(CO)c(H_2O)}{c(CO_2)c(H_2)}$
	$c(CO_2)$	$c(H_2)$	$c(CO)$	$c(H_2O)$	$c(CO_2)$	$c(H_2)$	$c(CO)$	$c(H_2O)$	
1	0.010	0.010	0	0	0.004 0	0.004 0	0.006 0	0.006 0	2.3
2	0.010	0.020	0	0	0.002 2	0.012 2	0.007 8	0.007 8	2.3
3	0.010	0.010	0.001 0	0	0.004 1	0.004 1	0.006 9	0.005 9	2.4
4	0	0	0.020	0.020	0.008 2	0.008 2	0.011 8	0.011 8	2.4

无论开始反应时系统的组成如何，无论反应是从正向开始还是从逆向开始，当化学反应达到平衡时，各反应物和生成物浓度都不再随时间变化，且 $\dfrac{c(CO)c(H_2O)}{c(CO_2)c(H_2)}$ 为一个常数。对于气体参加的反应，可用气体的分压替代浓度进行计算。

大量的实验证明，对于任何一个可逆反应：$aA + bB \rightleftharpoons cC+dD$，在一定温度下达到平衡时，生成物浓度（或分压）以反应方程式中化学计量系数为指数的幂的乘积与反应物浓度（或分压）以化学计量系数为指数的幂的乘积之比为一常数，称为平衡常数，用 K 表示。用浓度表示的平衡常数称为浓度平衡常数，计作 K_c。

$$K_c = \frac{\{c(C)\}^c \{c(D)\}^d}{\{c(A)\}^a \{c(B)\}^b} \tag{3-5}$$

式中，$c(A)$，$c(B)$，$c(C)$，$c(D)$ —— 这四种物质的平衡浓度。

对于气体反应，平衡常数既可用平衡时物质的摩尔浓度表示，也可用分压表示。用分压表示的平衡常数称为压力平衡常数，计作 K_p：

$$K_p = \frac{\{p(C)\}^c \{p(D)\}^d}{\{p(A)\}^a \{p(B)\}^b} \tag{3-6}$$

式中，$p(A)$、$p(B)$、$p(C)$、$p(D)$ —— 各物质在平衡时的分压。

若视各组分气体为理想气体，则根据 $pV=nRT$，同一化学反应中，K_c 和 K_p 的关系可作如下推导：

对于任何一个可逆反应：$aA（g）+bB（g）\rightleftharpoons cC（g）+dD（g）$，$p(A)$、$p(B)$、$p(C)$、$p(D)$ 分别表示各物质在平衡时的分压，则：

$$p(A) = \frac{n_A}{V}RT = c(A)\ RT \qquad p(B) = \frac{n_B}{V}RT = c(B)\ RT$$

$$p(C) = \frac{n_C}{V}RT = c(C)\ RT \qquad p(D) = \frac{n_D}{V}RT = c(D)\ RT$$

代入平衡常数关系式：

$$K_p = \frac{\{p(C)\}^c \{p(D)\}^d}{\{p(A)\}^a \{p(B)\}^b} = \frac{\{c(C)\}^c \{c(D)\}^d}{\{c(A)\}^a \{c(B)\}^b}\ (RT)^{(c+d)-(a+b)}$$

令 $\Delta n = (c+d)-(a+b)$，有

$$K_p = K_c (RT)^{\Delta n} \tag{3-7}$$

将实验数据直接代入 K_c 或 K_p 表达式计算，得出的平衡常数称为经验平衡常数或实验平衡常数。实际计算中多用规定的热力学平衡常数，又称为标准平衡常数，记作 $K^\ominus$。其表达式与实验平衡常数相似，将 K_c 表达式中的浓度换算成相对浓度（即将物质的实际浓度除以标准浓度 $c^\ominus = 1.0\ mol \cdot L^{-1}$），得到标准浓度平衡常数 $K_c^\ominus$；将 K_p 表达式中的分压换算成相对分压（气体的分压除以标准压力 $p^\ominus = 100\ kPa$），得到

标准压力平衡常数 $K_p^\ominus$。如反应在溶液中进行：

$$K_c^\ominus = \frac{\{c(C)/c^\ominus\}^c\{c(D)/c^\ominus\}^d}{\{c(A)/c^\ominus\}^a\{c(B)/c^\ominus\}^b}$$

因为 $K^\ominus$ 与 K_c 在数值上相等，为了书写方便，$c^\ominus$ 在 $K^\ominus$ 表达式中不列出，上式简写为

$$K_c^\ominus = \frac{c^c(C)\cdot c^d(D)}{c^a(A)\cdot c^b(B)} \tag{3-8}$$

对于气体参加的反应：

$$K_p^\ominus = \frac{\{p(C)/p^\ominus\}^c\{p(D)/p^\ominus\}^d}{\{p(A)/p^\ominus\}^a\{p(B)/p^\ominus\}^b} \tag{3-9}$$

对于多相离子平衡体系，如：

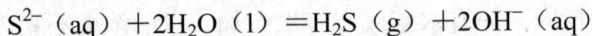

$$S^{2-}（aq）+2H_2O（1）=H_2S（g）+2OH^-（aq）$$

其标准平衡常数的表达式为：$$K^\ominus = \frac{\{p(H_2S)/p^\ominus\}\{c(OH^-)/c^\ominus\}^2}{\{c(S^{2-})/c^\ominus\}}$$

由于相对浓度和相对分压没有单位，所以标准平衡常数（$K^\ominus$）是一个没有量纲的量。本书的平衡常数均采用标准平衡常数。

2. 平衡常数的书写和应用规则

化学平衡常数适用于气体反应，也适用于有纯液体、固体参加的反应及在水溶液中进行的反应。书写和应用平衡常数时应该注意：

（1）平衡常数是温度函数，书写和使用时应注明温度。不同温度下，同一反应方程式的平衡常数值有所不同，如反应：$H_2（g）+I_2（g）\rightleftharpoons 2HI（g）$，在 764 K 时 $K_p^\ominus =45.70$，而在 724 K 时 $K_p^\ominus =50.0$。一般情况下，未标明温度则默认为 298.15 K。

（2）同一化学反应，化学方程式的书写不同，平衡常数的表达式也不同，使用平衡常数时必须指明其所对应的化学方程式。

例如反应方程式：$H_2（g）+I_2（g）\rightleftharpoons 2HI（g）$

$$K_{p1}^\ominus = \frac{\{p(HI)/p^\ominus\}^2}{\{p(H_2)/p^\ominus\}\{p(I_2)/p^\ominus\}}$$

反应方程式：$\dfrac{1}{2}H_2（g）+\dfrac{1}{2}I_2（g）\rightleftharpoons HI（g）$

$$K_{p2}^\ominus = \frac{\{p(HI)/p^\ominus\}}{\{p(H_2)/p^\ominus\}^{\frac{1}{2}}\{p(I_2)/p^\ominus\}^{\frac{1}{2}}}$$

且 $K_{p1}^\ominus =(K_{p2}^\ominus)^2$

（3）如果反应中有固体和纯液体参加，书写平衡常数表达式时，纯固体或纯液体的物质不列入其中，只考虑气体的分压和溶液的浓度，分压或浓度的幂指数与相应方程式中该物质的化学计量系数相对应。

例如反应 $CaCO_3$（s）$\rightleftharpoons$ CaO（s）$+CO_2$（g）

$$K_p^{\ominus} = p(CO_2)/ p^{\ominus}$$

对于有水参加的反应，如在稀溶液中进行，水的浓度不必写在平衡关系中，例如：

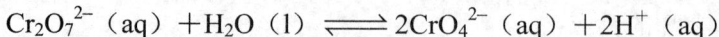

$$Cr_2O_7^{2-}（aq）+H_2O（l）\rightleftharpoons 2CrO_4^{2-}（aq）+2H^+（aq）$$

$$K_c^{\ominus} = \frac{c^2(CrO_4^{2-}) \cdot c^2(H^+)}{c(Cr_2O_7^{2-})}$$

非水溶液中的反应，如有水生成或有水参加，水的浓度不视为常数，须表示在平衡关系式中，例如乙醇和醋酸的液相反应：

$$C_2H_5OH + CH_3COOH \rightleftharpoons CH_3COOC_2H_5 + H_2O$$

$$K_c^{\ominus} = \frac{c(CH_3COOH) \cdot c(H_2O)}{c(C_2H_5OH) \cdot c(CH_3COOH)}$$

3. 平衡常数的意义

（1）平衡常数是衡量可逆反应进行程度的标志，是十分重要的物理量。

平衡状态是反应进行的最大限度，对同类反应而言，$K^{\ominus}$ 值越大，反应朝正向进行的程度越大，反应进行得越彻底。

如：$2Cl$（g）$\rightleftharpoons Cl_2$（g） $K_c^{\ominus} = \dfrac{c(Cl_2)}{c^2(Cl)} = 1 \times 10^{38}$（298 K）

假设 $c(Cl_2) = 1 \ mol \cdot L^{-1}$

则 $c(Cl) = 1 \times 10^{-19} \ mol \cdot L^{-1}$

由于平衡常数很大，平衡混合物中几乎都是 Cl_2 分子，而 Cl 原子的浓度非常小，也就是说，Cl 原子基本上转化为 Cl_2 分子，反应进行得完全，逆反应几乎不发生。

$K^{\ominus}$ 值小的反应，说明平衡产物的浓度很小，反应进行的程度较浅。

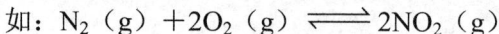

如：N_2（g）$+2O_2$（g）$\rightleftharpoons 2NO_2$（g）

$$K_c^{\ominus} = \frac{c^2(NO_2)}{c(N_2) \cdot c^2(O_2)} = \frac{c^2(NO_2)}{c(N_2) \cdot c^2(O_2)} = 1 \times 10^{-30}（298 K）$$

假设 $c(N_2) = c(O_2) = 1 \ mol \cdot L^{-1}$

则 $c(NO_2) = 1 \times 10^{-15} \ mol \cdot L^{-1}$

平衡混合物中几乎都是未反应的 N_2 和 O_2，仅有微量的 NO_2 气体生成。意味着在 298 K 时，N_2 和 O_2 的化合反应基本上没有进行。

平衡常数数值适中的反应，其平衡体系中反应物和生成物的浓度不会太悬殊，二者都不可忽略，不论反应从哪边开始，正向反应和逆向反应进行都不完全。

必须注意，平衡常数数值的大小，只能大概说明可逆反应的正向反应所能进行的最大限度，并不能预示反应达到平衡所需要的时间。有的反应虽然平衡常数值大，正反应可能进行完全，但因反应速率太慢，该反应也没有意义。

（2）用平衡常数判断反应是否处于平衡状态和反应进行的方向。

首先引入反应熵的概念，对于可逆反应 $aA + bB \rightleftharpoons cC + dD$，将任意时刻（包括平衡状态或非平衡状态）各物质的浓度或分压代入标准平衡常数表达式，即得到反应熵（Q），Q 的表达式为

$$Q_c = \frac{\{c(C)/c^\ominus\}^c \{c(D)/c^\ominus\}^d}{\{c(A)/c^\ominus\}^a \{c(B)/c^\ominus\}^b}$$

与 $K^\ominus$ 的处理类似，$c^\ominus$ 在 Q_c 表达式中不列出，可简写为 $Q_c = \dfrac{c^c(C) \cdot c^d(D)}{c^a(A) \cdot c^b(B)}$，

或

$$Q_p = \frac{\{p(C)/p^\ominus\}^c \{p(D)/p^\ominus\}^d}{\{p(A)/p^\ominus\}^a \{p(B)/p^\ominus\}^b}$$

当 $Q = K^\ominus$ 时，生成物浓度或分压等于平衡时的浓度或分压，反应处于平衡状态，即反应进行到最大限度。

当 $Q \neq K^\ominus$ 时，反应处于不平衡状态，有下列两种可能的情况：

① $Q < K^\ominus$ 时，生成物的浓度或分压小于平衡时的浓度或分压，反应继续向正反应方向进行。反应物浓度不断减小（即平衡常数表达式中分母不断减小）；生成物浓度不断增大（平衡常数表达式中分子不断增大），直到 $Q = K^\ominus$，反应达到平衡状态。

② $Q > K^\ominus$ 时，生成物浓度或分压大于平衡时的浓度或分压，反应向逆反应方向进行。反应物浓度不断增大（即平衡常数表达式中分母不断增大）；生成物浓度不断减小（平衡常数表达式中分子不断减小），直到 $Q = K^\ominus$，反应达到平衡状态。

4．多重平衡的平衡常数

在化学反应过程中，多个平衡同时存在，一种物质同时参与几个平衡的现象叫作多重平衡。多重平衡的规则是指当几个反应式相加（或相减）得到另一个反应式时，其平衡常数即等于几个反应的平衡常数的乘积（或商）。

例如某温度下，同一容器中存在如下平衡：

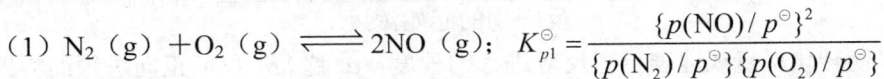

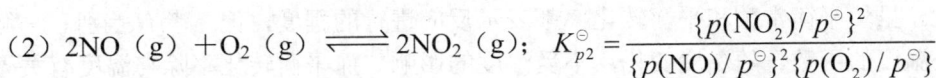

（1）$N_2(g) + O_2(g) \rightleftharpoons 2NO(g)$；$K_{p1}^\ominus = \dfrac{\{p(NO)/p^\ominus\}^2}{\{p(N_2)/p^\ominus\}\{p(O_2)/p^\ominus\}}$

（2）$2NO(g) + O_2(g) \rightleftharpoons 2NO_2(g)$；$K_{p2}^\ominus = \dfrac{\{p(NO_2)/p^\ominus\}^2}{\{p(NO)/p^\ominus\}^2\{p(O_2)/p^\ominus\}}$

$$(3)\ N_2\ (g)\ +2O_2\ (g)\ \Longrightarrow 2NO_2\ (g);\ K_{p3}^{\ominus}=\frac{\{p(NO_2)/p^{\ominus}\}^2}{\{p(N_2)/p^{\ominus}\}\{p(O_2)/p^{\ominus}\}^2}$$

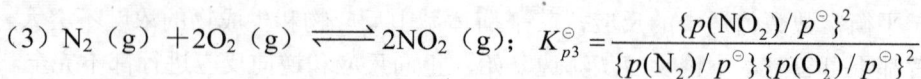

式（1）＋式（2）＝式（3），$K_{p1}^{\ominus}\times K_{p2}^{\ominus}=K_{p3}^{\ominus}$

式（3）－式（1）＝式（2），$K_{p3}^{\ominus}/K_{p1}^{\ominus}=K_{p2}^{\ominus}$

多重平衡规则在化学上比较重要，许多反应的平衡常数较难测定或不能从参考书中查得时，可利用已知的有关反应的平衡常数计算出来。

【例 3-1】 已知 1 123 K 时，下列反应在同一容器中达到化学平衡，反应（1）$SO_2\ (g)\ +\frac{1}{2}O_2\ (g)\ \Longrightarrow SO_3\ (g)$ 的 $K_{p1}^{\ominus}=20$；反应（2）$NO_2\ (g)\ \Longrightarrow NO\ (g)\ +\frac{1}{2}O_2\ (g)$ 的 $K_{p2}^{\ominus}=0.012$。试计算反应（3）$SO_2\ (g)\ +\ NO_2\ (g)\ \Longrightarrow SO_3\ (g)\ +\ NO\ (g)$，在 1 123 K 时的平衡常数 $K_{p3}^{\ominus}$。

解：根据多重平衡规则：

∵反应（3）＝反应（1）＋反应（2）

∴$K_{p3}^{\ominus}=K_{p1}^{\ominus}\times K_{p2}^{\ominus}=20\times0.012=0.24$

答：反应在 1 123 K 时的平衡常数 $K_{p3}^{\ominus}$ 为 0.24。

5．平衡转化率及平衡常数的计算

利用平衡常数可计算反应体系中各有关物质的浓度和某一反应物的平衡转化率（又称理论转化率），以及从理论上解决欲达到一定转化率所需原料配比问题。某一反应物的平衡转化率是指化学反应达到平衡后，已转化了的某反应物的量与转化前该反应物的量之比。即反应物转化为生成物的百分率，用 α 表示：

$$\alpha=\frac{某反应物已转化的量}{反应开始时该反应物的总量}\times100\% \qquad (3-10)$$

若反应前后体积不变，则 α 可用浓度表示为

$$\alpha=\frac{某反应物起始浓度-某反应物平衡浓度}{反应物的起始浓度}\times100\% \qquad (3-11)$$

平衡转化率直观地表示了反应进行的程度，α 越大，反应正向进行的程度也越大。虽然平衡常数和平衡转化率都表示反应进行的程度，但二者有差别。平衡常数是温度的函数，随温度变化，不受浓度的影响。而平衡转化率除与温度有关外，还与反应物的起始浓度有关，使用平衡转化率时还必须指明是何种物质的转化率，不

同物质的转化率往往不同。平衡转化率与平衡常数之间可相互换算。

【例 3-2】 已知生产水煤气的反应 $C(s)+H_2O(g) \rightleftharpoons CO(g)+H_2(g)$，在 1 000 K 时的平衡常数 $K_p^{\ominus}=1.00$。若在密闭容器中加入 1.00×10^5 Pa 的水蒸气与足量赤热的碳反应，试确定平衡时各组分气体的分压和水蒸气的转化率 α。

解： 已知反应在恒温恒容条件下，各气体分压正比于各自物质的量，各气体的分压变化关系由反应方程式中的计量系数决定。设达到平衡时消耗水蒸气 $x \times 10^5$ Pa，则：

$$C(s)+H_2O(g) \rightleftharpoons CO(g)+H_2(g)$$

起始压力/（10^5 Pa）	1.00	0	0
变化压力/（10^5 Pa）	x	x	x
平衡压力/（10^5 Pa）	$1.00-x$	x	x

$$K_p^{\ominus} = \frac{\{p(CO)/p^{\ominus}\}\{p(H_2)/p^{\ominus}\}}{\{p(H_2O)/p^{\ominus}\}} = \frac{(x \times 10^5/100 \times 10^3)^2}{(1.00-x) \times 10^5/100 \times 10^3} = 1.00$$

解出 $x=0.62$

平衡时各组分气体的分压为

$$p(CO)=p(H_2)=6.2 \times 10^4 \text{ Pa}$$

$$p(H_2O)=(1.00-0.62) \times 10^5 = 3.8 \times 10^4 \text{ (Pa)}$$

水蒸气的转化率为：$\alpha = \dfrac{6.2 \times 10^4}{1.00 \times 10^5} = 62\%$

答： 平衡时 CO 和 H_2 的分压为 6.2×10^4 Pa，水蒸气的分压为 3.8×10^4 Pa，水蒸气的转化率 62%。

【例 3-3】 已知某温度下，4 mol 的 CO 和 4 mol 水蒸气的作用，按如下反应进行 $CO(g)+H_2O(g) \rightleftharpoons CO_2(g)+H_2(g)$，达到平衡时，测得 CO 的转化率为 60%，求平衡常数 $K_c^{\ominus}$。

解： 设容器体积为 1.0 L，则

	$CO(g)$ +	$H_2O(g)$ $\rightleftharpoons$	$CO_2(g)$ +	$H_2(g)$
起始浓度（$mol \cdot L^{-1}$）	4.0	4.0	0	0
转化浓度（$mol \cdot L^{-1}$）	$-4.0 \times 60\%$	$-4.0 \times 60\%$	$4.0 \times 60\%$	$4.0 \times 60\%$
平衡浓度（$mol \cdot L^{-1}$）	$4.0 \times (1-0.60)$	$4.0 \times (1-0.60)$	4.0×0.60	4.0×0.60

$$K_c^{\ominus} = \frac{c(CO_2) \cdot c(H_2)}{c(CO) \cdot c(H_2O)} = \frac{(4.0 \times 0.60)^2}{[4.0 \times (1-0.60)]^2} = 2.3$$

答： 该温度下反应的平衡常数为 2.3。

三、化学平衡的移动

对可逆反应，当正逆反应速率相等，且反应系统中各组分的浓度（或分压）不随时间变化时，该反应达到化学平衡状态。但化学平衡是相对的、有条件的，一旦外界条件发生了变化，原有的平衡将被打破，直至建立新的平衡。因外界条件改变使可逆反应从一种平衡状态向另一种平衡状态转变的过程，叫作化学平衡的移动。浓度、压力、温度等因素对化学平衡移动有影响。

1．浓度对化学平衡的影响

从反应速率的角度分析，在一定温度下，可逆反应 $aA+bB \rightleftharpoons cC+dD$ 达到平衡时，正、逆反应速率相等（$v_{正}=v_{逆}\neq0$）。若增加反应物 A 或 B 的浓度，则 $v_{正}$ 增大为 $v'_{正}$，$v'_{正}>v_{逆}$，反应向正方向进行，平衡向正方向移动。随着反应的进行，反应物 A 和 B 的浓度不断减小，生成物 C 和 D 的浓度逐渐增大，$v'_{正}$ 不断减小，$v'_{逆}$ 不断增大，最终达到正、逆反应速率再次相等（$v'_{正}=v'_{逆}\neq0$），达到新的平衡状态。如图 3-4 所示。

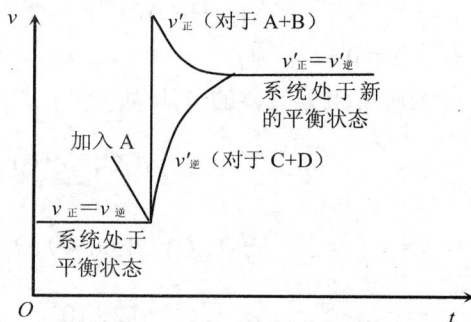

图 3-4　增大反应物浓度对平衡系统的影响

从反应熵判据来看，在原平衡状态下，反应熵 Q 与标准平衡常数 $K^{\ominus}$ 相等。恒温条件下，增加或减小平衡体系中生成物或反应物的浓度或分压，都会使反应熵 Q 发生改变：

（1）当反应物的浓度（或分压）增加或生成物的浓度（或分压）减小，使 Q 值减小，$Q<K^{\ominus}$，反应向正方向进行，平衡向正反应方向移动，最终达到 $Q=K^{\ominus}$ 的新平衡状态。

（2）当反应物浓度（或分压）减少或生成物的浓度（或分压）增大，Q 值增大，$Q>K^{\ominus}$，反应向逆反应方向进行，平衡向逆反应方向移动，最终达到 $Q=K^{\ominus}$ 的新平衡状态。

【例3-4】　在773 K时，反应$CO(g)+H_2O(g) \rightleftharpoons CO_2(g)+H_2(g)$的热力学平衡常数 $K_c^{\ominus}=9.0$，若反应开始时$c(CO)=c(H_2O)=0.020\,mol\cdot L^{-1}$，试计算：

① 上述条件下反应达到平衡时，CO 的转化率。

② 若在上述平衡体系中，使 $c(H_2O)$ 增加到 $0.065\,mol\cdot L^{-1}$，其他条件不变，CO 的转化率又是多少？

解：① 设平衡时生成 $x \, \text{mol} \cdot \text{L}^{-1}$ 的 CO_2 和 H_2，则：

$$CO\,(g) + H_2O\,(g) \rightleftharpoons CO_2\,(g) + H_2\,(g)$$

起始浓度（$\text{mol} \cdot \text{L}^{-1}$）	0.020	0.020	0	0
转化浓度（$\text{mol} \cdot \text{L}^{-1}$）	x	x	x	x
平衡浓度（$\text{mol} \cdot \text{L}^{-1}$）	$0.020-x$	$0.020-x$	x	x

$$K_c^{\ominus} = \frac{c(CO_2) \cdot c(H_2)}{c(CO) \cdot c(H_2O)} = \frac{x^2}{(0.020-x)^2} = 9.0$$

解得 $x = 0.015 \, \text{mol} \cdot \text{L}^{-1}$

CO 的转化率 $\alpha = \dfrac{0.015}{0.020} \times 100\% = 75\%$

② 在原平衡体系中加入反应物 H_2O 后，化学平衡发生移动，设第二次达到平衡时，CO 又转化了 $y \, \text{mol} \cdot \text{L}^{-1}$，则：

$$CO\,(g) + H_2O\,(g) \rightleftharpoons CO_2\,(g) + H_2\,(g)$$

起始浓度（$\text{mol} \cdot \text{L}^{-1}$）	0.005	0.065	0.015	0.015
转化浓度（$\text{mol} \cdot \text{L}^{-1}$）	y	y	y	y
平衡浓度（$\text{mol} \cdot \text{L}^{-1}$）	$0.005-y$	$0.065-y$	$0.015+y$	$0.015+y$

由于温度未变，故平衡常数 $K_c^{\ominus} = 9.0$，即

$$9.0 = \frac{(0.015+y)^2}{(0.005-y)(0.065-y)}$$

$$y = 0.004\,3 \, \text{mol} \cdot \text{L}^{-1}$$

$$CO \text{ 的转化率 } \alpha' = \frac{0.015+0.004\,3}{0.020} \times 100\% \approx 97\%$$

答：① 反应达到平衡时，CO 的转化率为 75%。② 其他条件不变，$c\,(H_2O)$ 增加到 $0.065 \, \text{mol} \cdot \text{L}^{-1}$，$CO$ 的转化率为 97%。

上例计算可知，为了充分利用某种反应物，提高它的转化率，可让另一种价廉的反应物过量，使平衡向正反应方向移动。同理，不断将生成物从平衡系统中抽走，也可使平衡向正反应方向移动，提高该物质的转化率。这在工业生产中具有较大的实用价值。

2．压力对化学平衡的影响

压力的变化对液态或固态反应影响甚微，对于有气体物质参加或生成的可逆反应，在恒温条件下，改变体系的总压力，常会引起化学平衡的移动。而压力的改变一般是通过改变反应体系的体积来实现的，扩大或缩小反应体系的体积，同时会改变各物质的浓度或分压，使反应熵 Q 值发生变化，$Q \neq K^{\ominus}$，化学平衡发生移动。

如可逆反应 $a\text{A}\,(g) + b\text{B}\,(g) \rightleftharpoons c\text{C}\,(g) + d\text{D}\,(g)$，在一密闭容器中达

到平衡，在恒温条件下，将系统的体积缩小为原来的 $1/x$，则系统的总压力变为原来的 x 倍，根据道尔顿分压定律，系统中各组分气体的分压也变为原来的 x 倍，则反应熵为

$$Q_p = \frac{(xp(\mathrm{C})/p^{\ominus})^c (xp(\mathrm{D})/p^{\ominus})^d}{(xp(\mathrm{A})/p^{\ominus})^a (xp(\mathrm{B})/p^{\ominus})^b}$$

$$= \frac{(p(\mathrm{C})/p^{\ominus})^c (p(\mathrm{D})/p^{\ominus})^d}{(p(\mathrm{A})/p^{\ominus})^a (p(\mathrm{B})/p^{\ominus})^b} x^{(c+d)-(a+b)} = K_p^{\ominus} x^{\Delta n}$$

式中，$\Delta n = (c+d)-(a+b)$。

讨论：

（1）当 $x > 1$，即系统的总压力和各组分气体的分压增大时：

① $\Delta n > 0$，即化学反应为生成物气体分子数大于反应物气体分子数的反应时，反应的 $Q_p > K_p^{\ominus}$，平衡向左移动，即向气体分子数少的方向移动。

② $\Delta n < 0$，即化学反应为生成物气体分子数小于反应物气体分子数，反应的 $Q_p < K_p^{\ominus}$，平衡向右移动，即向气体分子数少的方向移动。

③ $\Delta n = 0$，表明反应前后气体分子数相等。此时 $Q_p = K_p^{\ominus}$，平衡不移动。说明压力变化对反应前后气体分子数不变的反应没有影响。

（2）当 $x < 1$，即系统的总压力和各组分气体的分压减小时：

① $\Delta n > 0$，$Q_p < K_p^{\ominus}$，平衡向右移动，向气体分子数多的方向移动。

② $\Delta n < 0$，$Q_p > K_p^{\ominus}$，平衡向左移动，向气体分子数多的方向移动。

③ $\Delta n = 0$，$Q_p = K_p^{\ominus}$，平衡不移动。

结论：压力变化对反应前后气体分子数不变的反应没有影响；对反应前后气体分子数有变化的反应，恒温下，增大压力，平衡向气体分子数减少的方向移动；减小压力，平衡向气体分子数增大的方向移动。

3. 温度对化学平衡的影响

温度对化学平衡的影响与浓度、压力有本质的区别。一定温度下，浓度和压力的改变只影响反应熵 Q，而不改变平衡常数，而温度的变化将影响化学平衡常数 $K^{\ominus}$，使 $K^{\ominus} \neq Q$，从而使平衡发生移动。

温度对平衡常数的影响，取决于化学反应的热效应。若正反应是吸热反应（$\Delta_r H_m^{\ominus} > 0$），那么，温度升高，平衡常数增大，平衡向正方向移动；温度降低，平衡常数减小，平衡向逆方向移动。反之，若正反应为放热反应（$\Delta_r H_m^{\ominus} < 0$）平衡常数随温度升高（或降低）而减小（或增大）。因此，温度升高，平衡向吸热的方向移动；温度降低，平衡向放热的方向移动，总结如表3-2。

4. 催化剂对化学平衡的影响

催化剂同样倍数的增大或减小正、逆反应速率，但对反应熵 Q 和平衡常数 $K^{\ominus}$ 没有影响，两者仍然相等（$Q = K^{\ominus}$），所以化学平衡不移动。催化剂的影响只是缩短

或延长反应达到平衡的时间。

表 3-2　温度对化学平衡的影响

$\Delta_r H_m^{\ominus}$（$kJ \cdot mol^{-1}$）	温度升高	温度降低
$\Delta_r H_m^{\ominus} > 0$（正反应吸热）	平衡常数 $K^{\ominus}$ 增大 平衡向正反应方向移动	平衡常数 $K^{\ominus}$ 减小 平衡向逆反应方向移动
$\Delta_r H_m^{\ominus} < 0$（正反应放热）	平衡常数 $K^{\ominus}$ 减小 平衡向逆反应方向移动	平衡常数 $K^{\ominus}$ 增大 平衡向正反应方向移动

5．平衡移动原理——吕·查德里原理

1884 年，法国科学家 Le Chatelier 通过研究浓度、压力、温度对化学平衡移动的影响后，归纳总结出一条规律：当体系达到平衡后，若改变平衡系统的条件（如浓度、压力、温度），平衡向着减弱这个改变的方向移动，这就是平衡移动原理，又称为吕·查德里原理。表 3-3 列出了各种因素对化学反应速率和化学平衡移动的影响。

表 3-3　影响反应速率与化学平衡的因素

影 响 因 素		对反应速率的影响		对化学平衡的影响	
		$k_{正}$	$v_{正}$	$K^{\ominus}$	平衡移动方向
增大反应物浓度或压力		不变	增大	不变	正反应方向
增大生成物浓度或压力		不变	不变	不变	逆反应方向
缩小体积或 增大总压力	$\Delta n < 0$	不变	增大	不变	正反应方向
	$\Delta n = 0$	不变	增大	不变	不变
	$\Delta n > 0$	不变	增大	不变	逆反应方向
升高温度	$\Delta H > 0$	增大	增大	增大	正反应方向
	$\Delta H < 0$	增大	增大	减小	逆反应方向
加正催化剂		增大	增大	不变	不变
结论		与浓度、 压力无关	与浓度、压力、 温度有关	与温度 有关	平衡向减弱改变 量的方向移动

第三节　化学反应速率和化学平衡的综合利用

化学反应速率和化学平衡在化工生产中非常重要且彼此密切相关。化学反应速率和化学平衡原理，对于指导实际生产，选择最佳生产工艺条件，提供了理论依据。在实际工作中，应当反复实践、综合分析，以获得最优经济效益和社会效益。

（1）对于任何一个反应，增大反应物的浓度，能加快反应速率，使平衡向增加生成物方向移动。生产中常使价廉易得的原料适当过量，以提高另一原料的转化率。

例如为使 CO 充分转化为 CO_2，通入过量的水蒸气（见例 3-4 的结果）。但应注意过量适当，否则会"冲淡"另一种原料，降低设备利用率。对气相反应更要注意原料气的性质，有的原料配比一旦进入爆炸范围将会造成不良后果。

降低产物的浓度，同样可使化学平衡向正反应方向移动。所以生产中经常采取不断取走某种反应产物的方法，增加原料的转化率，提高经济效益。

（2）对于反应后气体分子数减少的气相反应，增加压强可使平衡向正向移动，例如在合成氨工业中，增大压强不但能加快反应速率，还能提高氨的产率。在 1 000 万 Pa 下，不用催化剂就可以合成氨，但氨能穿透反应器的器壁。考虑到设备的耐压能力，合成氨工业反应系统的压强一般采用 600 万～700 万 Pa。所以在增加反应速率、提高转化率的同时，必须考虑设备能力和安全防护。

（3）放热反应，升高温度会提高反应速率，但会降低转化率。使用催化剂可以提高反应速率而不致影响平衡，但必须注意活化温度，防止催化剂"中毒"，提高其使用效率和寿命。

（4）对于吸热反应，升高温度既能加快反应速率又能提高转化率，但要避免反应物或产物的过热分解，注意燃料的消耗合理。

（5）相同的反应物，若可能同时发生几种反应，其中只有一个反应是需要的，首先必须选择合适的催化剂以保证主反应的进行，同时遏制副反应的发生，然后再考虑其他条件。

例如合成氨的反应 N_2（g）＋ $3H_2$（g）$\rightleftharpoons$ $2NH_3$（g），在 298 K 时，平衡常数 $K_p^{\ominus} = 5.98 \times 10^{-5}$，从热力学的角度看，该反应向右进行的趋势不大。因为自然界中的氮大部分以稳定的 N_2 分子存在，反应需要较高的活化能，在常温下的反应速率很慢，即使在 973 K 的温度条件，反应速率仍然慢。而且该反应是放热反应，升高温度反而使 $K_p^{\ominus}$ 减小。鉴于上述情况，要提高反应速率只有使用催化剂。用铁催化剂可使该反应活化能由 330 kJ·mol^{-1} 降至 40 kJ·mol^{-1}，使合成氨反应速率成亿万倍提高，在中温、高压下实现合成氨工业生产。

复习与思考题

1. 解释下列化学术语的含义：
（1）基元反应　（2）化学反应速率　（3）催化剂
（4）标准平衡常数　（5）化学平衡移动　（6）化学平衡移动原理
2. 下列说法是否正确？说明理由。
（1）任何情况下，反应速率（v）在数值上等于反应速率常数（k）。
（2）质量作用定律是一个普遍的规律，适用于任何化学反应。
（3）反应速率常数值取决于温度，而与反应物、生成物的浓度无关。
（4）温度升高，使吸热反应速率增大，使放热反应速率减慢。

（5）温度每增加 10℃，化学反应速率增加 2～4 倍。

（6）催化剂可以提高化学反应转化率。

3. 只有 A 和 D 两种气体参加的反应，若 A 的分压增大 1 倍，反应速率增加 3 倍；若 D 的分压增大 1 倍，反应速率只增加 1 倍：

（1）试写出该反应的速率方程。

（2）将总压减小 1 倍，反应速率如何改变？

4. 已知锌和稀硫酸制取氢气的反应是放热反应，该反应先是逐渐加快，后又逐渐变慢，试从浓度、温度等因素来解释这个现象。

5. 写出下列可逆反应的标准平衡常数的表示式：

（1）SO_2（g）$+\dfrac{1}{2}O_2$（g）$\Longleftrightarrow$ SO_3（g）

（2）$SiCl_4$（l）$+2H_2O$（g）$\Longleftrightarrow$ SiO_2（s）$+4HCl$（g）

（3）$3Fe$（s）$+4H_2O$（g）$\Longleftrightarrow$ Fe_3O_4（s）$+4H_2$（g）

6. 已知在 25℃下，反应 $2HCl$（g）$\Longleftrightarrow$ H_2（g）$+Cl_2$（g）；$K_{p1}^{\ominus}=4.17\times10^{-34}$

$$I_2（g）+Cl_2（g）\Longleftrightarrow 2ICl（g）;\quad K_{p2}^{\ominus}=2.4\times10^{5}$$

计算反应 $2HCl$（g）$+I_2$（g）$\Longleftrightarrow$ $2ICl$（g）$+H_2$（g）的 $K_{p3}^{\ominus}$。

7. 已知反应：NO（g）$+\dfrac{1}{2}Br_2$（l）$\Longleftrightarrow$ $NOBr$（g）（溴化亚硝酰），25℃ 时的平衡常数 $K_{p1}^{\ominus}=3.6\times10^{-15}$；液体溴在 25℃ 时的饱和蒸气压为 28.4 kPa。求 25℃ 时反应：NO（g）$+\dfrac{1}{2}Br_2$（g）$\Longleftrightarrow$ $NOBr$（g）的平衡常数 $K_{p3}^{\ominus}$。（提示：由 25℃ 时溴的饱和蒸气压可得液态溴转化为气态溴的平衡常数 $K_{p2}^{\ominus}$）

8. 选择题

（1）已知下列反应的平衡常数：

$$H_2（g）+S（s）\Longleftrightarrow H_2S（g）;\qquad K_{p1}^{\ominus}$$

$$S（s）+O_2（g）\Longleftrightarrow SO_2（g）\qquad K_{p2}^{\ominus}$$

则反应：H_2（g）$+SO_2$（g）$\Longleftrightarrow$ O_2（g）$+H_2S$（g）的平衡常数为_____。

A. $K_{p1}^{\ominus} + K_{p2}^{\ominus}$ B. $K_{p1}^{\ominus} - K_{p2}^{\ominus}$ C. $K_{p1}^{\ominus} \cdot K_{p2}^{\ominus}$ D. $K_{p1}^{\ominus} / K_{p2}^{\ominus}$

（2）反应：$NO(g) + CO(g) \rightleftharpoons \dfrac{1}{2} N_2(g) + CO_2(g)$; $\Delta_r H_m^{\ominus} = -427 \text{ kJ} \cdot \text{mol}^{-1}$,

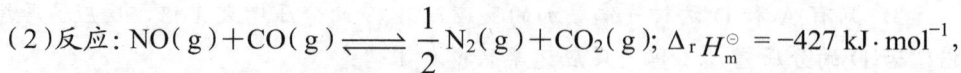

下列哪一条件有利于 NO 和 CO 取得较高转化率。_____

A. 低温、高压   B. 高温、高压   C. 低温、低压   D. 高温、低压

（3）对于反应：$CO(g) + H_2O(g) \rightleftharpoons CO_2(g) + H_2(g)$，如果要提高

CO 的转化率可以采用_____。

A. 增加 CO 的量   B. 增加 $H_2O(g)$ 的量

C. 两种办法都可以   D. 两种办法都不可以

（4）某一反应在一定条件下的转化率为 25.7%，如加入催化剂，这一反应的转

化率将_____。

A. 大于 25.7%   B. 小于 25.7%   C. 不变   D. 无法判断

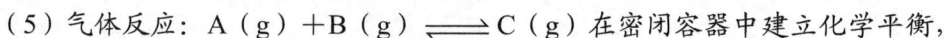

（5）气体反应：$A(g) + B(g) \rightleftharpoons C(g)$ 在密闭容器中建立化学平衡，

如果温度不变，但体积缩小了 2/3，则平衡常数 $K_p^{\ominus}$ 为原来的_____。

A. 3 倍   B. 9 倍   C. 2 倍   D. 不变

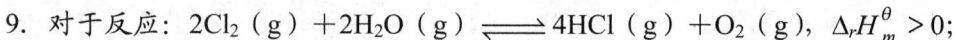

9. 对于反应：$2Cl_2(g) + 2H_2O(g) \rightleftharpoons 4HCl(g) + O_2(g)$, $\Delta_r H_m^{\theta} > 0$;

达到平衡后，条件发生下列变化，对反应有何影响？

（1）加入一定量的 O_2，会使 $n(H_2O, g)$_____, $n(HCl, g)$_____;

（2）增大反应器体积，$n(H_2O, g)$_____，减小反应器体积，$n(Cl_2, g)$_____;

（3）升高温度，K_____，$n(HCl, g)$_____;

（4）加入 N_2，①总压不变，$n(HCl, g)$_____; ②体积不变，$n(Cl_2, g)$_____，平衡;

（5）加入催化剂，$n(HCl, g)$_____。

10. 对于可逆反应 $C(s) + H_2O(g) \rightleftharpoons CO(g) + H_2(g)$, $\Delta_r H_m^{\ominus} > 0$，判

断下列说法是否正确？为什么？

（1）达到平衡时各反应物和生成物的浓度一定相等。

（2）升高温度 $v_正$ 增大，$v_逆$ 减小，所以平衡向右移动。

（3）由于反应前后分子数相等，所以增加压力对平衡没有影响。

（4）加入催化剂使 $v_正$ 增加，所以平衡向右移动。

（5）由于 $K_p^{\ominus} = \dfrac{(p(\mathrm{CO})/p^{\ominus})(p(\mathrm{H_2})/p^{\ominus})}{p(\mathrm{H_2O})/p^{\ominus}}$，随着反应的进行，$p(\mathrm{CO})$ 和 $p(\mathrm{H_2})$ 不断增加，$p(\mathrm{H_2O})$ 不断减小，所以 $K_p^{\ominus}$ 值不断增大。

11. 对下述已达平衡的反应：$\mathrm{A（g）+B（s）} \rightleftharpoons \mathrm{2D（g）}$；$\Delta_r H_m^{\ominus} < 0$，当改变下列平衡条件时，表中各项将如何变化。

操作条件	$v_{正}$	$v_{逆}$	$k_{正}$	$k_{逆}$	$K_p^{\ominus}$	平衡移动方向
增大 A（g）的分压						
压缩体积						
降低温度						
使用正催化剂						

12. 下列可逆反应达到平衡后，升高温度或压缩体积，平衡向哪个方向移动？

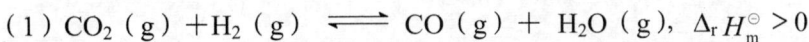

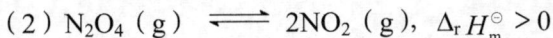

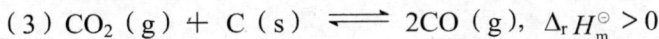

（1）$\mathrm{CO_2（g）+H_2（g）} \rightleftharpoons \mathrm{CO（g）+H_2O（g）}$，$\Delta_r H_m^{\ominus} > 0$

（2）$\mathrm{N_2O_4（g）} \rightleftharpoons \mathrm{2NO_2（g）}$，$\Delta_r H_m^{\ominus} > 0$

（3）$\mathrm{CO_2（g）+C（s）} \rightleftharpoons \mathrm{2CO（g）}$，$\Delta_r H_m^{\ominus} > 0$

13. 反应：$\mathrm{Sn+Pb^{2+}} \rightleftharpoons \mathrm{Sn^{2+}+Pb}$ 在 25℃时的平衡常数为 2.18，若（1）反应开始时只有 $\mathrm{Pb^{2+}}$，其浓度 $c(\mathrm{Pb^{2+}}) = 0.100\ \mathrm{mol \cdot L^{-1}}$，求达到平衡时溶液中剩下的 $\mathrm{Pb^{2+}}$ 浓度为多少？（2）反应开始时 $c(\mathrm{Pb^{2+}}) = c(\mathrm{Sn^{2+}}) = 0.100\ \mathrm{mol \cdot L^{-1}}$，求达到平衡时溶液中剩下的 $\mathrm{Pb^{2+}}$ 浓度为多少？

14. 反应：$\mathrm{H_2（g）+I_2（g）} \rightleftharpoons \mathrm{2HI（g）}$ 在 350℃时的 $K^{\ominus} = 17.0$，若在该温度下将 $\mathrm{H_2}$、$\mathrm{I_2}$ 和 HI 三种气体在一密闭容器中混合，测得其初始分压分别为 405.2 kPa、405.2 kPa 和 202.6 kPa，问反应将向何方向进行？

15. 若反应 $\mathrm{CaCO_3（s）} \rightleftharpoons \mathrm{CaO（s）+CO_2（g）}$，在 700℃时的 $K^{\ominus} = 2.92 \times 10^{-2}$，900℃时的 $K^{\ominus} = 1.05$，由此说明：

（1）其正反应是吸热还是放热？为什么？

（2）在 700℃和 900℃时 $\mathrm{CO_2}$ 的分压分别是多少？

16. 在一密闭容器中，反应：$\mathrm{CO（g）+H_2O（g）} \rightleftharpoons \mathrm{CO_2（g）+H_2（g）}$ 的 $K_p^{\ominus} = 2.6$（476℃），求：

（1）当 $\mathrm{H_2O}$ 和 CO 的物质的量之比为 1 时，CO 的转化率为多少？

（2）当 H_2O 和 CO 的物质的量之比为 3 时，CO 的转化率为多少？

（3）根据计算结果，能得到什么结论？

17. HI 的分解反应为 $2HI（g）$ $\rightleftharpoons$ $H_2（g）+I_2（g）$，在 425.6℃下于密闭容器中三种气体混合物达到平衡时的分压分别为 $p(H_2)=p(I_2)=2.78\ kPa$，$p(HI)=20.5\ kPa$。在恒定温度下，假如向容器中加入 HI 使 $p（HI）$ 突然增加到 81.0 kPa。当系统重新建立平衡时，各种气体的分压是多少？

18. 275℃时反应：$NH_4Cl（s）$ $\rightleftharpoons$ $NH_3（g）+HCl（g）$ 的平衡常数为 0.010 4。将 0.980 g 固体 NH_4Cl 样品放入 1.00 L 密闭容器中，加热到 275℃，计算：

（1）达平衡时，NH_3 和 HCl 的分压各是多少？

（2）达平衡时，在容器中固体 NH_4Cl 的质量是多少？

第四章 酸碱平衡和酸碱滴定

本章提要：酸和碱是两类重要的化学物质，酸碱反应是基本化学反应之一。本章在化学平衡理论、酸碱质子理论的基础上，讨论水溶液中弱酸、弱碱的离解平衡、同离子效应、缓冲作用、盐类的水解等及有关计算。学习定量分析的基本概念，常见酸碱滴定的方法及应用。

第一节 酸和碱的基本概念

一、酸碱理论

1. 阿仑尼乌斯酸碱电离理论

人们最初根据物质的性质区分酸和碱，有酸味、能使石蕊变红的是酸；有涩味、滑腻感，使石蕊变蓝的是碱。1887 年瑞典化学家阿仑尼乌斯（Arrhenius S. A.）总结了前人对酸碱的认识，提出酸碱电离理论：水溶液电离产生的阳离子都是氢离子（H^+）的化合物称为酸；水溶液电离产生的阴离子都是氢氧根离子（OH^-）的化合物称为碱。酸碱电离理论从物质的化学组成上揭示了酸碱的本质，明确指出 H^+ 是酸的特征，OH^- 离子是碱的特征，解释了酸碱反应的实质是 H^+ 和 OH^- 结合生成 H_2O 的反应，所以酸碱反应又称中和反应。例如，HCl、HNO_3、CH_3COOH、HF 等都是酸，而 NaOH、KOH、$Ca(OH)_2$ 等都是碱。

阿仑尼乌斯的电离理论认为电解质分子在水溶液中只能部分电离成离子，在未电离的分子和已电离的离子之间存在平衡关系。用离解度（离解百分数）表示离解的程度。同时，应用测定溶液电导率和溶液凝固点下降方法，首次确定了不同电解质在各种浓度下的离解度。根据离解度的大小，把电解质分成强电解质和弱电解质，离解度较大的（60%以上）的酸和碱称为强酸和强碱，离解度比较小（1%以下）的酸和碱称为弱酸和弱碱。

该理论科学地定义了酸和碱，是对酸碱认识由现象到本质的一次飞跃，促进了化学发展，现在仍然普遍运用。但该理论具有局限性，仅限于酸碱水溶液系统，离开水溶液就没有酸和碱及酸碱反应，而科学实验越来越多地使用非水溶剂（如液氨、乙醇、醋酸、苯、四氯化碳、丙酮等），该理论无法解释非水系统的酸碱反应。例如，

HCl 酸性气体，NH_3 碱性气体，后者不仅在水溶液中生成 NH_4Cl，在气体状态下或在苯中，也同样生成 NH_4Cl；又如该理论把碱局限为氢氧化物，无法说明氨水的碱性，曾使人们长期错误地认为氨溶于水生成 NH_4OH，NH_4OH 能电离出 OH^-，而显碱性。但实验从未得到 NH_4OH 这个物质，说明酸碱电离理论还不完善，需要进一步发展。为克服酸碱电离理论的不足，酸碱溶剂理论、酸碱质子理论、酸碱电子理论等陆续提出，推动了酸碱理论的发展。

由于水是最常用的溶剂，许多化学反应都在水溶液中进行，所以电离理论至今仍然运用普遍。

2. 酸碱质子理论

1932 年丹麦化学家布朗斯特德（Bronsted）和英国化学家劳瑞（Lowry）分别提出酸碱质子理论。质子理论认为：凡能给出质子的物质都是酸，凡能接受质子的物质都是碱。酸又叫质子酸或布朗斯特德酸，碱又叫质子碱或布朗斯特德碱。

$$酸 \rightleftharpoons 质子 + 碱$$

例如：$HCl \rightleftharpoons H^+ + Cl^-$

$HAc \rightleftharpoons H^+ + Ac^-$

$H_2SO_4 \rightleftharpoons H^+ + HSO_4^-$

$HSO_4^- \rightleftharpoons H^+ + SO_4^{2-}$

$NH_4^+ \rightleftharpoons H^+ + NH_3$

酸碱可以是分子、阳离子或阴离子。分子酸如 HCl、HAc、H_2SO_4、H_3PO_4、H_2S 等；阳离子酸如：NH_4^+、$[Cu(H_2O)_4]^{2+}$、$[Al(H_2O)_6]^{3+}$、$[Fe(H_2O)_6]^{3+}$ 等；阴离子酸如 HCO_3^-、HSO_4^-、HS^-、$H_2PO_4^-$、HPO_4^{2-} 等，都能给出质子。分子碱也可以是分子、阳离子或阴离子。分子碱如 NH_3、CH_3NH_2；阳离子碱如 $[Cu(H_2O)_3OH]^+$；阴离子碱如 OH^-、HSO_4^-、SO_4^{2-}、S^{2-} 等。

根据酸碱质子理论，酸给出质子后变为碱，碱接受质子后变为酸，酸和碱的相互依存关系称为酸碱共轭关系，其关系用下式表示：

$$HA \rightleftharpoons H^+ + A^-$$

$$酸 \quad 质子 \quad 碱$$

$$H_2CO_3 \rightleftharpoons H^+ + HCO_3^-$$

$$HCO_3^- \rightleftharpoons H^+ + CO_3^{2-}$$

$$H_2C_2O_4 \rightleftharpoons H^+ + HC_2O_4^-$$

$$HC_2O_4^- \rightleftharpoons H^+ + C_2O_4^{2-}$$

$$H_3PO_4 \rightleftharpoons H^+ + H_2PO_4^-$$

$$H_2PO_4^- \rightleftharpoons H^+ + HPO_4^{2-}$$

能相互转化的酸和碱称为共轭酸碱对，左边的酸是右边碱的共轭酸，右边的碱是左边酸的共轭碱。

上式各共轭酸碱对的质子得失反应，称为酸碱半反应。当酸给出质子时，溶液中必定有碱接受质子。例如，HAc 在水溶液中离解时，溶剂水就是接受质子的碱，两个酸碱对相互作用达到平衡。反应式如下：

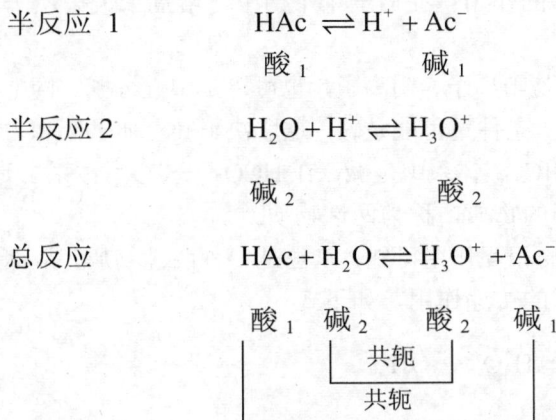

半反应 1 　　　　　　$HAc \rightleftharpoons H^+ + Ac^-$
　　　　　　　　　　酸$_1$　　　　　碱$_1$

半反应 2 　　　　　　$H_2O + H^+ \rightleftharpoons H_3O^+$
　　　　　　　　　　碱$_2$　　　　　酸$_2$

总反应 　　　　　　$HAc + H_2O \rightleftharpoons H_3O^+ + Ac^-$

　　　　　　　酸$_1$　碱$_2$　　酸$_2$　碱$_1$
　　　　　　　　　　　└─共轭─┘
　　　　　　　　└────共轭────┘

同样地，碱在水溶液中接受质子的过程也必须有溶剂分子参加。如 NH_3 与水的反应如下：

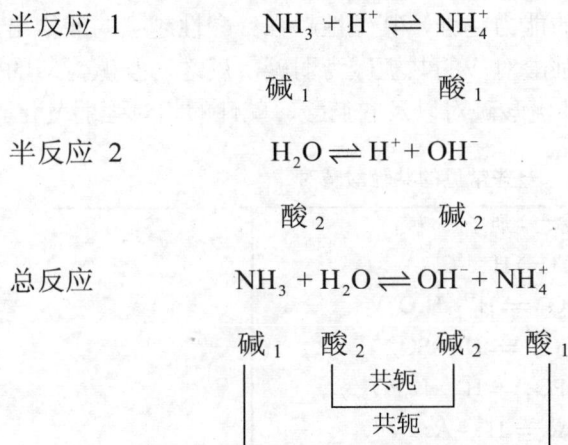

半反应 1 　　　　　$NH_3 + H^+ \rightleftharpoons NH_4^+$
　　　　　　　　　碱$_1$　　　　　酸$_1$

半反应 2 　　　　　　$H_2O \rightleftharpoons H^+ + OH^-$
　　　　　　　　　　酸$_2$　　　　碱$_2$

总反应 　　　　　$NH_3 + H_2O \rightleftharpoons OH^- + NH_4^+$

　　　　　　　碱$_1$　酸$_2$　　碱$_2$　酸$_1$
　　　　　　　　　　　└─共轭─┘
　　　　　　　　└────共轭────┘

从质子理论来看，任何酸碱反应都是两个共轭酸碱对之间质子的传递反应。即：

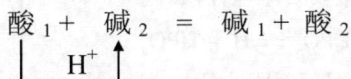

　　　　　酸$_1$ + 碱$_2$ = 碱$_1$ + 酸$_2$
　　　　　　　└──H^+──┘

质子的传递，可以在水溶剂、非水溶剂或无溶剂等条件下进行。如 HCl 和 NH_3 的反应，无论是在水溶液中，还是在气相或苯溶液中进行，其实质都是 H^+ 转移的反应：

$$\text{HCl} + \text{NH}_3 \rightleftharpoons \text{NH}_4^+ + \text{Cl}^-$$
$$\underset{\text{H}^+}{\underline{\hspace{2cm}}}$$

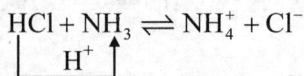

酸碱质子理论揭示了各类酸碱反应共同的实质。

上述两个酸碱对相互作用达到的平衡中，水分子起到不同的作用。在前一个平衡中，溶剂水获得质子，起到了碱的作用；在后一个平衡中，溶剂水失去质子，起了酸的作用。

按照酸碱质子理论，酸碱可以是阳离子、阴离子，也可以是中性分子。同一种物质，在某一条件下可能是酸，在另一条件下可能是碱，这取决于其对质子亲和力的相对大小。例如，HCO_3^- 在 H_2CO_3—HCO_3^- 体系中是碱，在 HCO_3^-—CO_3^{2-} 体系中是酸。这种既能给出质子，又能接受质子的物质，称为两性物质。

由 HAc 与 H_2O、NH_3 与 H_2O 的相互作用可知，水也是一种两性物质，常称为两性溶剂。水分子之间也可发生质子的传递作用，如下式：

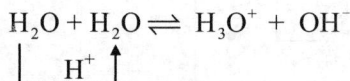

$$\text{H}_2\text{O} + \text{H}_2\text{O} \rightleftharpoons \text{H}_3\text{O}^+ + \text{OH}^-$$
$$\underset{\text{H}^+}{\underline{\hspace{2cm}}}$$

这种在溶剂分子之间发生的质子传递作用，称为溶剂水的质子自递反应。在水溶液中，水化质子用 H_3O^+ 表示，简写成 H^+。

酸碱反应过程（即质子传递的过程）中，存在着对质子的争夺。给出质子的能力越强，其酸性越强；接受质子的能力越强，其碱性越强。酸性越强的酸给出质子后生成共轭碱的碱性就越弱，即强酸对应的共轭碱为弱碱，反之，强碱对应的共轭酸为弱酸。表 4-1 列出了常见的共轭酸碱对以及它们酸、碱性的相对强弱变化。

表 4-1　一些常见的共轭酸碱对

酸性增强	酸 $\rightleftharpoons$ 质子 + 碱	碱性增强
	$\text{HCl} \rightleftharpoons \text{H}^+ + \text{Cl}^-$	
	$\text{H}_3\text{O}^+ \rightleftharpoons \text{H}^+ + \text{H}_2\text{O}$	
	$\text{HSO}_4^- \rightleftharpoons \text{H}^+ + \text{SO}_4^{2-}$	
	$\text{H}_3\text{PO}_4 \rightleftharpoons \text{H}^+ + \text{H}_2\text{PO}_4^-$	
	$\text{HAc} \rightleftharpoons \text{H}^+ + \text{Ac}^-$	
	$\text{H}_2\text{CO}_3 \rightleftharpoons \text{H}^+ + \text{HCO}_3^-$	
	$\text{H}_2\text{S} \rightleftharpoons \text{H}^+ + \text{HS}^-$	
	$\text{H}_2\text{PO}_4^- \rightleftharpoons \text{H}^+ + \text{HPO}_4^{2-}$	
	$\text{NH}_4^+ \rightleftharpoons \text{H}^+ + \text{NH}_3$	
	$\text{HCO}_3^- \rightleftharpoons \text{H}^+ + \text{CO}_3^{2-}$	
	$\text{H}_2\text{O} \rightleftharpoons \text{H}^+ + \text{OH}^-$	

酸碱质子理论扩大了酸碱的范围，并把水溶液和非水溶液统一起来，需要重新理解盐的概念。许多盐类，如 NH_4Cl 中的 NH_4^+ 是酸，而 NaAc 中的 Ac^- 是碱，盐的"水解"是组成它的酸或碱与溶剂分子间的质子传递过程。根据酸碱质子理论，酸碱中和反应、盐的水解等的实质也是质子的传递。但该理论只限于质子的给予和接受，对于无质子参加的酸碱反应仍不能解释，因此酸碱质子理论仍具有局限性。

二、酸碱的分类

根据酸碱的组成和性质，可作如下分类。

（1）根据酸、碱在水溶液中的离解情况，分为强酸、碱，中强酸、碱及弱酸、碱。如 HCl、H_2SO_4、HNO_3 为强酸，NaOH、KOH 为强碱；H_3PO_4、HF 为中强酸，$Mg(OH)_2$ 为中强碱；HAc、H_2CO_3 为弱酸，氨水及一些难溶的金属氢氧化物为弱碱。

（2）根据酸、碱在水溶液中提供氢离子、氢氧根离子的数目，可分为一元酸、碱和多元酸、碱。通常，酸分子中有几个可离解的氢原子就称为几元酸。如 HCl、HNO_3 为一元酸，H_2SO_4、H_2CO_3 为二元酸，H_3PO_4 为三元酸。碱分子中有几个可离解的氢氧根，称为几元碱。如 NaOH、KOH 等为一元碱，$Ca(OH)_2$、$Mg(OH)_2$ 为二元碱等。

（3）根据酸分子中是否含有氧，可分成含氧酸和无氧酸。如 HNO_3、H_2SO_4、H_2CO_3 为含氧酸；HCl、HF 等为无氧酸。

（4）根据分子中成酸元素是否具有氧化还原性，可分为氧化性酸，如 HNO_3、浓 H_2SO_4、HClO 等；非氧化性酸，如 H_3PO_4、HCl 等；还原性酸，如 H_2S、H_2SO_3 等。

（5）还可根据酸碱是否具有挥发性进行分类。如 HCl、HNO_3、H_2S 等为挥发性酸；H_2SO_4、H_3PO_4 等为非挥发性酸。

三、电解质的电离

1. 强电解质与弱电解质

电解质一般可分为强电解质和弱电解质。根据阿仑尼乌斯酸碱电离理论，强酸、强碱及大部分盐类都是强电解质，在水溶液中完全离解，即其溶解后完全以水合离子形式存在，而无溶质分子。强电解质溶液中的离子浓度以其完全离解来计算。如 $0.01 \text{ mol} \cdot L^{-1}$ HCl 溶液中，$HCl \rightarrow H^+ + Cl^-$，$H^+$ 浓度为 $0.01 \text{ mol} \cdot L^{-1}$；$Cl^-$ 浓度为 $0.01 \text{ mol} \cdot L^{-1}$。

弱酸、弱碱和某些盐类［如 $Pb(Ac)_2$、$HgCl_2$ 等］都是弱电解质，在水溶液中仅有部分离解成为离子，另一部分仍以分子的形式存在，其离解过程可逆，存在着分子与水合离子间的离解平衡：

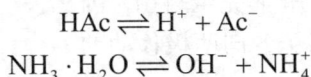

$$HAc \rightleftharpoons H^+ + Ac^-$$
$$NH_3 \cdot H_2O \rightleftharpoons OH^- + NH_4^+$$

为定量地表示电解质在溶液中离解程度的大小，引入离解度（α）的概念。离解度是电解质在溶液中达到离解平衡时已离解的分子数占该电解质原来分子总数的百分率：

$$\alpha = \frac{已离解的弱电解质浓度}{弱电解质的初始浓度} \times 100\%$$

实验测定 $0.10\ mol \cdot L^{-1}$ HAc 溶液的离解度 $\alpha = 1.33\%$。表明每 10 000 个醋酸分子中有 133 个分子发生离解，即溶液中各离子浓度为 $c(H^+) = c(Ac^-) = 0.10 \times 1.33\% = 0.001\ 3\ mol \cdot L^{-1}$。

在相同温度、浓度的条件下，离解度大表示该弱电解质相对较强。

2. 活度与活度系数

对于强电解质，在水溶液中应完全离解，离解度应是 100%，但导电性实验测定结果显示其离解度（表观离解度）并没有达到 100%，表 4-2 是几种强电解质的表观离解度。

表 4-2　强电解质的表观离解度（25℃，$0.1\ mol \cdot L^{-1}$）

电解质	离解式	表观离解度 / %
盐酸	$HCl \rightarrow H^+ + Cl^-$	92
硝酸	$HNO_3 \rightarrow H^+ + NO_3^-$	92
氢氧化钠	$NaOH \rightarrow Na^+ + OH^-$	91
氯化钾	$KCl \rightarrow K^+ + Cl^-$	86
氢氧化钡	$Ba(OH)_2 \rightarrow Ba^{2+} + 2OH^-$	81
硫酸	$H_2SO_4 \rightarrow H^+ + HSO_4^-$	61
硫酸锌	$ZnSO_4 \rightarrow Zn^{2+} + SO_4^{2-}$	40

为解释上述矛盾现象，1923 年德拜（Debye P J W）和休克尔（Hückel E）提出强电解质溶液离子互吸理论。该理论认为强电解质在水中完全离解，但由于溶液中的离子浓度较大，阴、阳离子之间的静电作用比较显著，带不同电荷离子之间以及离子和溶剂分子之间的相互作用，使得每一个离子的周围都吸引着一定数量带相反电荷的离子，形成了所谓的离子氛，如图 4-1 所示。也就是在阳离子周围吸引着较多的阴离子；在阴离子周围吸引着较多的阳离子。离子在溶液中的运动受到周围离子氛的牵制，并非完全自由。因此在导电性实验中，阴、阳离子各向两极移动的

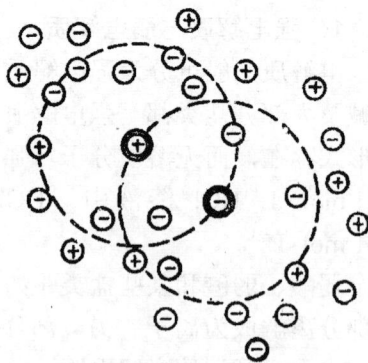

图 4-1　离子氛示意

速率比较慢，好似电解质没有完全离解。显然，这时所测得的"离解度"并不代表溶液的实际离解情况，故称为表观离解度。

由于离子间的相互牵制，离子的有效浓度比实际浓度要小，如 $0.1\ mol \cdot L^{-1}$ 的 KCl 溶液，K^+ 和 Cl^- 的浓度都应该是 $0.1\ mol \cdot L^{-1}$，但根据表观离解度计算得到的离子有效浓度只有 $0.086\ 0\ mol \cdot L^{-1}$。这种离子的有效浓度称为活度。浓度与活度的关系一般表示为

$$a = \gamma c \tag{4-1}$$

式中，a——活度；

γ——活度系数；

c——溶液浓度，$mol \cdot L^{-1}$。

一般情况下，$a < c$，故 γ 常 < 1。

活度系数的大小与离子浓度，尤其是离子电荷数有关，为了衡量溶液中正负离子相互作用的情况，引入了离子强度的概念，定义为

$$I = \frac{1}{2}\left(c_1 z_1^2 + c_2 z_2^2 + c_3 z_3^2 + \cdots + c_n z_n^2\right) = \frac{1}{2}\sum_{i=1}^{n} c_i z_i^2 \tag{4-2}$$

式中，c_i——i 离子的物质的量浓度，$mol \cdot L^{-1}$；

z_i——i 离子的电荷数。

式（4-2）表明，溶液的浓度越大，离子所带电荷越多，离子强度也就越大。离子强度越大，离子间相互牵制作用越大，活度系数就越小，相应离子活度就越低。所以溶液浓度大，离子所带电荷多会引起离子活度减小。而在弱电解质及难溶强电解质溶液中，由于离子浓度很小，离子间的距离较大，相互作用较弱。此时，活度系数 $\gamma \to 1$，离子活度与浓度几乎相等。

第二节　酸碱离解平衡

一、溶液的 pH 与指示剂

1. 水的离解平衡

水是最常用的溶剂，作为溶剂的纯水，其分子与分子间存在质子传递，其中一个水分子放出质子作为酸，另一个水分子接受质子作为碱，形成 H_3O^+ 和 OH^-。水的离解平衡可表示为

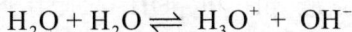

$$H_2O + H_2O \rightleftharpoons H_3O^+ + OH^-$$

可简写为：

$$H_2O \rightleftharpoons H^+ + OH^-$$

水是一种极弱的电解质（有微弱的导电性），绝大部分以水分子形式存在，仅能离解出极少量的 H^+ 和 OH^-。其标准平衡常数：

$$K^{\ominus} = \frac{[c(H^+)/c^{\ominus}] \cdot [c(OH^-)/c^{\ominus}]}{c(H_2O)/c^{\ominus}}$$

由于水的离解极微弱，已离解的水分子与总的水分子相比可忽略不计，因此将 $c(H_2O)/c^{\ominus}$ 看作一个常数，合并入 $K^{\ominus}$ 项，写作：

$$K_w^{\ominus} = \{c(H^+)/c^{\ominus}\} \cdot \{c(OH^-)/c^{\ominus}\}$$

这个常数叫作水的离子积。式中 $c^{\ominus}$ 为标准浓度（$1\ mol \cdot L^{-1}$），为简便起见，本书在平衡常数表示式中常省去 $c^{\ominus}$，故上式可简写为

$$K_w^{\ominus} = c(H^+) \cdot c(OH^-) \tag{4-3}$$

$K_w^{\ominus}$ 可从实验得到，也可由热力学计算得到。精确实验测得在 22～25℃时，纯水中：

$$c(H^+) = c(OH^-) = 1.0 \times 10^{-7}\ mol \cdot L^{-1}$$

则：

$$K_w^{\ominus} = 1.0 \times 10^{-14} \qquad pK_w^{\ominus} = 14.00$$

水的离子积与其他平衡常数一样，是温度的函数。从表 4-3 看出，温度升高，$K_w^{\ominus}$ 值显著增大。但在室温下作一般计算时，可不考虑温度的影响。

表 4-3　不同温度下水的离子积常数

$T/℃$	0	10	20	25	40	50	90	100
$K_w^{\ominus} \times 10^{-14}$	0.113 8	0.291 7	0.680 8	1.009	2.917	5.470	38.02	54.95

2. 溶液的酸碱性和 pH

溶液的酸（碱）度，是指溶液中 H^+（或 OH^-）离子的平衡浓度，常用 pH 表示。$c(H^+)$ 或 $c(OH^-)$ 浓度可以表示溶液的酸碱性，但因水的离子积是一个很小的数值（1.0×10^{-14}），在稀溶液中 $c(H^+)$ 或 $c(OH^-)$ 浓度也很小，直接使用十分不便，故提出用 pH 表示的概念。所谓 pH，是溶液中 H^+ 离子浓度的负对数：

$$pH = -\lg c(H^+) \tag{4-4}$$

同样有，溶液的 $pOH = -\lg c(OH^-)$。常温下，水溶液中有

$$c(H^+) \cdot c(OH^-) = K_w^{\ominus} = 1.0 \times 10^{-14} -$$

$$\lg [c(H^+) \cdot c(OH^-)] = -\lg K_w^{\ominus}$$

则：

$$pH + pOH = pK_w^{\ominus} = 14.00 \tag{4-5}$$

用 pH 表示水溶液的酸碱性非常方便。$c(H^+)$ 越大，pH 越小，表示溶液的酸度越高，碱度越低；$c(H^+)$ 越小，pH 越大，表示溶液的酸度越低，碱度越高。以上关系应用在计算中十分方便。pH 和 pOH 一般用于溶液中 $c(H^+) \leqslant 1\ mol \cdot L^{-1}$ 或 $c(OH^-) \leqslant 1\ mol \cdot L^{-1}$ 的情况，即 pH 在 0～14。如果 $c(H^+)$ 和 $c(OH^-)$ 过大，仍采用物质的量浓度来表示更为方便。综上所述，可以把水溶液的酸碱性与 $c(H^+)$ 和 $c(OH^-)$ 离子浓度的关系归纳如下：

中性溶液 $c(H^+) = c(OH^-) = 1.0 \times 10^{-7} mol \cdot L^{-1}$，$pH = pOH = 7.00$；

酸性溶液 $c(H^+) > 1.0 \times 10^{-7} mol \cdot L^{-1}$，$c(H^+) > c(OH^-)$；$pH < 7.00 < pOH$；

碱性溶液 $c(OH^-) > 1.0 \times 10^{-7} mol \cdot L^{-1}$，$c(OH^-) > c(H^+)$；$pH > 7.00 > pOH$。

一些常见水溶液的 pH 见表 4-4。

表 4-4 一些常见水溶液的 pH

溶 液	pH	溶 液	pH	溶 液	pH
柠檬汁	2.2～2.4	番茄汁	3.5	人的唾液	6.5～7.5
葡萄酒	2.8～3.8	牛奶	6.3～6.6	人尿	4.8～8.4
食醋	3.0	乳酪	4.8～6.4	饮用水	6.5～8.0
啤酒	4.0～5.0	海水	8.3	咖啡	5.0

【例 4-1】 计算 $0.010 \, mol \cdot L^{-1}$ HCl 溶液的 pH 和 pOH 值。

解：盐酸为强酸，在溶液中全部离解：

$$HCl \rightarrow H^+ + Cl^-$$

$$pH = -\lg c(H^+) = -\lg 0.010 = 2.00$$

$$pOH = pK_w^\ominus - pH = 14.00 - 2.00 = 12.00$$

3. 酸碱指示剂

测定溶液 pH 的方法很多，实际工作中常用的有酸碱指示剂、pH 试纸及 pH 计（酸度计）等。酸碱指示剂多是一些有机染料，属于有机弱酸或弱碱。随着溶液 pH 改变，本身的结构发生变化而引起颜色改变。每一种指示剂都有一定的变色范围（图4-2）。

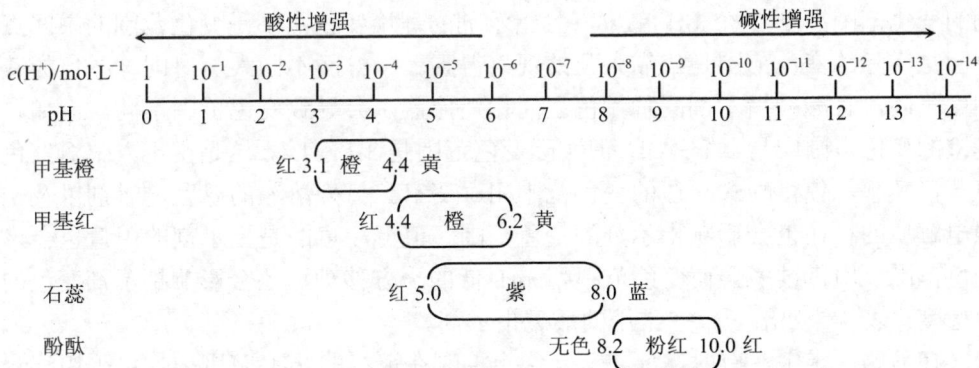

图 4-2 溶液酸碱性及指示剂变色范围

由图可见甲基橙和甲基红的变色范围在酸性溶液。酚酞变色范围在碱性溶液，石蕊则接近中性。利用这一特性可以指示溶液的 pH 范围。

酸碱指示剂一般是弱的有机酸或弱的有机碱，或是既呈弱酸性又呈弱碱性的两性物质。当溶液的 pH 变化时，指示剂失去质子由酸式转变为碱式，或得到质子由碱式转变为酸式，酸式和碱式具有不同的颜色，因此，结构上的变化将引起颜色的变化。

如常用的酸碱指示剂甲基橙是一种有机弱碱，在水溶液中有如下离解平衡和颜色变化：

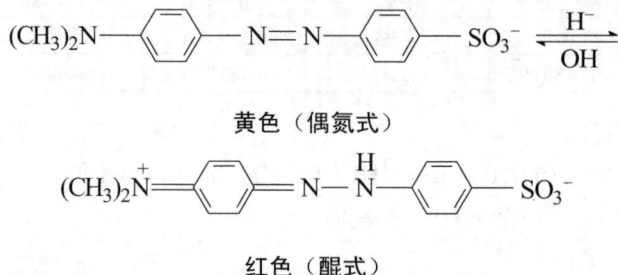

$$(CH_3)_2N \!-\!\!\!\bigcirc\!\!\!-\! N\!=\!N \!-\!\!\!\bigcirc\!\!\!-\! SO_3^- \underset{OH}{\overset{H^-}{\rightleftharpoons}}$$

黄色（偶氮式）

$$(CH_3)_2\overset{+}{N}\!=\!\!\!\bigcirc\!\!\!=\! N\!-\!\overset{H}{N}\!-\!\!\!\bigcirc\!\!\!-\! SO_3^-$$

红色（醌式）

由平衡关系可见，当溶液中 H^+ 浓度增大（pH 降低）时，反应向右移动，甲基橙主要以醌式存在，呈现红色；当溶液中 OH^- 浓度增大（pH 增大）时，则平衡向左移动，以偶氮式存在，呈现黄色。当溶液的 pH<3.1 时甲基橙为红色，pH>4.4 则为黄色。将指示剂颜色变化的 pH 区间称为变色范围。因此 pH=3.1～4.4 为甲基橙的变色范围。

$K^{\ominus}(HIn)$ 为指示剂的离解常数，也称指示剂常数，对某种酸碱指示剂来说，$K^{\ominus}(HIn)$ 在一定条件下是一常数。pH=p$K^{\ominus}(HIn)$ 称为指示剂的理论变色点。指示剂的理论变色范围为 pH=p$K^{\ominus}(HIn)$±1，为 2 个 pH 单位。但实际观察到的大多数指示剂的变化范围小于 2 个 pH 单位，且指示剂的理论变色点不是变色范围的中间点。原因是实际的变色范围是依靠人眼的观察得到。一方面不同人员对同一颜色的敏感程度不同，且酸碱指示剂两种颜色之间相互掩盖，会导致变色范围不同。例如，甲基橙的变色范围应是 2.4～4.4，但实际变色范围是 3.1～4.4，这是由于人眼对红色比对黄色敏感，使得酸式一边的变色范围相对变窄。另外溶液的温度、溶剂以及一些强电解质的存在也会影响指示剂的变色范围。值得注意的是指示剂的用量也会影响变色范围，用量过多会使变色范围朝 pH 低的一方移动，还会影响指示剂变色的敏锐程度。表 4-5 列出了一些常用的酸碱指示剂。

在酸碱滴定中，有时需要将滴定终点控制在很窄的 pH 范围内，可采用混合指示剂。混合指示剂有两种：一种是由两种或两种以上的指示剂混合而成，利用颜色的互补作用，使指示剂变色范围变窄，变色更敏锐，有利于判断终点，减少终点误差，提高分析的准确度。例如，溴甲酚绿（p$K_a^{\ominus}$=4.9）和甲基红（p$K_a^{\ominus}$=5.2）两者按 3：1 混合后，在 pH＜5.1 的溶液中呈酒红色，而在 pH＞5.1 的溶液中呈绿色，且变色非常敏锐。另一类混合指示剂是在某种指示剂中加入另一种惰性染料组成，例如，采用中性红与次甲基蓝混合而配制的指示剂，当配比为 1：1 时，混合指示剂在 pH＝7 时呈现蓝紫色，其酸色为蓝紫色，碱色为绿色，变色也很敏锐。常用的几种混合指示剂列于表 4-6。

表 4-5　常用的酸碱指示剂

指示剂	酸式色	碱式色	$pK_a^\ominus$	变色范围（pH）	用法
百里酚蓝（第一次变色）	红色	黄色	1.6	1.2～2.8	0.1%的 20%乙醇
甲基黄	红色	黄色	3.3	2.9～4.0	0.1%的 90%乙醇
甲基橙	红色	黄色	3.4	3.1～4.4	0.05%的水溶液
溴酚蓝	黄色	紫色	4.1	3.1～4.6	0.1%的 20%乙醇或其钠盐水溶液
溴甲酚绿	黄色	蓝色	4.9	3.8～5.4	0.1%水溶液，每 100 mg 指示剂加 0.05 mol·L^{-1}NaOH 9 mL
甲基红	红色	黄色	5.2	4.4～6.2	0.1%的 60%乙醇或其钠盐水溶液
溴百里酚蓝	黄色	蓝色	7.3	6.0～7.6	0.1%的 20%乙醇或其钠盐水溶液
中性红	红色	黄橙色	7.4	6.8～8.0	0.1%的 60%乙醇
酚红	黄色	红色	8.0	6.7～8.4	0.1%的 60%乙醇或其钠盐水溶液
百里酚蓝（第二次变色）	黄色	蓝色	8.9	8.0～9.6	0.1%的 20%乙醇
酚酞	无色	红色	9.1	8.0～9.6	0.1%的 90%乙醇
百里酚酞	无色	蓝色	10.0	9.4～10.6	0.1%的 90%乙醇

表 4-6　几种常用的混合指示剂

指示剂组成	变色点（pH）	酸式色	碱式色	备注
1 份 0.1%甲基橙水溶液 1 份 0.25%靛蓝磺酸钠水溶液	4.1	紫	黄绿	pH＝4.1 灰色
3 份 0.1%溴甲酚绿乙醇溶液 1 份 0.2%甲基红乙醇溶液	5.1	酒红	绿	pH＝5.1 灰色
1 份 0.1%溴甲酚绿钠盐水溶液 1 份 0.1%氯酚红钠盐水溶液	6.1	黄绿	蓝紫	
1 份 0.1%中性红乙醇溶液 1 份 0.1%次甲基蓝乙醇溶液	7.0	蓝紫	绿	
1 份 0.1%甲酚红钠盐水溶液 3 份 0.1%百里酚蓝钠盐水溶液	8.3	黄	紫	
1 份 0.1%百里酚蓝的 50%乙醇溶液 3 份 0.1%酚酞的 50%乙醇溶液	9.0	黄	紫	从黄到绿，再到紫

pH 试纸利用复合指示剂（两种或多种指示剂）制成，把甲基红、溴百里酚蓝、百里酚蓝、酚酞按一定比例混合，溶于乙醇，配成混合指示剂，将试纸用多种酸碱指示剂的混合溶液浸透后经晾干而成。其对不同 pH 的溶液能显示不同的颜色，据此可迅速判断溶液的酸碱性。常用的 pH 试纸有广范围 pH 试纸和精密 pH 试纸。前者的 pH 范围从 1～14 或 0～10，可以识别 pH 差值。此外，还有用于酸性、中性或碱性溶液中的专用 pH 试纸，例如：

酸性：pH 0.5～5.0，2.5～4.0，5.4～7.0 等；

中性：pH 5.5～9.0，6.4～8.5 等；

碱性：pH 8.2～10.0。

二、酸碱离解平衡

（一）一元弱酸弱碱的离解平衡

1. 离解常数

弱酸弱碱在溶液中部分离解，在已离解的离子和未离解的分子之间存在着离解平衡。HA 表示一元弱酸，离解平衡式为

$$HA \rightleftharpoons H^+ + A^-$$

其标准平衡常数：

$$K_a^\ominus = \frac{[c(H^+)/c^\ominus] \cdot [c(A^-)/c^\ominus]}{c(HA)/c^\ominus}$$

可简写为：

$$K_a^\ominus = \frac{c(H^+) \cdot c(A^-)}{c(HA)} \tag{4-6}$$

酸的标准离解平衡常数用 $K_a^\ominus$ 表示，称为酸的离解平衡常数。与其他平衡常数一样，离解常数与温度有关，与浓度无关，但温度对离解常数的影响不大，通常在室温下可不予考虑。从式（4-6）可以看出：$K_a^\ominus$ 的值越大，离解程度越大，该弱酸相对较强。例如 25℃时醋酸的离解常数为 1.8×10^{-5}，氢氟酸的离解常数为 3.5×10^{-4}，可见在相同浓度下，醋酸的酸性较氢氟酸弱。

同样，以 BOH 表示一元弱碱，离解平衡式为

$$BOH \rightleftharpoons B^+ + OH^-$$

其标准平衡常数：

$$K_b^\ominus = \frac{[c(B^+)/c^\ominus] \cdot [c(OH^-)/c^\ominus]}{c(BOH)/c^\ominus}$$

可简写为：

$$K_b^\ominus = \frac{c(B^+) \cdot c(OH^-)}{c(BOH)} \tag{4-7}$$

碱的标准离解平衡常数用 $K_b^\ominus$ 表示，称为碱的离解平衡常数。从式（4-7）可以

看出：$K_b^{\ominus}$ 的值越大，离解程度越大，该弱碱相对较强。例如，25℃时氨水的离解常数为 1.8×10^{-5}，苯胺的离解常数为 4.6×10^{-10}，可见在相同浓度下，氨水的碱性较苯胺为强。

$K_a^{\ominus}$，$K_b^{\ominus}$ 分别表示弱酸、弱碱的离解常数。对于具体的酸或碱的离解常数，通常在 $K_.^{\ominus}$ 的后面注明酸或碱的分子式来表示。一般把 $K^{\ominus}$ 在 $10^{-3} \sim 10^{-2}$ 称中强电解质；$K^{\ominus} < 10^{-4}$ 为弱电解质；$K^{\ominus} < 10^{-7}$ 为极弱电解质。

2. 离解度、离解常数和浓度之间的关系

前面提到，对于弱电解质可以用离解度（α）表示离解程度，在浓度、温度相同的条件下，离解度大，表示该弱电解质较强。离解常数是平衡常数的一种形式，不随电解质的浓度而变化；离解度是转化率的一种形式，表示弱电解质在一定条件下的离解百分率，随弱电解质的浓度变化而变化，见表 4-7。所以表示离解度时必须指出酸或碱的浓度。弱酸、弱碱的离解常数 $K_a^{\ominus}$ 和 $K_b^{\ominus}$ 比离解度 α 能更好地表明弱酸、弱碱的相对强弱。

表 4-7　不同浓度醋酸溶液的离解度和离解常数

溶液浓度/mol·L^{-1}	离解度 α /%	离解常数/ $K_a^{\ominus}$ （×10^{-5}）
0.2	0.934	1.76
0.1	1.33	1.76
0.02	2.96	1.80
0.001	12.4	1.76

离解度、离解常数和浓度之间有一定的关系。以一元弱酸 HA 为例，设浓度为 c，离解度为 α，推导如下：

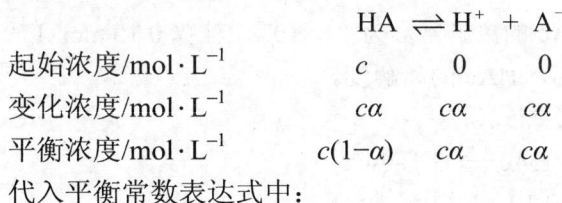

$$HA \rightleftharpoons H^+ + A^-$$

起始浓度/mol·L^{-1} $\qquad c \qquad 0 \qquad 0$

变化浓度/mol·L^{-1} $\qquad c\alpha \qquad c\alpha \qquad c\alpha$

平衡浓度/mol·L^{-1} $\qquad c(1-\alpha) \qquad c\alpha \qquad c\alpha$

代入平衡常数表达式中：

$$K_a^{\ominus} = \frac{c(H^+) \cdot c(A^-)}{c(HA)} = \frac{c\alpha \times c\alpha}{c(1-\alpha)} = \frac{c\alpha^2}{1-\alpha} \tag{4-8}$$

因为弱电解质的离解度 α 很小，可以认为 $1-\alpha \approx 1$，作近似处理时，得以下简式：

$$K_a^{\ominus} = c\alpha^2 \tag{4-9}$$

$$\alpha = \sqrt{\frac{K_a^{\ominus}}{c}} \tag{4-10}$$

$$c(H^+) = \sqrt{K_a^{\ominus} c} \tag{4-11}$$

同样对于一元弱碱溶液，得到： $K_b^{\ominus} = c\alpha^2 \tag{4-12}$

$$\alpha = \sqrt{\frac{K_b^{\ominus}}{c}} \tag{4-13}$$

$$c(OH^-) = \sqrt{K_b^{\ominus} c} \tag{4-14}$$

对于某一指定的弱电解质而言，浓度越稀，离解度越大。该关系式称为稀释定律。当弱电解质稀释时，离解度虽然增大，但 H^+ 浓度反而有所下降。所以不能错误地认为离解度增大，溶液的 H^+ 浓度必然增加。因为当溶液被稀释时，α 增加的倍数小于浓度减小的倍数，故 H^+ 浓度比原来的小。例如表 4-8 所列实验数据。

表 4-8 不同浓度时 HAc 的离解度和氢离子浓度（25℃）

	$c(HAc)$ /mol·L^{-1}				
	0.20	0.10	0.01	0.005	0.001
α/%	0.93	1.3	4.2	5.8	12
$c(H^+)$/mol·L^{-1}	1.86×10^{-3}	1.3×10^{-3}	4.2×10^{-4}	2.9×10^{-4}	1.2×10^{-4}
pH	2.73	2.88	3.38	3.54	3.92

【例 4-2】 298.15 K 时，HAc 的离解常数为 1.8×10^{-5}。计算 0.10 mol·L^{-1} HAc 溶液的 H^+、Ac^- 离子浓度和该浓度下 HAc 的离解度。

解：HAc 为弱电解质，离解平衡式为

$$HAc \rightleftharpoons H^+ + Ac^-$$

起始浓度/mol·L^{-1} 0.10   0   0

平衡浓度/mol·L^{-1} 0.10-x   x   x

$$K_a^{\ominus}(HAc) = \frac{c(H^+) \cdot c(Ac^-)}{c(HAc)} = \frac{x \cdot x}{0.10 - x}$$

$$1.8 \times 10^{-5} = \frac{x^2}{0.10 - x}$$

$K_a^{\ominus}(HAc)$ 很小，可近似地认为 $0.10 - x \approx 0.10$

$$x = \sqrt{1.8 \times 10^{-5} \times 0.10} = 1.3 \times 10^{-3} \ (\text{mol} \cdot \text{L}^{-1})$$

$$c(\text{H}^+) = c(\text{Ac}^-) = 1.3 \times 10^{-3} \, \text{mol} \cdot \text{L}^{-1}$$

$$\alpha = \frac{1.3 \times 10^{-3}}{0.10} \times 100\% = 1.3\%$$

【例 4-3】 25℃时，实验测得 $0.020 \ \text{mol} \cdot \text{L}^{-1}$ 氨水溶液的 pH 为 10.78，求它的离解常数和离解度。

解：pH＝10.78，pOH ＝ 14.00−10.78 = 3.22

$$c(\text{OH}^-) = 6.0 \times 10^{-4} \, \text{mol} \cdot \text{L}^{-1}$$

氨水的离解平衡式为：　　　$\text{NH}_3 \ + \ \text{H}_2\text{O} \rightleftharpoons \text{NH}_4^+ \ + \ \text{OH}^-$

起始浓度/mol·L^{-1}　　　　　0.020　　　　　　0　　　　0

平衡浓度/mol·L^{-1}　　0.020−6.0×10^{-4}　　6.0×10^{-4}　6.0×10^{-4}

≈ 0.020

$$\alpha = \frac{c(\text{OH}^-)}{c(\text{NH}_3)} \times 100\% = \frac{6.0 \times 10^{-4}}{0.02} \times 100\% = 3.0\%$$

$$K^{\ominus}(\text{NH}_3 \cdot \text{H}_2\text{O}) = \frac{c(\text{NH}_4^+) \cdot c(\text{OH}^-)}{c(\text{NH}_3)} = \frac{6.0 \times 10^{-4} \times 6.0 \times 10^{-4}}{0.02} = 1.8 \times 10^{-5}$$

（二）多元弱酸的离解平衡

多元弱酸在水溶液中的离解分步进行。例如，氢硫酸是二元弱酸，分两步离解。

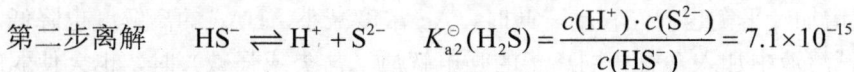

第一步离解　　$\text{H}_2\text{S} \rightleftharpoons \text{H}^+ + \text{HS}^-$　　$K_{a1}^{\ominus}(\text{H}_2\text{S}) = \dfrac{c(\text{H}^+) \cdot c(\text{HS}^-)}{c(\text{H}_2\text{S})} = 1.0 \times 10^{-7}$

第二步离解　　$\text{HS}^- \rightleftharpoons \text{H}^+ + \text{S}^{2-}$　　$K_{a2}^{\ominus}(\text{H}_2\text{S}) = \dfrac{c(\text{H}^+) \cdot c(\text{S}^{2-})}{c(\text{HS}^-)} = 7.1 \times 10^{-15}$

磷酸分三步离解：

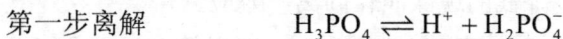

第一步离解　　　　　　　　$\text{H}_3\text{PO}_4 \rightleftharpoons \text{H}^+ + \text{H}_2\text{PO}_4^-$

$$K_{a1}^{\ominus}(\text{H}_3\text{PO}_4) = \frac{c(\text{H}^+) \cdot c(\text{H}_2\text{PO}_4^-)}{c(\text{H}_3\text{PO}_4)} = 7.6 \times 10^{-3}$$

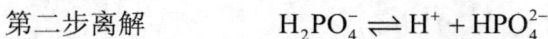

第二步离解　　　　　　　　$\text{H}_2\text{PO}_4^- \rightleftharpoons \text{H}^+ + \text{HPO}_4^{2-}$

$$K_{a2}^{\ominus}(H_3PO_4) = \frac{c(H^+) \cdot c(HPO_4^{2-})}{c(H_2PO_4^-)} = 6.3 \times 10^{-8}$$

第三步离解 $\qquad HPO_4^{2-} \rightleftharpoons H^+ + PO_4^{3-}$

$$K_{a3}^{\ominus}(H_3PO_4) = \frac{c(H^+) \cdot c(PO_4^{3-})}{c(HPO_4^{2-})} = 4.4 \times 10^{-13}$$

从所列数据看出，分步离解常数 $K_{a1}^{\ominus} \gg K_{a2}^{\ominus} \gg K_{a3}^{\ominus}$。由于第二步离解需从带有一个负电荷的离子中再离解出一个阳离子 H^+，比中性分子离解困难，因此第二步离解比第一步离解困难得多，同理第三步离解比第二步困难。此外，第一步离解出的 H^+ 对第二、第三步离解还产生影响，抑制它们的离解。所以分步离解常数逐级变小。且各级离解常数相差甚大（达好几个数量级），故在计算多元弱酸的 H^+ 浓度时，一般只需考虑第一步离解即可。若对多元弱酸或弱碱的相对强弱进行比较时，只需比较它们的第一级离解常数，与一元弱酸、弱碱相似。

第三节　同离子效应和缓冲溶液

根据化学平衡移动原理，本节讨论离子浓度对离解平衡的影响，说明同离子效应以及缓冲溶液的组成和工作原理。

一、同离子效应

在醋酸溶液的平衡系统中加入少量 NaAc，由于 NaAc 是强电解质，在溶液中能全部离解，因此溶液中的 Ac^- 浓度大大增加，根据化学平衡移动的原理，HAc 的离解平衡向左移动。

$$NaAc \rightarrow Na^+ + Ac^-$$
$$HAc \rightleftharpoons H^+ + Ac^-$$

结果，H^+ 浓度减小，HAc 的离解度降低。同理，在 HAc 溶液中加入强酸 HCl，则 H^+ 浓度增加，平衡也向左移动。此时，Ac^- 浓度减小，HAc 的离解度也降低。同样，在弱碱溶液中加入含有相同离子的强电解质（盐类或强碱）时，也会使弱碱的离解平衡向左移动，降低弱碱的离解度。这种在弱电解质溶液中，加入含有相同离子的强电解质，使弱电解质离解度降低的现象叫作同离子效应。

【例4-4】 在 $0.10 \text{ mol} \cdot L^{-1}$ HAc 溶液中加入少量 NaAc，使其浓度为 $0.10 \text{ mol} \cdot L^{-1}$，求该溶液的 H^+ 浓度和离解度。

解：（1）求 $c(H^+)$：忽略水离解产生的 H^+，设 HAc 离解产生的 H^+ 离子浓度为 x。

$$HAc \rightleftharpoons H^+ + Ac^-$$

起始浓度/mol·L⁻¹ $\qquad\qquad\quad 0.10 \qquad 0 \quad 0.10$

变化浓度/mol·L^{-1} $\qquad\qquad$ x $\qquad$ x $\qquad$ x

平衡浓度/mol·L^{-1} $\qquad\qquad$ $0.10-x$ $\quad$ x $\quad$ $0.10+x$

由于同离子效应，0.1 mol·L^{-1}HAc 的离解度减小，所以近似认为 $0.10-x\approx0.10$；$0.1+x\approx0.10$，代入平衡关系式：

$$K_a^\ominus = \frac{c(H^+)\cdot c(Ac^-)}{c(HAc)} = \frac{0.10x}{0.10} = 1.8\times10^{-5}$$

$$c(H^+) = x = 1.8\times10^{-5}\,mol\cdot L^{-1}$$

（2）求 α：

$$\alpha = \frac{c(H^+)}{c(酸)}\times100\% = \frac{1.8\times10^{-5}}{0.10}\times100\% = 0.018\%$$

与例 4-2 相比，0.10 mol·L^{-1}HAc 溶液的 $c(H^+)$ 及 α 在加入 NaAc 前后有显著差别，HAc 溶液的氢离子浓度和离解度都降低约 75 倍，加入 NaAc 的浓度越大，降低越多。

0.10 mol·L^{-1}HAc 溶液	$c(H^+)$离子浓度/mol·L^{-1}	α /%
加 NaAc 前	1.3×10^{-3}	1.3
加 NaAc 后	1.8×10^{-5}	1.8×10^{-2}

二、缓冲溶液

1．缓冲溶液的定义

许多化学反应需要在一定 pH 的范围内进行，某些反应有 H$^+$或 OH$^-$生成，溶液的 pH 会随反应的进行而发生变化。在这种情况下，就要借助缓冲溶液来稳定溶液的 pH，维持反应的正常进行。

为了说明缓冲溶液的作用，首先参看下列三组数据：

		加入 1.0 mL 1.0 mol·L^{-1}的 HCl 溶液	加入 1.0 mL 1.0 mol·L^{-1}的 NaOH 溶液
1	1.0 L 纯水	pH 从 7.00 变为 3.00，改变 4 个单位	pH 从 7.00 变为 11.00，改变 4 个单位
2	1.0 L 溶液中含有 0.10 mol HAc 0.10 mol NaAc	pH 从 4.76 变为 4.75，改变 0.01 单位	pH 从 4.76 变为 4.77，改变 0.01 个单位
3	1.0 L 溶液中含有 0.10 mol NH$_3$·H$_2$O 0.10 mol NH$_4$Cl	pH 从 9.26 变为 9.25，改变 0.01 个单位	pH 从 9.26 变为 9.27，改变 0.01 个单位

以上数据说明，纯水中加入少量的酸或碱，其 pH 发生显著的变化，而由 HAc 和 NaAc 或者 NH$_3$·H$_2$O 和 NH$_4$Cl 组成的混合溶液，当加入少量酸或碱时，其 pH 改

变很小。这种能保持 pH 相对稳定的溶液称为缓冲溶液，其作用称为缓冲作用。缓冲溶液的特点是在一定范围内，既能抵抗外加少量的酸又能抵抗外加少量的碱，或将溶液适当稀释或浓缩，溶液的 pH 都改变很小。

根据酸碱质子理论，可以认为常用的缓冲溶液是一共轭酸碱对系统，是由弱酸及其共轭碱或弱碱及其共轭酸构成的混合系统。如可以由 HAc—NaAc、H_2CO_3—$NaHCO_3$、$NH_3 \cdot H_2O$—NH_4Cl、NaH_2PO_4—Na_2HPO_4 等组成缓冲溶液。

2. 缓冲溶液的作用原理

以 HAc—NaAc 缓冲溶液为例说明缓冲溶液的作用原理。在 HAc—NaAc 缓冲溶液中存在以下离解平衡：

$$NaAc \rightarrow Na^+ + Ac^-$$

$$HAc \rightleftharpoons H^+ + Ac^-$$

由于 NaAc 完全离解，溶液中存在着大量的 Ac^-。HAc 只能部分离解，加上由 NaAc 离解出的 Ac^- 产生同离子效应，使 HAc 的离解度变得更小，因此溶液中除 Ac^- 外，还存在大量 HAc 分子。溶液中同时存在大量弱酸分子及其弱酸根离子，或大量弱碱分子及其弱碱的阳离子，组成缓冲对，这是缓冲溶液的特点。

在上述溶液中加入少量强酸时，H^+ 与溶液中大量存在的 Ac^- 结合成难离解的 HAc，使离解平衡向左移动。达到新的平衡时，H^+ 离子浓度不会显著增加。可以说，Ac^- 起了抗酸的作用。当加入少量强碱时，增加的 OH^- 与溶液中的 H^+ 结合生成 H_2O，这时 HAc 的离解平衡向右移动，补充减少的 H^+。建立新的平衡时，溶液中 OH^- 浓度几乎不变，因而 HAc 分子起了抗碱的作用。由此可见，缓冲溶液同时具有抵抗外加少量酸或碱的作用。

含有足够大浓度的弱酸与其共轭碱的混合溶液，具有缓冲作用的原理是外加少量酸碱时，质子在共轭酸碱对之间发生转移，从而维持溶液 pH 基本不变。所以要构成缓冲体系，一是要具有既能抗酸又能抗碱的组分；二是弱酸及其共轭碱保证足够大的浓度和适当的浓度比。

3. 缓冲溶液 pH 的计算

设缓冲溶液由一元弱酸 HA 和相应的盐 MA 组成，一元弱酸的浓度为 $c(酸)$，盐的浓度为 $c(盐)$，由 HA 离解得 $c(H^+) = x$ $mol \cdot L^{-1}$。则由

$$MA \rightarrow M^+ + A^-$$

$$c(盐) \qquad c(盐)$$

$$HA \rightleftharpoons H^+ + A^-$$

起始浓度/$mol \cdot L^{-1}$	$c(酸)$	0	$c(盐)$
变化浓度/$mol \cdot L^{-1}$	x	x	x
平衡浓度/$mol \cdot L^{-1}$	$c(酸)-x$	x	$c(盐)+x$

$$K_a^\ominus = \frac{c(H^+) \cdot c(A^-)}{c(HA)} = \frac{x[c(盐) + x]}{c(酸) - x}$$

$$x = \frac{K_a^\ominus [c(酸) - x]}{c(盐) + x}$$

如 $K_a^\ominus$ 值较小，并存在同离子效应，此时 x 很小，因而 $c(酸) - x \approx c(酸)$，$c(盐) + x \approx c(盐)$，则：

$$c(H^+) = x = \frac{K_a^\ominus c(酸)}{c(盐)}$$

$$pH = -\lg c(H^+) = -\lg K_a^\ominus - \lg \frac{c(酸)}{c(盐)}$$

$$pH = pK_a^\ominus - \lg \frac{c(酸)}{c(盐)} \tag{4-15}$$

这是计算一元弱酸及其盐组成的缓冲溶液 H^+ 浓度及 pH 的通式。同样，也可以推导出计算一元弱碱及其盐组成的缓冲溶液 pOH 值的通式：

$$c(OH^-) = \frac{K_b^\ominus c(碱)}{c(盐)}$$

$$pOH = -\lg c(OH^-) = -\lg K_b^\ominus - \lg \frac{c(碱)}{c(盐)} \tag{4-16}$$

$$pOH = pK_b^\ominus - \lg \frac{c(碱)}{c(盐)}$$

【例 4-5】 有 50 mL 含有 0.10 mol·L^{-1}HAc 和 0.10 mol·L^{-1}NaAc 的缓冲溶液，试计算：（1）该缓冲溶液的 pH；（2）加入 1.0 mol·L^{-1} 的 HCl 0.10 mL 后，溶液的 pH。

解：（1）已知 $K_a^\ominus(HAc) = 1.8 \times 10^{-5}$，则缓冲溶液的 pH 为

$$pH = pK_a^\ominus - \lg \frac{c(酸)}{c(盐)} = 4.74 - \lg \frac{0.10}{0.10} = 4.74$$

（2）加入 1.0 mol·L^{-1} 的 HCl 0.10 mL 以后，所离解出的 H^+ 与 Ac^- 结合生成 HAc 分子，溶液中的 Ac^- 浓度降低，HAc 浓度升高，此时体系中：

$$c(酸) \approx 0.10 \text{ mol·L}^{-1} + \frac{1.0 \text{ mol·L}^{-1} \times 0.10 \text{ mL}}{50.10 \text{ mL}} = 0.102 \text{ mol·L}^{-1}$$

$$c(盐) \approx 0.10 \text{ mol·L}^{-1} - \frac{1.0 \text{ mol·L}^{-1} \times 0.10 \text{ mL}}{50.10 \text{ mL}} = 0.098 \text{ mol·L}^{-1}$$

$$pH = pK_a^{\ominus} - \lg \frac{c(酸)}{c(盐)} = 4.74 - \lg \frac{0.102}{0.098} = 4.72$$

从计算结果可知，加入少量盐酸后，溶液的 pH 基本不变。

【例 4-6】 在 1.0 L 浓度为 0.10 mol·L⁻¹ 的氨水溶液中加入 0.050 mol 的 (NH₄)₂SO₄ 固体，问该溶液的 pH 为多少？

解： 这是一个弱碱与其盐组成的混合溶液，其中 $c(碱) = 0.10$ mol·L⁻¹，$c(NH_4^+) = 2 \times 0.050 = 0.10$ mol·L⁻¹，已知 $K_b^{\ominus}(NH_3 \cdot H_2O) = 1.8 \times 10^{-5}$，则：

$$pOH = pK_b^{\ominus} - \lg \frac{c(碱)}{c(盐)} = 4.74 - \lg \frac{0.1}{0.1} = 4.74$$

$$pH = 14 - 4.74 = 9.26$$

4. 缓冲容量

对任何一种缓冲溶液，加入大量的酸或碱，溶液中的 HA 或 A⁻ 消耗将尽时，就不再具有缓冲能力了，所以缓冲溶液的缓冲能力有一定限度。只有在加入适当酸或碱，或将溶液适当稀释时，才能保持溶液的 pH 基本不变。溶液缓冲能力的大小常用缓冲容量来衡量。缓冲容量的大小取决于弱酸及其盐或弱碱及其盐的浓度及浓度的比值。

组成缓冲对的浓度越大，加入少量的酸、碱后，$\frac{c(酸)}{c(盐)}$ 或 $\frac{c(碱)}{c(盐)}$ 改变越小，pH 变化也越小。常用的缓冲溶液各组分的浓度一般在 0.1~1.0 mol·L⁻¹。此外，缓冲能力还与 $\frac{c(酸)}{c(盐)}$ 或 $\frac{c(碱)}{c(盐)}$ 的比值有关，在比值接近于 1 时缓冲能力最大，比值一般在 0.1~10.0，其相应的 pH 和 pOH 变化范围为 $pH = pK_a^{\ominus} \pm 1$ 和 $pOH = pK_b^{\ominus} \pm 1$。通常缓冲溶液只在其缓冲范围内有缓冲作用，故在选用缓冲溶液时应注意其缓冲范围。将缓冲溶液适当稀释，由于 $\frac{c(酸)}{c(盐)}$ 或 $\frac{c(碱)}{c(盐)}$ 比值不变，故溶液 pH 不变。

5. 缓冲溶液的选择和配制

实际工作中缓冲溶液应用广泛，如离子的分离、提纯以及分析检验，经常需要控制溶液的 pH。在自然界特别是生物体内缓冲溶液也至关重要，如适合于大部分作物生长的土壤，其 pH 应在 5.00~8.00；人体血液中的 pH 总是保持在 7.35~7.45 的狭小范围，这一 pH 范围最适于细胞新陈代谢及整个肌体的生存。当血液的 pH 低于 7.30 或高于 7.50 时，就会出现酸中毒或碱中毒的现象，严重时甚至危及生命。

缓冲溶液本身的 pH 主要取决于弱酸或弱碱的离解常数 $pK_a^{\ominus}$ 或 $pK_b^{\ominus}$，所以，配制一定 pH 的缓冲溶液，可以选择 $pK_a^{\ominus}$（或 $pK_b^{\ominus}$）与所需 pH 相等或相近的弱酸（或弱碱）及其盐。例如，欲配制 pH=5 左右的缓冲溶液，HAc 的 $pK_a^{\ominus} = 4.74$，可以选择 HAc—NaAc 缓冲对。又如欲配制 pH=7 左右的缓冲溶液，H₃PO₄ 的 $pK_{a2}^{\ominus} = 7.20$，

可选择 NaH_2PO_4—Na_2HPO_4 缓冲对。再如欲配制 pH＝10 左右的缓冲溶液，H_2CO_3 的 $pK_{a2}^{\ominus}$＝10.25，可选择 $NaHCO_3$—Na_2CO_3。

缓冲溶液控制溶液 pH 主要体现在 $\lg\dfrac{c(酸)}{c(盐)}$（或 $\lg\dfrac{c(碱)}{c(盐)}$）。如果 $pK_a^{\ominus}$（或 $pK_b^{\ominus}$）与 pH 不完全相等，可按照所需 pH，利用缓冲溶液计算公式，适当调整酸（或碱）和盐的浓度比。

另外，所选择的缓冲溶液，不能与反应物或生成物发生作用。药用缓冲溶液还必须考虑是否有毒性等，例如，硼酸—硼酸盐缓冲溶液有毒，不能用作口服或注射剂的缓冲溶液。

表 4-9 介绍了一些常见缓冲溶液的配制方法及其 pH。

表 4-9　缓冲溶液的配制

pH	配　制　方　法
4.0	20 g NaAc·$3H_2O$ 溶于适量水中，加 134 mL 6mol·L^{-1}HAc,稀释至 500 mL
5.0	50 g NaAc·$3H_2O$ 溶于适量水中，加 34 mL 6mol·L^{-1}HAc,稀释至 500 mL
8.0	50 g NH_4Cl 溶于适量水中，加 3.5 mL 15mol·L^{-1} 氨水,稀释至 500 mL
9.0	35 g NH_4Cl 溶于适量水中，加 24 mL 15mol·L^{-1} 氨水,稀释至 500 mL
10.0	3 g NH_4Cl 溶于适量水中，加 207 mL 15mol·L^{-1} 氨水,稀释至 500 mL

【例 4-7】　欲配制 1.0 L pH＝5.00 的缓冲溶液，如果溶液中 HAc 的浓度为 0.20 mol·L^{-1}，需 1 mol·L^{-1} 的 HAc 和 1 mol·L^{-1}NaAc 各多少毫升？

解：已知 $K_a^{\ominus}$(HAc)＝1.8×10^{-5}；　c(HAc)＝0.20 mol·L^{-1}

（1）计算缓冲溶液中 NaAc 的浓度 c(盐)：

$$pH = pK_a^{\ominus} - \lg\frac{c(酸)}{c(盐)}$$

$$5.00 = 4.74 - \lg\frac{0.20}{c(盐)}$$

$$c(盐) = 0.36 \text{ mol·L}^{-1}$$

（2）计算所需酸和盐的体积：

$$c_1V_1 = c_2V_2$$

需 1 mol·L^{-1}HAc 的体积：$V_1 = \dfrac{0.20\times1}{1} = 0.20\,(L) = 200\,(mL)$

需 1 mol·L^{-1}NaAc 的体积：$V_1' = \dfrac{0.36\times1}{1} = 0.36\,(L) = 360\,(mL)$

第四节　盐类的水解

水溶液的酸碱性，取决于溶液中 H^+ 离子浓度和 OH^- 离子浓度的相对大小。NaCl、NaAc、Na_2CO_3、NH_4Cl、NH_4Ac 等盐类物质，在水中既不能离解出 H^+，也不能离解出 OH^-，水溶液似乎都应该是中性的，但事实上其水溶液有酸性、碱性、中性，这与盐的组成有关。造成盐类溶液具有酸碱性的原因是盐类的阳离子或阴离子和水离解出来的 H^+ 或 OH^- 结合生成弱电解质（弱酸或弱碱），使水的离解平衡发生移动，导致溶液中 H^+ 和 OH^- 浓度不相等，呈现酸碱性。这种作用称为盐的水解作用。实际上，水解反应是中和反应的逆反应，并且，这种中和反应中的酸或碱之一或两者都是弱的。

根据组成情况，盐可以分为以下四类：强碱弱酸盐（如 NaAc、KF、NaCN 等）；强酸弱碱盐（如 NH_4Cl、$AlCl_3$ 等）；弱酸弱碱盐（如 NH_4F、NH_4CN、NH_4Ac 等）；强酸强碱盐（NaCl、KNO_3 等），下面分别讨论其在水溶液中的情况。

一、强碱弱酸盐

以 NaAc 为例说明这类盐的水解。NaAc 在水中完全离解，溶液中同时存在水、弱酸的两个离解平衡：

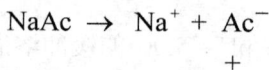

$$NaAc \rightarrow Na^+ + Ac^-$$
$$+$$
$$H_2O \rightleftharpoons OH^- + H^+$$

$$\Updownarrow$$

$$HAc$$

由 NaAc 离解出的 Ac^- 与 H_2O 离解出的 H^+ 结合成弱酸 HAc 分子，消耗了溶液中的 H^+，由于 H^+ 浓度的减少，使水的离解平衡向右移动，溶液中 $c(OH^-) > c(H^+)$，pH > 7.00，因此溶液呈碱性。

溶液中同时存在水、弱酸的离解平衡，离解平衡实际上是这两个平衡的总反应：

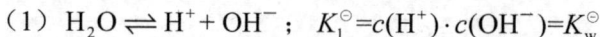

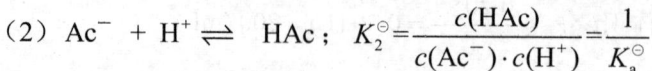

（1）$H_2O \rightleftharpoons H^+ + OH^-$；$K_1^\ominus = c(H^+) \cdot c(OH^-) = K_w^\ominus$

（2）$Ac^- + H^+ \rightleftharpoons HAc$；$K_2^\ominus = \dfrac{c(HAc)}{c(Ac^-) \cdot c(H^+)} = \dfrac{1}{K_a^\ominus}$

由（1）+（2）得水解反应式：

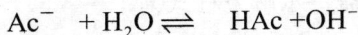

$$Ac^- + H_2O \rightleftharpoons HAc + OH^-$$

水解的平衡常数称为水解常数，记作 $K_h^\ominus$。$K_h^\ominus$ 可由多重平衡规则求得：

$$K_h^\ominus = K_1^\ominus K_2^\ominus = \frac{K_w^\ominus}{K_a^\ominus} \tag{4-17}$$

由此看出，这类盐水解的实质是阴离子（酸根离子）发生水解。组成盐的酸越弱（$K_a^\ominus$ 越小），水解常数越大，相应盐的水解倾向越大。

盐的水解程度除用水解常数 $K_h^\ominus$ 衡量外，还可用水解度（h）表示：

$$h = \frac{\text{已水解盐的浓度}}{\text{盐的起始浓度}} \times 100\%$$

是转化率的一种形式。

水解度（h）、水解常数（$K_h^\ominus$）和盐浓度 $c(盐)$ 之间有一定关系，仍以 NaAc 为例说明：

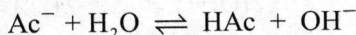

$$Ac^- + H_2O \rightleftharpoons HAc + OH^-$$

起始浓度/mol·L^{-1} $c(盐)$ 0   0

平衡浓度/mol·L^{-1} $c(盐)(1-h)$ $c(盐)h$ $c(盐)h$

$$K_h^\ominus = \frac{c(HAc) \cdot c(OH^-)}{c(Ac^-)}$$

$$= \frac{c(盐)h \cdot c(盐)h}{c(盐)(1-h)}$$

若 $K_h^\ominus$ 较小，可近似认为 $1-h \approx 1$，则

$$K_h^\ominus = c(盐)h^2$$

$$h = \sqrt{\frac{K_h^\ominus}{c(盐)}} = \sqrt{\frac{K_w^\ominus}{K_a^\ominus \cdot c(盐)}} \tag{4-18}$$

【例4-8】 计算 $0.10\ \text{mol} \cdot \text{L}^{-1}\text{NaAc}$ 溶液的 pH。

解：NaAc 为强碱弱酸盐，水解方程式为：

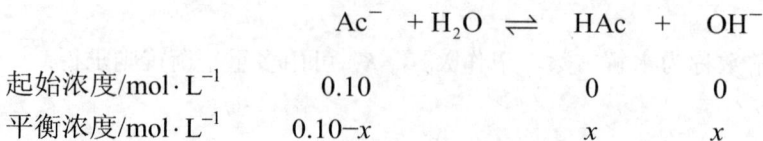

$$\text{Ac}^- + \text{H}_2\text{O} \rightleftharpoons \text{HAc} + \text{OH}^-$$

| 起始浓度/$\text{mol} \cdot \text{L}^{-1}$ | 0.10 | | 0 | 0 |
| 平衡浓度/$\text{mol} \cdot \text{L}^{-1}$ | 0.10−x | | x | x |

$$K_h^\ominus = \frac{K_w^\ominus}{K_a^\ominus(\text{HAc})} = \frac{10^{-14}}{1.8 \times 10^{-5}} = 5.6 \times 10^{-10}$$

$$K_h^\ominus = \frac{c(\text{HAc}) \cdot c(\text{OH}^-)}{c(\text{Ac}^-)} = \frac{x^2}{0.10 - x}$$

$K_h^\ominus$ 较小，可做近似计算，$0.10 - x \approx 0.10$，则：

$$c(\text{OH}^-) = x = \sqrt{K_h^\ominus c(\text{盐})} = \sqrt{5.6 \times 10^{-10} \times 0.10} = 7.5 \times 10^{-6} \quad (\text{mol} \cdot \text{L}^{-1})$$

$$\text{pOH} = 5.12$$
$$\text{pH} = 14.00 - 5.12 = 8.88$$

通过例 4-8 的计算，可导出一元弱酸强碱盐 OH^- 离子浓度的近似计算公式：

$$c(\text{OH}^-) = \sqrt{K_h^\ominus \cdot c(\text{盐})} = \sqrt{\frac{K_w^\ominus}{K_a^\ominus} \cdot c(\text{盐})} \tag{4-19}$$

将式（4-19）与式（4-14）比较，可将一元弱酸强碱盐溶液看作一元弱碱溶液，该弱碱的标准平衡常数计算式为

$$K_b^\ominus = K_h^\ominus = \frac{K_w^\ominus}{K_a^\ominus} \tag{4-20}$$

二、强酸弱碱盐

以 NH_4Cl 为例说明这类盐的水解。NH_4Cl 在水中完全离解，溶液中同时存在水、弱碱的两个离解平衡：

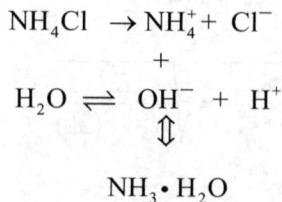

$$\text{NH}_4\text{Cl} \rightarrow \text{NH}_4^+ + \text{Cl}^-$$
$$+$$
$$\text{H}_2\text{O} \rightleftharpoons \text{OH}^- + \text{H}^+$$
$$\Updownarrow$$
$$\text{NH}_3 \cdot \text{H}_2\text{O}$$

由 NH_4Cl 离解出来的 NH_4^+ 与 H_2O 离解出来的 OH^- 结合成弱碱氨水，消耗了溶液中的 OH^-，由于 OH^- 浓度的减小，水的离解平衡向右移动，当溶液中水和氨水的两个平衡同时建立时，溶液中 $c(OH^-) < c(H^+)$，pH＜7.00，因此溶液呈酸性。

水解的离子方程式为：$NH_4^+ + H_2O \rightleftharpoons NH_3 \cdot H_2O + H^+$

强酸弱碱盐的水解实质上是阳离子发生水解，与一元弱酸强碱盐同样处理，得到一元强酸弱碱盐的水解常数：

$$K_h^{\ominus} = \frac{K_w^{\ominus}}{K_b^{\ominus}} \tag{4-21}$$

$$h = \sqrt{\frac{K_w^{\ominus}}{K_b^{\ominus} \cdot c(盐)}} \tag{4-22}$$

组成盐的碱越弱，$K_b^{\ominus}$ 越小，水解常数 $K_h^{\ominus}$ 就越大，强酸弱碱盐的水解倾向越大。

【例4-9】 计算 $0.10\ mol \cdot L^{-1}(NH_4)_2SO_4$ 溶液的pH。

解：$(NH_4)_2SO_4$ 为强酸弱碱盐，水解方程式为

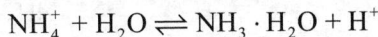

$$NH_4^+ + H_2O \rightleftharpoons NH_3 \cdot H_2O + H^+$$

起始浓度/mol·L⁻¹ 0.10×2 0   0

平衡浓度/mol·L⁻¹ $0.20-x$ x x

$$K_h^{\ominus} = \frac{K_w^{\ominus}}{K^{\ominus}(NH_3 \cdot H_2O)} = \frac{10^{-14}}{1.8 \times 10^{-5}} = 5.6 \times 10^{-10}$$

$$K_h^{\ominus} = \frac{c(NH_3 \cdot H_2O) \cdot c(H^+)}{c(NH_4^+)} = \frac{x^2}{0.20-x}$$

$K_h^{\ominus}$ 较小，可做近似计算，$0.20-x \approx 0.20$，则：

$$c(H^+) = x = \sqrt{K_h^{\ominus} \cdot c(盐)} = \sqrt{5.6 \times 10^{-10} \times 0.20} = 1.1 \times 10^{-5}\ mol \cdot L^{-1}$$

$$pH = -\lg c(H^+) = -\lg(1.1 \times 10^{-5}) = 4.96$$

通过例4-9的计算，可导出强酸一元弱碱盐 H^+ 离子浓度的近似计算公式：

$$c(H^+) = \sqrt{K_h^{\ominus} \cdot c(盐)} = \sqrt{\frac{K_w^{\ominus}}{K_b^{\ominus}} \cdot c(盐)} \tag{4-23}$$

将式（4-23）与式（4-10）比较，可将一元强酸弱碱盐溶液看作一元弱酸溶液，该弱酸的标准平衡常数计算式为

$$K_a^\ominus = K_h^\ominus = \frac{K_w^\ominus}{K_b^\ominus} \tag{4-24}$$

三、弱酸弱碱盐

弱酸弱碱盐溶于水时，阳离子和阴离子都发生水解，以 NH_4Ac 为例：

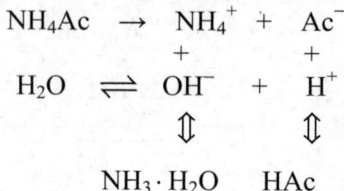

$$
\begin{array}{ccccc}
NH_4Ac & \longrightarrow & NH_4^+ & + & Ac^- \\
 & & + & & + \\
H_2O & \rightleftharpoons & OH^- & + & H^+ \\
 & & \Updownarrow & & \Updownarrow \\
 & & NH_3 \cdot H_2O & & HAc
\end{array}
$$

NH_4Ac 离解出的 NH_4^+ 与水离解出的 OH^- 结合生成弱碱 $NH_3 \cdot H_2O$，Ac^- 与水中的 H^+ 结合生成弱酸 HAc。由于 H^+ 和 OH^- 都在减少，水的离解平衡强烈右移，可见弱酸弱碱盐的水解程度较大。

水解的离子方程式为

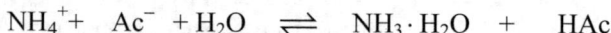

$$NH_4^+ + Ac^- + H_2O \rightleftharpoons NH_3 \cdot H_2O + HAc$$

与上面同样处理，可得到弱酸弱碱盐水解常数：

$$K_h^\ominus = \frac{K_w^\ominus}{K_a^\ominus K_b^\ominus} \tag{4-25}$$

弱酸弱碱盐水溶液的酸碱性与盐的浓度无关，仅取决于弱酸、弱碱的离解常数的相对大小。

当 $K_a^\ominus \approx K_b^\ominus$ 时，$c(H^+) = \sqrt{K_w^\ominus}$，$c(H^+) = 1.0 \times 10^{-7} mol \cdot L^{-1}$，则溶液近于中性，如 NH_4Ac；

当 $K_a^\ominus > K_b^\ominus$ 时，$c(H^+) > 1.0 \times 10^{-7} mol \cdot L^{-1}$，则溶液为酸性，如 $HCOONH_4$；

当 $K_a^\ominus < K_b^\ominus$ 时，$c(H^+) < 1.0 \times 10^{-7} mol \cdot L^{-1}$，则溶液为碱性，如 NH_4CN。

但是，尽管弱酸弱碱盐水解的程度往往比较大，但无论所生成弱酸和弱碱的相对强弱如何，水解后溶液的酸性或碱性总是比较弱的。

四、强酸强碱盐

强酸强碱盐的阳离子与阴离子不能与水中的 H^+ 和 OH^- 结合生成弱电解质，水的离解平衡未被破坏，故溶液呈中性，即强酸强碱盐在水溶液中不发生水解。

五、影响水解平衡的因素

水解程度的大小，主要取决于水解离子本身的性质，外界因素的改变，对水解平衡也有重要影响。下面讨论影响水解平衡的因素。

（1）盐的本性。盐类水解时所生成弱酸或弱碱的离解常数越小，水解度越大。若水解产物为沉淀，溶解度越小，水解度越大。

（2）浓度。从水解度的通式可以看出，对于同一种盐（$K_h^{\ominus}$ 相同），其浓度越小，水解度越大，换言之，将盐溶液进行稀释，会促进盐的水解。

（3）温度。酸碱中和反应是放热反应，盐的水解是中和反应的逆过程，因此是吸热反应。根据平衡移动原理，加热可以促进水解反应的进行。如在分析化学或无机制备时，常采用加热促进水解，达到离子分离或除去杂质的目的。

（4）溶液酸碱度的影响。盐类水解引起水中的 H^+ 和 OH^- 浓度发生了变化。根据平衡移动原理，调整溶液的酸碱度，能促进或抑制盐的水解。

六、盐类水解平衡的应用

盐类水解用于生产和科研的例子很多，现举例略加说明。

（1）许多金属氢氧化物的溶解度都很小，当相应的盐溶于水时，由于水解作用会析出氢氧化物而出现浑浊。如 $Al_2(SO_4)_3$、$FeCl_3$ 水解后产生胶状氢氧化物。这些物质具有吸附作用，可用作净水剂。

（2）在配制 Sn^{2+}、Fe^{3+}、Bi^{3+}、Sb^{3+} 等盐类的水溶液时，由于水解后会产生大量的沉淀，不能得到所需溶液：

$$SnCl_2 + H_2O \rightleftharpoons Sn(OH)Cl\downarrow +HCl$$

$$Bi(NO_3)_3 + H_2O \rightleftharpoons BiO(NO_3)\downarrow +2HNO_3$$

加入相应的酸，可使平衡向左移动，抑制水解反应。所以，在配制溶液时，通常溶于较浓的酸中，然后再用水稀释到所需的浓度（注意不可先加水再加酸，因为水解产物很难溶解）。配制 Na_2S 水溶液时，为防止 Na_2S 水解逸出 H_2S，必须加入 $NaOH$。

（3）常常利用水解反应达到物质的分离、鉴定和提纯的目的。如利用 Fe^{3+} 的易水解性除去溶液中的 Fe^{2+} 和 Fe^{3+}。

第五节　弱酸（碱）溶液中存在形式的分布

在弱酸（碱）的平衡体系中，一种物质常常以多种形式同时存在。各存在形式的浓度称为平衡浓度，各平衡浓度之和称为总浓度或分析浓度。例如，HAc 溶液中，当溶质与溶剂间同时发生酸碱反应达到平衡时，由于：

$$HAc + H_2O = H_3O^+ + Ac^-$$

此时原始溶质以 HAc 和 Ac⁻两种形式存在。每种形式的平衡浓度为 $c(HAc)$、$c(Ac^-)$，总浓度（分析浓度）为 $c(HAc)$、$c(Ac^-)$之和，用 c 表示。

某形式的平衡浓度在总浓度中占有的分数，称为该形式的分布分数，用符号 δ 表示。各存在形式平衡浓度的大小与该酸或碱的性质和溶液 H^+浓度有关，每种形式的分布分数随着溶液 H^+浓度的变化而变化。

一、一元弱酸（碱）的分布

以 HAc 溶液为例，在水溶液中有两种形式，c 为 HAc 的总浓度，$c(HAc)$、$c(Ac^-)$分别为 HAc、Ac⁻的平衡浓度，$\delta(HAc)$、$\delta(Ac^-)$分别为 HAc、Ac⁻的分布分数。根据定义，$c=c(HAc)+c(Ac^-)$

$$\delta(HAc) = \frac{c(HAc)}{c} = \frac{c(HAc)}{c(HAc)+c(Ac^-)} = \frac{1}{1+\frac{c(Ac^-)}{c(HAc)}} = \frac{1}{1+\frac{K_a^\ominus}{c(H^+)}}$$

故
$$\delta(HAc) = \frac{c(H^+)}{c(H^+)+K_a^\ominus} \tag{4-26}$$

同理可得
$$\delta(Ac^-) = \frac{K_a^\ominus}{c(H^+)+K_a^\ominus} \tag{4-27}$$

显然，各存在形式分布分数之和等于 1，即
$$\delta(HAc)+\delta(Ac^-)=1$$

分布分数(δ)与溶液 pH 间的关系曲线称为分布曲线。以 pH 为横坐标，$\delta(HAc)$、$\delta(Ac^-)$为纵坐标做图，得到图 4-3 所示 HAc 的分布曲线图。

从图 4-3 中可以看出：当 pH<p$K_a^\ominus$，HAc 为主要存在形式；当 pH>p$K_a^\ominus$，Ac⁻为主要存在形式；当 pH=p$K_a^\ominus$，HAc 与 Ac⁻各占一半，两种形式的分布分数均为 0.5。对于任何一元酸，根据其 $K_a^\ominus$ 值，可估计两种存在形式在不同 pH 时的分布情况。分布曲线很直观地反映了存在形式与溶液 pH 的关系，在选择反应条件时，可以按所需组分查图，即可得到相应的 pH。这对于酸碱滴定过程中，滴定条件的选择和控制具有指导意义。

【例 4-10】 计算 pH=5.00 时，HAc 和 Ac⁻的分布分数。

$$\delta(HAc) = \frac{c(H^+)}{K_a^\ominus + c(H^+)} = \frac{1.0 \times 10^{-5}}{1.8 \times 10^{-5} + 10^{-5}} = 0.36$$

$$\delta(Ac^-) = 1.00 - 0.36 = 0.64$$

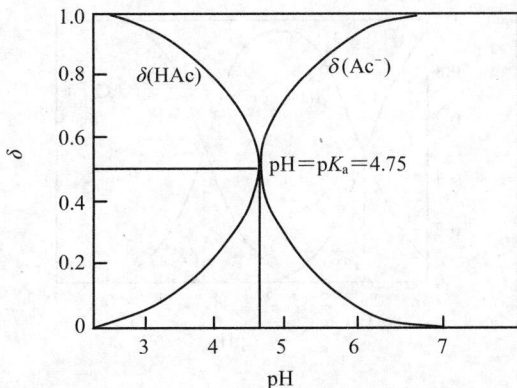

图 4-3　HAc、Ac⁻分布分数与溶液 pH 的关系曲线

二、二元弱酸的分布

二元弱酸在溶液中有三种存在形式，如草酸在水溶液中有 $H_2C_2O_4$、$HC_2O_4^-$ 和 $C_2O_4^{2-}$ 三种形式。设草酸的总浓度为 c，总浓度应等于各形式平衡浓度之和。

$$c = c(H_2C_2O_4) + c(HC_2O_4^-) + c(C_2O_4^{2-})$$

根据分布分数定义：

$$\delta(H_2C_2O_4) = \frac{c(H_2C_2O_4)}{c} = \frac{c(H_2C_2O_4)}{c(H_2C_2O_4) + c(HC_2O_4^-) + c(C_2O_4^{2-})}$$

$$= \frac{c^2(H^+)}{c^2(H^+) + K_{a1}^{\ominus} c(H^+) + K_{a1}^{\ominus} K_{a2}^{\ominus}} \tag{4-28}$$

同理可得：$\delta(HC_2O_4^-) = \dfrac{K_{a1}^{\ominus} c(H^+)}{c^2(H^+) + K_{a1}^{\ominus} c(H^+) + K_{a1}^{\ominus} K_{a2}^{\ominus}}$ （4-29）

$$\delta(C_2O_4^{2-}) = \frac{K_{a1}^{\ominus} K_{a2}^{\ominus}}{c^2(H^+) + K_{a1}^{\ominus} c(H^+) + K_{a1}^{\ominus} K_{a2}^{\ominus}} \tag{4-30}$$

显然：$\delta(H_2C_2O_4) + \delta(HC_2O_4^-) + \delta(C_2O_4^{2-}) = 1$

以 pH 为横坐标，δ 为纵坐标做图，得到图 4-4 所示草酸的分布曲线图。

由图 4-4 可知：当 pH$<$ $pK_{a1}^{\ominus}$ 时，$H_2C_2O_4$ 为主要存在形式；当 pH$>$ $pK_{a2}^{\ominus}$ 时，$C_2O_4^{2-}$ 为主要存在形式；当 $pK_{a1}^{\ominus}<$pH$<$ $pK_{a2}^{\ominus}$ 时，$HC_2O_4^-$ 为主要存在形式。

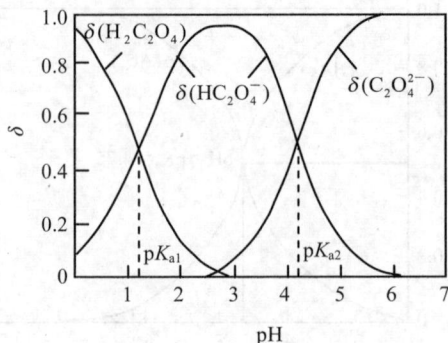

图 4-4　草酸溶液中各种存在形式的分布分数与溶液 pH 的关系曲线

【例 4-11】　将试液中的 Ca^{2+} 形成 CaC_2O_4 沉淀进行分离，CaC_2O_4 沉淀的完全程度与试液中 $c(C_2O_4^{2-})$ 的大小有关，为使沉淀剂所提供的 $C_2O_4^{2-}$ 在试液中成为主要型体，以提高沉淀处理效果，试液的 pH 应维持在多少？

解：从图 4-4 可知，在 pH＞4.29（即 pH＞$pK_{a2}^{\ominus}$）之后，试液中 $C_2O_4^{2-}$ 为主要存在形式。如控制在 pH＞6.00 时，则沉淀效果更好。只有当 pH＞12.00 之后，Ca^{2+} 才有可能形成羟配离子，干扰 CaC_2O_4 的沉淀。

三、三元弱酸的分布

三元弱酸如 H_3PO_4 在溶液中有 H_3PO_4、$H_2PO_4^-$、HPO_4^{2-} 和 PO_4^{3-} 四种形式存在。其形式的分布分数计算式，也可参照二元弱酸的推导方法推出。具体如下：

$$\delta(H_3PO_4) = \frac{c^3(H^+)}{c^3(H^+) + K_{a1}^{\ominus}c^2(H^+) + K_{a1}^{\ominus}K_{a2}^{\ominus}c(H^+) + K_{a1}^{\ominus}K_{a2}^{\ominus}K_{a3}^{\ominus}}$$

$$\delta(H_2PO_4^-) = \frac{K_{a1}^{\ominus}c^2(H^+)}{c^3(H^+) + K_{a1}^{\ominus}c^2(H^+) + K_{a1}^{\ominus}K_{a2}^{\ominus}c(H^+) + K_{a1}^{\ominus}K_{a2}^{\ominus}K_{a3}^{\ominus}}$$

$$\delta(HPO_4^{2-}) = \frac{K_{a1}^{\ominus}K_{a2}^{\ominus}c(H^+)}{c^3(H^+) + K_{a1}^{\ominus}c^2(H^+) + K_{a1}^{\ominus}K_{a2}^{\ominus}c(H^+) + K_{a1}^{\ominus}K_{a2}^{\ominus}K_{a3}^{\ominus}}$$

$$\delta(PO_4^{3-}) = \frac{K_{a1}^{\ominus}K_{a2}^{\ominus}K_{a3}^{\ominus}}{c^3(H^+) + K_{a1}^{\ominus}c^2(H^+) + K_{a1}^{\ominus}K_{a2}^{\ominus}c(H^+) + K_{a1}^{\ominus}K_{a2}^{\ominus}K_{a3}^{\ominus}}$$

H_3PO_4 溶液中各种存在形式的分布曲线，如图 4-5 所示。

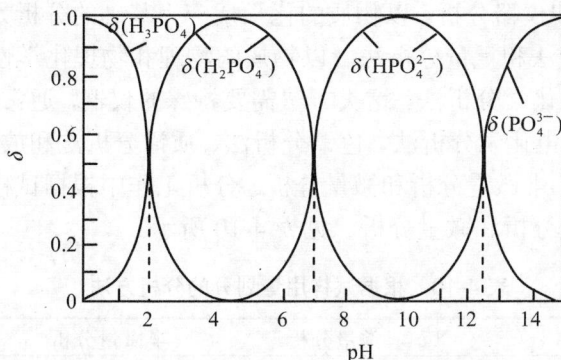

图 4-5　磷酸溶液中各种存在形式的分布分数与溶液 pH 的关系曲线

从图 4-5 可以看出，在 pH＝4.7 时，$H_2PO_4^-$ 形式占 99.4%；pH＝9.8 时，HPO_4^{2-} 形式占绝对优势，为 99.5%。

第六节　定量分析概述

一、定量分析的任务

在对物质进行分析时，一般先进行定性分析确定其组成，然后再进行定量分析测定物质各组分的含量。

定量分析在工农业生产和科学实验等方面应用广泛。例如，在农业生产方面，对于土壤的性质、灌溉用水、化肥、农药以及作物生长过程的研究等，都要用到定量分析。在工业生产方面，对于矿业开发、工业原料的选择、工艺流程的控制、工业成品的检验、新产品的试制以及"三废"的处理和利用等，都必须以分析结果为重要依据。

二、定量分析的分类

定量分析方法可根据分析对象、测定原理、试样用量、生产部门的要求等不同进行分类，分为如下不同类别。

（1）无机分析和有机分析。无机分析的分析对象是无机化合物，有机分析的分析对象是有机化合物。在无机分析中，通常要求鉴定试样是由哪些元素、离子、原子团或化合物所组成，各组分的含量是多少。在有机分析中，虽然组成有机化合物的元素种类不多，但是由于有机化合物结构复杂，其种类已达千万种以上，故分析方法不仅有元素分析，还有官能团分析和结构分析。

（2）化学分析和仪器分析。以物质的化学反应为基础的分析方法称为化学分析法。主要是滴定分析法和重量分析法。以物质的物理和物理化学性质为基础的分析方法称为物理和物理化学分析法。这类方法需要特殊的仪器，通常称为仪器分析法。主要有光学分析法、电化学分析法、色谱分析法、质谱分析法和放射化学分析法等。

（3）常量分析、半微量分析和微量分析。分析工作中根据试样用量的多少可分为常量分析、半微量分析和微量分析。见表 4-10 所示。

表 4-10　根据试样用量划分的分析方法

分析方法名称	常量分析	半微量分析	微量分析
固体试样质量/g	1～0.1	0.1～0.01	<0.01
液态试样体积/mL	10～1	1～0.01	<0.01

（4）例行分析、快速分析和仲裁分析。例行分析是指一般化验室对日常生产中的原材料和产品所进行的分析，又叫"常规分析"。

快速分析主要为控制生产过程提供信息。例如炼钢厂的炉前分析，要求在尽量短的时间内报出分析结果以便控制生产过程，这种分析要求速度快，准确的程度达到一定要求便可。

仲裁分析是因为不同的单位对同一试样分析得出不同的测定结果，并由此发生争议时，要求权威机构用公认的标准方法进行准确的分析，以裁判原分析结果的准确度。显然，在仲裁分析中，对分析方法和分析结果要求有较高的准确度。

三、定量分析的一般程序

（1）采样。从大量的分析对象中抽取一小部分作为分析样品的过程称为采样或取样，所抽取的分析样品称为试样。要求试样能代表全部分析对象，具有代表性。实际遇到的分析对象多种多样，其存在的状态有固体、液体、气体，不管是哪种试样，取样都应兼顾总体性。从总体中选择多点随机取样，使受检样品的化学组成尽量与总体的平均值相接近，这是保证测试结果的质量或测试意义的基础。原始样取好后，再逐步缩分为实验室所需的量。固体试样缩分的方法是将粉碎好的试样堆成圆锥形，经顶部中间用十字形分割为四等分，弃去对角的两份，即缩减为 1/2。继续缩分至所需的量，叫四分法。制样过程中应防止污染，用于制样的工具和器皿就被测元素来讲要相对洁净，分析样品的方法、温度、时间等要恰当，不得有样品溅失、样品分解不完全等现象。在形成溶液时，要确保试样全部进入溶液，不得有沉淀或浑浊现象。

（2）前（预）处理。将试样放入适当容器内进行初步处理，使待测成分转变为可测定的状态。定量分析一般采用湿法分析，即将试样分解后制成溶液，然后进行测定。处理过程中待测组分不损失，尽量避免引入干扰组分。实际测定中根据试样的性质和分析的要求选用适当的分解方法，分解试样的方法主要有酸溶法、碱溶法和熔融法等。

（3）测定。测定试样中组分的含量是分析工作的主要内容。根据分析对象和要求综合考虑多种因素，如仪器设备是否齐全，分析速度、费用和难易程度以及操作安全等，选用合适的分析方法测定待测组分。可选用标准方法、法定方法、文献方法等。如果试样组成复杂，测定时互相干扰，还要考虑消除干扰。

（4）数据处理。根据所取试样的量，测定时所得数据和分析过程中所依据的化学反应之间的关系，可以计算出试样中被测组分的相对含量，并对分析结果的可靠性进行分析，最后得出结论。

四、滴定分析法的定义和分类

1．滴定分析法的几个基本概念

滴定分析法是最常用的定量化学分析法，是将一种已知准确浓度的试剂溶液（标准溶液），通过滴定管滴加到待测组分溶液中，直到所加试剂与待测组分按化学计量完全定量反应为止。根据标准溶液的浓度和所消耗的体积，算出待测组分的含量，这一类分析方法称为滴定分析法。

这种滴加的溶液称为滴定剂，滴加溶液的操作过程称为滴定。滴加的标准溶液与待测组分恰好定量反应完全时的一点，称为化学计量点。通常利用指示剂颜色的突变或仪器测试来判断化学计量点的到达而停止滴定操作的一点称为滴定终点。实际分析操作中滴定终点与理论上的化学计量点常常不能恰好吻合，往往存在一定的差别，这一差别称为滴定误差或终点误差。

滴定分析法是分析化学中重要的一类分析方法，常用于滴定含量≥1%的常量组分，即被测组分的含量在 1%以上。另外，微量组分指被测组分的含量为 0.01%～1%，痕量组分指被测组分的含量≤0.01%。在测定条件较好的情况下，滴定分析测定的相对误差不大于 0.2%。

2．滴定分析法的分类

滴定分析法根据化学反应类型的不同，一般可以分为下列四种：

（1）酸碱滴定法。以酸碱中和反应为基础的滴定分析方法称为酸碱滴定法。如用 NaOH 滴定食用醋中的总酸度。

（2）沉淀滴定法。以沉淀反应为基础的滴定分析方法称为沉淀滴定法。如银量法，其反应可表示为

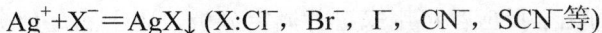

$$Ag^+ + X^- = AgX\downarrow \ (X:Cl^-，Br^-，I^-，CN^-，SCN^-等)$$

（3）氧化还原滴定法。以氧化还原反应为基础的滴定分析方法称为氧化还原滴定法，根据标准溶液的不同，氧化还原滴定法主要分为高锰酸钾法、重铬酸钾法、碘法等。

（4）配位滴定法。以配位反应为基础的滴定分析方法称为配位滴定法。如用EDTA标准溶液滴定胃舒平中铝和镁的含量。

滴定分析法按照滴定方式的不同，可有以下四种分类：

① 直接滴定法。用标准溶液直接滴定被测物质，利用指示剂或仪器测试指示化学计量点达到的滴定方式，称为直接滴定法。直接滴定法是最常用和最基本的滴定方式。通过标准溶液的浓度及所消耗滴定剂的体积，计算出待测物质的含量。例如，用HCl溶液滴定NaOH溶液，用$K_2Cr_2O_7$溶液滴定Fe^{2+}等。如果反应不能完全符合上述滴定反应的条件时，可以采用下述几种方式滴定。

② 返滴定法。当试样中被测物质与滴定剂的反应速率较慢，或用滴定剂直接滴定固体试样时，反应不能立即完成，就不能用直接滴定法滴定。可以先在待测试液中准确地加入适当过量的标准溶液，待反应完全后，再用另一种标准溶液滴定剩余的第一种标准溶液，测定待测组分的含量，这种方式称为返滴定法。例如，Al^{3+}与乙二胺四乙酸二钠盐（简称EDTA）溶液反应速率慢，不能用EDTA标准溶液直接滴定，常采用返滴定法。在一定的pH条件下，于待测的Al^{3+}试液中加入已知过量的EDTA溶液，待反应完全后，加入二甲酚橙做指示剂，用标准锌溶液返滴剩余的EDTA溶液，计算试样中铝的含量。

③ 置换滴定法。若被测物质与滴定剂的反应不按一定的反应式进行或有副反应发生时，不能采用直接滴定法，可采用置换滴定法。该法先加入适当的试剂与待测组分定量反应，生成另一种可被滴定的物质，再用标准溶液滴定反应产物，然后由滴定剂消耗量，反应生成的物质与待测组分的关系计算出待测组分的含量，称为置换滴定法。例如，用$K_2Cr_2O_7$标定$Na_2S_2O_3$溶液的浓度时，因为在酸性介质中，$K_2Cr_2O_7$不仅将$Na_2S_2O_3$氧化为$Na_2S_4O_6$，还有一部分$Na_2S_2O_3$被氧化为Na_2SO_4，$Na_2S_2O_3$与$K_2Cr_2O_7$的反应没有确定的计量关系。此时可以用一定量的$K_2Cr_2O_7$在酸性溶液中与过量KI作用，析出相当量的I_2，以淀粉为指示剂，再用$Na_2S_2O_3$溶液滴定析出的I_2，进而求得$Na_2S_2O_3$溶液的浓度。

④ 间接滴定法。某些待测组分不能直接与滴定剂反应，但可利用间接反应使其转化为可被滴定的物质，再用滴定剂滴定所生成的物质，通过其他化学反应，间接测定其含量。例如，溶液中Ca^{2+}与$C_2O_4^{2-}$作用形成CaC_2O_4沉淀，过滤后，加入H_2SO_4使沉淀物溶解，用$KMnO_4$标准溶液与$C_2O_4^{2+}$作用，采用氧化还原滴定法可间接测定Ca^{2+}的含量。

3. 滴定反应的条件

并不是所有的化学反应都可用来进行滴定分析，用于滴定分析的化学反应必须具备下列条件：

（1）反应必须定量地完成。即要求化学反应按一定的反应方程式进行完全，无副反应发生，且进行完全，通常要求达到99.9%以上。

（2）反应能够迅速完成。对于速率慢的反应，应采取适当措施提高反应速率。有时可通过加热或加入催化剂等方法来加速反应的进行。

（3）能利用指示剂或仪器分析等比较简便的方法确定滴定的终点。

凡能满足上述要求的反应均可用于滴定分析。

五、标准溶液的配制和标定

标准溶液指已知准确浓度的溶液。无论用哪种滴定方式，都离不开标准溶液，都要通过标准溶液的浓度和体积来计算待测组分的含量。因此，在滴定分析中，首先要掌握标准溶液的配制和标定。

1. 基准物质

能用于直接配制或标定标准溶液的物质，称为基准物质。但是在实际中能作为基准物质使用的试剂并不多。大多数标准溶液是先配制成近似浓度，然后用基准物质来标定其准确的浓度。

基准物质应符合下列要求：

（1）必须具有足够的纯度，一般要求其纯度在99.9%以上，通常用基准试剂或优级纯物质。

（2）物质的组成应与其化学式相符；若含结晶水，如草酸 $H_2C_2O_4 \cdot 2H_2O$ 等，其结晶水的含量也应该与化学式完全相符。

（3）试剂性质要求很稳定，不易吸收空气中的水分和二氧化碳，不易被空气所氧化。

（4）基准物质的摩尔质量应尽可能大，这样称量的相对误差较小。

能够满足上述要求的物质可用作基准物质。在滴定分析中常用的基准物质有邻苯二甲酸氢钾（$KHC_8H_4O_4$）、$Na_2B_4O_7 \cdot 10H_2O$、无水 Na_2CO_3、$CaCO_3$、金属锌、金属铜、$K_2Cr_2O_7$、KIO_3、As_2O_3、$NaCl$ 等，如表4-11所示。

表 4-11　常用基准物质的干燥条件及其应用

基准物质		干燥后的组成	干燥条件，温度/℃	标定对象
名称	分子式			
碳酸氢钠	$NaHCO_3$	Na_2CO_3	270～300	酸
十水合碳酸钠	$Na_2CO_3 \cdot 10H_2O$	Na_2CO_3	270～300	酸
硼砂	$Na_2B_4O_7 \cdot 10H_2O$	$Na_2B_4O_7 \cdot 10H_2O$	放在装有 NaCl 和蔗糖饱和溶液的密闭器皿中	酸
二水合草酸	$H_2C_2O_4 \cdot 2H_2O$	$H_2C_2O_4 \cdot 2H_2O$	室温空气干燥	碱或 $KMnO_4$
邻苯二甲酸氢钾	$KHC_8H_4O_4$	$KHC_8H_4O_4$	110～120	碱
重铬酸钾	$K_2Cr_2O_7$	$K_2Cr_2O_7$	140～150	还原剂
溴酸钾	$KBrO_3$	$KBrO_3$	130	还原剂

基准物质		干燥后的组成	干燥条件,温度/℃	标定对象
名称	分子式			
碘酸钾	KIO_3	KIO_3	130	还原剂
金属铜	Cu	Cu	室温干燥器中保存	还原剂
三氧化二砷	As_2O_3	As_2O_3	室温干燥器中保存	氧化剂
草酸钠	$Na_2C_2O_4$	$Na_2C_2O_4$	105~110	氧化剂
碳酸钙	$CaCO_3$	$CaCO_3$	110	EDTA
金属锌	Zn	Zn	室温干燥器中保存	EDTA
氧化锌	ZnO	ZnO	900~1 000	EDTA
氯化钠	NaCl	NaCl	500~600	$AgNO_3$
氯化钾	KCl	KCl	500~600	$AgNO_3$
硝酸银	$AgNO_3$	$AgNO_3$	220~250	氯化物

2. 标准溶液的配制

在定量分析中标准溶液的配制方法一般有两种,即直接配制法和间接配制法。

(1)直接配制法。准确称取一定量的基准物质,溶解后定量转移入容量瓶中,加蒸馏水稀释至一定刻度,充分摇匀。根据称取基准物质的质量和容量瓶的容积,计算其准确浓度。

(2)间接配制法。很多试剂不符合基准物质的条件,不能直接配制成标准溶液,只能用间接法。即先配制近似于所需浓度的溶液,然后用基准物质或另一种标准溶液通过滴定的方法来确定其准确浓度。这种确定标准溶液准确浓度的操作过程叫标定,所以间接配制法又叫标定法。如在滴定分析中常用盐酸为滴定剂,HCl 含量不稳定,且含有杂质,需用间接法配制,再标定其准确浓度。常用无水碳酸钠为基准物质,标定 HCl 溶液的准确浓度。

六、滴定分析的计算

在滴定分析中,涉及标准溶液的配制、标定和稀释的计算以及在滴定完成后,由标准溶液的浓度和消耗滴定剂的体积计算被测组分的质量及其质量分数。计算的主要依据是:在化学计量点时,所消耗的标准溶液和被测物质的物质的量之比等于化学计量数之比。

例如:待测物质的物质的量 n_A 与滴定剂的物质的量 n_B 的关系。

在滴定分析法中,设待测物质 A 与滴定剂 B 直接发生作用,则反应式如下:

$$aA + bB = cC + dD$$

当达到化学计量点时,a mol 的 A 物质恰好与 b mol 的 B 物质作用完全,则 n_A 与 n_B 之比等于化学计量数之比,即

$$n_A : n_B = a : b \tag{4-31}$$

所以 $\quad n_A = \dfrac{a}{b}n_B$

$$n_B = \dfrac{b}{a}n_A$$

由于 $\quad n_A = c_A V_A$

所以 $$c_A V_A = \dfrac{a}{b}c_B V_B \qquad (4\text{-}32)$$

此关系式也能用于有关溶液稀释的计算。因为溶液稀释后，浓度虽然降低，但所含溶质的物质的量没有改变。所以配制溶液时，将浓度高的溶液稀释为浓度低的溶液，可用下式计算：

$$c_1 V_1 = c_2 V_2 \qquad (4\text{-}33)$$

式中，c_1，V_1—— 稀释前某溶液的浓度和体积；

$\qquad\quad c_2$，V_2—— 稀释后某溶液的浓度和体积。

实际应用中，常用基准物质标定溶液的浓度，而基准物质往往是固体，因此必须准确称取基准物质的质量，溶解后再标定待测溶液的浓度。

若称取试样的质量为 m_s，测得待测物的质量为 m_A，待测物 A 的质量分数为

$$\omega_A = \dfrac{m_A}{m_S} \times 100\%$$

由上式得 $n_A = \dfrac{a}{b}n_B = \dfrac{a}{b}c_B V_B$

$$n_A = \dfrac{m_A}{M_A}$$

即可求得待测物质的质量：$m_A = \dfrac{a}{b}c_B V_B M_A$

则待测物 A 的质量分数为：$\omega_A = \dfrac{\dfrac{a}{b}c_B V_B M_A}{m_S} \times 100\% \qquad (4\text{-}34)$

此式是滴定分析中计算被测物含量的一般通式。

【例 4-12】 配制 1.000 L 浓度为 $0.100\,0\ \text{mol}\cdot\text{L}^{-1}$ 的 $K_2Cr_2O_7$ 标准溶液，应称取基准物质 $K_2Cr_2O_7$ 多少克？

解：

$m(K_2Cr_2O_7) = n(K_2Cr_2O_7)\cdot M(K_2Cr_2O_7) = c(K_2Cr_2O_7)\cdot V(K_2Cr_2O_7)\cdot M(K_2Cr_2O_7)$

$$= 0.100\,0\ \text{mol}\cdot\text{L}^{-1} \times 1.000\ \text{L} \times 294.18\ \text{g}\cdot\text{mol}^{-1} = 29.42\ \text{g}$$

【例 4-13】 欲配制浓度为 $0.2\ \text{mol}\cdot\text{L}^{-1}$ 的盐酸溶液 1L，应取浓盐酸（$12\ \text{mol}\cdot\text{L}^{-1}$）

多少毫升？

解： 稀释前后溶液的体积发生了变化，但所含溶质的物质的量并没有改变。所以：

$$c_1V_1 = c_2V_2$$

$$12V_1 = 0.2 \times 1\,000$$

$$V_1 = 16.70\,（mL）$$

【例 4-14】 已知每升 $K_2Cr_2O_7$ 标准溶液含 $K_2Cr_2O_7$ 5.442 g，求该标准溶液对 Fe_3O_4 的滴定度。

解： $Cr_2O_7^{2-} + 6Fe^{2+} + 14H^+ = 2Cr^{3+} + 6Fe^{3+} + 7H_2O$

$$n(Fe) = 6n(K_2Cr_2O_7)$$

$$n(Fe) = 3n(Fe_3O_4)$$

$$n(Fe_3O_4) = 2n(K_2Cr_2O_7)$$

$$T(Fe_3O_4 / K_2Cr_2O_7) = \frac{2m(K_2Cr_2O_7) \times M(Fe_3O_4)}{M(K_2Cr_2O_7) \times 1\,000}$$

$$= \frac{2 \times 5.442\ g \times 231.5\ g \cdot mol^{-1}}{294.2\ g \cdot mol^{-1} \times 1\,000\ mL} = 0.008\,564\ g \cdot mL^{-1}$$

【例 4-15】 测定工业用纯碱中 Na_2CO_3 的含量时，称取 0.264 8 g 试样，用 $c(HCl) = 0.197\,0\ mol \cdot L^{-1}$ 的盐酸标准溶液滴定，以甲基橙指示终点，用去盐酸标准溶液 24.45 mL。求纯碱中 Na_2CO_3 的质量分数。

解： 滴定反应为：$2HCl + Na_2CO_3 = 2NaCl + H_2CO_3$

$$n(Na_2CO_3) = \frac{1}{2}n(HCl)$$

$$\omega(Na_2CO_3) = \frac{\frac{1}{2}c(HCl) \cdot V(HCl) \cdot M(Na_2CO_3)}{m_s} \times 100\%$$

$$= \frac{\frac{1}{2} \times 0.197\,0 \times 24.45 \times 10^{-3} \times 106.0}{0.264\,8} \times 100\%$$

$$= 96.41\%$$

第七节　定量分析中的误差和有效数字

一、误差产生的原因和减免

定量分析的目的是准确地测定试样中组分的含量，测定的分析结果必须达到一定的准确度，只有分析结果准确才能对生产和科学起指导作用。但世界上没有绝对准确的分析结果，在分析测试过程中，由于主、客观条件的限制，使得测定结果不可能和真实含量完全一致。即使是技术很熟练的人，用同一最完善的分析方法和最精密的仪器，对同一试样仔细进行多次分析，其结果也不会完全一致，而是在一定范围内波动。因此，人们在进行定量分析时，不仅要得到被测组分的含量，而且必须掌握分析数据的科学处理方法，正确地表达和评价分析结果，判断分析结果的可靠程度，检查产生误差的原因，同时采取相应措施减小误差，使分析结果尽量接近客观真实值。换句话说，分析过程中误差是客观存在的，分析人员要了解误差产生的原因，在测试过程中尽量减小分析误差。

误差根据其性质可分为两大类，即系统误差、随机误差。

1. 系统误差

系统误差是在一定试验条件下，由某种固定的原因造成。系统误差在重复测定过程中会重复出现，其具有单向性，绝对值和正负号恒定不变，即正负、大小都有一定的规律，使测定结果经常偏高或偏低。若能找出原因，并设法加以校正，系统误差就可以消除，因此也称为可测误差。系统误差产生的主要原因是：

（1）方法误差。由于分析方法本身不完善而引起的误差，由分析系统的化学或物理化学性质决定，无论分析者操作如何熟练和小心，误差在所难免。例如滴定反应不能定量地完成或有副反应；干扰成分的存在；滴定分析中指示剂确定的滴定终点与化学计量点不完全符合；重量分析中沉淀的溶解损失、共沉淀和后沉淀的现象、灼烧沉淀时部分挥发或称量形式具有吸湿性等，都将系统地使测定结果偏高或偏低。

（2）仪器误差。由于分析仪器本身不够精密或有缺陷所造成的误差。如天平两臂不等长；砝码质量不标准；滴定管、容量瓶、移液管刻度不准确等，在使用过程中会使测定结果偏高或偏低。

（3）试剂误差。由于试剂不纯，蒸馏水不纯，含有固定的干扰离子所引起的误差，使分析结果偏高或偏低。

（4）操作误差。由于操作者的主观原因造成的误差。由于操作人员掌握分析方法和测定条件的差异而引起的误差。例如，对终点颜色变化的判断，有人敏锐，有人迟钝；在滴定管读数时，有人偏高，有人偏低等。

针对上述四个方面的误差，可采取相应方法查找和消除这类误差，常用方法有：

① 对照试验。对照试验是检验系统误差的有效方法。常用的对照试验方法有：用已知准确含量的标准样品与被测试样平行测定，通过标准样品的分析结果与其标准值的比较，可以判断测定是否存在系统误差；对同一试样用标准分析方法与所采用的分析方法进行比较测定，通过两者分析结果差别的大小可判断是否存在系统误差。

② 校准仪器。由仪器不准确引入的系统误差，可通过校准仪器来消除或减小。

日常内部控制分析准确度要求不高，因仪器出厂时已进行校正，只要仪器保管妥善，一般不必进行校准。对外出具分析报告，准确度要求较高，所用仪器如滴定管、移液管、容量瓶、分析天平等，必须进行定期校准。如分析天平，必须每年校准一次。

　　③ 空白试验。由试剂、蒸馏水、实验器皿和环境带入杂质所引起的系统误差，可通过空白试验予以消除或减小。即在不加试样的情况下，按照所选用的分析方法，用相同的试剂和仪器，与测定试样同条件进行测定的试验称空白试验。空白试验得到的结果称为空白值。从试样的测定结果中扣除空白值，得到消除或减小系统误差的分析结果。若空白值过大，可采取提纯试剂或改用适当器皿等措施来降低。

　　④ 方法校正。因某些分析方法不完善造成的系统误差可通过引用其他分析方法进行校正。如重量分析法测定水泥熟料中 SiO_2 的含量时，滤液中溶解的少量硅可用分光光度法测定，然后加到重量法的结果中加以校正。

　　2. 随机误差

　　随机误差也称偶然误差。它是由一些偶然和难以控制的原因导致的。如环境温度、湿度和气压的微小波动，仪器的微小变化，分析人员对试样处理时的微小差别等。这些不可避免的偶然原因，使分析结果在一定的范围波动，引起偶然误差。与系统误差不同，在同一条件下多次测定所出现的随机误差，其大小、正负都是不确定的，非单向性的，所以随机误差又称不可测误差。随机误差在分析测定过程客观存在，不可避免，不能用校正的方法来消除或减小随机误差。

　　从表面看，随机误差的出现似乎很不规律。但实验发现，在同一条件下进行足够多的测定，随机误差的出现服从统计规律，即正态分布规律：

　　（1）大小相近的正误差和负误差出现的概率相等，即绝对值相近而符号相反的误差以同等机会出现；

　　（2）绝对值小的误差出现概率大，而绝对值大的误差出现概率小，绝对值很大的误差出现概率非常小。

　　上述规律用正态分布曲线表示，见图4-6。

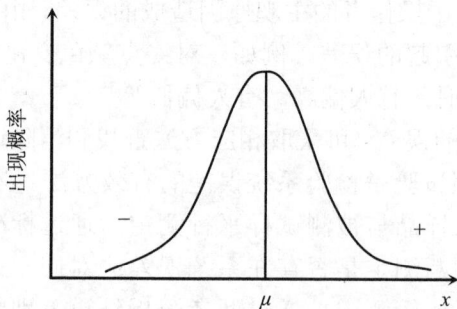

图 4-6　随机误差的正态分布曲线

由图 4-6 可见，在消除系统误差的情况下，平行测定的次数越多，测得值的算术平均值越接近真实值。显然，无限多次测定的平均值 μ，在校正系统误差的情况下，即为真实值。分析化学中，对同一试样，要求平行测定 3～4 次，以获得较准确的分析结果。

在分析化学中，除系统误差和偶然误差外，还会出现由于过失或差错造成的过失误差。例如：器皿不洁净、溅失试液、读数或记录差错、计算错误等造成的错误结果，过失误差会对分析结果造成严重影响，不能通过上述方法减免。因此必须严格遵守操作规程，认真仔细地进行实验，如发现错误，不管造成过失误差的具体原因如何，只要确知存在过失误差，就应将异常值剔除，不参与平均值的计算。

二、误差的表示方法

1. 准确度与误差

准确度是指分析结果与真实值相接近的程度。分析结果与真实值之间的差值越小，准确度越高。准确度的高低用误差衡量，误差是指测定结果与真实值的差值。差值越小，误差就越小，即准确度越高。误差一般用绝对误差和相对误差表示。绝对误差（E）是表示测定值（x_i）与真实值（μ）之差。即

$$E = x_i - \mu \tag{4-35}$$

相对误差（RE）是表示绝对误差在真实值中所占的百分率，即

$$RE = \frac{E}{\mu} \times 100\% \tag{4-36}$$

例如：测定某白云石中钙的含量，甲、乙两人测定结果分别为 30.59% 和 30.55%，已知真实结果为 30.57%，则两者的绝对误差和相对误差分别为

$$E_甲 = x_i - \mu = 30.59\% - 30.57\% = +0.02\%$$

$$E_乙 = x_i - \mu = 30.55\% - 30.57\% = -0.02\%$$

$$RE_甲 = \frac{E}{\mu} \times 100\% = \frac{+0.02\%}{30.57\%} \times 100\% = +0.07\%$$

$$RE_乙 = \frac{E}{\mu} \times 100\% = \frac{-0.02\%}{30.57\%} \times 100\% = -0.07\%$$

绝对误差和相对误差都有正值和负值，正值表示分析结果偏高，负值表示分析结果偏低。

绝对误差相等，相对误差并不一定相同。如用分析天平称取无水碳酸钠 0.156 2 g，假定其真实值为 0.156 1 g；用分析天平称取硼砂 0.485 4 g，假定其真实值为 0.485 3 g。则两者的绝对误差分别为

$$E_1 = x_i - \mu = (0.156\ 2 - 0.156\ 1)g = +0.000\ 1\ g$$

$$E_2 = x_i - \mu = (0.485\ 4 - 0.485\ 3)g = +0.000\ 1\ g$$

两者的相对误差分别为

$$RE_1 = \frac{E}{\mu} \times 100\% = \frac{+0.000\,1}{0.156\,1} \times 100\% = +0.06\%$$

$$RE_2 = \frac{E}{\mu} \times 100\% = \frac{+0.000\,1}{0.485\,3} \times 100\% = +0.02\%$$

由此可看出，同样的绝对误差，所称取的物质质量越大，相对误差越小。相对误差是表示绝对误差在真实值中所占的百分率，用其表示准确度比绝对误差更客观。所以常用相对误差表示或比较测定结果的准确度。

2. 精密度与偏差

为获得可靠的分析结果，实际分析中，在相同条件下平行测定几份试样，然后取平均值。如果所得平行试样测定数据比较接近，说明分析的精密高。所谓精密度就是几次平行测定结果相互接近的程度，精密度高表示结果的重复性或再现性好，精密度的高低用偏差来衡量。偏差是指单次测定结果与多次测定结果的算术平均值之间的差值。实际分析工作中，一般用多次平行测定的算术平均值表示分析结果：

$$\bar{x} = \frac{x_1 + x_2 + \cdots + x_n}{n} = \frac{1}{n}\sum_1^n x_i \tag{4-37}$$

偏差的大小表示分析结果的精密度，偏差越小说明测定值的精密度越高。偏差也分为绝对偏差和相对偏差。

（1）绝对偏差（d_i）：

$$d_i = x_i - \bar{x} \tag{4-38}$$

（2）相对偏差（Rd_i）：

$$Rd_i = \frac{d_i}{\bar{x}} \times 100\% \tag{4-39}$$

对于多次平行测定的分析结果，精密度通常用平均偏差或标准偏差的大小来表示。

（3）平均偏差（$\bar{d}$）。对某试样进行 n 次平行测定，先计算各次测定对平均值的偏差：

$$d_i = x_i - \bar{x} \quad (i = 1, 2, \cdots n)$$

然后求其绝对值之和的平均值：

$$\bar{d} = (\frac{1}{n})\sum_{i=1}^n |d_i| = \frac{1}{n}\sum_{i=1}^n |x_i - \bar{x}| \tag{4-40}$$

（4）相对平均偏差（$R\bar{d}$）：

$$R\bar{d} = \frac{\bar{d}}{\bar{x}} \times 100\% \tag{4-41}$$

（5）标准偏差：

标准偏差又称均方根偏差。当测定次数趋于无穷大时，总体标准偏差（σ）表达

式为

$$\sigma = \sqrt{\frac{\sum_{i=1}^{n}(x-\mu)^2}{n}} \qquad (4-42)$$

式中，μ——总体平均值，在校正系统误差的情况下，μ即为真值。

一般的分析工作，有限测定次数的标准偏差（s）表达式为

$$s = \sqrt{\frac{\sum_{i=1}^{n}(x-\bar{x})^2}{n-1}} \qquad (4-43)$$

（6）相对标准偏差也称变异系数（CV）：

$$CV = \frac{s}{\bar{x}} \times 100\% \qquad (4-44)$$

标准偏差较平均偏差更能反映多次平行测定结果的离散性。如下列甲、乙两组分析数据各次测定结果的绝对偏差值，比较其平均偏差和标准偏差：

甲组：+0.45，+0.44，+0.36，+0.36，+0.20，−0.39，−0.56，−0.76[*]

$n_1=8$，$\bar{d}_1=0.44$，$s_1=0.50$

乙组：+0.50，+0.50，+0.48，+0.44，−0.34，−0.38，−0.44，−0.46

$n_1=8$，$\bar{d}_2=0.44$，$s_2=0.47$

甲、乙两组数据的平均偏差值相同，但可明显看出甲组数据中有一个较大的偏差值（标有*号者），用平均偏差值反映不出这两组数据的好坏。但是，用标准偏差值来比较，甲组数据的标准偏差值明显偏大，其精密度较差。所以用标准偏差反映精密度比用平均偏差更合理，因为将单次测定结果的偏差值平方后，较大偏差能显著地反映出来，故能更好地反映出数据的分散程度。

【例4-16】 有一试样，其中蛋白质的含量经多次测定，结果为34.98%，35.10%，35.16%，35.20%，35.18%。计算该组测定结果的平均偏差、标准偏差和变异系数。

解： $\bar{x} = \dfrac{(34.98+35.10+35.16+35.20+35.18)\%}{5} = 35.12\%$

单次测量的偏差分别为：$d_1=-0.14\%$，$d_2=-0.02\%$，$d_3=0.04\%$，$d_4=0.08\%$，$\bar{d}_5=0.06\%$。

$$\bar{d} = \left(\frac{1}{n}\right)\sum_{i=1}^{n}|d_i| = \frac{(0.14+0.02+0.04+0.08+0.06)\%}{5} = 0.07\%$$

$$s = \sqrt{\frac{\sum_{i=1}^{n}(x-\overline{x})^2}{n-1}} = \sqrt{\frac{(0.14\%)^2+(0.02\%)^2+(0.04\%)^2+(0.08\%)^2+(0.06\%)^2}{4}} = 0.09\%$$

$$CV = \frac{s}{\overline{x}} \times 100\% = \frac{0.09}{35.12} \times 100\% = 0.26\%$$

答：该组测定结果的平均偏差、标准偏差和变异系数值分别为：0.07%、0.09% 和 0.26%。

相对标准偏差是标准偏差在平均值中所占的百分率，其更合理地反映测定结果的精密度，目前常用来表示分析结果的精密度。

（7）极差（R）。日常分析检测中，一般仅对单个试样平行测定 2～3 次。为及时反映测定结果的精密度是否符合测定标准方法的误差要求，常用到极差概念。极差是指平行测定结果的最大值与最小值之差，又称为全距，以 R 表示：

$$R = x_{最大} - x_{最小} \tag{4-45}$$

若极差值小于测定标准方法的允许差，说明平行测定的数据可靠，可取平行测定结果的算术平均值作为试样的分析结果。若极差值大于测定标准方法的允许差，则说明平行测定的数据有问题，应重新测定。

极差计算简单，应用简便，广泛应用于常规分析中。

3．精密度和准确度

如何从精密度和准确度两方面评价分析结果呢？图 4-7 甲、乙、丙、丁四人分析某组分含量的结果示意图。图中 65.15% 处的虚线表示真实值，由此，可评价四人的分析结果如下：甲所得结果准确度与精密度均好，结果可靠；乙的精密度虽高，但准确度较低；丙的精密度与准确度均很差；丁的平均值虽也接近于真实值，但几个数据彼此相差甚远，仅是由于正负误差相互抵消凑巧使结果接近真实值，因而其结果也不可靠。

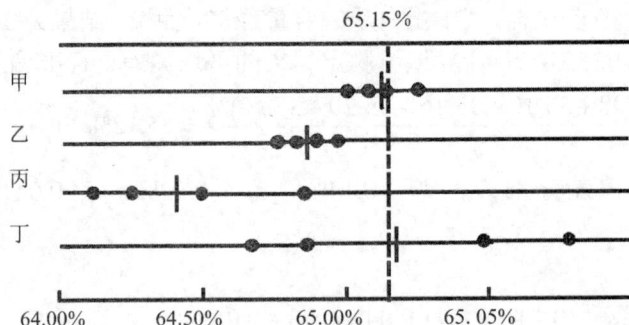

图 4-7　不同人员分析同一试样的结果（●表示个别测定值　∣表示平均值）

要求测定结果准确度高，平行测定结果的精密度一定要高。但精密度高不一定准确度也高。精密度是保证准确度的先决条件。精密度差，则测定结果不可靠，不能得到准确的分析结果。虽精密度高不能保证准确度高，但可找出精密度高而不准确的原因，其往往由于产生系统误差而造成。对测定结果加以校正，可得到准确的测定结果。

三、有效数字及运算规则

1. 有效数字及位数

在测量和分析工作中，为获得准确的分析结果，不仅要准确地测量、分析，还要正确地运用有效数字记录和计算测量结果。有效数字不但能反映数值的大小，还能反映出测量的精确程度。

例如，用 100 mL 量筒量取 7 mL 液体，其误差可能达到±1 mL，液体体积落在 8～9 mL 内。若要量取更准确的体积，可换用 10 mL 小量筒，其刻度分得更小，量取 7 mL 液体可能有±0.1 mL 的误差，即液体体积落在 6.9～7.1 mL 内。如果用吸量管，仔细操作，误差可以降至±0.01mL，即量得的液体体积在 6.99～7.01 mL。上述三种量取体积的结果可以记录为

$$7\pm1\ mL，7.0\pm0.1\ mL，7.00\pm0.01\ mL$$

也可以简化记录为

$$7\ mL，7.0mL，7.00\ mL$$

这些数字最末一位至多有一个单位的误差。这种表示测量结果与所用仪器准确度相一致的数字称为有效数字。有效数字包括两部分：最末一位数字反映测量仪器的准确度，可能有一个单位的误差，称为可疑数字或欠准数字；可疑数字之前的数字称为准确数字或可靠数字。有效数字的位数就是由第一位非零数字到可疑数字之间的位数。所以，7mL 是一位有效数字，7.0 mL 是两位有效数字，7.00 mL 是三位有效数字。

记录一个测量和分析结果，必须采用有效数字。如 5 名学生称量同一重物，5人的报告结果如下：

$$20.03\ g，20.0\ g，0.020\ 03\ kg，20.034\ 2\ g，20\ g$$

第一个数据是 4 位有效数字，表示可能误差为±0.01 g，是用准确度为 0.01 g 的工业天平称量得到的结果。第二个数据是 3 位有效数字，把"0"放在小数点后说明称量准确至 0.1 g，即可能有±0.1 g 的误差，是用准确度为 0.1 g 的小托盘天平称量的数据。第三个数据和第一个数据相同，也是 4 位有效数字，只不过采用的单位是千克。第四个数据是 6 位有效数字，可能有±0.000 1 g 的误差，是用最常见的准确度为 0.000 1 g 的分析天平称量得到的数据。第五个数据可能是称量时所用的托盘天平只能准确至±1g，表示两位有效数字，即质量在 19～21 g；也可能使用的台秤只

能称准至±10 g，称量结果是 10～30 g 内。为了防止混淆，一般用指数形式表示，即写成：

2.0×10¹ g，两位有效数字，误差为±0.1×10¹ g；

2×10¹ g，一位有效数字，误差为±1×10¹ g

上面的表示中，指数部分不算有效数字的位数，只起确定小数点位置的作用。

倍数、分数等非测量得到的数字属于准确数字，如华氏度与摄氏度转换公式：

$$华氏度（℉）＝1.8×摄氏度（℃）+32$$

式中的 1.8 和 32 都是准确数字，不影响温度换算结果的有效数字位数。

数字"0"在数据中有不同的意义。若作为普通数字使用，是有效数字；若只起定位作用就不是有效数字。例如：

6.000 6 g，	五位有效数字
0.700 0 g，38.63%，7.058×10²，	四位有效数字
0.062 0 g，3.12×10⁻⁷，	三位有效数字
0.006 4 g，0.45%，	两位有效数字
0.7 g，0.005%，	一位有效数字

在 6.000 6 g 中间的三个"0"，0.700 0 g 中后边的三个"0"，都是有效数字；在 0.006 4 中的"0"只起对小数点定位的作用，不是有效数字；在 0.062 0 g 中，前面的"0"起定位作用，最后一位"0"是有效数字。同理，这些数字的最后一位数字都是可疑数字。在记录测量数据和计算结果时，应根据所使用测量仪器的准确度，使所保留的有效数字中，只保留最后一位是可疑数字或欠准数字。

分析化学中常用的一些数值，有效数字位数如下：

试样的质量　0.785 2 g（用分析天平称量），	四位有效数字
滴定剂体积　25.00 mL（滴定管读数），	四位有效数字
标准溶液浓度 0.02478 mol·L⁻¹，	四位有效数字
被测组分含量　32.00%，	四位有效数字
离解常数 K_a=1.8×10⁻⁵，	二位有效数字
pH 为 4.71，10.08，	二位有效数字

常用到的 pH、pM、pK 等对数值，有效数字位数仅取决于小数部分的位数，整数部分只说明指数的方次。例如 pH＝4.71，$c(H^+)$=1.9×10⁻⁵ mol·L⁻¹，只有两位有效数字。

2. 有效数字的运算规则

大量分析测定得到的数据，大多不是最后结果，是用来计算其他数据的。计算得到的数据，其准确度受到测量数据准确度的制约。也就是说，有效数字的计算、计算结果有效数字位数的确定，必须按照一定的规则运算，合理取舍数据的有效数字位数。

（1）加减运算。当几个数据相加或相减时，所得结果的有效数字位数，以绝对误差最大的数据为准。例如 7.6，35.31，0.884 56 三个数相加，则 7.6 中的"6"已是可疑数字，绝对误差最大。相加的结果，小数后第一位数字已成为可疑数字，所以，其决定总和的绝对误差，上述数据之和应为 43.8。

$$\begin{array}{ll}
\quad 7.6（绝对误差：\pm 0.1） & \qquad\quad 7.6 \\
\quad 35.31（绝对误差：\pm 0.01） & \qquad\quad 35.3 \\
+\ \ 0.884\,56（绝对误差：\pm 0.000\,01） & +\quad 0.9 \\
\hline
\quad 43.794\,56 & \qquad\quad 43.8
\end{array}$$

因此，有效数字的加减运算结果以小数位数最少的那个数据为准。可简化计算，对数据先修约、后计算，如第二算式。

（2）乘除运算。几个数据相乘除时，所得结果有效数字位数的保留，以相对误差最大的数据为准。

例如：$\dfrac{0.033\,4\times 8.215\times 62.08}{176.3}=0.096\,616\,97$

各数据的相对误差分别为 $\dfrac{\pm 0.000\,1}{0.033\,4}\times 100\% = \pm 0.30\%$

$$\dfrac{\pm 0.001}{8.215}\times 100\% = \pm 0.01\%$$

$$\dfrac{\pm 0.01}{62.08}\times 100\% = \pm 0.02\%$$

$$\dfrac{\pm 0.1}{176.3}\times 100\% = \pm 0.06\%$$

可见 0.033 4 的相对误差最大（有效数字位数最少的数据），所以上例计算的结果，应保留三位有效数字，结果为 0.096 6（三位有效数字 0.096 6 的相对误差与 0.033 4 的相对误差最为接近）。

因此，有效数字的乘除运算结果以有效数字位数最少的数据为准。上例的计算可先修约、再计算，简化为

$$\dfrac{0.033\,4\times 8.22\times 62.1}{176}=0.096\,9$$

【例 4-17】 测定水的密度 ρ：用量筒取出体积（V）为 25mL 的水样，用分析天平称出其质量（m）为 25.624 0 g。被测定水的密度为多少？

$$\rho = \frac{m}{V} = \frac{25.624\,0}{25} = 1.0\,(\mathrm{g\cdot mL^{-1}})$$

结果 1.0，取两位有效数字，与 25 的一致。由于测量体积不够准确，测量质量也不必使用精密的分析天平了，使用粗糙的托盘天平得到的结果完全一样，并且可

加快测定速度。

（3）数字的修约规则。过去习惯用"四舍五入"规则修约数字。为了减少人为引入的数字修约误差，我国执行《数值修约规则》（GB 8170—1987）标准。该规则通常被称为"四舍六入五成双"法则。

四舍六入五成双法则，即当尾数≤4时，舍去；尾数≥6时，进位；当尾数为5时，则应视保留的末位数是奇数还是偶数，5前为偶数将5舍去，5前为奇数将5进位。

被舍弃的第一位数字大于5，则其前一位数字加1。如28.264 5，取3位有效数字时，其被舍弃的第一位数字为6，大于5，则有效数字应为28.3。

被舍弃的第一位数字等于5，其后数字全部为零，则视被保留的末位数字的奇偶（零被视为偶数）决定进或舍，末位是奇数时进1，末位为偶数时舍弃。如28.350，28.250，28.050，只取3位有效数字时，分别应为28.4，28.2，28.0。

例如将28.175和28.165处理成4位有效数字，则分别为28.18和28.16。

被舍弃的第一位数字为5，其后面的数字不全是零，无论前面数字是偶或奇，皆进1。如28.250 1，只取3位有效数字时，则进1，成为28.3。

被舍弃的数字，为两位以上数字时，不得连续修约，应根据以上规则仅作一次处理。如2.154 546，只取3位有效数字时，应为2.15，不得连续修约为2.16（2.154 546→2.154 55→2.154 6→2.155→2.16）。

以上内容归纳为口诀：四舍六入五成双；

五后非零应进一；

五后是零看奇偶；

奇进偶不进；

不得连续修约。

第八节 酸碱滴定法

酸碱滴定法是以酸碱中和反应为基础的滴定分析方法。不仅能用于水溶液体系，也可用于非水溶液体系，因此，酸碱滴定法的应用非常广泛。

在酸碱滴定过程中，随着滴定剂不断加入到被滴定的溶液中，溶液的pH不断发生变化，根据滴定pH变化规律，选择合适的指示剂，正确地指示滴定终点。本节讨论酸碱滴定过程中溶液的pH变化规律及指示剂的选择。

一、强碱滴定强酸

现以 $0.100\ 0\ mol \cdot L^{-1}$ NaOH 标准溶液滴定 20.00 mL 同浓度的 HCl 溶液为例，讨论强碱滴定强酸的情况。被滴定的 HCl 溶液，起始 pH 较低。随着 NaOH 的加入，中和反应不断进行，溶液的 pH 不断升高。当加入的 NaOH 物质的量恰好等于 HCl 物质的量时，中和反应进行完全，滴定达到化学计量点，溶液中仅存在 NaCl，溶液的 $c(H^+) = c(OH^-) = 1.0 \times 10^{-7}$ mol·L^{-1}。超过化学计量点后，继续加入 NaOH 溶液，pH 继续升高。将滴定过程的情况分四个阶段叙述如下。

1. 滴定开始前

溶液的 pH 主要取决于酸的原始浓度。因为 HCl 是强酸，在溶液中完全离解，故：$c(H^+)=0.100\,0$ mol·L^{-1}，pH=1.00。

2. 滴定开始至化学计量点前

溶液的 pH 主要取决于剩余酸的浓度。c_1、V_1 分别表示 HCl 的物质的量浓度和体积，c_2、V_2 分别表示 NaOH 的物质的量浓度和体积，则：

$$c(H^+) = \frac{c_1 V_1 - c_2 V_2}{V_1 + V_2}$$

当滴入 NaOH 溶液 18.00 mL（即 90%的 HCl 被中和）时

$$c(H^+) = \frac{c_1 V_1 - c_2 V_2}{V_1 + V_2} = \frac{0.100\,0 \times (20.00 - 18.00)}{20.00 + 18.00} = 5.26 \times 10^{-3} \ (mol \cdot L^{-1})$$

pH=2.28

当滴入 NaOH 溶液 19.98mL（即 99.9%的 HCl 被中和）时，

$$c(H^+) = \frac{0.1000 \times (20.00 - 19.98)}{20.00 + 19.98} = 5.00 \times 10^{-5} \ (mol \cdot L^{-1})$$

pH=4.30

其他各点的 pH 可以按上述方法计算。

3. 化学计量点时

在化学计量点时 NaOH 与 HCl 恰好全部中和完全，此时溶液中 $c(H^+)=c(OH^-)=1.0 \times 10^{-7}$ mol·L^{-1}。化学计量点时 pH 为 7.00，溶液呈中性。

4. 化学计量点后

溶液的 pH 根据过量碱的物质的量进行计算。c_1、V_1 分别表示 HCl 的物质的量浓度和体积，c_2、V_2 分别表示 NaOH 的物质的量浓度和体积，则：

$$c(OH^-) = \frac{c_2 V_2 - c_1 V_1}{V_1 + V_2}$$

当滴入 NaOH 溶液 20.02mL（即 NaOH 过量 0.1%）时：

$$c(OH^-) = \frac{c_2 V_2 - c_1 V_1}{V_1 + V_2} = \frac{0.100\,0 \times (20.02 - 20.00)}{20.00 + 20.02} = 5.00 \times 10^{-5} \ (mol \cdot L^{-1})$$

pOH=4.30   pH=9.70

化学计量点后的各点，可以按此方法逐一计算。

将上述计算值列于表 4-12，以 NaOH 加入量为横坐标，对应的 pH 为纵坐标，绘制 pH—V 关系曲线，称为滴定曲线。如图 4-8 所示。

从表 4-12 和图 4-8 可见，从滴定开始到加入 NaOH 19.98mL 时，溶液的 pH 从 1.00 增加到 4.30，改变了 3.30 个 pH 单位，滴定曲线比较平坦，这是因为溶液中还存在着较多的 HCl，酸度较大。随着 NaOH 不断滴入，HCl 的量逐渐减少，pH 逐渐增大。当滴定至剩下 0.1%HCl，即剩余 0.02 mL（半滴）HCl 后，仅加 1 滴 NaOH（相当于 0.04 mL），也就是 NaOH 的加入量从 19.98 mL 增加到 20.02 mL，溶液的 pH 从 4.30 急剧升高到 9.70，pH 猛增加了 5.40。这时滴定曲线几乎与 pH 轴平行，此后过量的 NaOH 对溶液 pH 的影响越来越小，曲线又变得平坦。

在化学计量点前后加入一滴标准溶液而引起 pH 突变（滴定曲线上出现一段竖直线），称为滴定突跃。滴定突跃的 pH 范围，称为滴定突跃范围。

表 4-12　用 $0.100\ 0\ mol \cdot L^{-1}$ NaOH 溶液滴定至 20.00 mL $0.100\ 0\ mol \cdot L^{-1}$ HCl 溶液

加入 NaOH 溶液		剩余 HCl 溶液的体积（V）/mL	过量 NaOH 溶液的体积（V）/mL	pH	
α/%	V/mL				
0	0.00			1.00	
90.0	18.00	20.00		2.28	
99.0	19.80	2.00		3.30	
99.9	19.98	0.20		A　4.30	⎫
100.0	20.00	0.02		7.00	⎬ 滴定突跃
100.1	20.02	0.00	0.02	B　9.70	⎭
101.0	20.20		0.20	10.70	
110.0	22.00		2.00	11.70	
200.0	40.00		20.00	12.50	

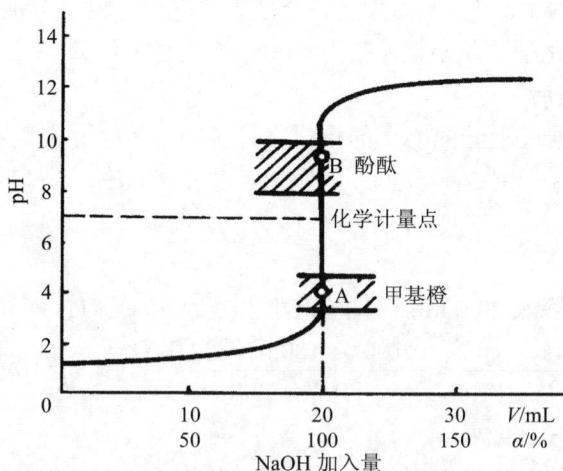

图 4-8　用 $0.100\ 0\ mol \cdot L^{-1}$ NaOH 溶液滴定 20.00 mL $0.100\ 0\ mol \cdot L^{-1}$ HCl 的滴定曲线

在酸碱滴定中，最理想的指示剂应该是恰好在化学计量点变色，但这种指示剂很难找到，而且也没有必要。因为在计量点附近，溶液的 pH 有一个突跃，只要指示剂在突跃范围内变色，其终点误差都不会大于 0.1%。所以，酸碱滴定指示剂的选择原则是：选择变色范围部分或全部处于滴定突跃范围内的指示剂，都能够准确地指示滴定终点。

例如在上述滴定过程中指示剂应选择在 pH＝4.3～9.7 内变色的，如甲基橙、甲基红、酚酞、溴百里酚蓝、苯酚红等都能正确指示滴定终点。当滴定至甲基橙由红色突变为橙色时，溶液的 pH 约为 4.4，这时加入 NaOH 的量与化学计量点时加入量的差值不足 0.02 mL，终点误差小于 0.1%，符合滴定分析的要求。若改用酚酞为指示剂，溶液呈微红色时 pH 略大于 8.0，此时 NaOH 的加入量超过化学计量点的加入量也不到 0.02 mL，终点误差也小于+0.1%，仍然符合滴定分析的要求。此外，还应该考虑所选择指示剂在滴定体系中的变色是否易于判断。在本例滴定中，甲基橙的变色范围部分处于滴定突跃范围内，颜色变化是由红到黄，由于人眼对红色中略带黄色不易察觉，因而甲基橙不适用于碱滴定酸，但适用于酸滴定碱。

酸碱滴定突跃的大小与标准溶液和被测物质的浓度有关，浓度越大，突跃范围就越大，见图 4-9。例如以上讨论用 0.1 mol·L⁻¹ NaOH 溶液滴定 0.1 mol·L⁻¹ HCl 溶液，突跃范围是 4.3～9.7。如改变 NaOH 溶液浓度，化学计量点的 pH 仍然是 7.0，但滴定突跃的长短却不同。如用 0.01 mol·L⁻¹ NaOH 溶液滴定 0.01 mol·L⁻¹ HCl 溶液，滴定突跃减少为 5.3～8.7。可见，当酸碱浓度降到原来的 1/10，突跃范围就减少了 2 个 pH 单位，指示剂的选择就受到限制。若仍用甲基橙作指示剂，终点误差将大 1%，只能用酚酞、甲基红等，才能符合滴定分析的要求。所以用酸碱溶液浓度越大，滴定曲线化学计量点附近的滴定突跃越长，可供选择的指示剂就越多，但浓度太大，样品和试剂的消耗量大，造成浪费，并且滴定误差也大。浓度太小，突跃不明显，不容易找到合适的指示剂。所以，在酸碱滴定中，标准溶液的浓度一般是选择在 0.01～1 mol·L⁻¹。

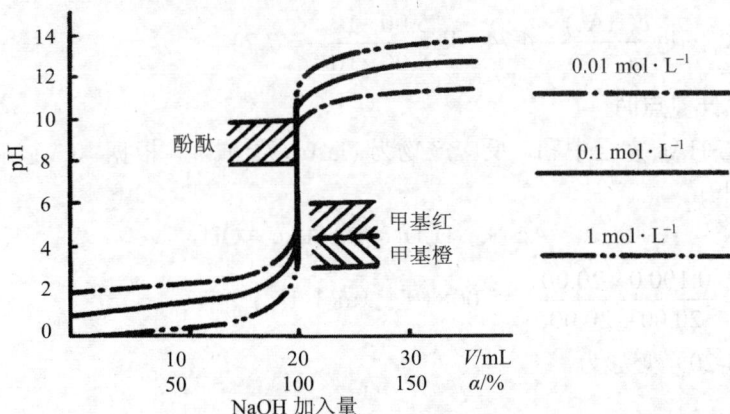

图 4-9　不同浓度 NaOH 溶液滴定不同浓度 HCl 溶液的滴定曲线

强酸滴定强碱与强碱滴定强酸的基本原理完全相同，各个阶段的计算公式也相似，只需将强碱滴定强酸体系中各公式中的酸碱参数互换，即可得到强酸滴定强碱体系的有关公式，其滴定过程中 pH 是由大到小，与相同浓度条件的强碱滴定强酸的滴定曲线互成倒影。

二、强碱滴定一元弱酸

现以 $0.100\ 0\ mol\cdot L^{-1}$ NaOH 溶液滴定 $20.00\ mL\ 0.1000\ mol\cdot L^{-1}$ HAc 溶液为例，讨论强碱滴定弱酸的情况，滴定过程中溶液 pH 可计算如下。已知 HAc 的离解常数 $pK_a^{\ominus}=4.74$。

1. 滴定开始前

溶液的 pH 根据 HAc 离解平衡来计算：

$$c(H^+)=\sqrt{K_a^{\ominus}\cdot c(HAc)}=\sqrt{0.100\ 0\times1.8\times10^{-5}}=1.34\times10^{-3}\ (mol\cdot L^{-1})$$

$$pH=2.87$$

2. 化学计量点前

溶液的 pH 应根据剩余的 HAc 与反应产物 Ac^- 所组成的缓冲溶液体系来计算。

所以 $pH=pK_a^{\ominus}-\lg\dfrac{c(酸)}{c(盐)}$。

如滴入 NaOH 19.98 mL，与 HAc 中和后形成 NaAc，剩余 HAc 0.02 mL 未被中和。pH 计算如下：

$$c(HAc)=\frac{0.100\ 0\times0.02}{20.00+19.98}=5.00\times10^{-5}\ (mol\cdot L^{-1})$$

$$c(Ac^-)=\frac{0.100\ 0\times19.98}{20.00+19.98}=5.00\times10^{-2}\ (mol\cdot L^{-1})$$

$$pH=pK_a^{\ominus}-\lg\frac{c(HAc)}{c(Ac^-)}=4.74-\lg\frac{5.00\times10^{-5}}{5.00\times10^{-2}}=7.74$$

3. 化学计量点时

NaOH 与 HAc 完全中和，反应产物为 NaAc，显碱性。根据 Ac^- 在溶液中的离解平衡计算如下：

$$Ac^-+\ H_2O\ \rightleftharpoons\ HAc+OH^-$$

$$c(Ac^-)=\frac{0.100\ 0\times20.00}{20.00+20.00}=5.00\times10^{-2}\ (mol\cdot L^{-1})$$

由式（3-20）变形为

$$c(\text{OH}^-) = \sqrt{K_b^\ominus \cdot c(\text{Ac}^-)} = \sqrt{\frac{K_w^\ominus}{K_a^\ominus} \cdot c(\text{Ac}^-)} = \sqrt{\frac{1.0 \times 10^{-14}}{1.8 \times 10^{-5}} \times 5.00 \times 10^{-2}}$$

$$= 5.27 \times 10^{-6} \ (\text{mol} \cdot \text{L}^{-1})$$

pOH=5.28，pH=8.72。

4．化学计量点后

溶液的 pH 主要根据过量的 NaOH 的浓度来计算。如加入 20.02 mL NaOH，溶液中 OH⁻浓度为：

$$c(\text{OH}^-) = \frac{0.02 \times 0.100\,0}{20.00 + 20.02} = 5.00 \times 10^{-5} (\text{mol} \cdot \text{L}^{-1})$$

pOH=4.30　　pH=9.70

对整个滴定过程逐一计算并做图，得到表 4-13、图 4-10。图中的虚线是强碱滴定强酸曲线的前半部分。

表 4-13　0.100 0 mol·L⁻¹ NaOH 溶液滴定 20.00 mL 0.100 0 mol·L⁻¹ HAc 溶液

加入 NaOH 溶液		剩余 HCl 溶液的体积（V）/mL	过量 NaOH 溶液的体积（V）/mL	pH	
α/%	V/mL				
0.0	0.00				2.87
50.0	10.00	20.00			4.74
90.0	18.00	10.00			5.70
99.0	19.80	2.00			6.74
99.9	19.98	0.20		A	7.70
100.0	20.00	0.02			8.72
100.1	20.02	0.00	0.02	B	9.70
101.0	20.20		0.20		10.70
110.0	22.00		2.00		11.70
200.0	40.00		20.00		12.50

（7.70、8.72、9.70 对应滴定突跃）

由结果可见，将强碱滴定弱酸的滴定曲线与强碱滴定强酸的滴定曲线相比较，有以下不同点：

（1）滴定突跃明显小得多。HAc 是弱酸，滴定开始前，溶液中的 H⁺浓度比同浓度的 HCl 的 H⁺浓度要小，因此起始的 pH 要高一些。化学计量点附近，溶液的 pH 发生突变，滴定突跃为 pH=7.70～9.70，滴定突跃只有约 2 个 pH 单位，相对滴定 HCl 而言，滴定突跃小得多。

（2）化学计量点之前曲线转折不明显。溶液中未反应的 HAc 与反应产物 NaAc 组成了 HAc—Ac⁻缓冲体系，溶液的 pH 由该缓冲体系决定，pH 的变化相对较缓。

（3）化学计量点时，溶液中仅含 NaAc，为一碱性物质，pH 为 8.72，因而化学计量点时溶液呈碱性。

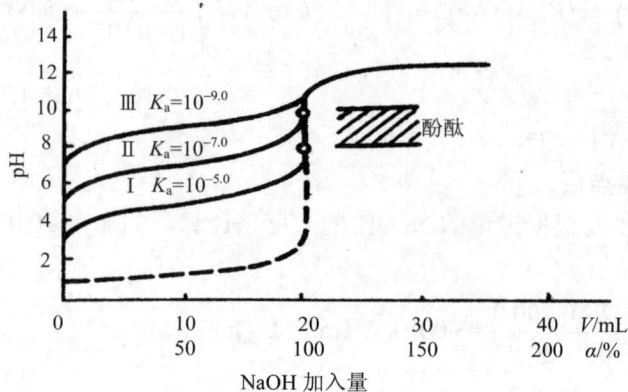

图 4-10　NaOH 溶液滴定不同弱酸溶液的滴定曲线

上述强碱滴定弱酸滴定曲线滴定突跃范围较小，指示剂的选择受到限制，只能选择在弱碱性范围内变色的指示剂。如用甲基橙，溶液变色时，HAc 被中和的百分数还不到 50%，显然，指示剂选择错误。强碱滴定弱酸，一般都是先计算出化学计量点时的 pH，选择那些变色点尽可能接近化学计量点的指示剂来确定终点，而不必计算整个滴定过程的 pH 变化。以上述 NaOH 溶液滴定 HAc 溶液为例，就可以选择酚酞做指示剂。

从图 4-10 中可看出，强碱滴定弱酸时的滴定突跃大小，决定于弱酸溶液的浓度和弱酸的强弱程度（$K_a^{\ominus}$）两个因素。当浓度一定时，$K_a^{\ominus}$ 越大即酸性越强，突跃范围就越大。如要求滴定误差≤0.1%，必须使滴定突跃超过 0.3 个 pH 单位，此时肉眼才可以辨别出指示剂颜色的变化，滴定可以顺利地进行。由图 4-10 可以看出，浓度为 0.1 mol·L^{-1}，$K_a^{\ominus}$=1.0×10^{-7} 的弱酸还能出现 0.3 个 pH 单位的滴定突跃。对于 $K_a^{\ominus}$=1.0×10^{-8} 的弱酸，其浓度若为 0.1 mol·L^{-1} 将不能目视直接滴定。所以，常以 $cK_a^{\ominus}$≥1.0×10^{-8} 作为弱酸能被强碱溶液直接目视准确滴定的判据。

三、强酸滴定一元弱碱

以 0.100 0 mol·L^{-1}HCl 溶液滴定 20.00 mL 0.100 0 mol·L^{-1}NH$_3$ 溶液为例。这类滴定曲线与强碱滴定弱酸相似，随着 HCl 溶液的加入，pH 逐渐由高到低变化。也可采取分四个阶段的思路，将具体计算结果列于表 4-14，其滴定曲线如图 4-11 所示。

强酸滴定弱碱的化学计量点及滴定突跃都在弱酸性范围内（pH=4.3～6.3），突跃范围比较小，只能选用甲基红、溴甲酚绿等在酸性范围内变色的指示剂。

与强碱滴定弱酸的情况相似，强酸滴定弱碱的滴定突跃范围也决定于弱碱溶液的浓度和弱碱的强弱程度（$K_b^{\ominus}$）两个因素。当碱的浓度一定时，$K_b^{\ominus}$ 越大，即碱性越强，突跃范围就越大，反之，突跃范围越小。因此，强酸滴定弱碱时，只有当 $cK_b^{\ominus} \geqslant 1.0 \times 10^{-8}$ 时，此弱碱才能用标准酸溶液直接目视滴定。

表 4-14　$0.100\,0\ mol \cdot L^{-1}$ HCl 溶液滴定 20.00 mL $0.100\,0\ mol \cdot L^{-1}$ NH$_3$ 溶液

加入 HCl 溶液		溶液组成	溶液 $c(OH^-)$ 或 $c(H^+)$ 计算公式	pH
V/mL	α/%			
0.00	0.00	NH$_3$	$c(OH^-) = \sqrt{cK_b^{\ominus}}$	11.13
18.00	90.0	NH$_4^+$ + NH$_3$	$c(OH^-) = K_b^{\ominus}\dfrac{c(NH_3)}{c(NH_4^+)}$	8.30
19.98	99.9			6.30
20.00	100.0	NH$_4^+$	$c(H^+) = \sqrt{\dfrac{K_w^{\ominus}}{K_b^{\ominus}} \cdot c(NH_4^+)}$	5.28
20.02	100.1			4.30
22.00	110.0	H$^+$ + NH$_4^+$	$c(H^+) \approx c(HCl)$ （过量）	2.32
40.00	200.0			1.48

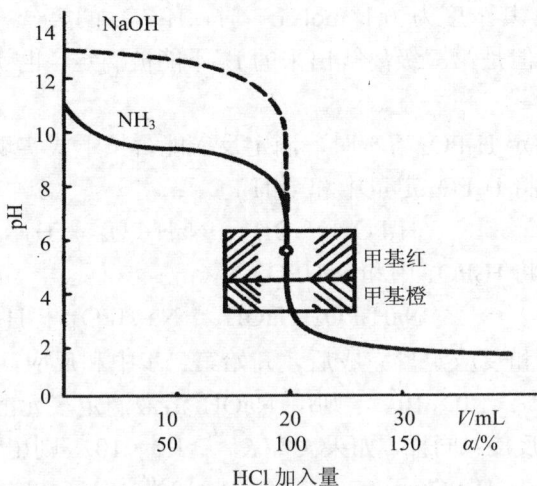

图 4-11　$0.100\,0\ mol \cdot L^{-1}$ HCl 溶液滴定 20.00 mL $0.100\,0\ mol \cdot L^{-1}$ NH$_3$ 的滴定曲线

四、多元酸碱的滴定

相对一元酸碱滴定而言，滴定多元酸碱情况比较复杂，涉及分步滴定，且要考虑能准确滴定至哪一级。滴定曲线的计算也较复杂，一般通过实验测定。另外还要考虑化学计量点的 pH 计算，如何选择指示剂确定滴定终点等问题。

1. 强碱滴定多元酸

用强碱滴定多元酸，以 $0.1\ mol \cdot L^{-1}$ NaOH 溶液滴定 $0.1\ mol \cdot L^{-1}$ H$_3$PO$_4$ 溶液为例。多元酸 H$_3$PO$_4$ 的离解平衡如下：

$$H_3PO_4 \rightleftharpoons H^+ + H_2PO_4^- \qquad K_{a1}^{\ominus} = 7.6 \times 10^{-3} \qquad pK_{a1}^{\ominus} = 2.12$$

$$H_2PO_4^- \rightleftharpoons H^+ + HPO_4^{2-} \qquad K_{a2}^{\ominus} = 6.3 \times 10^{-8} \qquad pK_{a2}^{\ominus} = 7.20$$

$$HPO_4^{2-} \rightleftharpoons H^+ + PO_4^{3-} \qquad K_{a3}^{\ominus} = 4.4 \times 10^{-13} \qquad pK_{a3}^{\ominus} = 12.36$$

与滴定一元弱酸相类似，多元弱酸能被准确滴定至某一级，也决定于酸的浓度与酸的某级离解常数之乘积，当满足 $cK_{a_i}^{\ominus} \geq 1.0 \times 10^{-8}$ 时，能够被准确滴定。

$$c_1 K_{a1}^{\ominus} = 0.1 \times 7.6 \times 10^{-3} > 1.0 \times 10^{-8}$$

$$c_2 K_{a2}^{\ominus} = \frac{0.1}{2} \times 6.3 \times 10^{-8} \approx 1.0 \times 10^{-8}$$

$$c_3 K_{a3}^{\ominus} = \frac{0.1}{3} \times 4.4 \times 10^{-13} < 1.0 \times 10^{-8}$$

就 H_3PO_4 来说，其浓度为 0.1 mol·L^{-1} 时，H_3PO_4 的第一、第二级离解出来的 H^+ 都能被直接滴定，但是第三级离解出来的 H^+ 不能被滴定，也就是不会出现第三个滴定突跃。

用 NaOH 溶液滴定 H_3PO_4 溶液时，滴定反应能否按下式实现分步滴定：

第一步　NaOH 将 H_3PO_4 定量中和至 $H_2PO_4^-$：

$$H_3PO_4 + NaOH = NaH_2PO_4 + H_2O \qquad (1)$$

第二步　NaOH 将 $H_2PO_4^-$ 中和至 HPO_4^{2-}：

$$NaH_2PO_4 + NaOH = Na_2HPO_4 + H_2O \qquad (2)$$

能否在第一步中和反应定量完成后才开始第二步中和反应，这取决于 $K_{a1}^{\ominus}$ 和 $K_{a2}^{\ominus}$ 的比值。如果 $K_{a1}^{\ominus} / K_{a2}^{\ominus} \geq 1.0 \times 10^4$，则用 NaOH 溶液滴定多元酸时，出现第一个滴定突跃，完成第一步反应；同样，如果 $K_{a2}^{\ominus} / K_{a3}^{\ominus} \geq 1.0 \times 10^4$，则出现第二个滴定突跃，完成第二步反应。对于 H_3PO_4 而言，$K_{a1}^{\ominus} / K_{a2}^{\ominus} = 10^{5.08}$，$K_{a2}^{\ominus} / K_{a3}^{\ominus} = 10^{5.6}$，比值都大于 10^4，表明可以实现分步滴定。

根据 H_3PO_4 的滴定曲线（图 4-12），有两个较为明显的滴定突跃。第一化学计量点时能否完全如上述反应式所示，待全部 H_3PO_4 反应生成 $H_2PO_4^-$ 后，$H_2PO_4^-$ 才开始反应生成 HPO_4^{2-} 呢？NaOH 溶液滴定 H_3PO_4 至第一化学计量点，产生 NaH_2PO_4。NaH_2PO_4（酸式盐）是两性物质，其溶液的 H^+ 浓度用最简式计算：

$$c(H^+) = \sqrt{K_{a1}^{\ominus} K_{a2}^{\ominus}} = \sqrt{10^{-2.12} \times 10^{-7.20}} = 10^{-4.66}$$

$$c(H^+) = 10^{-4.66} \text{ mol·L}^{-1}$$

pH=4.66

根据分布分数计算或 H_3PO_4 的分布曲线图，可以知道当 pH=4.70 时，$\delta(H_2PO_4^-) = 0.994$，还同时存在的另两种形式：$H_3PO_4$ 和 HPO_4^{2-}，换言之，当还有约 0.3% 的 H_3PO_4 尚未被中和为 $H_2PO_4^-$ 时，已有约 0.3% 的 $H_2PO_4^-$ 被中和为 HPO_4^{2-}。显然两步中和反应的进行稍有交叉，这一化学计量点并不是真正的化学计量点。对于一般的分析工作而言，多元酸滴定准确度的要求不是太高，其误差也在允许范围之内，可认为 H_3PO_4 进行分步滴定。第一化学计量点可以选择甲基橙（由橙色→黄色）或甲基红（由红色→橙色）作指示剂。但用甲基橙时终点出现偏早，最好用溴甲酚绿和甲基橙混合指示剂，其变色点 pH=4.30，可较好地指示第一化学计量点的到达。

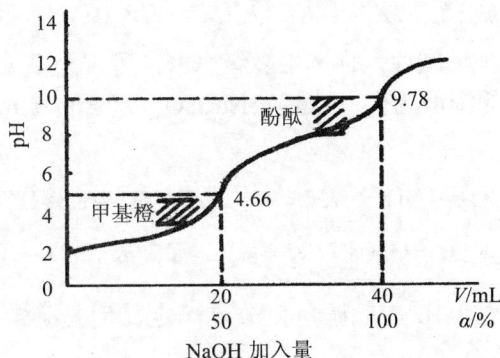

图 4-12 NaOH 溶液滴定 H_3PO_4 溶液的滴定曲线

同理，对于第二化学计量点时产生 Na_2HPO_4，也是两性物质，其溶液的 H^+ 浓度：

$$c(H^+) = \sqrt{K_{a2}^\ominus K_{a3}^\ominus} = \sqrt{10^{-7.20} \times 10^{-12.36}} = 10^{-9.78}$$

pH=9.78

$\delta(HPO_4^{2-}) = 0.995$，反应也有所交叉，也不是真正的化学计量点。对于第二化学计量点，如果要求不高，可以选择酚酞（pH≈9）为指示剂，最好选用百里酚酞指示剂（pH≈10），还可以采用两者的混合指示剂，因其变色点 pH=9.90，在终点时变色明显。

NaOH 溶液滴定 H_3PO_4 的过程中，pH 的准确计算较为复杂，这里不作介绍。图 4-12 给出由电位滴定法绘制的滴定曲线。与 NaOH 滴定一元弱酸相比，此曲线显得较为平坦，这是在滴定过程中溶液先后形成 H_3PO_4—$H_2PO_4^-$ 和 $H_2PO_4^-$—HPO_4^{2-} 两个缓冲体系的缘故。

对于多元酸，在水中是逐级离解的，首先根据 $cK_{a_i}^\ominus \geqslant 1.0 \times 10^{-8}$ 判断能否被准确滴定，然后根据 $K_{a_i}^\ominus / K_{a_{i+1}}^\ominus \geqslant 1.0 \times 10^4$（允许误差 $\pm 1\%$）来判断能否实现分步滴定，再由终点 pH 选择合适的指示剂。

例如，用 NaOH 溶液滴定 $H_2C_2O_4$，由于草酸的 $K_{a1}^\ominus = 10^{-1.23}$，$K_{a2}^\ominus = 10^{-4.19}$，其 $K_{a1}^\ominus / K_{a2}^\ominus = 10^{2.96} < 1.0 \times 10^4$，当用 NaOH 溶液滴定 $H_2C_2O_4$ 时，第一步离解的 H^+ 尚未完全中和，第二步离解的 H^+ 也已开始反应，两步反应交叉进行较为严重，溶液中不可能出现仅有 $HC_2O_4^-$ 的情况，只有当两步离解的 H^+ 全被中和后，才出现一个滴定突跃，因此 $H_2C_2O_4$ 不能被分步滴定。

2. 强酸滴定多元碱

多元碱的滴定和多元酸的滴定相类似。前述有关多元酸滴定的结论，也适用于多元碱的滴定，只需把相应计算公式、判别式中的 K_a 换成 K_b。当 $cK_{b_i}^\ominus \geqslant 1.0 \times 10^{-8}$ 时，则多元碱能够被滴定至 i 级。当 $K_{b_i}^\ominus / K_{b_{i+1}}^\ominus \geqslant 1.0 \times 10^4$ 时，可以分步滴定。

以 Na_2CO_3（其水解呈碱性，且产生多级水解，可视为多元弱碱来讨论）基准物质标定 HCl 标准溶液的浓度为例。假定 $c(Na_2CO_3) = 0.100\ 0\ mol \cdot L^{-1}$。$Na_2CO_3$ 在水中的离解反应为

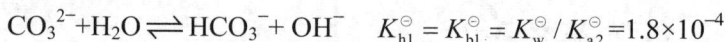

$$CO_3^{2-} + H_2O \rightleftharpoons HCO_3^- + OH^- \qquad K_{h1}^\ominus = K_{b1}^\ominus = K_w^\ominus / K_{a2}^\ominus = 1.8 \times 10^{-4}$$

$$HCO_3^- + H_2O \rightleftharpoons H_2CO_3 + OH^- \qquad K_{h2}^\ominus = K_{b2}^\ominus = K_w^\ominus / K_{a1}^\ominus = 2.4 \times 10^{-8}$$

由于 $K_{b1}^\ominus / K_{b2}^\ominus = 10^{3.88} \approx 10^4$，勉强可以分步滴定，但是确定第二化学计量点的准确度稍差。HCl 溶液滴定 Na_2CO_3 溶液的滴定曲线如图 4-13 所示。

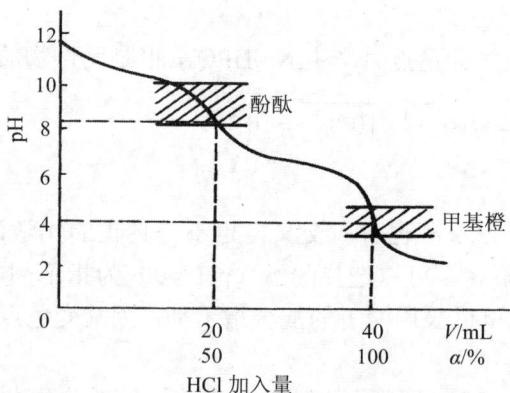

图 4-13 HCl 溶液滴定 Na_2CO_3 溶液的滴定曲线

从图 4-13 可见，用 HCl 溶液滴定 Na_2CO_3 到达第一化学计量点时，生成的 $NaHCO_3$ 是两性物质。此时 pH 可按下式计算：

$$c(\text{H}^+) = \sqrt{K_{a1}^{\ominus} K_{a2}^{\ominus}} = \sqrt{4.2 \times 10^{-7} \times 5.6 \times 10^{-11}} = 4.85 \times 10^{-9} \ (\text{mol} \cdot \text{L}^{-1})$$

pH =8.32

突跃较小，可选用酚酞为指示剂，但误差较大。还可采用甲酚红和百里酚蓝混合指示剂。

第二化学计量点时，产物为 $\text{H}_2\text{CO}_3(\text{CO}_2 + \text{H}_2\text{O})$，其饱和溶液的浓度约为 $0.04 \ \text{mol} \cdot \text{L}^{-1}$。

$$c(\text{H}^+) = \sqrt{K_{a1}^{\ominus} c} = \sqrt{4.2 \times 10^{-7} \times 0.04} = 1.30 \times 10^{-4} \ (\text{mol} \cdot \text{L}^{-1})$$

pH=3.89

突跃较小，可选用甲基橙为指示剂。但是在滴定中产生 CO_2，可能会使滴定终点出现过早，变色不敏锐，因此快到第二化学计量点时应剧烈摇动，必要时可加热煮沸溶液 1 min 以赶走 CO_2，冷却后再继续滴定少量的 HCl 至溶液变为橙色，以提高分析的准确度。

第九节　酸碱滴定法应用示例

一、酸碱标准溶液的配制和标定

1. 酸标准溶液的配制和标定

在酸碱滴定分析法中，常用于配制标准溶液的酸有盐酸和硫酸（硝酸有氧化性，一般不用），尤其是盐酸溶液，因其价格低廉，易于得到，无氧化还原性质，酸性强且稳定，因此用得较多。市售盐酸中 HCl 含量不稳定，易挥发，且含有杂质；浓硫酸吸湿性强，都不能用直接法配制。应采用间接法配制，先配成近似浓度的溶液，再用基准物质标定。配制 HCl 标准溶液时，用洁净的量杯（或量筒）量取一定量浓 HCl（浓度约为 12 $\text{mol} \cdot \text{L}^{-1}$），加入预先盛有适量水的试剂瓶中，加水稀释至 1.0 L，摇匀。确定其准确浓度，常用无水 Na_2CO_3 或硼砂（$\text{Na}_2\text{B}_4\text{O}_7 \cdot 10\text{H}_2\text{O}$）等基准物质进行标定。

（1）用无水 Na_2CO_3 标定。无水 Na_2CO_3 易吸收空气中的水分，故使用前应在 180～200℃下干燥 2～3 h，然后放在干燥器中，冷却至室温备用。标定时用减量法称取一定质量的无水 Na_2CO_3，加适量水溶解后，摇匀。化学计量点时，pH≈3.89，可采用甲基橙为指示剂，用 HCl 溶液滴定至溶液刚好由黄色变为橙色即为终点。

$$\text{Na}_2\text{CO}_3 + 2\text{HCl} = 2\text{NaCl} + \text{H}_2\text{CO}_3$$

$$\longrightarrow \text{CO}_2\uparrow + \text{H}_2\text{O}$$

由 Na_2CO_3 的质量及所消耗的体积，计算 HCl 溶液的浓度。计算公式如下：

$$\frac{n(\text{HCl})}{n(\text{Na}_2\text{CO}_3)} = \frac{2}{1}$$

$$c(\text{HCl}) \cdot V(\text{HCl}) = \frac{2m(\text{Na}_2\text{CO}_3)}{M(\text{Na}_2\text{CO}_3)}$$

$$c(\text{HCl}) = \frac{2m(\text{Na}_2\text{CO}_3)}{V(\text{HCl}) \cdot M(\text{Na}_2\text{CO}_3)}$$

式中，$M(\text{Na}_2\text{CO}_3)$ —— Na_2CO_3 的摩尔质量，$\text{g} \cdot \text{mol}^{-1}$；

$\qquad m(\text{Na}_2\text{CO}_3)$ —— 准确称取 Na_2CO_3 的质量，g；

$\qquad V(\text{HCl})$ —— 消耗 HCl 的体积，L。

【例 4-18】 准确称取无水 Na_2CO_3 基准物 0.131 6 g，标定 HCl 溶液时消耗 HCl 体积 23.78 mL，计算 HCl 溶液的浓度为多少？

解：由滴定反应：

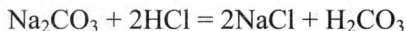

$$\text{Na}_2\text{CO}_3 + 2\text{HCl} = 2\text{NaCl} + \text{H}_2\text{CO}_3$$

可知：$\dfrac{n(\text{HCl})}{n(\text{Na}_2\text{CO}_3)} = \dfrac{2}{1}$

可查表碳酸钠的摩尔质量是 $105.99\ \text{mol} \cdot \text{L}^{-1}$。

$$c(\text{HCl}) = \frac{2m(\text{Na}_2\text{CO}_3)}{V(\text{HCl}) \cdot M(\text{Na}_2\text{CO}_3)} = \frac{2 \times 0.1316}{23.78 \times 10^{-3} \times 105.99} = 0.104\ 4\ (\text{mol} \cdot \text{L}^{-1})$$

但用无水碳酸钠标定盐酸，其摩尔质量较小，称量误差大。

（2）用硼砂（$\text{Na}_2\text{B}_4\text{O}_7 \cdot 10\text{H}_2\text{O}$）标定。硼砂水溶液实际上是同浓度的 H_3BO_3 和 H_2BO_3^- 的混合液，其容易提纯，不易吸湿，比较稳定，可用来标定 HCl 溶液。但易失水，因而要求保存在相对湿度为 40%～60% 的环境中，以确保其所含的结晶水数量与计算时所用的化学式相符。

硼砂标定 HCl 的反应式如下：

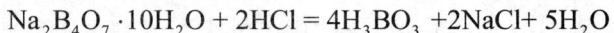

$$\text{Na}_2\text{B}_4\text{O}_7 \cdot 10\text{H}_2\text{O} + 2\text{HCl} = 4\text{H}_3\text{BO}_3 + 2\text{NaCl} + 5\text{H}_2\text{O}$$

由于反应产物是 H_3BO_3，若化学计量点 $c(\text{H}_3\text{BO}_3) = 0.05\ \text{mol} \cdot \text{L}^{-1}$，已知 H_3BO_3 的 $K_a^{\ominus} = 5.7 \times 10^{-10}$，则化学计量点时 $c(\text{H}^+)$ 计算式为

$$c(\text{H}^+) = \sqrt{K_a^{\ominus} c} = \sqrt{5.7 \times 10^{-10} \times 0.05} = 5.3 \times 10^{-6}\ (\text{mol} \cdot \text{L}^{-1})$$

pH=5.27

滴定时可选择甲基红为指示剂，溶液由黄色变为红色即为终点。由硼砂的质量及所消耗的体积，计算 HCl 溶液的浓度。计算公式如下：

$$\frac{n(\text{Na}_2\text{B}_4\text{O}_7 \cdot 10\text{H}_2\text{O})}{n(\text{HCl})} = \frac{1}{2}$$

$$c(\text{HCl}) = \frac{2m(\text{Na}_2\text{B}_4\text{O}_7 \cdot 10\text{H}_2\text{O})}{V(\text{HCl}) \cdot M(\text{Na}_2\text{B}_4\text{O}_7 \cdot 10\text{H}_2\text{O})}$$

符号意义和单位同上。

【例 4-19】 用硼砂标定大约浓度为 $0.1 \text{ mol} \cdot \text{L}^{-1}$ 的盐酸溶液，欲使消耗的盐酸的体积为 20～30 mL，应称取硼砂多少克？

解： 由滴定反应：

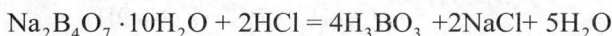

$$\text{Na}_2\text{B}_4\text{O}_7 \cdot 10\text{H}_2\text{O} + 2\text{HCl} = 4\text{H}_3\text{BO}_3 + 2\text{NaCl} + 5\text{H}_2\text{O}$$

可知　$\dfrac{n(\text{Na}_2\text{B}_4\text{O}_7 \cdot 10\text{H}_2\text{O})}{n(\text{HCl})} = \dfrac{1}{2}$

可查表硼砂的摩尔质量为 $381.4 \text{ g} \cdot \text{mol}^{-1}$。

$$m(\text{Na}_2\text{B}_4\text{O}_7 \cdot 10\text{H}_2\text{O}) = \frac{c(\text{HCl}) \cdot V(\text{HCl}) \cdot M(\text{Na}_2\text{B}_4\text{O}_7 \cdot 10\text{H}_2\text{O})}{2}$$

消耗的盐酸的体积为 20～30 mL，所以：

$$m(\text{Na}_2\text{B}_4\text{O}_7 \cdot 10\text{H}_2\text{O}) = \frac{0.1 \times 20 \times 10^{-3} \times 381.4}{2} = 0.38 \text{ (g)}$$

$$m(\text{Na}_2\text{B}_4\text{O}_7 \cdot 10\text{H}_2\text{O}) = \frac{0.1 \times 30 \times 10^{-3} \times 381.4}{2} = 0.57 \text{ (g)}$$

所以应称取硼砂的质量为 0.38～0.57 g。

由于硼砂的摩尔质量比 Na_2CO_3 大，标定同样浓度的盐酸所需的硼砂质量也比 Na_2CO_3 多，因而称量的相对误差就小，所以硼砂作为标定盐酸的基准物优于 Na_2CO_3。

除上述两种基准物质外，还有 KHCO_3、酒石酸氢钾等基准物质用于标定盐酸溶液。

2．碱标准溶液的配制和标定

氢氧化钠是最常用的碱溶液。固体氢氧化钠具有很强的吸湿性，又易吸收 CO_2 和水分，生成少量 Na_2CO_3，且含有少量的硅酸盐、硫酸盐和氯化物等，因而不能直接配制成标准溶液，只能用间接法配制成所需浓度的溶液，再以基准物标定其准确浓度。配制时，称取 4.0 g 固体 NaOH，加适量水（新煮沸的冷蒸馏水）溶解，倒入具有橡胶塞的试剂瓶中，加水稀释至 1 L，摇匀。常用来标定氢氧化钠溶液的基准物质有邻苯二甲酸氢钾、草酸等。

（1）用邻苯二甲酸氢钾作基准物质。邻苯二甲酸氢钾的分子式为 $\text{C}_8\text{H}_4\text{O}_4\text{HK}$，摩尔质量为 $204.2 \text{ g} \cdot \text{mol}^{-1}$，属有机弱酸盐，在水溶液中呈酸性，因 $cK_a^{\ominus} > 1.0 \times 10^{-8}$，故可用 NaOH 溶液滴定。滴定的产物是邻苯二甲酸钾钠，其在水溶液中能接受质子，显示碱的性质。邻苯二甲酸氢钾与 NaOH 的反应式如下：

$$\text{（苯环）} - \begin{matrix} \text{COOH} \\ \text{COOK} \end{matrix} + \text{NaOH} = \text{（苯环）} - \begin{matrix} \text{COONa} \\ \text{COOK} \end{matrix} + \text{H}_2\text{O}$$

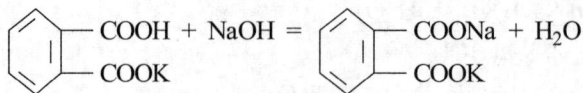

由邻苯二甲酸氢钾的质量及所消耗的体积，计算 NaOH 溶液的浓度。计算公式如下：

$$\frac{n(\text{C}_8\text{H}_4\text{O}_4\text{HK})}{n(\text{NaOH})} = \frac{1}{1}$$

$$c(\text{NaOH}) = \frac{m(\text{C}_8\text{H}_4\text{O}_4\text{HK})}{M(\text{C}_8\text{H}_4\text{O}_4\text{HK}) \cdot V(\text{NaOH})}$$

符号意义和单位同上。

设邻苯二甲酸氢钾溶液开始时浓度为 $0.10\ \text{mol} \cdot \text{L}^{-1}$，达到化学计量点时，体积增加一倍，邻苯二甲酸钾钠的浓度 $c = 0.050\ \text{mol} \cdot \text{L}^{-1}$。化学计量点时 pH 应按下式计算：

$$c(\text{OH}^-) = \sqrt{K_{b1}^{\ominus} c} = \sqrt{\frac{K_w^{\ominus} c}{K_{a2}^{\ominus}}} = \sqrt{\frac{1.0 \times 10^{-14} \times 0.050}{2.9 \times 10^{-6}}} = 1.3 \times 10^{-5}\ (\text{mol} \cdot \text{L}^{-1})$$

pOH=4.88　pH=9.12

此时溶液呈碱性，可选用酚酞或百里酚蓝为指示剂。

除邻苯二甲酸氢钾外，还有苯甲酸、硫酸肼（$\text{N}_2\text{H}_4 \cdot \text{H}_2\text{SO}_4$）等基准物质用于标定 NaOH 溶液。

（2）用草酸（$\text{H}_2\text{C}_2\text{O}_4 \cdot 2\text{H}_2\text{O}$）作基准物质。草酸是一种二元酸，相当稳定，但其摩尔质量较小，称量的相对误差大一些，其 $K_{a1}^{\ominus} = 5.9 \times 10^{-2}$，$K_{a2}^{\ominus} = 6.4 \times 10^{-5}$，所以因 $cK_a^{\ominus} > 1.0 \times 10^{-8}$，故可用 NaOH 溶液滴定，但 $K_{a1}^{\ominus} / K_{a2}^{\ominus} < 1.0 \times 10^4$，只能一次滴定到 $\text{C}_2\text{O}_4^{2-}$，标定反应如下：

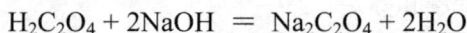

$$\text{H}_2\text{C}_2\text{O}_4 + 2\text{NaOH} = \text{Na}_2\text{C}_2\text{O}_4 + 2\text{H}_2\text{O}$$

由草酸的质量及所消耗的体积，计算 NaOH 溶液的浓度。计算公式如下：

$$\frac{n(\text{H}_2\text{C}_2\text{O}_4 \cdot 2\text{H}_2\text{O})}{n(\text{NaOH})} = \frac{1}{2}$$

$$c(\text{NaOH}) = \frac{2m(\text{H}_2\text{C}_2\text{O}_4 \cdot 2\text{H}_2\text{O})}{M(\text{H}_2\text{C}_2\text{O}_4 \cdot 2\text{H}_2\text{O}) \cdot V(\text{NaOH})}$$

符号意义和单位同上。

计量点时，溶液的 pH ≈ 8.4，可用酚酞作指示剂。

【例 4-20】　某 KOH 溶液 23.00 mL 能中和纯草酸（$\text{H}_2\text{C}_2\text{O}_4 \cdot 2\text{H}_2\text{O}$）0.300 0 g，求 KOH 的浓度。

解：草酸与 KOH 的反应为

$$H_2C_2O_4 + 2KOH = K_2C_2O_4 + 2H_2O$$

$$\frac{n(H_2C_2O_4 \cdot 2H_2O)}{n(KOH)} = \frac{1}{2}$$

$$c(KOH) = \frac{2m(H_2C_2O_4 \cdot 2H_2O)}{M(H_2C_2O_4 \cdot 2H_2O) \cdot V(KOH)}$$

$$= \frac{2 \times 0.300\,0}{126.1 \times 23.00 \times 10^{-3}} = 0.206\,9 \quad (mol \cdot L^{-1})$$

二、酸碱滴定法的应用

酸碱滴定法可用来直接或间接地测定许多酸或碱以及能够与酸碱起作用的物质，还可用间接的方法测定一些既非酸又非碱的物质，也可用于非水溶液。因此，酸碱滴定法的应用非常广泛。

1. 直接法

一些无机强酸强碱或能满足直接准确滴定要求的弱酸弱碱，及某些多元酸碱或混合酸碱，都可以用强碱或强酸标准溶液直接滴定进行测定。

（1）食用醋中总酸度的测定。食用醋的主要成分是醋酸，此外还含有其他弱酸如乳酸等，用不含 CO_2 的蒸馏水将食用醋适当稀释后，用 NaOH 标准溶液直接滴定（ $cK_a^\ominus > 1.0 \times 10^{-8}$ ）。由于 CO_2 可被 NaOH 滴定成 $NaHCO_3$ ，多消耗 NaOH，使测定结果偏高。因此，要获得准确的分析结果，必须要用不含 CO_2 的蒸馏水稀释食用醋原液，并用不含 Na_2CO_3 的 NaOH 标准溶液滴定。中和后产物为 NaAc，化学计量点时 pH=8.7 左右，应选用酚酞为指示剂，滴定至呈现红色即为终点。测得的是总酸度，以醋酸的质量浓度（ $g \cdot mL^{-1}$ ）来表示。根据中华人民共和国国家标准《酿造食醋》（GB 18187—2000）的总酸度（以乙酸计）≥3.5 g/100 mL。

滴定反应为

$$HAc + NaOH = NaAc + H_2O$$

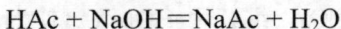

由所消耗的 NaOH 标准溶液的体积及浓度计算总酸度。

$$\frac{n(HAc)}{n(NaOH)} = \frac{1}{1}$$

$$c(HAc) = \frac{c(NaOH) \cdot V(NaOH)}{V(HAc)}$$

（2）硼酸的测定。H_3BO_3 是玻璃、搪瓷等工业的重要原料，也可用于制备硼砂，作医药和用作食品的防腐剂，常在实际应用中进行分析测定。硼酸是极弱的酸，

$K_a^{\ominus} = 5.8 \times 10^{-10}$，$cK_a^{\ominus} < 1.0 \times 10^{-8}$，不能用强碱直接准确滴定。但硼酸能与甘油或甘露醇等多元醇形成稳定的配合物，使其表观离解度增大，即增强硼酸在水溶液中的酸性，使弱酸强化，故可采用酸碱直接滴定法测定。化学计量点 pH≈9，可选用酚酞或百里酚酞作指示剂。

（3）工业纯碱中总碱度的测定。工业纯碱的主要化学成分是 Na_2CO_3，也含有 Na_2SO_4、NaOH、NaCl、$NaHCO_3$ 等杂质，所以对于工业纯碱常测定其总碱度。

试样水溶液用盐酸标准溶液滴定，中和后产物为 H_2CO_3，化学计量点的 pH≈3.9，选用甲基橙（3.1～4.4）为指示剂，滴定至溶液由黄色转变为橙色即为终点。

（4）混合碱的分析。混合碱通常是指 NaOH 和 Na_2CO_3 或 Na_2CO_3 和 $NaHCO_3$ 的混合物。NaOH 俗称烧碱，在生产和储存的过程中，常因吸收空气中的 CO_2 而产生部分 Na_2CO_3。纯碱 Na_2CO_3 中也常含有 $NaHCO_3$，这两种工业品都称为混合碱。常用双指示剂法分析混合碱，即在同一溶液中先后用两种不同的指示剂来指示两个不同的终点。

混合碱可能发生的反应是

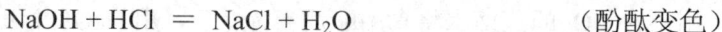

$$Na_2CO_3 + HCl \ = \ NaHCO_3 + NaCl \qquad （酚酞变色）$$
$$NaHCO_3 + HCl \ = \ CO_2 + H_2O + NaCl \qquad （甲基橙变色）$$
$$NaOH + HCl \ = \ NaCl + H_2O \qquad （酚酞变色）$$

具体分析如下：

NaOH 和 Na_2CO_3 的测定可采用双指示剂法，即先用酚酞指示第一化学计量点，再用甲基橙指示第二化学计量点。称取试样质量为 m（单位 g），溶解于水，用 HCl 标准溶液滴定，先用酚酞为指示剂，滴定至溶液由红色变为无色则达到第一化学计量点，此时 NaOH 全部被中和生成了 NaCl 和 H_2O，而 Na_2CO_3 只被滴定成 $NaHCO_3$，这一过程所消耗 HCl 的体积记为 V_1。然后加入甲基橙，继续用 HCl 标准溶液滴定，使溶液由黄色恰变为橙色，达到第二化学计量点。第一化学计量点所生成的 $NaHCO_3$ 与 HCl 反应，生成 CO_2 和 H_2O，此过程所消耗的 HCl 标准溶液的体积记为 V_2。因为 Na_2CO_3 被中和生成 $NaHCO_3$，继续用 HCl 滴定使 $NaHCO_3$ 又转化为 H_2CO_3，二者所需 HCl 量相等，故（$V_1 - V_2$）mL 为中和 NaOH 所消耗 HCl 的体积，$2V_2$ 为滴定 Na_2CO_3 所需 HCl 的体积。

$$NaOH \xrightarrow{\ V_1 - V_2\ } NaCl + H_2O$$

$$Na_2CO_3 \xrightarrow{\ V_2\ } NaHCO_3 \xrightarrow{\ V_2\ } CO_2 + H_2O$$

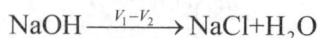

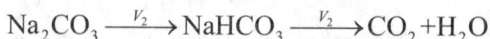

分析结果计算公式为

$$\omega(\text{Na}_2\text{CO}_3) = \frac{\frac{1}{2}c(\text{HCl}) \times 2V_2 \times M(\text{Na}_2\text{CO}_3)}{m_s} \times 100\%$$

$$\omega(\text{NaOH}) = \frac{c(\text{HCl}) \times (V_1 - V_2) \times M(\text{NaOH})}{m_s} \times 100\%$$

Na_2CO_3 和 NaHCO_3 混合物的测定与上述方法类似。在此过程中滴定 Na_2CO_3 所消耗的 HCl 体积为 $2V_1$,而滴定 NaHCO_3 所消耗的 HCl 体积为 $V_2 - V_1$。分析结果计算公式为

$$\omega(\text{Na}_2\text{CO}_3) = \frac{\frac{1}{2}c(\text{HCl}) \times 2V_1 \times M(\text{Na}_2\text{CO}_3)}{m_s} \times 100\%$$

$$\omega(\text{NaHCO}_3) = \frac{c(\text{HCl}) \times (V_2 - V_1) \times M(\text{NaHCO}_3)}{m_s} \times 100\%$$

用双指示剂法不仅可以测定混合碱各成分的含量,还可根据 V_1 和 V_2 的大小,判断样品的组成。用下述方法判断:

$V_1 \neq 0$,$V_2 = 0$	只含 NaOH
$V_1 = 0$,$V_2 \neq 0$	只含 NaHCO_3
$V_1 = V_2 \neq 0$	只含 Na_2CO_3
$V_1 > V_2 > 0$	NaOH 和 Na_2CO_3
$V_2 > V_1 > 0$	Na_2CO_3 和 NaHCO_3

【例 4-21】 称取混合碱试样 0.780 0 g,以酚酞为指示剂,用 0.101 2 mol·L^{-1} HCl 标准溶液滴定至终点,消耗 HCl 溶液的体积 $V_1 = 24.00$ mL,然后加甲基橙指示剂滴定至终点,消耗 HCl 溶液 $V_2 = 27.82$ mL,判断混合碱的组分,并计算试样中各组分的含量。

解: 根据已知条件,以酚酞为指示剂时消耗 HCl 的体积 $V_1 = 24.00$ mL,而用甲基橙为指示剂时消耗 HCl 的体积 $V_2 = 27.82$ mL。显然,$V_2 > V_1 > 0$,因而试样为 Na_2CO_3 和 NaHCO_3 的混合组分。

$$\omega(\text{Na}_2\text{CO}_3) = \frac{\frac{1}{2}c(\text{HCl}) \times 2V_1 \times M(\text{Na}_2\text{CO}_3)}{m_s} \times 100\%$$

$$= \frac{0.101\ 2\ \text{mol·L}^{-1} \times 24.00 \times 10^{-3}\ \text{L} \times 106.0\ \text{g·mol}^{-1}}{0.780\ 0\ \text{g}} \times 100\%$$

$$= 33.01\%$$

$$\omega(\text{NaHCO}_3) = \frac{c(\text{HCl}) \times (V_2 - V_1) \times M(\text{NaHCO}_3)}{m_s} \times 100\%$$

$$= \frac{0.101\ 2\ mol \cdot L^{-1} \times (27.82 - 24.00) \times 10^{-3} L \times 84.01\ g \times mol^{-1}}{0.780\ 0\ g} \times 100\%$$

$$= 4.16\%$$

2. 间接法

许多不能满足直接滴定条件的酸碱物质，如 NH_4^+，ZnO，$Al_2(SO_4)_3$ 以及许多有机物，都可以考虑用间接法测定。

（1）铵盐中氮的测定。肥料、土壤及许多有机化合物常常需要测定其中氮的含量，通常是将试样加以适当的处理，使各种氮化物转化为液态氮，然后进行测定。如硫酸铵化肥中含氮量的测定。由于铵盐（NH_4^+）作为酸，$K_a^\ominus$ 值为：

$$\frac{K_w^\ominus}{K_b^\ominus} = \frac{1.0 \times 10^{-14}}{1.8 \times 10^{-5}} = 5.6 \times 10^{-10}，cK_a^\ominus < 1.0 \times 10^{-8}，不能直接用碱标准溶液滴定，而需采$$

用间接的滴定方法，主要有蒸馏法和甲醛法两种。

一是蒸馏法。试样用浓硫酸消化分解，有时还需加入硒粉或硫酸铜等催化剂，待试样完全分解后，其中各种氮化物都转化为 NH_3，并与 H_2SO_4 结合为 $(NH_4)_2SO_4$。然后加浓 $NaOH$，将 NH_3 蒸馏出来，吸收在 H_3BO_3 溶液中，加入甲基红和溴甲酚绿混合指示剂。用 HCl 标准溶液滴定吸收 NH_3 时生成的 $H_2BO_3^-$，当溶液颜色呈淡粉红色时为终点。

测定过程的反应式如下：

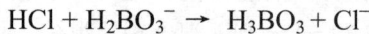

$$NH_3 + H_3BO_3 \rightarrow NH_4^+ + H_2BO_3^-$$

$$HCl + H_2BO_3^- \rightarrow H_3BO_3 + Cl^-$$

由于 H_3BO_3 的 $K_a^\ominus \approx 1.0 \times 10^{-10}$，是极弱的酸，不能用碱溶液直接滴定，但 $H_2BO_3^-$ 是 H_3BO_3 的共轭碱，其 $K_b^\ominus \approx 1.0 \times 10^{-4}$，属较强的碱，能满足 $cK_b^\ominus \geqslant 1.0 \times 10^{-8}$ 的要求，可用标准酸溶液直接目视滴定。在化学计量点时，$pH \approx 5.0$，可选用甲基红或甲基红－溴甲酚绿混合指示剂指示终点。

用硼酸吸收 NH_3 的主要优点是：仅需一种标准溶液，而且硼酸的浓度不必准确（常用 2% 的溶液），只要用量足够过量即可。但用硼酸吸收 NH_3 时，温度不能超过 40℃，否则 NH_3 易挥发，吸收不完全，造成负误差。

二是甲醛法。铵盐在水中全部离解，甲醛与 NH_4^+ 作用定量地置换出酸，反应如下：

$$6HCHO + 4NH_4^+ = (CH_2)_6N_4H^+ + 3H^+ + 6H_2O$$

生成物 $(CH_2)_6N_4H^+$ 是六亚甲基四胺 $(CH_2)_6N_4$ 的共轭酸，六亚甲基四胺的 $cK_b^\ominus \approx 1.0 \times 10^{-9}$，为一元弱碱，其共轭酸的 $K_a^\ominus \approx 1.0 \times 10^{-5}$，可用碱标准溶液直接滴定，所

以加入滴定剂 NaOH 时，将与上一反应式中游离的 3 个 H^+ 和共轭酸中质子化的 H^+ 反应：

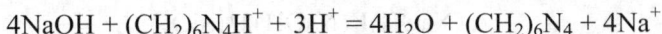

$$4NaOH + (CH_2)_6N_4H^+ + 3H^+ = 4H_2O + (CH_2)_6N_4 + 4Na^+$$

总反应为

$$4NH_4^+ + 4NaOH + 6HCHO = (CH_2)_6N_4 + 4Na^+ + 10H_2O$$

从滴定反应可知 1 mol NH_4^+ 与 1 mol NaOH 相当。滴定达到化学计量点时 pH 约为 9，可选用酚酞为指示剂，溶液呈现淡红色即为终点。

甲醛中常含有少量因空气氧化而生成的甲酸，在使用前应以酚酞作指示剂用 NaOH 中和。甲醛法操作简便、快速，但一般只适用于单纯含 NH_4^+ 的样品（如 NH_4Cl 等）的测定。

【例 4-22】 将 2.500 g 的黄豆用浓 H_2SO_4 进行消化处理，得到被测试液。在该试液中加入过量的 NaOH 溶液，将释放出来的 NH_3 用 50.00 mL 0.590 0 $mol \cdot L^{-1}$ HCl 溶液吸收，多余的 HCl 采用甲基橙指示剂，以 30.89 mL 0.587 4 $mol \cdot L^{-1}$ NaOH 滴定至终点，计算黄豆中氮的质量分数。

解： $\omega(N) = \dfrac{[c(HCl) \cdot V(HCl) - c(NaOH) \cdot V(NaOH)]M(N)}{m_s} \times 100\%$

$= \dfrac{(0.5900 \ mol \cdot L^{-1} \times 50.00 \times 10^{-3} \ L - 0.587 \ 4 \ mol \cdot L^{-1} \times 30.89 \times 10^{-3} \ L) \times 14.01 \ g \cdot mol}{2.500 \ g} \times 100\%$

$= 6.36\%$

（2）硅酸盐中 SiO_2 的测定。矿石、岩石、水泥、玻璃、陶瓷等都是硅酸盐，可用重量法测定其中 SiO_2 的含量，准确度高，但十分费时。目前生产上的控制分析常常采用氟硅酸钾容量法，是一种酸碱滴定法，简便、快速，只要操作规范细心，也可得到较准确的结果。

试样用 KOH 熔融，转化为可溶性硅酸盐如 K_2SiO_3 等，硅酸钾在钾盐存在下与 HF 作用（或在强酸性溶液中加 KF），形成微溶的氟硅酸钾 K_2SiF_6，反应式如下：

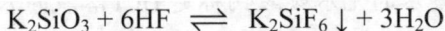

$$K_2SiO_3 + 6HF \rightleftharpoons K_2SiF_6 \downarrow + 3H_2O$$

由于沉淀的溶解度较大，利用同离子效应，需加入固体 KCl 以降低其溶解度。将沉淀物过滤，用氯化钾—乙醇溶液洗涤沉淀，然后将沉淀转入原烧杯中，加入氯化钾—乙醇溶液，以 NaOH 中和游离酸（酚酞指示剂呈现淡红色）。加入沸水，使沉淀物水解释放出 HF，其反应式如下：

$$K_2SiF_6 + 3H_2O \rightleftharpoons 2KF + H_2SiO_3 + 4HF$$

HF 的 $K_a^{\ominus} = 3.5 \times 10^{-4}$，可用 NaOH 标准溶液直接滴定释放出来的 HF，由所消耗的 NaOH 溶液的体积间接计算出 SiO_2 的含量。

$$\frac{n(SiO_2)}{n(NaOH)} = \frac{1}{4}$$

$$\omega(SiO_2) = \frac{c(NaOH)V(NaOH)M(SiO_2)}{4m_s} \times 100\%$$

复习与思考题

1. 质子理论和电离理论相比较，最主要的不同点是什么？

2. 根据质子理论，什么是酸？什么是碱？什么是两性物质？

3. 什么是缓冲溶液？举例说明缓冲溶液的作用原理。

4. 往缓冲溶液中加入大量的酸或碱，或者用大量的水稀释时，pH 是否仍保持基本不变？说明原因。

5. 欲配制 pH 为 3 的缓冲溶液，已知有下列物质的 $K_a^\ominus$ 数值：

（1）HCOOH $\qquad K_a^\ominus = 1.77 \times 10^{-4}$

（2）HAc $\qquad K_a^\ominus = 1.80 \times 10^{-5}$

（3）NH_4^+ $\qquad K_a^\ominus = 5.65 \times 10^{-10}$

问：选择哪一种弱酸及其共轭碱较合适？

6. 影响盐类水解度大小的因素有哪些？增大或抑制盐类的水解作用在实际工作中有些什么应用？举例说明。

7. 同离子效应和盐效应对电解质的离解及难溶电解质的溶解各有什么影响？

8. 什么是分析浓度、平衡浓度和分布分数？它们之间有什么关系？

9. 何谓滴定突跃？它的大小与哪些因素有关？酸碱滴定中指示剂的选择原则是什么？

10. 若用已吸收少量水的无水碳酸钠标定 HCl 溶液的浓度，问所标出的浓度将偏高还是偏低？

11. 若使硼砂未能保存在相对湿度 60%，而是存放在相对湿度 30% 的容器中，采用该硼砂标定 HCl 溶液时，问所标定的浓度将偏高还是偏低？

12. 0.1 mol·L^{-1} 醋酸溶液，其浓度和酸度分别为多少？

13. 完成下列换算：

（1）把下列 pH 换算成 H$^+$ 浓度。

11.37；7.06；3.7

（2）把下列 H$^+$ 浓度（mol·L^{-1}）换算成 pH。

0.56；4.17×10^{-2}；1.5×10^{-8}；3.16×10^{-13}

14. $0.2\ mol \cdot L^{-1}$ HCl 和 $0.2\ mol \cdot L^{-1}$ HCN 溶液的酸度是否相等，通过计算说明。

15. 写出下列弱酸在水中的离解方程式与 $K_a^{\ominus}$ 的表达式：

（1）亚硫酸 　（2）草酸 　　（3）氢硫酸 　（4）氢氰酸 　（5）亚硝酸

16. 已知在 298.15 K 时，$0.10\ mol \cdot L^{-1}$ 的氨水的离解度为 1.33%，求氨水的离解常数。

17. 已知 25℃时，某一元弱酸 $0.01\ mol \cdot L^{-1}$ 溶液的 pH 为 4.00，求：（1）该酸的 $K_a^{\ominus}$；（2）该浓度下酸的离解度。

18. 在 HAc 溶液中分别加入少量 NaAc、HCl、NaOH、HAc 离解度各有何变化？加水稀释又如何？试从化学平衡移动原理说明。

19. 欲配制 pH = 9.00 的缓冲溶液，应在 500 mL $0.10\ mol \cdot L^{-1}$ 的氨水溶液中加入固体 NH_4Cl 多少克？假设加入固体后溶液总体积不变。

20. 计算 $0.100\ 0\ mol \cdot L^{-1}$ HCl 标准溶液对 Na_2CO_3 的滴定度。

21. 计算下列溶液的滴定度，以 $g \cdot mL^{-1}$ 表示：

（1）$0.261\ 5\ mol \cdot L^{-1}$ HCl 溶液，用来测定 $Ba(OH)_2$ 和 $Ca(OH)_2$；

（2）$0.103\ 2\ mol \cdot L^{-1}$ NaOH 溶液，用来测定 H_2SO_4 和 CH_3COOH。

22. 计算下列滴定中化学计量点的 pH，并指出选用何种指示剂指示终点：

（1）$0.200\ 0\ mol \cdot L^{-1}$ NaOH 滴定 20.00 mL $0.200\ 0\ mol \cdot L^{-1}$ HCl；

（2）$0.200\ 0\ mol \cdot L^{-1}$ HCl 滴定 20.00 mL $0.200\ 0\ mol \cdot L^{-1}$ NaOH；

（3）$0.200\ 0\ mol \cdot L^{-1}$ NaOH 滴定 20.00 mL $0.200\ 0\ mol \cdot L^{-1}$ HAc；

（4）$0.200\ 0\ mol \cdot L^{-1}$ HCl 滴定 20.00 mL $0.200\ 0\ mol \cdot L^{-1}$ NH_3。

23. 用 $0.105\ 8\ mol \cdot L^{-1}$ HCl 溶液滴定 0.203 5 g 不纯的 K_2CO_3，完全中和时，消耗 HCl 26.84 mL，求样品中 K_2CO_3 的质量分数。

24. 下列酸溶液能否准确进行分步滴定？能滴定到哪一级？

（1）H_2SO_4 　(2)酒石酸 　（3）草酸 　（4）H_3PO_4 　（5）丙二酸（$pK_{a1}^{\ominus}=2.65$,

$pK_{a2}^{\ominus}=5.28$）

25. 计算 pH=5.0 时 $0.1\ mol \cdot L^{-1}$ HAc 溶液中 Ac^- 的浓度。

26. 计算 pH=5.0 时 $0.1\ mol \cdot L^{-1}$ $H_2C_2O_4$ 中 $C_2O_4^{2-}$ 的浓度。

27. 用 $0.100\ 0\ mol \cdot L^{-1}$ NaOH 溶液滴定 20.00 mL $0.100\ 0\ mol \cdot L^{-1}$ 甲酸溶液时，化学计量点时 pH 为多少？应选用何种指示剂指示终点？滴定突跃为多少？

28. 称取基准物质草酸（$H_2C_2O_4 \cdot 2H_2O$）0.380 2 g，溶于水，用 NaOH 溶液滴定至终点时，消耗了 NaOH 溶液 24.50 mL。计算 NaOH 标准溶液的准确浓度。

29. 准确吸取 20.00 mL，0.050 40 mol·L^{-1} 的 H$_2$SO$_4$ 标准溶液，移入 500.0 mL 容量瓶中，以水定容稀释成 500.0 mL 溶液，求稀释后 H$_2$SO$_4$ 标准溶液的浓度。

30. 称取 CaCO$_3$ 试样 0.500 0 g，然后准确加入 50.00 mL 0.228 4 mol·L^{-1} 的 HCl 标准溶液，缓慢加热使 CaCO$_3$ 与 HCl 作用完全并冷却后，再以 0.230 7 mol·L^{-1} NaOH 标准溶液滴定反应后剩余的 HCl 标准溶液，结果消耗 NaOH 标准溶液 6.20 mL，求试样中 CaCO$_3$ 的质量分数。

31. 20.00 mL 0.100 0 mol·L^{-1} 的 H$_2$C$_2$O$_4$ 滴定液，被滴加与之相等浓度和体积的 NaOH 标准溶液后，试液的 pH 为 2.94。讨论此时被测组分 H$_2$C$_2$O$_4$ 各种形式平衡浓度的状况。

32. 0.20 mol·L^{-1} NaH$_2$PO$_4$ 溶液与相等体积 0.10 mol·L^{-1} NaOH 溶液混合，可否配成缓冲溶液，并求其 pH。

33. 称取混合碱试样 0.301 0 g，以酚酞为指示剂，消耗 0.106 0 mol·L^{-1} 的 HCl 20.10 mL；加入甲基橙指示剂后，共用去上述 HCl 47.70 mL，计算各组分的含量。

34. 准确称取硅酸盐试样 0.108 0 g，经熔融分解，以 K$_2$SiF$_6$ 沉淀后，过滤，洗涤，使之水解形成 HF，采用 0.102 4 mol·L^{-1} NaOH 标准溶液滴定，所消耗的体积为 25.54 mL，计算 SiO$_2$ 的质量分数。

35. 下列数据各包括几位有效数字？

（1）1.066　　（2）0.034 5　　（3）0.005 00　　（4）14.050　　（5）9.8×10^{-5}

（6）pH = 3.0　　（7）124.0　　（8）50.09%　　（9）0.60%　　（10）0.000 8%

36. 按有效数字的运算规则，计算下列结果：

（1）5.778 6 ÷ 0.766 4 − 4.38 = ？

（2）3.564×0.462 + 3.2×10^{-6} − 0.045 2×0.004 78 = ？

（3）0.045 70×7.803×41.2 ÷ 526.3 = ？

（4）（1.276×4.17）+（1.7×10^{-4}）−（0.002 176 4×0.012 1）= ？

（5）0.012 1×25.64×1.057 82 = ？

37. 某铁矿石中含铁量为 38.17%，若甲的分析结果是 38.15%，38.16%，38.18%；乙分析结果是 38.08%，38.23%，38.25%。试比较甲、乙两人分析结果的准确度和精密度。

38. 分析铁矿中铁的含量，得如下数据：37.45%，37.20%，37.50%，37.30%，37.25%。计算该组数据的平均值、极差、平均偏差、标准偏差和变异系数。

第五章　沉淀溶解平衡和沉淀滴定

本章提要： 本章讨论多相体系，即难溶电解质固相与溶液中水合离子之间建立的沉淀—溶解平衡体系。运用平衡原理计算沉淀的溶解度，剖析沉淀的生成和溶解，如何控制条件使沉淀完全，使混合离子分离。在难溶电解质沉淀—溶解平衡原理的基础上，介绍重量分析法和沉淀滴定法。

严格来说，绝对不溶于水的物质是不存在的。根据溶解度的大小，可将电解质分为易溶电解质和难溶电解质，两者没有明显的界限，一般把溶解度小于 0.01 g/100 g H_2O 的电解质称为难溶电解质。在含有难溶电解质固体的饱和溶液中，存在着电解质固体与溶解所生成离子之间的平衡，涉及固相与液相离子的两相平衡，称多相离子平衡。以化学平衡原理为基础，讨论难溶电解质沉淀—溶解平衡原理及其应用。

第一节　沉淀溶解平衡

一、沉淀溶解平衡和溶度积

$BaSO_4$ 是由 Ba^{2+} 离子和 SO_4^{2-} 离子构成的难溶离子化合物。在水分子的作用下，同水相接触的固体表面上的 Ba^{2+} 离子和 SO_4^{2-} 离子逐渐离开晶体表面进入水中，成为自由运动的水合离子，该过程称为溶解。同时，已溶解的一部分 Ba^{2+} 离子和 SO_4^{2-} 离子在运动中相互碰撞而重新结合成 $BaSO_4$ 晶体，该过程称为结晶或沉淀。一定温度下，溶解与沉淀速率相等时建立的固体和离子之间的平衡，称为沉淀—溶解平衡，此时的溶液为饱和溶液。沉淀—溶解平衡是一种动态平衡，即固体不断溶解，沉淀也不断生成。

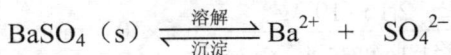

$$BaSO_4（s）\underset{沉淀}{\overset{溶解}{\rightleftharpoons}} Ba^{2+} + SO_4^{2-}$$

在一定温度下反应物 $BaSO_4$ 为固体，生成物为离子，是一个多相离子平衡。与其他化学平衡一样，固体物质的浓度不列入平衡常数表达式中。其标准平衡常数 $K_{sp}^{\ominus}$ 的表达式为

$$K_{sp}^{\ominus}(BaSO_4) = \{ c(Ba^{2+})/c^{\ominus} \} \cdot \{ c(SO_4^{2-})/c^{\ominus} \}$$

对于一般难溶电解质（A_nB_m），其沉淀溶解平衡通式可表示为

$$A_nB_m(s) \rightleftharpoons nA^{m+} + mB^{n-}$$

$$K_{sp}^{\ominus}(A_nB_m) = \{ c(A^{m+})/c^{\ominus} \}^n \cdot \{ c(B^{n-})/c^{\ominus} \}^m$$

式中，m，n 是阳离子和阴离子的电荷数。与 $K^{\ominus}$ 的处理类似，$c^{\ominus}$ 在表达式中不列出，上式可简写为

$$K_{sp}^{\ominus}(A_nB_m) = c^n(A^{m+}) \cdot c^m(B^{n-}) \tag{5-1}$$

难溶电解质沉淀—溶解平衡的标准平衡常数（$K_{sp}^{\ominus}$）称为溶度积常数（简称溶度积）。表示在一定温度下，难溶电解质的饱和溶液中，各组分离子浓度以反应式中化学计量系数为指数的幂的乘积为一常数。$K_{sp}^{\ominus}$ 是表示难溶电解质溶解能力的特征常数，和其他平衡常数一样，$K_{sp}^{\ominus}$ 也受温度的影响，但影响不太大，可用常温下测得的数据。本书附录九列出常温下某些难溶电解质溶度积的实验数据。

二、溶解度与溶度积的相互换算

溶解度（s）和溶度积的大小都表示难溶电解质的溶解能力。两者可相互换算。换算时应注意溶度积为无量纲常数，相关离子浓度的单位为 mol·L^{-1}，一些手册上查到的溶解度常以 g/100 g H$_2$O 表示，需要进行单位转化。计算时考虑到难溶电解质饱和溶液的量很少，溶液很稀，可用溶液的密度近似等于纯水的密度（1 g·cm^{-3}），来简化计算。

【例 5-1】 25℃时，每升 Ag$_2$CrO$_4$ 饱和溶液中含有 2.16×10^{-2} g 的 Ag$_2$CrO$_4$，求其溶度积。

解：$c(Ag_2CrO_4) = \dfrac{2.16 \times 10^{-2}\,g}{331.18\,g \cdot mol^{-1} \times 1\,L} = 6.5 \times 10^{-5}\ mol \cdot L^{-1} = s$

$$Ag_2CrO_4 \rightleftharpoons 2Ag^+ + CrO_4^-$$

$$2s \qquad s$$

$$K_{sp}^{\ominus} = (2s)^2 \times s = 4s^3$$
$$= 4 \times (6.5 \times 10^{-5})^3 = 1.1 \times 10^{-12}$$

答：Ag_2CrO_4 的溶度积为 1.1×10^{-12}。

【例 5-2】 已知在 25℃时 AgCl 溶度积为 1.8×10^{-10}，Ag_2CO_3 的溶度积为 8.1×10^{-12}，试比较两者溶解度大小。在饱和溶液中，溶解度大的难溶电解质各离子的物质的量浓度为多少？

解：（1）计算 AgCl 的溶解度。假设 s 为 AgCl 饱和溶液中 Ag^+ 的浓度，则

$$AgCl(s) \rightleftharpoons Ag^+ + Cl^-$$

平衡时浓度（$mol \cdot L^{-1}$）：$\qquad\qquad\qquad s \qquad s$

$$K_{sp}^{\ominus} = c(Ag^+) \cdot c(Cl^-)$$

$$K_{sp}^{\ominus} = s^2$$

故 AgCl 的溶解度：

$$s = \sqrt{K_{sp}^{\ominus}} = \sqrt{1.8 \times 10^{-10}} = 1.3 \times 10^{-5} \quad (mol \cdot L^{-1})$$

（2）计算 Ag_2CO_3 的溶解度。假设 y 为 Ag_2CO_3 饱和溶液中 CO_3^{2-} 的浓度（Ag_2CO_3 的溶解度），则

$$Ag_2CO_3(s) \rightleftharpoons 2Ag^+ + CO_3^{2-}$$

平衡时浓度（$mol \cdot L^{-1}$）$\qquad\qquad\qquad 2y \qquad y$

$$K_{sp}^{\ominus} = c^2(Ag^+) \cdot c(CO_3^{2-})$$

$$= (2y)^2 \cdot y = 4y^3$$

故 Ag_2CO_3 的溶解度：

$$y = \sqrt[3]{\frac{8.1 \times 10^{-12}}{4}} = 1.3 \times 10^{-4} \quad (mol \cdot L^{-1})$$

（3）计算说明 Ag_2CO_3 的溶解度较大。按题意，Ag_2CO_3 在饱和溶液中各离子的物质的量浓度为

$$c(CO_3^{2-}) = 1.3 \times 10^{-4} \; mol \cdot L^{-1}$$

$$c(Ag^+) = 2y = 2 \times 1.3 \times 10^{-4} = 2.6 \times 10^{-4} \quad (mol \cdot L^{-1})$$

答：AgCl 的溶解度为 $1.3 \times 10^{-5} mol \cdot L^{-1}$，$Ag_2CO_3$ 的溶解度为 $1.3 \times 10^{-4} mol \cdot L^{-1}$。在 Ag_2CO_3 饱和溶液中，Ag^+ 离子浓度为 $2.6 \times 10^{-4} \; mol \cdot L^{-1}$，$CO_3^{2-}$ 离子浓度为

$1.3×10^{-4}$ mol·L^{-1}。

上例计算结果表明：对于基本不水解的 AB 型难溶电解质（如 AgCl、AgBr 中阴阳离子的个数比为 1：1，称为 AB 型），其溶解度 s 在数值上等于其溶度积的平方根。即

$$s = \sqrt{K_{sp}^{\ominus}}$$

对于 A_2B 和 AB_2 型难溶电解质（如 Ag_2CrO_4 和 $Mg(OH)_2$ 等），其溶度积和溶解度的关系为

$$s = \sqrt[3]{\frac{K_{sp}^{\ominus}}{4}}$$

以 AgCl、AgBr、Ag_2CrO_4 和 $Mn(OH)_2$ 为例说明其溶度积（$K_{sp}^{\ominus}$）与溶解度（s）的关系。表 5-1 列出了上述难溶电解质的溶度积与溶解度（298℃）。

表 5-1　几种难溶电解质的溶度积与溶解度（298℃）

难溶电解质类型	难溶电解质	溶解度 s/mol·L^{-1}	$K_{sp}^{\ominus}$
AB	AgCl	$1.3×10^{-5}$	$1.8×10^{-10}$
	AgBr	$7.1×10^{-7}$	$5.0×10^{-13}$
A_2B	Ag_2CrO_4	$6.5×10^{-5}$	$1.1×10^{-12}$
AB_2	$Mn(OH)_2$	$3.6×10^{-5}$	$1.9×10^{-13}$

从表 5-1 中数据可看出，相同类型的电解质，溶度积大的溶解度也大，通过溶度积数据可直接比较溶解度的大小。不同类型的电解质如 AgCl 与 Ag_2CrO_4，前者溶度积大，溶解度反而小，不能通过溶度积的数据直接比较它们溶解度的大小。

必须指出，上述溶解度与溶度积之间的换算关系，在下列情况下不适用。

（1）不适用于严重水解的难溶物。如 PbS 溶于水时，溶解的部分虽然完全离解，但由于 Pb^{2+} 和 S^{2-}，特别是 S^{2-} 会发生严重水解，致使 S^{2-} 的浓度大大低于其溶解度。

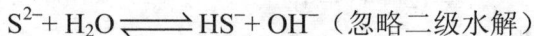

$$S^{2-} + H_2O \rightleftharpoons HS^- + OH^- \text{（忽略二级水解）}$$

（2）不适用于难溶的弱电解质和在溶液中易形成离子对的某些难溶电解质。难溶电解质并非都是强电解质，某些难溶弱电解质（如 MA）在溶液中部分以离子对的形式存在，故有下列平衡关系：

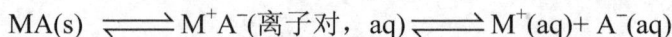

$$MA(s) \rightleftharpoons M^+A^-\text{（离子对，aq）} \rightleftharpoons M^+(aq) + A^-(aq)$$

在该饱和溶液中，存在离子对（M^+A^-）。例如，实验测得在 $CaSO_4$ 饱和溶液中有 40% 以上以离子对（$Ca^{2+}SO_4^{2-}$）的形式存在，显然 $CaSO_4$ 的溶解度并不等于溶液中 Ca^{2+} 或 SO_4^{2-} 离子的浓度。

第二节　溶度积规则及其应用

一、溶度积规则

将平衡移动原理应用到难溶电解质的多相离子平衡体系，可以判断难溶电解质沉淀的生成和溶解。

对于任一难溶电解质的多相离子平衡：

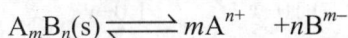

$$A_mB_n(s) \rightleftharpoons mA^{n+} + nB^{m-}$$

如果引入化学平衡中的反应熵（Q），并考虑固体物质的浓度为一常数，则反应熵（又称离子积）为

$$Q = \{c(A^{n+})/c^{\ominus}\}^m \cdot \{c(B^{m-})/c^{\ominus}\}^n$$

与 $K_{sp}^{\ominus}$ 的处理类似，$c^{\ominus}$ 在表达式中不列出，上式可简写为

$$Q = c^m(A^{n+}) \cdot c^n(B^{m-})$$

在任一难溶电解质的溶液中，将离子积（Q）与溶度积（$K_{sp}^{\ominus}$）作比较，应用平衡移动原理，可知：

（1）$Q > K_{sp}^{\ominus}$ 时，为过饱和溶液，有沉淀析出，直到溶液饱和状态。

（2）$Q < K_{sp}^{\ominus}$ 时，为不饱和溶液，无沉淀析出，难溶电解质将继续溶解，直到溶液饱和为止。

（3）$Q = K_{sp}^{\ominus}$ 时，为饱和溶液，溶液达到沉淀—溶解动态平衡。

上述规则称为溶度积规则，是难溶电解质多相离子平衡的移动规律。据此可判断体系在发生变化过程中是否有沉淀生成或沉淀溶解，也可通过控制离子浓度，使沉淀产生或溶解。

二、沉淀的生成和溶解

1. 沉淀的生成条件

根据溶度积规则，在难溶电解质中，如果离子积（Q）大于该难溶电解质的溶度积（$K_{sp}^{\ominus}$），就会有该物质的沉淀生成，这是产生沉淀的唯一条件。

【例 5-3】　在 $0.10\ \text{mol} \cdot \text{L}^{-1}$ 的 $FeCl_3$ 溶液中，加入等体积的含有 $0.20\ \text{mol} \cdot \text{L}^{-1}$ 的 $NH_3 \cdot H_2O$ 和 $2.0\ \text{mol} \cdot \text{L}^{-1}$ 的 NH_4Cl 的混合溶液，问能否产生 $Fe(OH)_3$ 沉淀？

解：在混合溶液中，各物质的浓度为

$$c(\text{Fe}^{3+})=c(\text{FeCl}_3)=\frac{1}{2}\times0.10=5.0\times10^{-2}\ (\text{mol}\cdot\text{L}^{-1})$$

$$c(\text{NH}_4\text{Cl})=\frac{1}{2}\times2.0=1.0\ (\text{mol}\cdot\text{L}^{-1})$$

$$c(\text{NH}_3\cdot\text{H}_2\text{O})=\frac{1}{2}\times0.20=0.10\ \ (\text{mol}\cdot\text{L}^{-1})$$

设 $c(\text{OH}^-)$ 为 x mol·L^{-1}

$$\text{NH}_3\cdot\text{H}_2\text{O}\rightleftharpoons\text{NH}_4^++\text{OH}^-$$

平衡浓度/mol·L^{-1} $0.10-x$ $1.0+x$ x

电离平衡常数 $K_b^{\ominus}=\dfrac{c(\text{NH}_4^+)\times c(\text{OH}^-)}{c(\text{NH}_3\cdot\text{H}_2\text{O})}=\dfrac{x(1.0+x)}{0.10-x}$

因为电离部分的浓度 x 甚小，所以 $0.10-c(\text{OH}^-)\approx0.10$，$1.0+x\approx1.0$，故

$$K_b^{\ominus}=\frac{x(1.0+x)}{0.10-x}=\frac{x}{0.10}=1.8\times10^{-5}$$

$$x=c(\text{OH}^-)=1.8\times10^{-6}\ \text{mol}\cdot\text{L}^{-1}$$

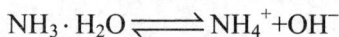

$$Q=c(\text{Fe}^{3+})\cdot c^3(\text{OH}^-)=5.0\times10^{-2}\times(1.8\times10^{-6})^3=9.0\times10^{-20}>K_{sp}^{\ominus}[\text{Fe(OH)}_3]$$

所以有 Fe(OH)_3 沉淀生成。

2．沉淀的完全程度

用沉淀反应制备产品或分离杂质时，关键问题是沉淀完全与否。由于溶液中总是存在沉淀—溶解平衡，一定温度下 $K_{sp}^{\ominus}$ 为常数，故溶液中没有一种离子的浓度会等于零。换言之，没有一种沉淀反应是绝对完全的。通常认为残留在溶液中的离子浓度小于 1.0×10^{-5} mol·L^{-1} 时，该离子已被沉淀完全。

3．同离子效应

当沉淀反应达到平衡后，如果向溶液中加入含有相同离子的易溶强电解质，则沉淀的溶解度降低的效应，叫作同离子效应。

例如，25℃时，在 200 mL BaSO_4 溶液中，其溶解度 s 和溶解的质量 m 分别为

$$s=c(\text{Ba}^{2+})=c(\text{SO}_4^{2-})=\sqrt{K_{sp}^{\ominus}(\text{BaSO}_4)}$$

$$=\sqrt{1.1\times10^{-10}}=1.0\times10^{-5}\ (\text{mol}\cdot\text{L}^{-1})$$

$$m = 1.0 \times 10^{-5} \times 233 \times \frac{200}{1\,000} = 4.7 \times 10^{-4} \text{ (g)} = 0.47 \text{ (mg)}$$

如果使溶液中的 $c(\text{Ba}^{2+}) = 0.010 \text{ mol} \cdot \text{L}^{-1}$，同样条件下，$\text{BaSO}_4$ 的溶解度 s 和溶解的质量 m 为

$$s = c(\text{SO}_4^{2-}) = \frac{K_{sp}^{\ominus}(\text{BaSO}_4)}{c(\text{Ba}^{2+})} = \frac{1.1 \times 10^{-10}}{0.010} = 1.1 \times 10^{-8} \text{ (mol} \cdot \text{L}^{-1})$$

$$m = 1.1 \times 10^{-8} \times 233 \times \frac{200}{1\,000} = 0.00\,051 \text{ (mg)}$$

此时，BaSO_4 的溶解度减小到原来的 1‰。

沉淀—溶解平衡中，同离子效应有许多重要的实际应用。

（1）在重量分析中，加入适当过量的沉淀剂可使离子沉淀完全。但是，由于溶度积常数所示的离子浓度之间的相互制约关系，不论加入多大浓度的沉淀剂，溶液中仍有溶解的沉淀离子。通常，当溶液中含沉淀离子浓度小于 $1.0 \times 10^{-5} \text{ mol} \cdot \text{L}^{-1}$ 时，可认为沉淀完全。沉淀剂过量多少，应根据沉淀剂的性质决定。一般情况下，如果烘干或灼烧能挥发除去沉淀剂，沉淀剂过量 50%～100% 较合适，如果沉淀剂不易除去，只宜过量 20%～30%。加入沉淀剂浓度太大，有时还可能引起副反应（酸效应、配位效应）或盐效应，使沉淀的溶解度增大。

（2）定量分离沉淀时，选择洗涤剂。例如，制得 0.1 g BaSO_4 沉淀，如用 100 mL 纯水洗涤杂质时，将损失 2.66×10^{-4} g BaSO_4，损耗率达 0.3%。如果改用 0.01 mol·L^{-1} H_2SO_4 溶液洗涤沉淀，仅损失 2.5×10^{-7} g。这样微小的质量，用一般的分析天平称量不出来，所以溶解损失可忽略不计。

4．盐效应

在难溶电解质的饱和溶液中，加入不含相同离子的强电解质，使难溶电解质的溶解度增大，这种现象称为盐效应。盐效应的产生，是由于溶液中离子强度增大，而使有效浓度（活度）减小所造成的。

例如，在 PbSO_4 饱和溶液中加入 Na_2SO_4，同时存在同离子效应和盐效应，哪种效应占优势，取决于 Na_2SO_4 的浓度。实验证明，PbSO_4 在纯水中的溶解度为 45 mg·L^{-1}，加入 Na_2SO_4 后，由于同离子效应，PbSO_4 的溶解度降低，但加入的 Na_2SO_4 浓度大于 0.04 mol·L^{-1} 时，PbSO_4 的溶解度反而逐步增大，盐效应超过同离子效应。表 5-2 为 PbSO_4 的溶解度随 Na_2SO_4 浓度变化的情况。

表 5-2　PbSO_4 在 Na_2SO_4 溶液中的溶解度

Na_2SO_4 浓度/mol·L^{-1}	0	0.001	0.01	0.02	0.04	0.100	0.200
PbSO_4 溶解度/mg·L^{-1}	45	7.3	4.9	4.2	3.9	4.9	7.0

因此，利用同离子效应降低溶解度，应考虑到盐效应的影响，沉淀剂不能过量太多，否则使沉淀溶解度增大。如果沉淀本身溶解度很小，盐效应的影响很小，可不予考虑。

同离子效应与盐效应的效果相反，但前者比后者大得多。产生同离子效应的同时也会产生盐效应，如果没有特别指出要考虑盐效应，计算时可以忽略盐效应的影响。

5．分步沉淀

前面讨论的沉淀反应，都是针对一种离子，用某种沉淀剂使该种离子从溶液中沉淀析出。实际工作中，溶液中往往同时含有几种离子。加入某种沉淀剂时，沉淀剂与溶液中的几种离子都可能发生沉淀反应。沉淀反应是同时进行，还是按照一定的次序先后进行，可根据溶度积规则计算来确定。

【例5-4】 在 $c(Cl^-) = c(CrO_4^{2-}) = 1.0 \times 10^{-2}$ mol·L^{-1} 的溶液中，试计算析出 $AgCl$、Ag_2CrO_4 沉淀所需 Ag^+ 的最低浓度。

解： 析出 $AgCl$ 需要 Ag^+ 的最低浓度：

$$c_1(Ag^+)_{min} = \frac{K_{sp}^{\ominus}(AgCl)}{c(Cl^-)} = \frac{1.8 \times 10^{-10}}{c(Cl^-)}$$

$$= \left(\frac{1.8 \times 10^{-10}}{1.0 \times 10^{-2}}\right) mol \cdot L^{-1} = 1.8 \times 10^{-8} mol \cdot L^{-1}$$

析出 Ag_2CrO_4 需要 Ag^+ 的最低浓度：

$$c_2(Ag^+)_{min} = \sqrt{\frac{K_{sp}^{\ominus}(Ag_2CrO_4)}{c(CrO_4^{2-})}} = \sqrt{\frac{1.1 \times 10^{-12}}{c(CrO_4^{2-})}}$$

$$= \sqrt{\frac{1.1 \times 10^{-12}}{1.0 \times 10^{-2}}} = 1.1 \times 10^{-5} \ mol \cdot L^{-1}$$

答： 析出 $AgCl$、Ag_2CrO_4 沉淀所需 Ag^+ 的最低浓度分别为 1.8×10^{-8} mol·L^{-1} 和 1.1×10^{-5} mol·L^{-1}。

由上例计算可知 $c_1(Ag^+) \ll c_2(Ag^+)$，当滴加 $AgNO_3$ 溶液时，$AgCl$ 首先沉淀出来。随着 $AgCl$ 沉淀的增加，溶液中 Cl^- 浓度不断减小，若要继续沉淀，必须增加 Ag^+ 浓度，当达到 Ag_2CrO_4 开始沉淀所需的 Ag^+ 浓度时，$AgCl$ 和 Ag_2CrO_4 将同时沉淀。在 $AgCl$ 与 Ag_2CrO_4 同时沉淀的一瞬间，溶液中 Ag^+ 浓度必然同时满足下列两个式子：

$$c(Ag^+) = \frac{K_{sp}^{\ominus}(AgCl)}{c(Cl^-)} = \sqrt{\frac{K_{sp}^{\ominus}(Ag_2CrO_4)}{c(CrO_4^{2-})}}$$

或：$\dfrac{c^2(\mathrm{Cl}^-)}{c(\mathrm{CrO}_4^{2-})} = \dfrac{(K_{\mathrm{sp}}^{\ominus})^2(\mathrm{AgCl})}{K_{\mathrm{sp}}^{\ominus}(\mathrm{Ag_2CrO_4})} = \dfrac{(1.8\times10^{-10})^2}{1.1\times10^{-12}} = 2.7\times10^{-8}$

由于两种离子的起始浓度均为 $1.0\times10^{-2}\ \mathrm{mol\cdot L^{-1}}$，加入 $\mathrm{Ag^+}$ 时，在 $\mathrm{Ag_2CrO_4}$ 开始沉淀析出的瞬间 $c(\mathrm{Cl}^-)$ 为

$$c(\mathrm{Cl}^-) = \sqrt{2.7\times10^{-8}\times c(\mathrm{CrO}_4^{2-})}$$

$$= (\sqrt{2.7\times10^{-8}\times1.0\times10^{-2}})\ \mathrm{mol\cdot L^{-1}} = 1.6\times10^{-5}\ \mathrm{mol\cdot L^{-1}}$$

结论：如果溶液中同时存在的多种离子，都能与所加入的沉淀剂发生沉淀反应，生成难溶电解质，那么离子积（Q）超过溶度积（$K_{\mathrm{sp}}^{\ominus}$）的难溶电解质先沉淀析出，即生成沉淀所需沉淀剂离子浓度最小者先沉淀。如果各离子沉淀所需沉淀剂离子的浓度相差较大，借助分步沉淀能达到分离的目的。

应用分步沉淀，通过控制溶液的 pH 来分离各种金属氢氧化物。由于各种难溶金属氢氧化物的溶度积不同，产生沉淀时的 pH 也不同。在 $\mathrm{M(OH)}_n$ 型难溶氢氧化物的多相离子平衡中：

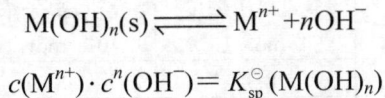

$$\mathrm{M(OH)}_n(\mathrm{s}) \rightleftharpoons \mathrm{M}^{n+} + n\mathrm{OH}^-$$

$$c(\mathrm{M}^{n+})\cdot c^n(\mathrm{OH}^-) = K_{\mathrm{sp}}^{\ominus}(\mathrm{M(OH)}_n)$$

$$c^n(\mathrm{OH}^-) = \dfrac{K_{\mathrm{sp}}^{\ominus}(M(\mathrm{OH})_n)}{c(\mathrm{M}^{n+})}$$

若溶液中金属离子的浓度 $c(\mathrm{M}^{n+}) = 1\ \mathrm{mol\cdot L^{-1}}$，则氢氧化物开始沉淀时 OH^- 的最低浓度为

$$C(\mathrm{OH}^-) > \sqrt[n]{K_{\mathrm{sp}}^{\ominus}(\mathrm{M(OH)}_n)}\ \mathrm{mol\cdot L^{-1}}$$

M^{n+} 沉淀完全（溶液中 $c(\mathrm{M}^{n+}) \leqslant 1.0\times10^{-5}\ \mathrm{mol\cdot L^{-1}}$）时，$\mathrm{OH}^-$ 的最低浓度为

$$c'(\mathrm{OH}^-) \geqslant \sqrt[n]{\dfrac{K_{\mathrm{sp}}^{\ominus}(\mathrm{M(OH)}_n)}{10^{-5}}}\ \mathrm{mol\cdot L^{-1}}$$

同理，各种不同溶度积的难溶性弱酸盐（如硫化物）开始沉淀和沉淀反应完全的 pH 也不同。因此难溶金属氢氧化物（或硫化物）从溶液中开始沉淀和沉淀完全的 $c(\mathrm{OH}^-)$ 或 pH 取决于其溶度积的大小。调节溶液的 pH 可使溶液中某些金属离子沉淀为氢氧化物（或硫化物），另一些金属离子仍留于溶液中，达到分离、提纯的

目的。

例如，对含有杂质 Fe^{3+} 的 $ZnSO_4$ 溶液，若单纯考虑除去 Fe^{3+}，pH 越高，Fe^{3+} 越易沉淀完全。实际上 pH 不能大于 5.70，否则 Zn^{2+} 沉淀为 $Zn(OH)_2$，见表 5-3。在化学试剂 $ZnSO_4$ 的制备中，为提纯含有杂质 Fe^{3+} 的 $ZnSO_4$ 溶液，调节 pH 在 3.00～4.00，$ZnSO_4$ 溶液中 Fe^{3+} 浓度可降至 1.0×10^{-6}～1.0×10^{-9} mol·L^{-1}。溶液中 Fe^{3+} 和 OH^- 浓度之间存在着如下关系：

$$c(Fe^{3+})\cdot c^3(OH^-)= K_{sp}^{\ominus}\ (Fe(OH)_3)=2.79\times10^{-39}$$

当 pH＝3.00 时，pOH＝14.00 – pH＝14.00 – 3.00＝11.00。

$-\lg c(OH^-)=11.00$，$c(OH^-)=1.0\times10^{-11}$ mol·L^{-1}

$$c(Fe^{3+})=\frac{K_{sp}^{\ominus}(Fe(OH)_3}{\{c(OH^-)\}^3}=\frac{2.79\times10^{-39}}{(1.0\times10^{-11})^3}=2.79\times10^{-6}\ (mol\cdot L^{-1})$$

当 pH＝4.00 时，用同样方法求得 $c(Fe^{3+})=2.79\times10^{-9}$ mol·L^{-1}。

从表 5-3 可看出，当 pH＝3.00～4.00 时，不能使 Fe^{2+} 沉淀为 $Fe(OH)_2$。若 $ZnSO_4$ 溶液中除 Fe^{3+} 外还存在 Fe^{2+} 时，在除铁前要把 Fe^{2+} 氧化为 Fe^{3+}（如加入 H_2O_2）。

表 5-3　金属氢氧化物沉淀的 pH

金属氢氧化物		开始沉淀时的 pH		沉淀完全时的 pH
分子式	$K_{sp}^{\ominus}$	金属离子浓度 1 mol·L^{-1}	金属离子浓度 0.1 mol·L^{-1}	金属离子浓度 $\leq10^{-5}$ mol·L^{-1}
$Mg(OH)_2$	1.9×10^{-13}	8.37	8.87	10.87
$Co(OH)_2$	5.92×10^{-15}	6.89	7.38	9.38
$Cd(OH)_2$	7.2×10^{-15}	6.9	7.4	9.4
$Zn(OH)_2$	3×10^{-17}	5.7	6.2	8.24
$Fe(OH)_2$	4.87×10^{-17}	5.8	6.34	8.34
$Pb(OH)_2$	1.43×10^{-15}	4.08	4.58	6.66
$Be(OH)_2$	6.92×10^{-22}	3.42	3.92	5.92
$Sn(OH)_2$	5.45×10^{-28}	0.87	1.37	3.37
$Fe(OH)_3$	2.79×10^{-39}	1.15	1.48	2.81

6. 沉淀的溶解

根据溶度积规则可知，沉淀溶解的必要条件是离子积小于溶度积，即 $Q< K_{sp}^{\ominus}$。因此，创造条件，降低溶液中的离子浓度可使沉淀溶解。常用以下方法：

（1）酸碱溶解法。利用酸、碱或某些盐类（如 NH_4^+ 盐）与难溶电解质组分离子结合成弱电解质（弱酸、弱碱或 H_2O），溶解某些弱碱盐、弱酸盐、酸性或碱性氧化物和氢氧化物等难溶电解质的方法，称为酸碱溶解法。

① 生成弱酸。难溶弱酸盐，如碳酸盐、醋酸盐、硫化物，与强酸作用生成相应的弱酸而溶解。例如 $CaCO_3$ 溶于盐酸：

$$CaCO_3(s) \rightleftharpoons Ca^{2+} + CO_3^{2-}$$
$$+$$
$$2HCl \longrightarrow 2Cl^- + 2H^+$$
$$\Updownarrow$$
$$H_2CO_3 \longrightarrow CO_2\uparrow + H_2O$$

即：$CaCO_3(s) + 2H^+ \longrightarrow CO_2\uparrow + H_2O + Ca^{2+}$

② 生成弱碱。$Mg(OH)_2$ 能溶于铵盐是由于生成了难离解的弱碱，降低了 OH^- 的浓度，使平衡向右移动：

$$Mg(OH)_2(s) \rightleftharpoons Mg^{2+} + 2OH^-$$
$$+$$
$$2NH_4Cl \longrightarrow 2Cl^- + 2\,NH_4^+$$
$$\Updownarrow$$
$$2NH_3 \cdot H_2O$$

即：　　$Mg(OH)_2(s) + 2NH_4Cl \longrightarrow MgCl_2 + 2NH_3 \cdot H_2O$

③ 生成水。一些难溶金属氢氧化物和酸反应生成水而溶解。例如，$Mg(OH)_2$ 溶于盐酸：

$$Mg(OH)_2(s) \rightleftharpoons Mg^{2+} + 2OH^-$$
$$+$$
$$2HCl \longrightarrow 2Cl^- + 2H^+$$
$$\Updownarrow$$
$$2H_2O$$

即：$Mg(OH)_2(s) + 2HCl \longrightarrow MgCl_2 + 2H_2O$

（2）氧化还原溶解法。通过氧化还原反应改变难溶电解质组分离子的氧化数，以降低难溶电解质组分离子的浓度，使其溶解。例如向 CuS 沉淀中加入稀 HNO_3，将 S^{2-} 氧化为单质 S，降低了 S^{2-} 的浓度，使其离子积 $Q < K_{sp}^{\ominus}(CuS)$，CuS 沉淀被溶解。

例：$CuS \rightleftharpoons Cu^{2+} + S^{2-}$
　　　　　　　$\llcorner +HNO_3$
　　　　　　　　　$\longrightarrow S\downarrow + NO\uparrow + H_2O$

（3）配位溶解法。加入适当的配位剂，使难溶电解质的组分离子形成稳定的配合物，降低难溶电解质组分离子的浓度，使难溶电解质溶解。例如 AgCl 沉淀可溶于氨水，其反应如下：

$AgCl(s) \rightleftharpoons Ag^+ + Cl^-$
　　　　　$\llcorner +NH_3 \cdot H_2O$
　　　　　　　$\longrightarrow [Ag(NH_3)_2]^+$

结果使 Ag^+ 转化为 $[Ag(NH_3)_2]^+$ ，Ag^+ 浓度减少，其离子积 $Q < K_{sp}^{\ominus}(AgCl)$ ，AgCl 沉淀被溶解。

（4）转化为另一种沉淀而溶解。借助某一试剂的作用，把一种难溶电解质转化为另一种难溶电解质的过程，称为沉淀的转化。例如在 $CaSO_4$ 沉淀中加入 Na_2CO_3 ，使其转化为 $CaCO_3$ 沉淀，可被酸溶解。

例：$Na_2CO_3 \longrightarrow 2Na^+ + CO_3^{2-}$

① $CaSO_4(s) \rightleftharpoons Ca^{2+} + SO_4^{2-}$； $K_1^{\ominus} = K_{sp}^{\ominus}(CaSO_4)$

② $Ca^{2+} + CO_3^{2-} \rightleftharpoons CaCO_3$； $K_2^{\ominus} = 1/K_{sp}^{\ominus}(CaCO_3)$

①+②：$CaSO_4 + CO_3^{2-} \rightleftharpoons CaCO_3 + SO_4^{2-}$

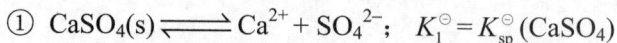

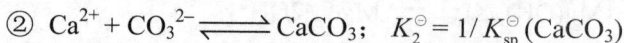

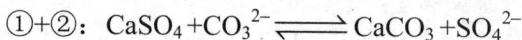

$$K^{\ominus} = \frac{c(SO_4^{2-})}{c(CO_3^{2-})} = K_1^{\ominus} \times K_2^{\ominus} = \frac{K_{sp}^{\ominus}(CaSO_4)}{K_{sp}^{\ominus}(CaCO_3)} = \frac{9.1 \times 10^{-6}}{2.8 \times 10^{-9}} = 3.3 \times 10^3$$

上式表明，同类型的难溶电解质，沉淀转化的方向是：溶度积较大的难溶电解质容易转化为溶度积较小的难溶电解质；沉淀转化的程度取决于两种难溶电解质溶度积的相对大小。两种沉淀物的溶度积相差越大，沉淀转化越完全。

第三节 沉淀的形成过程

为获得纯净且易于分离和洗涤的沉淀，必须了解沉淀的形成过程，选择适宜的沉淀条件。

一、沉淀的形成过程

根据沉淀的物理性质，粗略地将沉淀分为晶形沉淀和无定形沉淀。无定形沉淀又称为非晶形沉淀或胶状沉淀。$BaSO_4$ 是典型的晶形沉淀；$Fe_2O_3 \cdot xH_2O$ 是典型的无定形沉淀；AgCl 是一种凝胶状沉淀，按其性质来说，介于晶形沉淀的无定形沉淀之间。从沉淀的颗粒大小来看，晶形沉淀颗粒最大，其直径 $0.1 \sim 1$ μm；无定形沉淀颗粒很小，直径一般小于 0.02 μm；凝胶状沉淀颗粒大小，介于两者之间。从整个沉淀外形来看，晶形沉淀由较大的沉淀颗粒组成，内部排列较规则，结构紧密，整个沉淀所占的体积比较小，极易沉于容器的底部。无定形沉淀由许多疏松聚集在一起的微小沉淀颗粒组成，沉淀颗粒的排列杂乱无章，包含大量数目不定的水分子，是疏松的絮状沉淀，整个沉淀体积庞大，不像晶形沉淀能较好地沉降在容器的底部。

沉淀的形成经过晶核形成和晶核长大两个过程。将沉淀剂加入试液中，当离子积超过该沉淀的溶度积时，离子之间通过相互碰撞聚集成微小的晶核。晶核形成后，溶液中构晶离子向晶核表面聚集，沉积在晶核上，晶核逐渐长大成沉淀微粒。由离子聚集成晶核，晶核长大生成沉淀微粒的速度称为聚集速度。在聚集的同时，构晶离子在一定晶格中定向排列的速度称为定向速度。沉淀是晶形或非晶形，主要由聚集速度和定向速度的相对大小决定。如果聚集速度大，定向速度小，离子很快聚拢生成沉淀，来不及进行晶格排列，得到非晶形沉淀；反之，如果定向速度大，聚集速度小，离子缓慢地聚集成沉淀，有足够的时间进行晶格排列，则得到晶形沉淀。

二、沉淀条件的选择

1. 获得晶形沉淀的条件

聚集速度和定向速度的相对大小直接影响沉淀的类型，其中聚集速度主要由沉淀条件决定。为了得到纯净且易于分离和洗涤的晶形沉淀，应注意：

（1）沉淀反应在适当的稀溶液中进行，以减小相对过饱和度。

（2）不断搅拌，缓慢滴加稀沉淀剂，以免局部相对过饱和度太大。

（3）沉淀反应在热溶液中进行，一方面使沉淀溶解度值略有增加，相对过饱和度降低，以便获得大的晶粒；另一方面，温度升高可减少沉淀对杂质的吸附量，有利于得到纯净的沉淀。应注意，对于溶解度较大的沉淀，在热溶液中析出后，宜冷却至室温再过滤、洗涤，以免造成溶解损失。

（4）沉淀须经陈化。陈化是指沉淀完成后，让初生的沉淀与母液一起放置一段时间，使小晶粒逐渐溶解，大晶粒逐渐长大，有利于获得粗大的晶粒。陈化作用还能使沉淀变得更纯净，因为大晶体的比表面积较小，吸附的杂质量少，而小晶体在溶解的过程中，所含杂质重新进入溶液，提高了沉淀的纯度。

2. 获得非晶形沉淀的条件

非晶形沉淀大都溶解度非常小，无法控制其过饱和度，以致生成表面积大、体积大、吸附大量杂质和水分的微小胶粒，难于过滤和洗涤。对这类沉淀，主要考虑创造条件，获得紧密结构的沉淀，减少杂质吸附，便于过滤和洗涤。常选用下列条件：

（1）沉淀在较浓的溶液中进行，在不断搅拌下很快加入沉淀剂，使生成的沉淀含水较少，沉淀较紧密，便于过滤和洗涤。但由于溶液较浓，沉淀吸附杂质多，因此沉淀反应完后需加入热水稀释搅拌，减少沉淀表面吸附的杂质。

（2）沉淀在热溶液中进行，有利于得到含水量少，结构紧密的沉淀，防止胶体的生成，减少沉淀表面对杂质的吸附。

（3）沉淀时加入大量的强电解质，并用强电解质的稀溶液洗涤沉淀，使带电荷的胶体粒子相互凝聚，沉降。电解质通常用灼烧时易挥发的铵盐或稀的强酸溶液。

（4）沉淀完全后趁热过滤，不必陈化。否则，无定形沉淀放置后，将逐渐失去水分而聚集得更为紧密，使已吸附的杂质难以洗去。

三、均相沉淀法

沉淀反应时，尽管沉淀剂在搅拌下缓慢加入，但其在溶液中仍然会出现局部过浓现象，采取均相沉淀法进行消除。即在溶液中，通过缓慢的化学反应，逐步、均匀地产生沉淀剂，使沉淀在整个溶液中均匀、缓慢地形成，使生成的沉淀颗粒较大。例如，在含有 Ba^{2+} 的试液中加入硫酸甲脂，利用脂水解产生的 SO_4^{2-}，均匀缓慢地生成 $BaSO_4$ 沉淀。

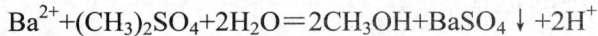

$$Ba^{2+}+(CH_3)_2SO_4+2H_2O=2CH_3OH+BaSO_4\downarrow+2H^+$$

均相沉淀法除了利用有机化合物的水解反应外，还可利用中和反应、配合物分解、氧化还原反应或缓慢合成所需沉淀剂的方法进行沉淀。但均相沉淀法对避免生成混晶及后沉淀的效果不大。

第四节　影响沉淀纯度的因素

重量分析中要求得到纯净的沉淀，但沉淀从溶液中析出时，或多或少地夹杂着溶液中的其他组分，使沉淀被玷污。因此，必须了解影响沉淀纯度的因素，找出减少杂质混入的方法。

一、共沉淀

当一种沉淀从溶液中析出时，溶液中的某些其他组分，在该条件下本来是可溶的，但却被混杂在沉淀中沉淀下来，这种现象称为共沉淀现象。例如将 Na_2SO_4 溶液加入 $BaCl_2$ 溶液中，生成的 $BaSO_4$ 沉淀中含有少量的 Na_2SO_4 和 $BaCl_2$，从溶解度的角度看，不应沉淀，但由于共沉淀现象而被带入沉淀中。共沉淀现象分为以下三类：

1. 表面吸附

处在沉淀晶体内部的构晶离子，上、下、左、右、前、后分别同 6 个带相反电荷的构晶离子相连接，各个方向所受的吸引力均衡。但沉淀表面的构晶离子最多只同 5 个带相反电荷的构晶离子相连接，受到的吸引力不均衡，因此表面上的离子有吸附溶液中带相反电荷离子的能力，晶体表面的静电引力是沉淀发生吸附现象的根本原因。从 $BaSO_4$ 晶体表面吸附示意图（图 5-1）来看，将 H_2SO_4 溶液与过量 $BaCl_2$ 溶液混合时，$BaCl_2$ 有剩余，$BaSO_4$ 晶体表面首先吸附溶液中过剩的 Ba^{2+}，形成第一吸附层，第一吸附层又吸附抗衡离子 Cl^- 形成第二吸附层（扩散层），二者共同组成包围沉淀颗粒表面的双电层，处于双电层中的正、负离子总数相等，并随着沉淀一起下沉，使沉淀被污染。

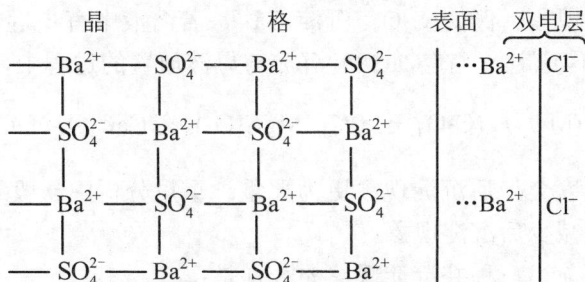

图 5-1　$BaSO_4$ 晶体表面吸附

沉淀表面吸附杂质的量还与下列因素有关：

（1）与沉淀的总表面积有关。同质量的沉淀，沉淀颗粒越小则比表面积越大，吸附杂质越多。晶形沉淀颗粒比较大，表面吸附现象不严重；而非晶形沉淀颗粒小，表面吸附严重。

（2）与溶液中杂质的浓度有关。杂质浓度越大，被沉淀吸附的量越多。

（3）与溶液的温度有关。因吸附作用是放热过程，溶液温度升高，可减少杂质的吸附。

表面吸附是胶体沉淀被污染的主要原因。其发生在沉淀表面，所以洗涤沉淀是减少吸附杂质的有效方法。

总体吸附规律：构晶离子先被吸附，然后是能与构晶离子形成溶解度小的物质的离子被吸附；离子价数越高越易被吸附；沉淀的表面积越大，吸附杂质越多，浓度越大越易被吸附；温度越高，吸附量越少。

2. 生成混晶

当杂质离子半径与构晶离子半径相似，并能形成相似的晶体结构时，杂质离子可进入晶体内部，形成混晶，使晶体受污染。如 Pb^{2+}、Ba^{2+} 具有相同的电荷，半径大小相似，Pb^{2+} 能取代 Ba^{2+} 进入 $BaSO_4$ 晶体形成混晶，使沉淀严重不纯。由于杂质离子进入沉淀晶体内部，不能用洗涤的方法除去，甚至陈化、再沉淀等方法都没有好的去除效果。在重量分析中一般采用预先分离杂质来减少或消除混晶。

3. 吸留和包夹

沉淀过程中，沉淀生成太快，表面吸附的杂质离子来不及离开沉淀表面就被沉积下来的构晶离子覆盖，被包在沉淀晶体里，这种现象称为吸留。有时，母液也可能被包夹在沉淀中。故在进行沉淀操作时，沉淀剂的浓度不宜太大，加入速度也不宜过快。吸留和包夹在沉淀内部的杂质可通过陈化或重结晶的方法减少。

二、后沉淀现象

一种沉淀析出后，另一种本来难于沉淀的组分，在该沉淀表面上继续析出沉淀的现象称为后沉淀现象。例如 $C_2O_4^{2-}$ 沉淀 Ca^{2+}，若溶液中有少量 Mg^{2+}，当 CaC_2O_4 沉淀时，MgC_2O_4 不沉淀。但在 CaC_2O_4 沉淀与母液放置的过程中，CaC_2O_4 沉淀表面吸附 $C_2O_4^{2-}$，使得 $c(Mg^{2+})·c(C_2O_4^{2-}) > K_{sp}^{\ominus}(MgC_2O_4)$，在 CaC_2O_4 沉淀表面上有 MgC_2O_4 沉淀析出。升高温度会使后沉淀现象更为严重。重量分析中一般缩短沉淀与母液共置的时间，避免或减少后沉淀现象。

后沉淀现象与前述三种共沉淀现象的区别是：

（1）后沉淀引入杂质的量，随沉淀在试液中放置时间的增长而增多，而共沉淀引入杂质的量受放置时间影响较小。

（2）无论杂质在沉淀之前存在，还是沉淀后加入，后沉淀引入杂质的量基本上一致。

（3）温度升高，有时后沉淀现象更严重。

（4）后沉淀引入杂质的量，有时比共沉淀严重，可能与被测组分的量差不多。

第五节　重量分析法及沉淀滴定法

一、重量分析法

1. 重量分析法的分类及特点

重量分析，一般是将被测组分与试样中的其他组分分离，转化为一定的称量形式，用称重方法测定该组分的含量。根据待测组分与其他组分分离方法的不同，重量分析法一般分为沉淀法、气化法、电解法。

（1）沉淀法。重量分析法中的沉淀法是以沉淀反应为基础，将被测组分转变为微溶化合物的形式沉淀，再将沉淀过滤、洗涤、烘干、灼烧，最后称重，计算其含量。

例如，测定试样中的 Ba^{2+} 含量，可加入过量的稀 H_2SO_4，使 Ba^{2+} 完全生成 $BaSO_4$ 沉淀，经过处理后，可称得 $BaSO_4$ 的质量，计算出试样中 Ba^{2+} 的百分含量。

（2）气化法。通过加热或其他方法使试样中的被测组分挥发逸出，然后根据试样重量的减轻计算该组分的含量；或当该组分逸出时，选择一种吸收剂将它吸收，然后根据吸收剂重量的增加计算该组分的含量。

例如，测定 $BaCl_2·2H_2O$ 的结晶水时，可将试样烘干至恒重，试样减少的重量，即为所含水分的重量。也可用干燥剂吸收加热后产生的水汽，干燥剂增加的重量，即为所含水分的重量。

（3）电解法。电解法是利用电解原理，使金属离子在电极上析出，称重求得其含量。

重量分析法是经典的化学分析法，通过直接称量而得到分析结果，不需从容量器皿中引入数据，也不需基准物质作比较，其准确度较高。但仅用于测定含量大于 1% 的常量组分，其相对误差为 0.1%～0.2%，有时也用于仲裁分析。目前对含量不太低的硅、硫、磷、镍及某些稀有金属元素的精确测定仍使用重量分析法。但重量分析操作较烦琐，耗时长，不能满足生产上快速分析的要求，不适用于生产中控制分析，且对低含量组分的测定误差较大，灵敏度低。在重量分析法中，以沉淀重量法最为重要且应用也较多，本章主要介绍沉淀重量法。

2．重量分析法的主要操作过程

（1）溶解。将试样溶解制成溶液。根据试样的不同性质选择溶剂，对于不溶于水的试样，一般采取酸溶法、碱溶法或熔融法。

（2）沉淀。加入适当的沉淀剂，与待测组分迅速定量反应生成难溶化合物沉淀。如果有干扰杂质，可先加入掩蔽剂或预先进行分离。

（3）过滤和洗涤。沉淀过滤的目的是使沉淀与母液分开。根据沉淀性质的不同，过滤沉淀时常用无灰滤纸或玻璃砂芯坩埚。洗涤沉淀是除去沉淀吸附不挥发的盐类杂质和母液。洗涤时要选择适当的洗液，避免沉淀溶解或形成胶体。

（4）烘干和灼烧。烘干除去沉淀中的水分和挥发性物质，使沉淀组成达到恒定。烘干的温度和时间随着沉淀不同而不同。灼烧除去沉淀中水分和挥发性物质，使之在高温下分解为组成恒定的沉淀，灼烧的温度一般在 800℃ 以上。用滤纸过滤的沉淀，常用瓷坩埚进行烘干和灼烧。若沉淀需加氢氟酸处理，改用铂坩埚。使用玻璃砂芯坩埚过滤的沉淀，应在电烘箱里烘干。

（5）称量。沉淀经过反复烘干或灼烧、冷却称重，直至两次称重的质量相差不大于 0.2 mg 时达到恒重，准确称量沉淀质量即可计算分析结果。

3．重量分析法对沉淀的要求

重量分析法中的沉淀分为沉淀形式和称量形式两种。被测组分与沉淀剂反应后，以沉淀析出，该沉淀的化学形式称为沉淀形式。称量形式是指沉淀经过过滤、烘干或灼烧后的组成形式。沉淀形式与称量形式可能相同，也可能不同。例如：

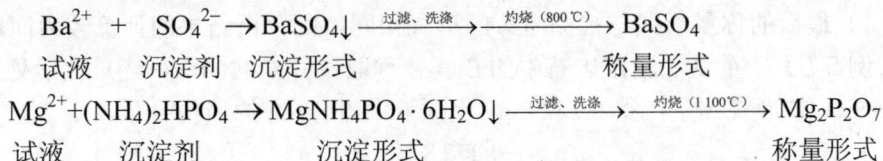

$$Ba^{2+} \ + \ SO_4^{2-} \rightarrow BaSO_4\downarrow \xrightarrow{\text{过滤、洗涤}} \xrightarrow{\text{灼烧（800℃）}} BaSO_4$$

　试液　　沉淀剂　　沉淀形式　　　　　　　　　称量形式

$$Mg^{2+}+(NH_4)_2HPO_4 \rightarrow MgNH_4PO_4\cdot 6H_2O\downarrow \xrightarrow{\text{过滤、洗涤}} \xrightarrow{\text{灼烧（1 100℃）}} Mg_2P_2O_7$$

　试液　　　沉淀剂　　　　　沉淀形式　　　　　　　　　　　　称量形式

为了保证分析结果的准确度，重量分析对沉淀形式和称量形式有以下要求：

（1）沉淀形式。

① 沉淀的溶解度要小，由溶解所引起的系统误差可忽略不计。

② 沉淀要尽量纯净。

③ 沉淀要便于过滤和洗涤。如果是晶形沉淀，希望得到颗粒比较大的沉淀；如

果是非晶形沉淀，希望得到结构比较紧密的沉淀。

④ 沉淀要便于转化为合适的称量形式。

（2）称量形式。

① 称量形式要有固定的化学组成，且与化学式完全相符，否则无法计算分析结果。要满足这一要求，烘干或灼烧必须选择合适的温度条件。例如，CaC_2O_4 沉淀只有在 $500\pm25℃$ 的条件下灼烧，才能全部转化为称量形式 $CaCO_3$，若温度过低或过高，$CaCO_3$ 中会含有 CaC_2O_4 或 CaO，给分析结果带来误差。

② 称量形式的性质要稳定，不受空气中水分、CO_2 和 O_2 的影响。

③ 称量形式应具有较大的摩尔质量，这样由少量被测组分可以获得较大量的称量物质，既可提高分析灵敏度，又可减小称量的相对误差。

例如，重量分析法测定 Al^{3+} 时，通常采用两种方法。一是用氨水作沉淀剂，得到氢氧化铝沉淀，最后灼烧成 Al_2O_3 形式称量；二是以 8-羟基喹啉作沉淀剂，最后以 8-羟基喹啉铝形式称量。若铝的量相同，所得到的 8-羟基喹啉铝的量将是 Al_2O_3 量的 9 倍以上，所以，第二种方法的灵敏度更高，称量时相对误差更小。

4．沉淀剂的选择

沉淀剂的选择除考虑上述的沉淀形式、称量形式的要求外，还应注意：

（1）沉淀剂最好具有易挥发性或易灼烧除去。即使沉淀中带有的沉淀剂未被洗净，也可通过烘干或灼烧除去。某些胺盐和有机沉淀剂能满足这项要求。

（2）沉淀剂要有较好的选择性，只能与待测组分生成沉淀，与试样中其他组分不起反应。

（3）有机沉淀剂具有一定的优越性。其选择性好，生成的沉淀组成恒定，溶解度小，易于分离和洗涤，纯度高，称量形式的相对分子量较大，在重量分析中得到广泛应用。常用的有机沉淀剂有丁二酮肟、8-羟基喹啉和 *N*-苯甲酰-*N*-苯基羟胺（NBPHA）等。

5．重量分析中的化学计算

重量分析是根据称量形式的质量来计算待测组分的含量。

（1）最后的称量形式与被测组分的形式相同，则分析结果的计算较为简单。

【例 5-5】 重量法测定矿石中的 SiO_2，称取试样 0.400 0 g，经过化学处理后，灼烧成 SiO_2 的形式称重，得 0.272 8 g，计算矿样中 SiO_2 的质量分数。

解：SiO_2 的质量分数 $\omega(SiO_2) = \dfrac{0.272\ 8}{0.400\ 0} \times 100\%$

$$= 68.20\%$$

答：矿样中 SiO_2 的质量分数为 68.20%。

（2）沉淀的称量形式与被测组分的表示形式不一样。需要引入换算因数进行计算。即已知称量形式的质量，乘以换算因数，就可求得被测组分的质量。

$$m = Fm' \tag{5-2}$$

式中，m —— 被测组分质量，g；

F —— 换算因数；

m' —— 称量形式质量，g。

换算因数又称化学因数，可根据有关的化学式求得

$$F = \frac{nM_r}{M_r'} \tag{5-3}$$

式中，M_r —— 被测组分的相对分子量或相对原子量；

M_r' —— 称量形式的相对分子量；

n —— 称量形式与被测组分形式之间的转换系数。

【例 5-6】 计算以 $BaSO_4$ 为称量形式测定 Ba^{2+} 的转换因数。

解：1 mol $BaSO_4$ 相当于 1 mol Ba^{2+}，则 $n = 1$

$$F = \frac{M_r(Ba^{2+})}{M_r(BaSO_4)} = \frac{137.33}{233.39} = 0.588\,4$$

答：其转换因数为 0.588 4。

【例 5-7】 测定某铁矿石中含铁量时，称取试样 0.166 6 g，溶解后使 Fe^{3+} 沉淀为 $Fe(OH)_3$，然后灼烧成 Fe_2O_3 重 0.137 0 g。计算试样中：① Fe 的质量分数；② Fe_3O_4 的质量分数。

解：① 由于每个 Fe_2O_3 分子相当于 2 个铁原子，n 为 2，故：

$$F = \frac{2M_r(Fe)}{M_r(Fe_2O_3)} = \frac{2 \times 55.85}{159.7} = 0.699\,4$$

$$\omega(Fe) = \frac{m(Fe_2O_3) \times F}{m(试)} \times 100\% = \frac{0.137\,0 \times 0.699\,4}{0.166\,6} \times 100\% = 57.51\%$$

② 由于每个 Fe_2O_3 分子相当于 2/3 个 Fe_3O_4 分子，n 为 2/3，故：

$$F = \frac{\frac{2}{3}M_r(Fe_3O_4)}{M_r(Fe_2O_3)} = \frac{2 \times 231.5}{3 \times 159.7} = 0.966\,4$$

$$\omega(Fe_3O_4) = \frac{m(Fe_2O_3) \times F}{m(试)} \times 100\% \times 100\% = \frac{0.137\,0 \times 0.966\,4}{0.166\,6} \times 100\% = 79.47\%$$

答：试样中 Fe 的质量分数为 57.51%；Fe_3O_4 的质量分数为 79.47%。

6. 重量分析法应用示例

（1）水泥中 SO_3 含量的测定。

水泥中 SO_3 含量测定是水泥化学分析的重要项目之一。硅酸盐水泥需加入适量石膏（$CaSO_4$）作为缓释剂，测定水泥中 SO_3 含量实质上是测定其中的 SO_4^{2-}，测定结果以 SO_3 质量百分数表示。

水泥中 SO_3 的测定，除用燃烧法或离子交换法外，大多采用 $BaSO_4$ 重量法。用 HCl 溶解试样后，再用氨水将其中 Fe^{3+}、Al^{3+} 转化为相应的氢氧化物沉淀，将此沉淀连同酸不溶物一起过滤除去。滤液用 HCl 酸化，按晶形沉淀的条件，加入 $BaCl_2$ 沉淀剂，使 SO_4^{2-} 定量沉淀为 $BaSO_4$。经过滤、洗涤、灼烧后称重，计算其含量。

$$Ba^{2+} + SO_4^{2-} = BaSO_4\downarrow$$

（2）硅酸盐中 SiO_2 的测定。

绝大多数硅酸盐不溶于酸，试样一般需要用碱性溶剂熔融后，再加酸分解。此时金属元素成为离子溶于酸中，而硅酸根大部分成为胶状硅酸（$SiO_2 \cdot nH_2O$）沉淀析出，少部分以溶胶状态分散于溶液中。经典的方法是用盐酸反复蒸干脱水，其准确度虽高，但操作烦琐，耗时长。一般多采用动物胶凝聚法，利用动物胶吸附 H^+ 而带正电荷（蛋白质中氨基酸的氨基吸附 H^+），与带负电荷的硅酸胶粒发生凝聚作用析出沉淀。近来，有采用长碳链季铵盐，如十六烷基三甲基溴化铵（简称 CTMAB）作沉淀剂，其在溶液中成带正电荷胶粒，可不再加盐酸蒸干，而将硅酸溶胶凝聚。所得沉淀疏松而易洗涤，比动物胶法优越，能缩短分析时间。

得到的硅酸（$SiO_2 \cdot nH_2O$）沉淀，经高温灼烧完全脱水，除去带入的沉淀剂，在较高要求的分析中，沉淀于第一次灼烧、称量后，需加氢氟酸及硫酸处理，再加热灼烧，使 SiO_2 变成 SiF_4 挥发逸出，再次称量，两次称量之差即为纯 SiO_2 的质量。

（3）五氧化二磷的测定。

常用磷钼酸喹啉重量法。也可将磷钼酸喹啉沉淀分离出来，进行滴定分析，但重量法精密度高，易获得准确结果。磷钼酸喹啉沉淀颗粒粗，较易过滤。但喹啉具有特殊气味，要求实验室通风良好。磷矿中的磷酸盐分解后，可能成为偏磷酸（HPO_3）或次磷酸（H_3PO_2）等存在。故在沉淀前要用硝酸处理，使之全部变成正磷酸（H_3PO_4）。磷酸在酸性溶液中（7%～10% HNO_3）与钼酸钠和喹啉作用形成磷钼酸喹啉沉淀：

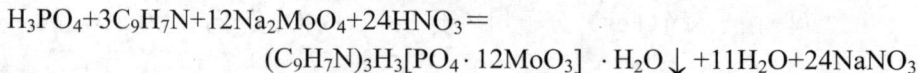

$$H_3PO_4 + 3C_9H_7N + 12Na_2MoO_4 + 24HNO_3 =$$
$$(C_9H_7N)_3H_3[PO_4 \cdot 12MoO_3] \cdot H_2O\downarrow + 11H_2O + 24NaNO_3$$

沉淀经过滤、烘干、除去水分后称量。

沉淀剂用喹钼柠试剂（含有喹啉、钼酸钠、柠檬酸、丙酮）。柠檬酸的作用是在溶液中与钼酸配位，以降低钼酸浓度，避免沉淀出硅钼酸喹啉（干扰测定），同时可防止钼酸钠水解析出 MoO_3。丙酮的作用是使沉淀颗粒增大而疏松，便于洗涤，同时增加喹啉的溶解度，避免其沉淀析出干扰测定。

二、沉淀滴定法

沉淀滴定法是以沉淀—溶解平衡为基础的滴定分析法。沉淀反应很多，但能用于沉淀滴定的并不多。因为很多沉淀的组成不恒定、溶解度较大、易形成过饱和溶液、达到平衡的速度慢、共沉淀现象严重等。某些汞盐（如 HgS）、铅盐（如 $PbSO_4$）、钡盐（如 $BaSO_4$）、钍盐（如 ThF_4）和某些有机沉淀剂参加的反应，也可用于沉淀滴定法。目前应用最多的是生成银盐的沉淀反应。如：

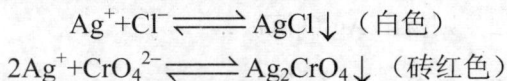

$$Ag^+ + Cl^- \rightleftharpoons AgCl\downarrow \text{（白色）}$$
$$2Ag^+ + CrO_4^{2-} \rightleftharpoons Ag_2CrO_4\downarrow \text{（砖红色）}$$

以银盐的沉淀反应为基础的沉淀滴定法称为银量法。银量法用于测定 Cl^-、Br^-、I^-、Ag^+ 及 SCN^- 等离子。本节讨论几种重要的银量法。

1. 莫尔法

以铬酸钾为指示剂的银量法称为莫尔法，又叫铬酸钾法。

在含有 Cl^- 的中性溶液中，以 K_2CrO_4 作指示剂，用 $AgNO_3$ 标准溶液滴定，由于 $AgCl$ 的溶解度比 Ag_2CrO_4 小，根据分步沉淀原理，溶液中先析出 $AgCl$ 沉淀。当 Cl^- 定量沉淀后，过量一滴 $AgNO_3$ 溶液与 CrO_4^{2-} 生成砖红色的 Ag_2CrO_4 沉淀，指示滴定终点。滴定反应和指示剂的反应分别为

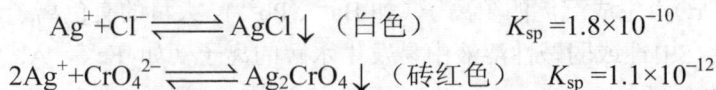

$$Ag^+ + Cl^- \rightleftharpoons AgCl\downarrow \text{（白色）} \qquad K_{sp} = 1.8 \times 10^{-10}$$
$$2Ag^+ + CrO_4^{2-} \rightleftharpoons Ag_2CrO_4\downarrow \text{（砖红色）} \qquad K_{sp} = 1.1 \times 10^{-12}$$

莫尔法中两个重要条件是指示剂的用量和溶液的酸度。根据溶度积原理，沉淀平衡时溶液中 Ag^+ 和 Cl^- 的浓度为

$$c(Ag^+) = c(Cl^-) = \sqrt{K_{sp}^{\ominus}(AgCl)} = \sqrt{1.8 \times 10^{-10}} = 1.3 \times 10^{-5} \ (mol \cdot L^{-1})$$

在化学计量点时，刚好析出 Ag_2CrO_4 沉淀指示终点，此时溶液中 CrO_4^{2-} 的浓度应为

$$c(CrO_4^{2-}) = \frac{K_{sp}^{\ominus}(Ag_2CrO_4)}{c^2(Ag^+)} = \frac{1.1 \times 10^{-12}}{(1.3 \times 10^{-5})^2} = 6.5 \times 10^{-3} \ (mol \cdot L^{-1})$$

实际工作中，若 K_2CrO_4 的浓度太高，会妨碍 Ag_2CrO_4 沉淀颜色的观察，影响滴定终点的判断。因此，K_2CrO_4 的浓度以 $5 \times 10^{-3} \ mol \cdot L^{-1}$ 为宜。在实验室中，常用 $100 \ mL$ 溶液中加入 $1 \ mL \ 5\%K_2CrO_4$ 的溶液较合适，由此引起的误差不超过 0.1%，符合滴定要求。

显然，K_2CrO_4 浓度降低后，欲析出 Ag_2CrO_4 沉淀，必须多加 $AgNO_3$ 溶液，导致滴定剂过量。通过计算可知，用 $0.100\ 0 \ mol \cdot L^{-1} \ AgNO_3$ 溶液滴定 $0.100\ 0 \ mol \cdot L^{-1}$ KCl 溶液，指示剂的浓度为 $5 \times 10^{-3} \ mol \cdot L^{-1}$ 时，终点误差仅为 +0.06%，可认为不影响分析结果的准确度。如果溶液较稀，例如用 $0.010\ 00 \ mol \cdot L^{-1} \ AgNO_3$ 溶液滴定 $0.010\ 00 \ mol \cdot L^{-1} \ KCl$ 溶液，则终点误差将达 +0.6%，影响分析结果的准确性，需要校正指示剂的空白值。

用 $AgNO_3$ 标准溶液滴定 Cl^- 时，反应需要在中性或弱碱性溶液中进行（pH 为

6.5～10.5），在酸性溶液中 Ag_2CrO_4 溶解：

$$Ag_2CrO_4 + H^+ = 2Ag^+ + HCrO_4^-$$

如果溶液碱性太强，则析出 Ag_2O 沉淀：

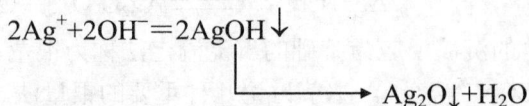

$$2Ag^+ + 2OH^- = 2AgOH\downarrow$$

$$\longrightarrow Ag_2O\downarrow + H_2O$$

通常莫尔法要求溶液的酸度范围 pH 为 6.5～10.5。若试液碱性太强，可用稀硝酸中和至甲基红变橙，再滴加 NaOH 至橙色刚变黄；酸性太强，可用 $NaHCO_3$、$Na_2B_4O_7$ 等中和。当溶液中有铵盐存在时，要求溶液酸度范围更窄，pH 为 6.5～7.2，若溶液的 pH>7.2 或更高，便有相当数量的 NH_3 析出，形成 $[Ag(NH_3)]^+$ 及 $[Ag(NH_3)_2]^+$，使 AgCl 及 Ag_2CrO_4 的溶解度增大，影响滴定。

能与 Ag^+ 生成沉淀的阴离子（如 PO_4^{3-}、AsO_4^{3-}、SO_3^{2-}、$Ag_2O_3^{2-}$、S^{2-}、CO_3^{2-}、$C_2O_4^{2-}$）、与 CrO_4^{2-} 生成沉淀的阳离子（如 Ba^{2+}、Pb^{2+}）、大量的有色离子（Cu^{2+}、Co^{2+}、Ni^{2+} 等）以及在中性或弱碱性溶液中易发生水解的离子（如 Fe^{3+}、Al^{3+} 等），都干扰测定，应预先分离。

在化学计量点前，Cl^- 还未被滴定完，由于 Cl^- 被 AgCl 沉淀吸附，过早出现 Ag_2CrO_4 沉淀，导致终点提前而引入误差。因此，滴定时必须充分摇动溶液，使被沉淀吸附的 Cl^- 释放出来。尤其是滴定 Br^-，AgBr 沉淀吸附 Br^- 更为严重，如不剧烈摇动将会引入较大的误差。

莫尔法选择性差，应用受到限制，主要用于测定氯化物中的 Cl^- 和溴化物中的 Br^-。因为 AgI、AgSCN 沉淀分别会强烈吸附 I^- 和 SCN^-，使滴定终点过早出现，造成较大误差，故不适用于测定碘化物和硫氰酸盐，莫尔法用 Ag^+ 滴定 Cl^-，而不宜用 Cl^- 滴定 Ag^+，因为溶液中的 Ag^+ 与 CrO_4^{2-} 在滴定前就会生成沉淀，而 Ag_2CrO_4 沉淀转化为 AgCl 沉淀的速度很慢，因此滴定误差较大。但其是直接测定法，比较简单，对含氯量低、干扰少的试样（如天然水、纯氯化物）的分析，可得准确结果。

2. 佛尔哈德法

佛尔哈德法是用铁铵矾（$NH_4Fe(SO_4)_2$）作指示剂的银量法，又称为铁铵钒法。按滴定方式的不同，又分为直接滴定法和返滴定法两种。

（1）直接滴定法。

在含有 Ag^+ 的硝酸溶液中，以铁铵钒作指示剂，滴入 NH$_4$SCN（或 KSCN，NaSCN）标准溶液时，首先产生 AgSCN 白色沉淀，在化学计量点后，稍过量的 SCN^- 与铁铵钒中的 Fe^{3+} 生成血红色配合物，指示到达滴定终点。反应式如下：

$$Ag^+ + SCN^- = AgSCN\downarrow \qquad 白色 \qquad K_{sp} = 1.0 \times 10^{-12}$$

$$Fe^{3+} + SCN^- = [FeSCN]^{2+} \qquad 红色 \qquad K_1 = 138$$

因此，用直接滴定法可以测定银。

滴定时，溶液的酸度应控制在 $0.1 \sim 1 mol \cdot L^{-1}$，$Fe^{3+}$ 主要以 $[Fe(H_2O)_6]^{3+}$ 形式存在，颜色较浅，如果酸度较低，则 Fe^{3+} 水解形成颜色较深的棕色 $[Fe(H_2O)_5OH]^{2+}$ 或 $[Fe(H_2O)_4(OH)_2]^{4+}$ 等，影响终点的观察，如果溶液的酸度更低，可析出水合氧化物沉淀。

为了刚好能观察到终点时 $[Fe(SCN)]^{2+}$ 明显的红色，$[Fe(SCN)]^{2+}$ 的最低浓度一般达到 $6 \times 10^{-6} mol \cdot L^{-1}$ 左右，维持 $[Fe(SCN)]^{2+}$ 的配位平衡，Fe^{3+} 浓度应远远高于这一数值。但浓度高的 Fe^{3+} 使溶液呈较深的橙黄色，影响终点的观察，实际工作中通常保持 Fe^{3+} 浓度为 $0.015 mol \cdot L^{-1}$，此时引起的终点误差很小，可忽略不计。

因为 AgSCN 沉淀对 Ag^+ 具有强烈的吸附性，以至于在化学计量点前溶液中的 Ag^+ 还没有滴定完，SCN^- 就与 Fe^{3+} 反应，生成血红色的 $[Fe(SCN)]^{2+}$ 使终点过早出现，测定结果偏低。因此，滴定时必须充分摇动溶液，使被吸附的 Ag^+ 及时地释放出来。

（2）返滴定法。

在含有卤素离子的硝酸溶液中，加入过量的 $AgNO_3$，以铁铵矾为指示剂，用 NH_4SCN 标准溶液回滴过量的 $AgNO_3$。例如，滴定 Cl^- 时的主要反应：

$$Ag^+ + Cl^- = AgCl \downarrow$$
$$Ag^+ + SCN^- = AgSCN \downarrow$$

当过量一滴 NH_4SCN 溶液时，Fe^{3+} 便与 SCN^- 反应生成红色的 $[Fe(SCN)]^{2+}$ 配合物，指示终点已到。滴定在 HNO_3 介质中进行，有些弱酸阴离子如 PO_4^{3-}、AsO_4^{3-}、$C_2O_4^{2-}$ 等不会干扰卤素离子的测定，该法选择性较高。

由于 AgSCN 的溶解度小于 AgCl，加入过量 SCN^- 时，会将 AgCl 沉淀转化为溶解度更小的 AgSCN 沉淀：

$$AgCl \downarrow + SCN^- = AgSCN \downarrow + Cl^-$$

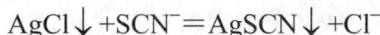

沉淀的转化作用是慢慢进行的，所以溶液中出现了红色后，不断摇动溶液，红色又逐渐消失，得不到正确的终点。要想得到持久的红色，必须继续滴入 NH_4SCN，直至 Cl^- 与 SCN^- 之间建立一定的平衡关系时为止。这将引起很大的误差。为了避免上述的误差，通常采用下列措施：

① 试液中加入适当过量的 $AgNO_3$ 标准溶液后，立即加热煮沸试液，使 AgCl 沉淀凝聚，减少对 Ag^+ 的吸附。过滤后，再用稀 HNO_3 洗涤沉淀，并将洗涤液并入滤液中，用 NH_4SCN 标准滴定溶液回滴滤液中过量的 $AgNO_3$。

② 试液中加入适当过量的 $AgNO_3$ 标准溶液后，加入有机溶剂，如加入 1,2-二氯乙烷 $1 \sim 2 mL$，用力摇动，使 AgCl 沉淀的表面上覆盖一层有机溶剂，避免沉淀与外部溶液接触，阻止 NH_4SCN 与 AgCl 发生转化反应。

由于 AgBr、AgI 的溶解度均比 AgSCN 小，不会发生上述的沉淀转化反应，用返滴定法测定溴化物、碘化物时，不必将沉淀过滤或加入有机溶剂。但要注意，Fe^{3+} 能将 I^- 氧化成 I_2。在测定 I^- 时，必须先加 $AgNO_3$ 溶液后再加指示剂，否则会发生如下反应：

$$2Fe^{3+}+2I^- \rightleftharpoons 2Fe^{2+}+I_2$$

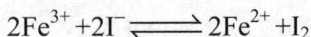

影响测定结果的准确度。

3. 法扬斯法

用吸附指示剂滴定终点的银量法称为法扬斯法。

吸附指示剂是一类有色的有机化合物。其阴离子被吸附在胶体微粒表面后分子结构发生改变，引起吸附指示剂颜色变化，以指示滴定终点。例如，用 $AgNO_3$ 标准滴定溶液滴定 Cl^- 时，可用荧光黄吸附指示剂来指示滴定终点。荧光黄指示剂是一种有机弱酸，用 HFIn 表示，其在溶液中离解出黄绿色的 FIn^- 阴离子：

$$HFIn \rightleftharpoons H^+ +FIn^-$$

在化学计量点前，溶液中剩余 Cl^-，AgCl 沉淀吸附 Cl^- 带负电荷，因此荧光黄阴离子留在溶液中呈黄绿色。滴定进行到化学计量点后，AgCl 沉淀吸附 Ag^+ 带正电荷，溶液中 FIn^- 被吸附，溶液颜色由黄绿色变为粉红色，指示滴定终点到达。其过程示意如下：

Cl^- 过量时：$AgCl \cdot Cl^- + FIn^-$（黄绿色）

Ag^+ 过量时：$AgCl \cdot Ag^+ + FIn^- \xrightarrow{\text{吸附}} (AgCl)Ag^+ | FIn^-$（粉红色）

应用法扬斯法要注意：

（1）因吸附指示剂的颜色变化发生在沉淀表面，通常须加入一些保护胶体如淀粉，使沉淀表面积增大，滴定终点变化明显。稀溶液中沉淀少，观察终点较困难。

（2）必须控制适当的酸度，使指示剂呈阴离子状态。例如荧光黄（$pK_a=7.0$）只能在中性或弱碱性（pH=10.0）溶液中使用，若 pH<7.0 主要以 HFIn 形式存在，无法指示终点，因此溶液的酸度条件应有利于吸附指示剂阴离子的存在。

（3）卤化银沉淀对光敏感，易分解析出金属银使沉淀变为灰黑色，故滴定过程要避免强光，否则，影响滴定终点的观察。

（4）指示剂吸附性能要适中。胶体微粒对指示剂的吸附能力要比对待测离子的吸附能力略小，否则指示剂将在化学计量点前变色。但如果太小，又将使颜色变化不敏锐。卤化银对卤化物和几种吸附指示剂的吸附能力的次序如下：

$I^->SCN^->Br^->$曙红$>Cl^->$荧光黄

因此，滴定 Cl^- 不能选用曙红，应选用荧光黄。常用吸附指示剂见表5-4。

表 5-4　常用吸附指示剂

指示剂	被测离子	滴定剂	滴定条件
荧光黄	Cl^-、Br^-、I^-	$AgNO_3$	pH=7.0～10.0
二氯荧光黄	Cl^-、Br^-、I^-	$AgNO_3$	pH=4.0～10.0
曙红	Br^-、SCN^-、I^-	$AgNO_3$	pH=2.0～10.0
甲基紫	Ag^+	NaCl	酸性溶液

4．沉淀滴定法的应用

（1）可溶性氯化物中氯的测定。采用莫尔法测定可溶性氯化物中的氯，必须控制溶液的 pH 为 6.5～10.5，在中性或微碱性条件下，试样中含有 PO_4^{3-}、AsO_4^{3-} 等离子能和 Ag^+ 生成沉淀，干扰测定。采用佛尔哈德法测定，在酸性条件下，这些离子都不会与 Ag^+ 生成沉淀，可避免干扰。

由试样的重量及滴定时所耗标准滴定溶液的体积，可计算出试样中氯的百分含量。

（2）银合金中银的测定。将银合金溶于 HNO_2 中制成溶液，在溶解试样时，煮沸逐去氮的低价氧化物，避免其与 SCN^- 作用生成红色化合物，影响终点的观察：

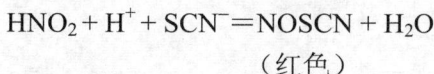

$$HNO_2 + H^+ + SCN^- = NOSCN + H_2O$$
$$（红色）$$

试样溶解之后，加入铁铵矾指示剂，用标准 NH_4SCN 溶液滴定。反应式为

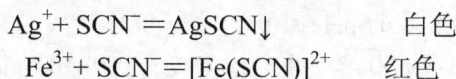

$$Ag^+ + SCN^- = AgSCN\downarrow \qquad 白色$$
$$Fe^{3+} + SCN^- = [Fe(SCN)]^{2+} \qquad 红色$$

刚好滴定到化学计量点时出现 $[Fe(SCN)]^{2+}$ 的红色，必须控制 Fe^{3+} 浓度。实验证明，保持 Fe^{3+} 的浓度为 $0.015\ mol \cdot L^{-1}$ 时，可得到满意的结果。

由试样重量和滴定时所耗 NH_4SCN 标液的体积，计算试样中银的百分含量。

复习与思考题

1．名词解释：

溶解度　溶度积常数　溶度积规则　同离子效应　盐效应　共沉淀现象　后沉淀现象　陈化

2．判断下列说法是否正确，简述理由。

（1）根据同离子效应，在进行沉淀时，沉淀剂过量得越多，沉淀越完全，所以沉淀剂越多越好。

（2）$BaSO_4$ 沉淀为强碱强酸盐的难溶化合物，所以其溶解度与酸度无关。

（3）沉淀 $BaSO_4$ 时，在盐酸存在下的热溶液中进行，目的是增大沉淀的溶解度。

（4）为了获得纯净的沉淀，洗涤沉淀时洗涤的次数越多，每次用的洗涤液越多，杂质含量越少，结果的准确度越高。

3．写出下列难溶电解质的溶度积的表达式（假设完全离解）：

$PbCl_2$ 　　　　　Ag_2S 　　　　　$AgBr$ 　　　　　$Ba_3(PO_4)_2$

4．已知下列物质的溶解度，计算其溶度积常数。

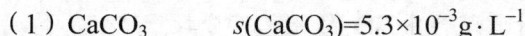

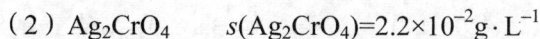

（1）$CaCO_3$ 　　　　$s(CaCO_3) = 5.3 \times 10^{-3} g \cdot L^{-1}$

（2）Ag_2CrO_4 　　　$s(Ag_2CrO_4) = 2.2 \times 10^{-2} g \cdot L^{-1}$

5．已知下列物质的溶度积常数，计算其饱和溶液中各种离子的浓度。

（1）CaF_2 $K_{sp}^{\ominus}(CaF_2) = 5.3 \times 10^{-9}$

（2）$PbSO_4$ $K_{sp}^{\ominus}(PbSO_4) = 1.6 \times 10^{-8}$

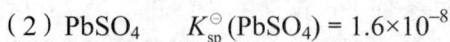

6. 用两种不同的方法洗涤 $BaSO_4$ 沉淀：

（1）用 0.10 L 蒸馏水；

（2）用 0.10 L 的 0.010 $mol \cdot L^{-1} H_2SO_4$。

假设两种洗涤液均被 $BaSO_4$ 饱和，计算在不同洗涤液的洗涤中损失的 $BaSO_4$ 各为多少克？

7. 由下面给定条件计算 $K_{sp}^{\ominus}$：

（1）$Mg(OH)_2$ 饱和溶液的 pH = 10.52；

（2）$Ni(OH)_2$ 在 pH = 9.00 溶液中的溶解度为 $2.0 \times 10^{-5} mol \cdot L^{-1}$。

8. 某溶液中含有 0.10 $mol \cdot L^{-1}$ Ba^{2+} 和 0.10 $mol \cdot L^{-1} Ag^+$，在滴加 Na_2SO_4 溶液时（忽略体积变化），哪种离子先沉淀出来？当第二种沉淀析出时，第一种沉淀的离子是否沉淀完全？两种离子能否用沉淀法分离？

9. 粗制 $CuSO_4 \cdot 5H_2O$ 的晶体中常含有杂质 Fe^{2+}。在提纯 $CuSO_4$ 时，为除去 Fe^{2+}，常加入少量 H_2O_2，使 Fe^{2+} 氧化为 Fe^{3+}，再加少量碱至溶液 pH = 4.00。假使溶液中 $c(Cu^{2+}) = 0.50 mol \cdot L^{-1}$，$c(Fe^{2+}) = 0.010 mol \cdot L^{-1}$，试通过计算解释：

（1）为什么必须将 Fe^{2+} 氧化为 Fe^{3+} 后再加入碱？

（2）在 pH=4.00 时能否将 Fe^{3+} 除尽而不损失 $CuSO_4$？

10. 重量分析法的基本原理是什么？有何优点和缺点？

11. 欲获得晶形沉淀，应注意哪些沉淀条件？

12. 什么是聚集速度和定向速度？二者怎样影响生成沉淀的类型？

13. 共沉淀和后沉淀有何不同？要提高沉淀的纯度应采取哪些措施？

14. 什么是均相沉淀法？有何优点？

15. 什么叫沉淀滴定法？用于沉淀滴定的反应必须符合哪些条件？

16. 摩尔法中 K_2CrO_4 指示剂用量对分析结果有何影响？

17. 称取 0.367 5 g $BaCl_2 \cdot 2H_2O$ 样品，将其沉淀为 $BaSO_4$，如果用过量 50% 的沉淀剂，则需要 0.5 $mol \cdot L^{-1} H_2SO_4$ 溶液多少毫升？

18. 用 $BaSO_4$ 重量法测定石膏中 SO_3 含量时，称取某石膏试样 0.241 8 g，经过处理后称得 $BaSO_4$ 沉淀 0.295 7 g。计算试样中 SO_3 的质量百分数。

19. 含 K_2SO_4 及 $(NH_4)_2SO_4$ 混合试样 0.6490 g，溶解后加 $Ba(NO_3)_2$，使全部 SO_4^{2-} 都形成 $BaSO_4$ 沉淀，共重 0.977 0 g，计算试样中 K_2SO_4 的质量分数。

20. 称取含 $Al_2(SO_4)_3$、$MgSO_4$ 及惰性物质的试样 0.9980 g，溶解后，用 8-羟基

喹啉沉淀 Al^{3+} 和 Mg^{2+}，经过滤洗涤于 300 ℃ 干燥后，称得 $Al(C_9H_6NO)_3$ 和 $Mg(C_9H_6NO)_2$ 混合重量为 0.874 6 g，再经灼烧，使其转化为 Al_2O_3 和 MgO，共重 0.1067 g，计算试样中 $Al_2(SO_4)_3$ 和 $MgSO_4$ 的质量分数。

21. 称取硅酸盐试样 0.500 0 g，经分解得到 NaCl 和 KCl 混合物质量为 0.180 3 g。将这混合物溶解于水，加入 $AgNO_3$ 溶液得 AgCl 沉淀，称得该沉淀质量 0.390 4 g，计算试样中 KCl 和 NaCl 的质量分数。

22. 称取磷矿石试样 0.435 0 g 溶解后以 $MgNH_4PO_4$ 形式沉淀，灼烧后称得 $Mg_2P_2O_7$ 为 0.2825 g，计算试样 P 及 P_2O_5 的质量分数。

23. 称取纯 NaCl 0.116 9 g，加水溶解后，以 K_2CrO_4 为指示剂，用 $AgNO_3$ 标准溶液滴定，共用去 20.00 mL，求该 $AgNO_3$ 溶液的浓度。

24. 称取 KCl 与 KBr 的混合物 0.320 8 g，溶于水后进行滴定，用去 0.101 4 mol·L^{-1} $AgNO_3$ 标准溶液 30.20 mL，试计算该混合物中 KCl 和 KBr 的质量分数。

25. 将 40.00 mL 0.1020 mol·L^{-1} $AgNO_3$ 溶液加到 25.00 mL $BaCl_2$ 溶液中，剩余的 $AgNO_3$ 溶液，需用 15.00 mL 0.098 00 mol·L^{-1} NH_4SCN 溶液返滴定，问 25.00 mL $BaCl_2$ 质量为多少？

26. 测定某试样中 MgO 的含量时，先将 Mg^{2+} 沉淀为 $MgNH_4PO_4$，再灼烧成 $Mg_2P_2O_7$ 称量。若试样质量为 0.240 0 g，得到 $Mg_2P_2O_7$ 的质量为 0.193 0 g，计算试样中 MgO 的质量分数为多少。

氧化还原平衡和氧化还原滴定

本章提要：氧化还原反应是一类重要的化学反应，氧化还原的本质是电子的得失和转移。原则上，利用任何一种能自发进行的氧化还原反应，采用适当的装置，都可以形成原电池，将化学能转化为电能。在原电池的基础上，引出电极电位这一重要概念，比较氧化剂和还原剂相对强弱、判断氧化还原反应进行的方向和程度，介绍元素电位图。讨论氧化还原滴定方法及其应用。

化学反应可分为两类：一类是在反应过程中，反应物之间没有电子转移或共用电子对的偏移，例如酸碱中和反应、复分解反应和沉淀反应等；另一类是在反应过程中，反应物之间有电子转移或共用电子对偏移的氧化还原反应。氧化还原反应在自然界中普遍存在，涉及面广，与电化学有密切联系，对于制取新物质，获得能源（化学热能和电能）都具重要意义。

第一节　氧化还原反应的基本概念

一、氧化数

氧化还原反应产生时有电子转移或共用电子对的偏移，因此原子的价层电子结构发生变化，改变了原子的带电状态，为表示化合物中各原子所带的电荷（或形式电荷），引入氧化数的概念。

氧化数是某元素一个原子的表观电荷数，这个电荷数是假设把每个化学键中的电子指定给电负性更大的原子而求得，一般可根据原子已得失或已偏移的电子数来确定。对离子化合物中的离子而言，离子的正负电荷数就是正负氧化数。如氯化钠中钠的氧化数为+1，氯为–1。对共价化合物中的原子而言，假定共用电子对完全转移给电负性较大的元素原子时，每个原子所带的正负电荷数为这两种元素的氧化数。如在三氧化硫（SO_3）中，假定硫原子的六个价电子完全转移到三个氧原子上，硫原子将得到六个正电荷，而每个氧原子将得到两个负电荷，因此硫的氧化数为+6，氧的氧化数为–2。

确定氧化数的一般原则为：

（1）单质中，元素的氧化数为零。

（2）H 原子与比它电负性大的原子结合时，H 的氧化数为+1；H 原子与比它电负性小的原子结合时，H 的氧化数为–1（如 NaH）。

（3）除在过氧化物（如 H_2O_2、Na_2O_2 等）中氧的氧化数为–1；在氟化物（如 O_2F_2、OF_2）中，氧的氧化数分别为+1 和+2 外，氧在化合物中的氧化数一般为–2。

（4）在离子型化合物中，元素原子的氧化数等于该元素离子的电荷数。

（5）在共价化合物中，共用电子对偏向于电负性大的元素原子，原子的表观电荷数为它们的氧化数。

（6）在中性分子中，各元素原子氧化数的代数和等于零，在复杂离子中各元素原子氧化数的代数和等于离子的总电荷数。

【例 6-1】　计算 Fe_3O_4 中铁的氧化数。

解：设 Fe_3O_4 中铁的氧化数为 x，由于氧的氧化数为–2，根据氧化数规则得

$$3x + (-2) \times 4 = 0$$

$$x = +\frac{8}{3}$$

在 Fe_3O_4 中铁的氧化数为 $+\frac{8}{3}$ 或+2.7。

【例 6-2】　计算连四硫酸根（$S_4O_6^{2-}$）中硫的氧化数。

解：设 $S_4O_6^{2-}$ 中硫的氧化数为 x，由于氧的氧化数为–2，根据氧化数规则得

$$4x + (-2) \times 6 = -2$$

$$x = +\frac{5}{2}$$

在 $S_4O_6^{2}$ 中硫的氧化数为 $+\frac{5}{2}$ 或+2.5。

由上述计算可知，氧化数可为整数，也可为分数或小数。

二、氧化还原反应及氧化还原电对

根据氧化数概念，元素的氧化数在反应前后发生变化的反应称为氧化还原反应。在氧化还原反应中，氧化数升高的过程称为氧化，发生氧化反应的物质为还原剂，氧化反应的产物称为氧化产物；氧化数降低的过程称为还原，发生还原反应的物质为氧化剂，还原反应的产物称为还原产物。氧化与还原同时发生。例如：

$$Zn + Cu^{2+} \rightleftharpoons Cu + Zn^{2+}$$

此反应可分为以下两个部分：

氧化反应：$Zn - 2e^- \rightleftharpoons Zn^{2+}$ （a）

还原反应：$Cu^{2+} + 2e^- \rightleftharpoons Cu$ （b）

反应式（a）和（b）都称为半反应，氧化还原反应是两个半反应之和。从半反应式中可以看出，每个半反应包括同一种元素的两种不同氧化态物质，例如反应式（a）和（b）中的 Cu^{2+} 和 Cu，Zn^{2+} 和 Zn。将同一元素的不同氧化态物质，组成一个氧化还原电对，简称电对。电对中氧化数较大的物质价态称为氧化态，氧化数较小的物质价态称为还原态，电对通常用氧化态/还原态表示。半反应（a）所表示的电对符号为 Zn^{2+}/Zn，半反应（b）的电对符号为 Cu^{2+}/Cu。半反应式可写成：

$$氧化态 + ne^- \rightleftharpoons 还原态$$

式中，n —— 互相转化时得失电子数。

电对的几种形式：（1）金属—金属离子电对，如 Zn^{2+}/Zn；（2）同种金属元素不同价态离子组成的电对，如 Fe^{3+}/Fe^{2+}；（3）非金属不同价态离子组成的电对，如 H^+/H_2，Cl_2/Cl^-；（4）金属—金属难溶盐电对，如 $Ag—AgCl$ 等。

三、氧化还原方程式的配平

氧化还原反应方程式较复杂，除氧化剂和还原剂外，还有酸、碱和水等介质参加（反应前后介质氧化数不发生变化），因此反应式中反应物和生成物的计量系数有时比较大，难以确定，需要用一定的方法配平，常用的有氧化数法和离子—电子法。

1. 氧化数法

氧化数法是根据氧化剂氧化数降低数必须等于还原剂氧化数升高数的原则，确定氧化剂和还原剂分子式前面的系数，再根据质量守恒定律，用观察法配平非氧化还原部分的原子数目。配平步骤：

（1）写出未配平的反应方程式。

（2）找出元素原子氧化数降低数与元素原子氧化数升高数。

（3）各元素原子氧化数的变化乘以相应系数，使其相等。

（4）用观察法配平氧化数未改变的元素原子数目。

【例6-3】 配平下列反应式 $Cu + HNO_3$（浓）$\longrightarrow Cu(NO_3)_2 + NO_2 + H_2O$

分析：①氧化剂 HNO_3 中 N：$+5 \rightarrow +4$ 得 $1e^-$

②还原剂 Cu：$0 \rightarrow +2$ 失 $2e^-$

①×2+②得

$$Cu + 2HNO_3（浓）\longrightarrow Cu(NO_3)_2 + 2NO_2 + H_2O$$

观察法配平：

$$Cu+4HNO_3（浓）\xlongequal{\quad\quad}Cu(NO_3)_2+2NO_2+2H_2O$$

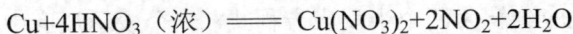

【例 6-4】　在酸性介质中配平反应方程式

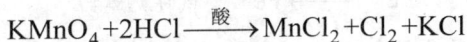

$$KMnO_4+2HCl\xrightarrow{\quad酸\quad}MnCl_2+Cl_2+KCl$$

分析：①　氧化剂 $KMnO_4$：　$+7\rightarrow+2$　　得 $5e^-$

②　还原剂 $2HCl$：　　$-1\rightarrow0$　　　失 $2e^-$

①×2+②×5 得

$$2KMnO_4+10HCl\rightarrow2MnCl_2+5Cl_2+KCl$$

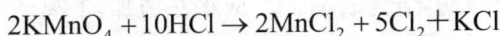

注：在酸性介质中，在少氧的一边加水。

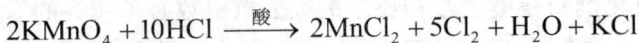

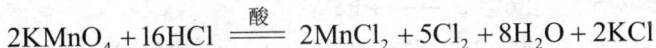

$$2KMnO_4+10HCl\xrightarrow{\quad酸\quad}2MnCl_2+5Cl_2+H_2O+KCl$$

$$2KMnO_4+16HCl\xlongequal{\quad酸\quad}2MnCl_2+5Cl_2+8H_2O+2KCl$$

【例 6-5】　在碱性介质中配平反应方程式

$$CrO_2^-+ClO^-\xrightarrow{\quad碱\quad}CrO_4^{2-}+Cl^-$$

分析：①氧化剂 ClO^-：　$+1\rightarrow-1$　　得 $2e^-$

②还原剂 CrO_2^-：　$+3\rightarrow+6$　　失 $3e^-$

①×3+②×2 得：$2CrO_2^-+3ClO^-\rightarrow2CrO_4^{2-}+3Cl^-$

注：在碱性介质中，在少氧的一边加 OH^-，另一边加水。

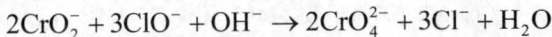

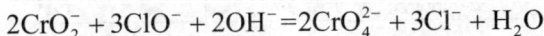

$$2CrO_2^-+3ClO^-+OH^-\rightarrow2CrO_4^{2-}+3Cl^-+H_2O$$
$$2CrO_2^-+3ClO^-+2OH^-=2CrO_4^{2-}+3Cl^-+H_2O$$

小结：配平时酸性介质中的反应在少氧的一边加水；碱性介质中的反应，在少氧的一边加 OH^-，另一边加水。

2．离子—电子法

离子—电子法配平氧化还原方程式的原则是：氧化剂所得到的电子总数与还原剂所失去的电子总数相等。以酸性介质中 $KMnO_4$ 与 $FeSO_4$ 反应生成 $MnSO_4$ 和 $Fe_2(SO_4)_3$ 的反应说明配平步骤。

（1）根据实验或反应规律写出未配平的离子反应方程式：

$$MnO_4^-+Fe^{2+}\xrightarrow{\quad\quad}Mn^{2+}+Fe^{3+}$$

（2）将上述反应分解为两个半反应方程式，一个表示反应中的氧化过程；另一个表示还原过程。

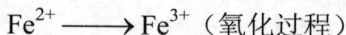

$$Fe^{2+} \longrightarrow Fe^{3+}（氧化过程）$$

$$MnO_4^- \longrightarrow Mn^{2+}（还原过程）$$

（3）配平两个半反应。

加入一定数目的电子，使每个半反应式两边电荷数相等，并使原子数目也相等。
氧化半反应：$Fe^{2+} - e^- \longrightarrow Fe^{3+}$

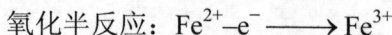

在还原半反应中，反应物比产物的氧原子数多，由于反应是在酸性介质中进行的，大量的 H^+ 会与 O^{2-} 离子结合成 H_2O。应在左边加 H^+ 离子，右边加 H_2O 分子，使两边氧原子数相等。然后配平电荷数。

$$MnO_4^- + 8H^+ + 5e^- \longrightarrow Mn^{2+} + 4H_2O$$

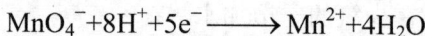

（4）根据氧化剂获得电子数和还原剂失去电子数必须相等的原则，确定氧化剂化学式前的系数，并把两个半反应式加合，得到一个配平的离子反应方程式：

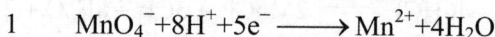

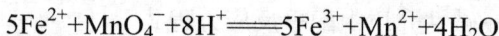

$$5 \quad Fe^{2+} - e^- \longrightarrow Fe^{3+}$$

$$1 \quad MnO_4^- + 8H^+ + 5e^- \longrightarrow Mn^{2+} + 4H_2O$$

$$5Fe^{2+} + MnO_4^- + 8H^+ = 5Fe^{3+} + Mn^{2+} + 4H_2O$$

在碱性介质中进行的反应，可在氧原子数多的一边加 H_2O 分子，在氧原子数少的一边加 OH^- 离子，使反应式两边的氧原子数目相等。但要注意：若反应在酸性介质中进行，则生成物中不得有 OH^- 离子；若反应在碱性介质中进行，则生成物不得有 H^+ 离子。不同介质条件下，配平氧原子的经验规则见表 6-1。

表 6-1　不同介质中配平氧原子的经验规则

介质	半反应式中氧原子数比较	配平时应加入的物质	生成物
酸性	（1）左边氧原子数多	H^+	H_2O
	（2）左边氧原子数少	H_2O	H^+
碱性	（1）左边氧原子数多	H_2O	OH^-
	（2）左边氧原子数少	OH^-	H_2O
中性	（1）左边氧原子数多	H_2O	OH^-
（或弱碱性）	（2）左边氧原子数少	H_2O（中性）	H^+
		OH^-（弱碱性）	H_2O

四、常见的氧化剂和还原剂

在氧化剂中应含有高氧化态的元素；相反，还原剂中必定含低氧化态的元素。若元素处于中间氧化态，则既可作氧化剂又可作还原剂，视与其作用的物质及反应条件而定。如 H_2O_2 与 I^- 作用时，H_2O_2 作为氧化剂被还原成 H_2O，氧元素的氧化数由 -1 降至 -2；当 H_2O_2 与 $KMnO_4$ 作用时，作为还原剂被氧化成 O_2，氧元素的氧化数由–1 升至 0。

常用的氧化剂、还原剂及其主要生成物见表 6-2。

表 6-2　常用的氧化剂、还原剂及其主要生成物

氧化剂	反应中的主要生成物
浓 HNO_3	NO_2+H_2O（红棕色气体）
稀 HNO_3	$NO+H_2O$（或 N_2O、N_2、NH_3）
MnO_4^-（紫红色，酸性介质中）	$Mn^{2+}+H_2O$（无色或浅肉红色）
MnO_4^-（中性介质中）	MnO_2（棕色沉淀）
MnO_4^-（碱性介质中）	$MnO_4^{2-}+H_2O$（绿色，不稳定）
F_2，Cl_2（黄、绿色气体）	F^-、Cl^-（无色）
Br_2（红棕色液体）	Br^-（无色）
I_2（紫黑色晶体）	I^-（无色）
Fe^{3+}（黄棕色）	Fe^{2+}（浅绿色）
MnO_2（棕色）	Mn^{2+}（肉色）
$KClO_3$	KCl
H_2O_2	H_2O
H_2SO_4	SO_2
$K_2Cr_2O_7$（橙红色）	Cr^{3+}（绿色）
还原剂	反应中的主要生成物
金属	金属阳离子
H_2S	S 或 SO_2，SO_4^{2-}
S	SO_2，SO_3^{2-}，SO_4^{2-}
HCl，HBr，HI	卤素单质
Fe^{2+}	Fe^{3+}
Sn^{2+}	Sn^{4+}
$C_2O_4^{2-}$（草酸盐）	CO_2+H_2O
SO_3^{2-}	SO_4^{2-}
C，CO	CO_2
HNO_2	HNO_3
H_2O_2	O_2

第二节　原电池和电极电位

一、原电池

将一块锌片放入 $CuSO_4$ 溶液中，发生如下反应：

$$Zn+Cu^{2+} \rightleftharpoons Zn^{2+}+Cu$$

锌片逐渐变小，随着溶液蓝色的减退，有红棕色疏松的金属铜沉积在锌片表面。上述现象表明：Zn 给出电子成为 Zn^{2+} 而溶解，Cu^{2+} 获得电子还原为 Cu，Zn 为还原剂，Cu^{2+} 为氧化剂，Zn 把电子直接传递给了 Cu^{2+}。反应中，溶液温度上升，化学能转变为热能。如果设计一种装置，让反应中传递的电子通过金属导线定向移动，在外电路中有电流产生。这种借助氧化还原反应产生电流，将化学能转变为电能的装置就是原电池。

如图 6-1，Cu-Zn 原电池由两个半电池组成，一个半电池为锌片插入 $ZnSO_4$ 溶液，另一个半电池为铜片插入 $CuSO_4$ 溶液，两溶液间用盐桥相连。盐桥是一支 U 型管，充满用 KCl（或 KNO_3）饱和的琼脂冻胶，在电场作用下，会发生离子迁移。当用金属导线将锌片和铜片连接起来，中间串有检流计，检流计的指针发生偏转，表示回路中有电流产生。根据检流计指针偏转方向，可知电子由 Zn 片流向 Cu 片。一段时间后可观察到 Zn 片逐渐溶解，Cu 片上有疏松的 Cu 析出。两个半电池的反应分别为

$$Zn-2e^- \rightleftharpoons Zn^{2+}$$

$$Cu^{2+}+2e^- \rightleftharpoons Cu$$

半电池中应有一种固态物质作为导体，称为电极。有些电极既有导电作用，又参与氧化还原反应，如 Cu-Zn 原电池中的 Zn 片和 Cu 片。有些电极只起导电作用，不参与电池反应，称为惰性电极，常用的有金属铂和石墨。如 Cl_2/Cl^-，Fe^{3+}/Fe^{2+} 等无固体电极的电对，用惰性电极金属铂或石墨。

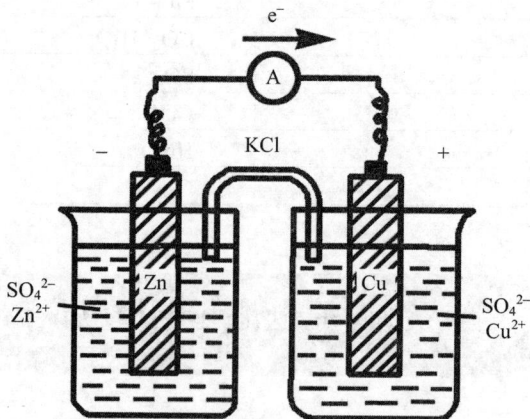

图 6-1 Cu-Zn 原电池

半电池所发生的反应称为半电池反应或电极反应。在原电池中，给出电子的电极称为负极，负极上发生氧化反应；接受电子的电极称为正极，在正极上发生还原反应。如 Cu-Zn 原电池中的 Zn 极为负极，Cu 极为正极，电子由负极（Zn 极）流向正极（Cu 极），则电流由正极流向负极。其电极反应和原电池总反应如下：

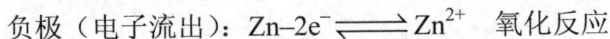

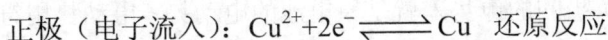

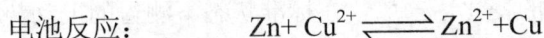

负极（电子流出）：$Zn - 2e^- \rightleftharpoons Zn^{2+}$　氧化反应

正极（电子流入）：$Cu^{2+} + 2e^- \rightleftharpoons Cu$　还原反应

电池反应：　　　　$Zn + Cu^{2+} \rightleftharpoons Zn^{2+} + Cu$

盐桥的作用是沟通电路，使反应顺利进行。在 $ZnSO_4$ 溶液中，随着氧化反应的进行，Zn^{2+} 浓度逐渐增大，溶液带正电；在 $CuSO_4$ 溶液中，随着还原反应的进行，Cu^{2+} 浓度逐渐降低，溶液带负电，这将阻碍 Zn 的继续氧化和 Cu^{2+} 的继续还原。用盐桥将溶液联通后，盐桥中的 K^+ 迁移到带负电的 $CuSO_4$ 溶液中，Cl^-（或 NO_3^-）迁移到带正电的 $ZnSO_4$ 溶液，使两溶液维持电中性，保证 Zn 的氧化和 Cu^{2+} 的还原继续进行。

以上讨论可看出，化学反应中的电现象及原电池应用，证实了氧化还原反应的实质是反应物之间电子的转移，可以对外提供电能。

原电池装置可用电池符号表示，以 Cu-Zn 原电池为例：

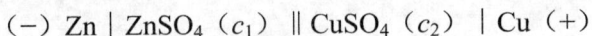

$(-)$ Zn｜$ZnSO_4$（c_1）‖$CuSO_4$（c_2）｜Cu（$+$）

书写原电池符号的规则如下：

（1）负极"–"在左边，正极"+"在右边，盐桥用"‖"表示。

（2）半电池中两相（固、液相，液、气相或固、气相）界面用"｜"分开，同相不同物质用"，"分开，溶液、气体要注明其浓度或分压 c_i，p_i。

（3）纯液体、固体和气体写在惰性电极一边用"，"分开。

【例 6-6】　将下列氧化还原反应设计成原电池，并写出它的原电池符号。

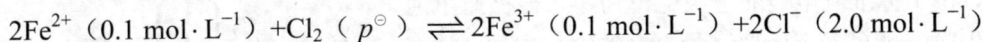

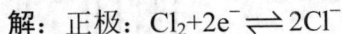

$2Fe^{2+}$（$0.1\ mol \cdot L^{-1}$）$+ Cl_2$（$p^{\ominus}$）$\rightleftharpoons 2Fe^{3+}$（$0.1\ mol \cdot L^{-1}$）$+ 2Cl^-$（$2.0\ mol \cdot L^{-1}$）

解：正极：$Cl_2 + 2e^- \rightleftharpoons 2Cl^-$
　　　　负极：$Fe^{2+} - e^- \rightleftharpoons Fe^{3+}$

原电池符号：

$(-)$ Pt｜Fe^{2+}($0.1\ mol \cdot L^{-1}$)，Fe^{3+}($0.1\ mol \cdot L^{-1}$)‖Cl^-($2.0\ mol \cdot L^{-1}$)｜Cl_2($p^{\ominus}$)｜Pt（$+$）

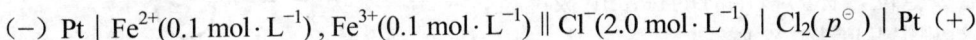

原电池符号书写注意：若电极反应中无金属导体，须用惰性电极 Pt 或 C，若参加电极反应的物质中有纯气体、液体或固体，则应写在惰性导体一边。如甘汞电极，

其电极反应为

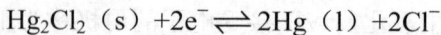

$$Hg_2Cl_2 \text{（s）} + 2e^- \rightleftharpoons 2Hg \text{（l）} + 2Cl^-$$

半电池符号：$Pt \mid Hg \mid Hg_2Cl_2 \mid Cl^- \text{（c）}$。

二、原电池的电动势

原电池两极用导线连接时有电流通过，说明两电极之间存在着电位差（或电势差），用电位差计测得正极与负极间的电势差就是原电池的电动势，电动势用符号 E 表示。原电池电动势的大小取决于组成原电池物质的本性，如果改变溶液的温度或溶液中离子的浓度，会引起电动势的变化。一般，在标准状态下测得的电动势称标准电动势，用 $E^\ominus$ 表示。标准状态指电池反应中的固态或液态都是纯物质，气体物质的分压为 100 kPa，溶液中离子的浓度为 $1.0 \text{ mol} \cdot L^{-1}$。

三、电极电位（电极电势）

原电池的电动势是两个电极（电对）之间的电势差。已知各电极的电极电位，就可方便地计算出原电池的电动势。但至今无法直接测量任何单个电极的电极电位数值，只好采用相对标准的比较办法。与测定海拔高度用海平面作参考标准一样，通常采用标准氢电极作为标准。常用的标准氢电极如图 6-2 所示，是将镀有一层疏松铂黑的铂片插入 H^+ 浓度为 $1 \text{ mol} \cdot L^{-1}$（指溶液中 H^+ 活度为 1）的酸溶液中，不断通入压力为 100 kPa 的高纯氢气流，溶液中的氢离子与被铂黑吸附的氢气形成 H^+/H_2 电对，建立起如下平衡：

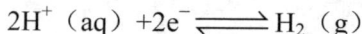

$$2H^+ \text{（aq）} + 2e^- \rightleftharpoons H_2 \text{（g）}$$

规定任何温度下，标准氢电极的电极电位（$\varphi^\ominus$）为零，以 $\varphi^\ominus(H^+/H_2) = 0.000\ 0V$ 表示。

欲测定某电极（电对）的电极电位，可将该电极与标准氢电极组成原电池，测定原电池的电动势，由于标准氢电极的电极电位为零，根据原电池的电动势就可确定所要测量电极的电极电位，从而得到各种电极的电极电位。待测电对处于标准状态（物质为纯物质，组成电对的有关物质的浓度为 $1.0 \text{ mol} \cdot L^{-1}$，气体的压力为 100 kPa），所测得电对的电极电位，称为该电对的标准电极电位，符号 $\varphi^\ominus$，测定温度为 298 K。

例如：欲测定锌电极的标准电极电位，可组成下列原电池：

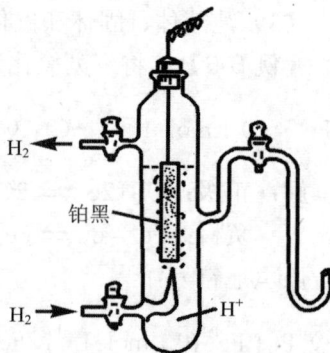

图 6-2　标准氢电极

$$(-)\ Zn\ |\ ZnSO_4(1.0\ mol\cdot L^{-1})\ \|\ H^+(1.0\ mol\cdot L^{-1})\ |\ H_2(101\ 325\ Pa)\ |\ Pt\ (+)$$

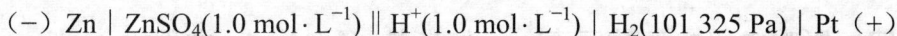

实验测得该原电池的电动势 $E^{\ominus}=0.763$ V，并已知电流是由氢电极通过导线流向锌电极，所以锌电极为负极，氢电极为正极。

$$E^{\ominus}=\varphi^{\ominus}\ (+)-\varphi^{\ominus}\ (-)=\varphi^{\ominus}\ (H^+/H_2)-\varphi^{\ominus}\ (Zn^{2+}/Zn)=0.763\ V$$

所以，$\varphi^{\ominus}\ (Zn^{2+}/Zn)=0.000$ V–0.763 V=–0.763 V

又如测定铜电极的标准电极电位，原电池为

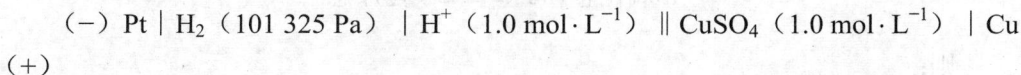

$$(-)\ Pt\ |\ H_2\ (101\ 325\ Pa)\ |\ H^+\ (1.0\ mol\cdot L^{-1})\ \|\ CuSO_4\ (1.0\ mol\cdot L^{-1})\ |\ Cu\ (+)$$

实验测得该原电池的电动势 $E^{\ominus}=0.337$V，铜电极为正极，氢电极为负极。

$$E^{\ominus}=\varphi^{\ominus}\ (+)-\varphi^{\ominus}\ (-)=\varphi^{\ominus}\ (Cu^{2+}/Cu)-\varphi^{\ominus}\ (H^+/H_2)=0.34\ V$$

所以，$\varphi^{\ominus}\ (Cu^{2+}/Cu)=0.34$ V

用类似的方法，可测定大多数电对的标准电极电位。附录十列出了一些氧化还原电对在酸性或碱性条件下的标准电极电位。为正确使用标准电极电位表，需做以下几点说明：

（1）表中列出的标准电极电位是国际标准化组织（ISO）和我国国标所规定的还原电位，表示电对中氧化态物质得电子能力的大小。

（2）某些物质随介质的酸碱性不同，其存在形式不同，标准电极电位值也不同。故标准电极电位表分为酸表（记做 $\varphi^{\ominus}_A$）和碱表（记做 $\varphi^{\ominus}_B$）。

（3）各种电对按电极电位由正值到负值顺序排列。在电对 H^+/H_2 上方的，$\varphi^{\ominus}$ 为正值；在电对 H^+/H_2 下方的，$\varphi^{\ominus}$ 为负值。

（4）表中每一个电对的电极反应都以还原反应的形式给出，但每个电对 $\varphi^{\ominus}$ 值的正、负号不随电极反应进行的方向而改变。例如在不同场合下，锌电极可以进行氧化反应 $Zn-2e^-\rightarrow Zn^{2+}$；也可以进行还原反应 $Zn^{2+}+2e^-\rightarrow Zn$，在 298 K 时，$\varphi^{\ominus}$ 值总是–0.763 V。因为 $\varphi^{\ominus}$ 值是在标准状态下，电对的氧化态和还原态处在动态平衡时的平衡电位。

（5）电极电位 $\varphi^{\ominus}$ 值与电子得失多少无关，即与电极反应中的计量系数无关，例如，电极反应 $Cl_2+2e^-\rightarrow 2Cl^-$，或写成 $1/2Cl_2+e^-\rightarrow Cl^-$，其 $\varphi^{\ominus}$ 值都等于 1.36 V。

（6）$\varphi^{\ominus}$ 值是电极处于平衡状态时表现出来的特征值，与达到平衡的快慢程度（速率）无关。

（7）$\varphi^{\ominus}$ 值仅适合用于水溶液，对非水溶液、固相反应并不适用。

四、影响电极电位的因素——能斯特（Nernst）方程式

1. 能斯特（Nernst）方程式

电极电位值的大小主要取决于电极的本性。如活泼金属的电极电位值一般都很小，而活泼非金属的电极电位值则较大。此外，电对的电极电位还与浓度和温度有关。能斯特从理论上推导出电极电位与浓度、温度之间的关系。对应任意给定电极，其电极反应通式为

$$a\ \text{氧化态} + ne^- \rightleftharpoons b\ \text{还原态}$$

则：

$$\varphi = \varphi^{\ominus} + \frac{RT}{nF} \ln \frac{\{c(\text{氧化态})\}^a}{\{c(\text{还原态})\}^b} \tag{6-1}$$

上式叫作能斯特方程。式中，φ 为任意温度、任意浓度下的电极电位值；$\varphi^{\ominus}$ 为电对的标准电极电位（通常指温度为 298.15 K 时）；R 为气体常数（8.314 J·K·mol^{-1}）；F 为法拉第常数（96 486 C·mol^{-1}）；T 为热力学温度（298.15 K）；n 为电极反应式中电子转移数；c（氧化态）、c（还原态）分别表示电极反应中氧化态一侧和还原态一侧各物质浓度与标准浓度 $c^{\ominus}$（1 mol·L^{-1}）的比值，气体代入分压与标准压力 $p^{\ominus}$（100 kPa）之比值。与平衡常数表达式一样，固态、纯液态物质不列入方程式。

将上述数据代入式（6-1），并将自然对数改为常用对数，则能斯特方程式变为

$$\varphi = \varphi^{\ominus} + \frac{0.0592}{n} \lg \frac{\{c(\text{氧化态})\}^a}{\{c(\text{还原态})\}^b} \tag{6-2}$$

应用能斯特方程式，应注意两个问题：

（1）如果组成电对的物质为固体或纯液体时，则它们的浓度项不列入方程式中。如果是气体，则以气体物质的相对分压来表示。

例如电极反应 $Zn^{2+} + 2e^- \rightleftharpoons Zn$

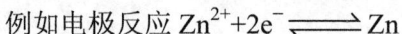

其能斯特方程式为 $\varphi(Zn^{2+}/Zn) = \varphi^{\ominus}(Zn^{2+}/Zn) + \dfrac{0.0592}{2} \lg c(Zn^{2+})$

例如电极反应 $Cl_2(g) + 2e^- \rightleftharpoons 2Cl^-$

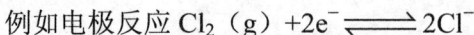

其能斯特方程式为 $\varphi(Cl_2/Cl^-) = \varphi^{\ominus}(Cl_2/Cl^-) + \dfrac{0.0592}{2}\lg\dfrac{p(Cl_2)/p^{\ominus}}{\{c(Cl^-)/c^{\ominus}\}^2}$

其中 $p^{\ominus}$ 为标准态压力（100 kPa）。

（2）如果在电极反应中，除氧化态、还原态物质外，还有参加电极反应的其他物质，如 H^+、OH^- 存在，应把这些物质的浓度也表示在能斯特方程式中。

例如 $Cr_2O_7^{2-}+14H^++6e^- \rightleftharpoons 2Cr^{3+}+7H_2O$

$$\varphi(Cr_2O_7^{2-}/Cr^{3+}) = \varphi^{\ominus}(Cr_2O_7^{2-}/Cr^{3+}) + \dfrac{0.0592}{6}\lg\dfrac{c(Cr_2O_7^{2-})\cdot c^{14}(H^+)}{c^2(Cr^{3+})}$$

2．有关能斯特方程式的计算

（1）浓度对电极电位的影响。当体系温度一定时，c（氧化态）与 c（还原态）的比值越大，则其 φ 值越大。

【例6-7】　①计算 298.15K 下，$c(Co^{2+})=1.0\ mol\cdot L^{-1}$，$c(Co^{3+})=0.1\ mol\cdot L^{-1}$ 时的 φ（Co^{3+}/Co^{2+}）值；②计算 298.15K 下，$c(Co^{2+})=0.01\ mol\cdot L^{-1}$，$c(Co^{3+})=1.0\ mol\cdot L^{-1}$ 时的 φ（Co^{3+}/Co^{2+}）值。

解： 电极反应 $Co^{3+}+e^- \rightleftharpoons Co^{2+}$

根据能斯特方程式：

$$\varphi(Co^{3+}/Co^{2+}) = \varphi^{\ominus}(Co^{3+}/Co^{2+}) + \dfrac{0.0592}{1}\lg\dfrac{c(Co^{3+})}{c(Co^{2+})}$$

① $\varphi(Co^{3+}/Co^{2+}) = (1.80 + \dfrac{0.0592}{1}\lg\dfrac{0.1}{1.0})\ V = 1.74\ V$

② $\varphi(Co^{3+}/Co^{2+}) = (1.80 + \dfrac{0.0592}{1}\lg\dfrac{1.0}{0.01})\ V = 1.92\ V$

（2）酸度对电极电位的影响。如果 H^+、OH^- 也参加电极反应，溶液酸度的变化会对电极电位产生影响。

【例6-8】　计算 $ClO_3^-+6H^++6e^- \rightleftharpoons Cl^-+3H_2O$ 的电极电位。$\varphi^{\ominus}$（ClO_3^-/Cl^-）$=1.45V$，c（ClO_3^-）$=c$（Cl^-）$=1.0mol\cdot L^{-1}$；c（H^+）$=10.0\ mol\cdot L^{-1}$。

解： 根据能斯特方程式，得

$$\varphi(ClO_3^-/Cl^-) = \varphi^{\ominus}(ClO_3^-/Cl^-) + \dfrac{0.0592}{6}\lg\dfrac{c(ClO_3^-)\cdot c^6(H^+)}{c(Cl^-)}$$

$$= (1.45 + \dfrac{0.0592}{6}\lg\dfrac{1.0\times(10.0)^6}{1.0})V = 1.51V$$

可看出，当 $c(H^+) = 10.0 \ mol \cdot L^{-1}$ 时，$\varphi^{\ominus}(ClO_3^-/Cl^-)$ 比 $\varphi^{\ominus}(ClO_3^-/Cl^-)$ 增大了 0.06 V。

（3）生成沉淀对电极电位的影响。电对的氧化态或还原态物质生成沉淀时，会使氧化态或还原态物质浓度减小，也会使电极电位发生变化。

【例 6-9】 计算在含有 Ag^+/Ag 电对的体系中加入适量的 Cl^-，并使系统处于标准态时的电位值。

解： 已知 $Ag^+ + e^- \rightleftharpoons Ag$ （1） $\varphi^{\ominus}(Ag^+/Ag) = 0.799$ V

溶液中有 Cl^- 时，Ag^+ 会与 Cl^- 作用生成 AgCl 沉淀，当 Ag^+ 在 Cl^- 作用下达到沉淀平衡时，根据 $K_{sp}^{\ominus}(AgCl)$，可知：

$$c(Ag^+) = \frac{K_{sp}^{\ominus}(AgCl)}{c(Cl^-)} = \left(\frac{1.8 \times 10^{-10}}{1.0} \right) mol \cdot L^{-1} = 1.8 \times 10^{-10} \ mol \cdot L^{-1}$$

电极反应为：$AgCl(s) \rightleftharpoons Ag^+ + Cl^-$ （2）

当 $c(Cl^-) = 1.0 \ mol \cdot L^{-1}$ 时：

$$\varphi^{\ominus}(AgCl/Ag) = \varphi(Ag^+/Ag)$$
$$= \varphi^{\ominus}(Ag^+/Ag) + \frac{0.0592}{1} \lg c(Ag^+)$$
$$= (0.799 + 0.0592 \lg 1.8 \times 10^{-10}) \ V$$
$$= 0.22 \ V$$

随着卤化银溶度积和 Ag^+ 平衡浓度的减小，$\varphi^{\ominus}(AgX/Ag)$ 值逐渐降低，电对所对应的氧化态物质的氧化能力越来越弱。

（4）生成弱电解质对电极电位的影响。电对中的氧化态或还原态物质生成弱酸或弱碱等弱电解质时，会使溶液中 H^+ 或 OH^- 浓度减小，导致电极电位发生变化。

【例 6-10】 电极反应 $2H^+ + 2e^- \rightleftharpoons H_2$，$\varphi^{\ominus}(H^+/H_2) = 0.000$ V，若在体系中加入 NaAc 溶液，当 $p(H_2) = 100 \ kPa$，$c(HAc) = c(Ac^-) = 1.0 \ mol \cdot L^{-1}$ 时，计算电极的电极电位值。

解：在体系中加入 NaAc 溶液，生成弱酸 HAc，则溶液中 H^+ 浓度为

$$c(H^+) = \frac{K_a^{\ominus}(HAc) \times c(HAc)}{c(Ac^-)} = 1.8 \times 10^{-5} \, mol \cdot L^{-1}$$

$$\varphi(H^+/H_2) = \varphi^{\ominus}(H^+/H_2) + \frac{0.059\,2}{2} \lg \frac{c^2(H^+)}{p(H_2)/p^{\ominus}}$$

$$= \left((0.000 + \frac{0.059\,2}{2} \lg \frac{(1.8 \times 10^{-5})^2}{100/100}) \right) V$$

$$= -0.28V$$

计算结果表明：若氧化态物质生成弱电解质，则电极电位减小，即氧化态物质氧化能力降低。

五、电极电位的应用

电极电位数值是电化学中除了可以用来判断原电池的正负极，计算原电池的电动势外，还可以比较氧化剂和还原剂的相对强弱，判断氧化还原反应进行的方向和程度等，现分别阐述如下。

1．判断原电池的正、负极，计算原电池的电动势

判断依据：φ 代数值较小的电极为负极；φ 代数值较大的电极为正极。

原电池的电动势（E）＝正极的电极电位 φ（+）–负极的电极电位 φ（−）

【**例 6-11**】 根据下列氧化还原反应：$Cu+Cl_2 \rightleftharpoons Cu^{2+}+2Cl^-$ 组成原电池。已知 $p(Cl_2) = 100 \, kPa$，$c(Cu^{2+}) = 0.1 \, mol \cdot L^{-1}$，$c(Cl^-) = 0.1 \, mol \cdot L^{-1}$，试写出此原电池符号并计算原电池的电动势。

解：查表得：$\varphi^{\ominus}(Cu^{2+}/Cu) = 0.34V$；$\varphi^{\ominus}(Cl_2/Cl^-) = 1.36V$

根据能斯特方程式：

$Cu^{2+} + 2e^- \rightleftharpoons Cu$

$$\varphi(Cu^{2+}/Cu) = \varphi^{\ominus}(Cu^{2+}/Cu) + \frac{0.0592}{2} \lg c(Cu^{2+})$$

$$= (0.34 + \frac{0.0592}{2} \lg 0.1) V$$

$$= 0.31 V$$

$Cl_2 (g) + 2e^- \rightleftharpoons 2Cl^-$

$$\varphi(Cl_2/Cl^-) = \varphi^{\ominus}(Cl_2/Cl^-) + \frac{0.0592}{2}\lg\frac{p(Cl_2)/p^{\ominus}}{c^2(Cl^-)}$$

$$= (1.36 + \frac{0.0592}{2}\lg\frac{100/100}{(0.10)^2})\text{ V}$$

$$= 1.42\text{ V}$$

原电池符号：

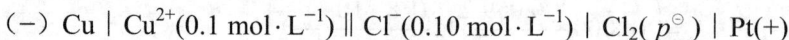

$$(-)\text{ Cu }|\text{ Cu}^{2+}(0.1\text{ mol}\cdot\text{L}^{-1})\ \|\ \text{Cl}^-(0.10\text{ mol}\cdot\text{L}^{-1})\ |\ \text{Cl}_2(p^{\ominus})\ |\ \text{Pt}(+)$$

$$E = \varphi(+) - \varphi(-)$$
$$= (1.42-0.31)\text{ V} = 1.11\text{ V}$$

2．比较氧化剂和还原剂的相对强弱

电极电位的大小，反映了氧化还原电对中氧化态物质和还原态物质氧化还原能力的相对强弱。电对的电极电位代数值越小，该电对中的还原态物质越易失去电子，还原能力越强，是强还原剂，其氧化态物质氧化能力越弱，是弱的氧化剂；电极电位代数值越大，该电对中的氧化态物质越易得到电子，氧化能力越强，是强的氧化剂，其还原态物质还原能力越弱，是弱的还原剂。因此，可根据标准电极电位值的大小来判断氧化态物质氧化能力和还原态物质还原能力的相对强弱。

【例 6-12】 试根据标准电极电位，判断下列四种物质：Zn^{2+}，Zn，Ag^+，Ag 中哪种物质氧化性较强，哪种物质还原性较强？

解： $\varphi^{\ominus}(Zn^{2+}/Zn) = -0.763\text{ V}$

$\varphi^{\ominus}(Ag^+/Ag) = 0.799\text{ V}$

$\varphi^{\ominus}(Ag^+/Ag) > \varphi^{\ominus}(Zn^{2+}/Zn)$

所以，Ag^+ 氧化性较强，Zn 还原性较强。

3．判断氧化还原反应进行的方向

当原电池电动势 $E>0$ 时，氧化还原反应能自发进行；反之若 $E<0$ 时，氧化还原反应不能自发进行。因此，根据组成氧化还原反应两电对的电极电位可以判断氧化还原反应进行的方向。一般，氧化还原反应是电极电位大的电对的氧化态物质，氧化电极电位小的电对的还原态物质。当原电池标准电动势（$E^{\ominus}$）足够大时，不考虑反应中各种离子浓度改变对电动势的影响；标准电动势（$E^{\ominus}$）较小的时候，溶液中离子浓度的改变，可能会使反应方向发生逆转，需通过能斯特方程式计算电动势（E）来判断。若 $E^{\ominus}>0.2\text{ V}$，可直接用 $E^{\ominus}$ 判断氧化还原反应能否自发进行。

【例 6-13】 标准状态下，试判断下列反应进行方向：$Cd+Cl_2 \rightleftharpoons Cd^{2+}+2Cl^-$

解： $\varphi^{\ominus}$（Cd^{2+}/Cd）$=-0.403$ V；$\varphi^{\ominus}$（Cl_2/Cl^-）$=1.36$ V

$$E^{\ominus}=\varphi^{\ominus}（+）-\varphi^{\ominus}（-）=\varphi^{\ominus}（Cl_2/Cl^-）-\varphi^{\ominus}（Cd^{2+}/Cd）=1.76 \text{ V}$$

所以反应正向进行。

【例 6-14】 试判断下述反应：$Pb^{2+}+Sn \rightleftharpoons Pb+Sn^{2+}$，在（1）标准态；（2）

非标准态，且 $\dfrac{c(Pb^{2+})}{c(Sn^{2+})}=\dfrac{0.001}{1.0}$ 时反应自发进行的方向。

解：（1）$E^{\ominus}=\varphi^{\ominus}（+）-\varphi^{\ominus}（-）=\varphi^{\ominus}(Pb^{2+}/Pb)-\varphi^{\ominus}(Sn^{2+}/Sn)$

$$=-0.126 \text{ V}-(-0.136 \text{ V})=0.010 \text{ V}$$

所以，上述反应可以自发向右进行。

（2）$E=\varphi(Pb^{2+}/Pb)-\varphi(Sn^{2+}/Sn)$

$$=\varphi^{\ominus}(Pb^{2+}/Pb)+\frac{0.059\,2}{2}\lg c(Pb^{2+})-\varphi^{\ominus}(Sn^{2+}/Sn)-\frac{0.059\,2}{2}\lg c(Sn^{2+})$$

$$=E^{\ominus}+\frac{0.059\,2}{2}\lg\frac{c(Pb^{2+})}{c(Sn^{2+})}=-0.079 \text{ V}<0$$

所以上述反应的方向逆转，即自发向左进行。

【例 6-15】 现在含 Cl^-、Br^-、I^- 三种离子的混合溶液。欲使 I^- 氧化为 I_2，而不使 Cl^-、Br^- 氧化，在常用的氧化剂 $Fe_2(SO_4)_3$ 和 $KMnO_4$ 中，选择哪种能符合上述要求？

解： $\varphi^{\ominus}$ (I_2/I^-) $=0.534$ V，$\varphi^{\ominus}$ (Br_2/Br^-) $=1.087$ V，$\varphi^{\ominus}$ (Cl_2/Cl^-) $=1.36$ V，

$\varphi^{\ominus}$(Fe^{3+}/Fe^{2+})$=0.771$ V，$\varphi^{\ominus}$(MnO_4^-/Mn^{2+})$=1.51$ V

因为：$\varphi^{\ominus}(I_2/I^-)<\varphi^{\ominus}(Fe^{3+}/Fe^{2+})<\varphi^{\ominus}(Br_2/Br^-)<\varphi^{\ominus}(Cl_2/Cl^-)<\varphi^{\ominus}(MnO_4^-/Mn^{2+})$

所以，选用 $Fe_2(SO_4)_3$ 作为氧化剂能满足题目要求。

4. 氧化还原反应进行的程度

任一化学反应进行的程度可用其平衡常数表示，氧化还原反应的平衡常数根据能斯特公式和两个电对的标准电极电位求得。

【例6-16】 计算 Cu-Zn 原电池反应的平衡常数。

解：Cu-Zn 原电池反应式为

$$Zn + Cu^{2+} \rightleftharpoons Zn^{2+} + Cu$$

当此反应处于平衡时，反应的平衡常数：

$$K^{\ominus} = \frac{c(Zn^{2+})}{c(Cu^{2+})}$$

反应开始时，$\varphi(Zn^{2+}/Zn) = \varphi^{\ominus}(Zn^{2+}/Zn) + \dfrac{0.059\,2}{2} \lg c(Zn^{2+})$

$$\varphi(Cu^{2+}/Cu) = \varphi^{\ominus}(Cu^{2+}/Cu) + \frac{0.059\,2}{2} \lg c(Cu^{2+})$$

随着反应的进行 Zn^{2+}浓度不断增加，φ（Zn^{2+}/Zn）值随之上升；另外，Cu^{2+}浓度不断减少，$\varphi(Cu^{2+}/Cu)$值随之下降。当$\varphi(Zn^{2+}/Zn) = \varphi(Cu^{2+}/Cu)$时反应达到平衡状态，则：

$$\varphi^{\ominus}(Zn^{2+}/Zn) + \frac{0.059\,2}{2} \lg c(Zn^{2+}) = \varphi^{\ominus}(Cu^{2+}/Cu) + \frac{0.059\,2}{2} \lg c(Cu^{2+})$$

$$\frac{0.059\,2}{2} \lg \frac{c(Zn^{2+})}{c(Cu^{2+})} = \varphi^{\ominus}(Cu^{2+}/Cu) - \varphi^{\ominus}（Zn^{2+}/Zn)$$

由于 $\quad \dfrac{c(Zn^{2+})}{c(Cu^{2+})} = K^{\ominus}$

所以 $\quad \lg K^{\ominus} = \dfrac{2\{\varphi^{\ominus}Cu^{2+}/Cu) - \varphi^{\ominus}(Zn^{2+}/Zn)\}}{0.059\,2} = \dfrac{2\{0.337 - (-0.763)\}}{0.059\,2}$

$$= 37.2$$

$$K^{\ominus} = 1.6 \times 10^{37}$$

该反应平衡常数如此之大，说明反应向右进行得很完全。

推而广之，设任一氧化还原反应式为

$$n_2 Ox_1 + n_1 Red_2 \rightleftharpoons n_2 Red_1 + n_1 Ox_2$$

$n_1 = n_2 = n$ 时，$\quad \lg K^{\ominus} = \dfrac{n[\varphi^{\ominus}(氧化剂) - \varphi^{\ominus}(还原剂)]}{0.059\,2}$ （6-3）

或 $\qquad\qquad\qquad\qquad \lg K^{\ominus} = \dfrac{nE^{\ominus}}{0.059\,2}$ （6-4）

$$n_1 \neq n_2 \text{ 时，} \quad \lg K^{\ominus} = \frac{n_1 n_2 [\varphi^{\ominus}(\text{氧化剂}) - \varphi^{\ominus}(\text{还原剂})]}{0.059\ 2} \tag{6-5}$$

$$\text{或} \qquad\qquad\qquad \lg K^{\ominus} = \frac{n_1 n_2 E^{\ominus}}{0.059\ 2} \tag{6-6}$$

式中，$\varphi^{\ominus}$（氧化剂）——氧化剂电对的标准电极电位，即原电池正极的标准电极电位；

$\quad\quad\ \varphi^{\ominus}$（还原剂）——还原剂电对的标准电极电位，即原电池负极的标准电极电位；

$\quad\quad\ E^{\ominus}$——氧化还原反应对应的原电池的标准电动势；

$\quad\quad\ n$——氧化还原反应中转移的电子数。

由此可知，氧化还原反应的平衡常数 K 值的大小，直接由氧化剂和还原剂两电对的电极电位之差（或说该反应对应的电池标准电动势）决定。两者差值越大，K 值就越大，反应进行得越完全。根据两个电对的电极电位值，可以计算氧化还原反应的平衡常数 K 值。

虽然由电极电位可以判断氧化还原反应进行的方向和程度，但却不能判断反应速率的大小。例如：

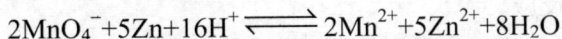

$$2MnO_4^- + 5Zn + 16H^+ \rightleftharpoons 2Mn^{2+} + 5Zn^{2+} + 8H_2O$$

$\varphi^{\ominus}(MnO_4^- / Mn^{2+})$（1.51V）$> \varphi^{\ominus}(Zn^{2+} / Zn)$(−0.63 V)，两值相差很大，说明反应进行得彻底。实际上将 Zn 放入酸性 $KMnO_4$ 溶液中，由于该反应的速率非常小，几乎观察不到反应的发生，只有在 Fe^{3+} 的催化作用下，反应才能迅速进行。工业生产中选择氧化剂或还原剂时，不但要考虑反应能否发生，还要考虑是否能快速进行。

六、元素标准电极电势图及其应用

1. 元素标准电极电势图

许多元素有多种氧化态，同一元素不同氧化态的物质可以组成不同电对，对应不同的标准电极电位值。将元素不同的氧化态按氧化数由高到低的顺序排成一横行，在相邻两个物质间用直线连接，并在直线上标明此电对的电极电位值，由此构成的图称为元素电势图。该图清楚地表明同一元素各不同氧化数物质的氧化、还原能力的大小。

如氧元素具有 0，−1，−2 三种氧化数，在酸性溶液中可组成三个电对：

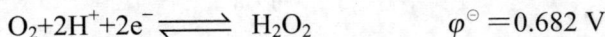

$$O_2 + 2H^+ + 2e^- \rightleftharpoons H_2O_2 \qquad\qquad \varphi^{\ominus} = 0.682\ V$$

$$H_2O_2+2H^++2e^- \rightleftharpoons 2H_2O \qquad \varphi^\ominus = 1.77 \text{ V}$$

$$O_2+4H^++2e^- \rightleftharpoons 2H_2O \qquad \varphi^\ominus = 1.229 \text{ V}$$

氧在酸性介质中的元素电势图可表示为

$$\varphi_A^\ominus / V \qquad O_2 \underset{}{\overset{+0.682}{\rule{2cm}{0.4pt}}} H_2O_2 \overset{+1.77}{\rule{2cm}{0.4pt}} H_2O$$
$$\underset{+1.229}{\rule{4cm}{0.4pt}}$$

同理，氧在碱性介质中的元素电势图可表示为

$$\varphi_B^\ominus / V \qquad O_2 \overset{-0.076}{\rule{2cm}{0.4pt}} HO_2^- \overset{0.87}{\rule{2cm}{0.4pt}} OH^-$$
$$\underset{0.401}{\rule{4cm}{0.4pt}}$$

　　元素电势图与标准电极电位表（或上述电极的还原反应式）相比，简明、综合、形象、直观，元素电势图对了解元素及其化合物的各种氧化还原性能、各物质的稳定性、可能发生的氧化还原反应，以及元素的自然存在等都有重要意义，下面从两方面给予说明。

　　2.元素电势图的应用

　　（1）判断物质能否发生歧化反应。

　　歧化反应也叫作自身氧化还原反应。当元素处于中间氧化数时，一部分向高氧化数状态变化（即被氧化），另一部分向低氧化数状态变化（即被还原），这类反应称为歧化反应。相反，如果是由元素的较高和较低的两种氧化态相互作用生成其中间氧化态的反应，则是歧化反应的逆反应，称为逆歧化反应。

　　如下列反应：

$$2Cu^+ \rightleftharpoons Cu^{2+}+Cu \qquad （1）$$

$$2Fe^{3+} + Fe \rightleftharpoons 3Fe^{2+} \qquad （2）$$

　　反应（1）是歧化反应，所以在实验室得不到含 Cu^+ 的溶液，只能见到 CuCl，CuI 沉淀等。反应（2）是逆歧化反应，也是实验室为防止 Fe^{2+} 溶液被氧化常采取的措施（如向溶液中加入铁丝或铁钉）。

　　酸性介质中，Cu 和 Fe 的元素电势图分别为

$$\varphi_A^\ominus / V \qquad Cu^{2+} \overset{+0.159}{\rule{2cm}{0.4pt}} Cu^+ \overset{+0.52}{\rule{2cm}{0.4pt}} Cu$$
$$\underset{0.340}{\rule{4cm}{0.4pt}}$$

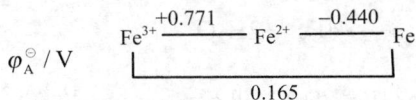

$$\varphi_A^{\ominus} / V \quad Fe^{3+} \overset{+0.771}{\rule{2cm}{0.4pt}} Fe^{2+} \overset{-0.440}{\underset{0.165}{\rule{2cm}{0.4pt}}} Fe$$

由于 $\varphi^{\ominus}(Cu^+/Cu) > \varphi^{\ominus}(Cu^{2+}/Cu^+)$，所以发生 Cu^+ 的歧化反应；因为 $\varphi^{\ominus}(Fe^{3+}/Fe^{2+})$

$> \varphi^{\ominus}(Fe^{2+}/Fe)$，所以 Fe^{3+} 和 Fe 发生逆歧化反应。

一般如果某元素有三种氧化数由高到低的氧化态 A，B，C，则其元素电势图为

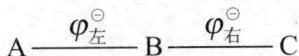

$$A \overset{\varphi_{\Xi}^{\ominus}}{\rule{2cm}{0.4pt}} B \overset{\varphi_{\pi}^{\ominus}}{\rule{2cm}{0.4pt}} C$$

歧化反应的规律：

①当电势图中 $\varphi_{\Xi}^{\ominus} < \varphi_{\pi}^{\ominus}$ 时，容易发生如下歧化反应：$2B \rightarrow A + C$；

②当电势图中 $\varphi_{\Xi}^{\ominus} > \varphi_{\pi}^{\ominus}$ 时，不能发生歧化反应，而逆向反应则是可以进行的：

$A + C \rightarrow 2B$。

（2）解释元素的氧化还原特性。

分析元素电势图，可以获得有关元素的氧化还原性质，对判断元素发生什么反应，解释反应现象有较大的帮助。

例如，根据金属铁在酸性介质中的元素电势图，可以预测金属铁在酸性介质中的一些氧化还原特性。

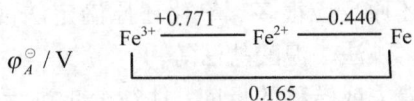

$$\varphi_A^{\ominus} / V \quad Fe^{3+} \overset{+0.771}{\rule{2cm}{0.4pt}} Fe^{2+} \overset{-0.440}{\underset{0.165}{\rule{2cm}{0.4pt}}} Fe$$

因为 $\varphi^{\ominus}(Fe^{3+}/Fe^{2+}) = 0.771\ V > 0$，而 $\varphi^{\ominus}(Fe^{2+}/Fe) = -0.44\ V < 0$，故在稀盐酸或稀硫酸等非氧化性稀酸中，Fe 主要被氧化为 Fe^{2+} 而非 Fe^{3+}：

$$Fe + 2H^+ \rightleftharpoons Fe^{2+} + H_2$$

但在酸性介质中，Fe^{2+} 是不稳定的，易被空气中氧所氧化。因为：

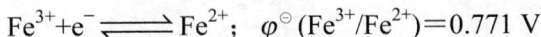

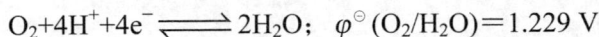

$$Fe^{3+} + e^- \rightleftharpoons Fe^{2+}; \quad \varphi^{\ominus}(Fe^{3+}/Fe^{2+}) = 0.771\ V$$

$$O_2 + 4H^+ + 4e^- \rightleftharpoons 2H_2O; \quad \varphi^{\ominus}(O_2/H_2O) = 1.229\ V$$

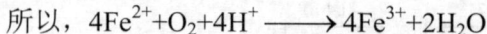

所以，$4Fe^{2+}+O_2+4H^+ \longrightarrow 4Fe^{3+}+2H_2O$

由于 $\varphi^{\ominus}(Fe^{3+}/Fe^{2+}) > \varphi^{\ominus}(Fe^{2+}/Fe)$，即 $\varphi_{左}^{\ominus} > \varphi_{右}^{\ominus}$，故 Fe^{2+} 不会发生歧化反应，但可发生歧化反应的逆反应：$Fe+2Fe^{3+} \longrightarrow 3Fe^{2+}$，因此，在 Fe^{2+} 盐溶液中，加入少量金属铁，能避免 Fe^{2+} 被空气中氧气氧化为 Fe^{3+}。

第三节　氧化还原滴定法

一、概述

　　氧化还原滴定法是以氧化还原反应为基础的滴定分析方法。氧化还原滴定法应用很广泛，一些不能用酸碱滴定法、沉淀滴定法及配位滴定法测定的物质，常可以用氧化滴定法测定。例如用 $KMnO_4$ 或 $K_2Cr_2O_7$ 标准溶液滴定 Fe^{2+}，以测定试样的含铁量，是最常见的氧化还原滴定法之一。

　　氧化还原滴定法既可采用适当的氧化剂作滴定剂，直接测定具有还原性的物质（如 Fe^{2+}、Sn^{2+}、I^-、As_2O_3）及含有不饱和键的有机化合物，也可用适当的还原剂（如 $Na_2S_2O_3$ 等）作滴定剂来测定具有氧化性的物质（如 I_2、漂白粉、$K_2Cr_2O_7$ 等）。还可用来间接测定一些本身不具有氧化还原性，但能与氧化剂或还原剂发生定量反应的物质，如 Ba^{2+}、Ca^{2+} 等。如 Ba^{2+} 可以形成 $BaCrO_4$ 沉淀，用氧化还原滴定法滴定 $BaCrO_4$ 中的 CrO_4^{2-}，可间接计算 Ba^{2+} 的量；同样，Ca^{2+} 可以形成 CaC_2O_4 沉淀，用 $KMnO_4$ 标准溶液滴定 CaC_2O_4 中的 $C_2O_4^{2-}$ 的量，可间接求得 Ca^{2+} 的量。

　　用于滴定分析的氧化还原反应很多。氧化还原滴定法常以所用氧化剂命名，如高锰酸钾法、重铬酸钾法、碘法、溴酸盐法等。

　　氧化还原反应是电子得失或转移的反应，往往分步进行，有的反应除主反应外，还伴有各种副反应，且反应速率一般较慢。反应条件（温度、酸度等）对氧化还原反应的影响也很大，仅就氧化剂和还原剂标准电极电位差值的大小，不能决定反应能否适用于滴定分析。换言之，用于滴定分析的氧化还原反应，要满足滴定分析对化学反应的基本要求——按照反应方程式定量进行、反应必须迅速等。为此，在讨论了氧化还原反应进行的方向和程度的基础上，本节还将进一步讨论氧化还原反应的速率及其影响因素、氧化还原滴定终点的确定，最后介绍氧化还原滴定法的应用示例。

1．氧化还原反应与条件电极电位

对一任意给定电极，其电极反应通式为

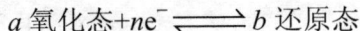

$$a \text{ 氧化态} + ne^- \rightleftharpoons b \text{ 还原态}$$

电对的电极电位可用能斯特方程式表示为

$$\varphi = \varphi^{\ominus} + \frac{0.059\,2}{n} \lg \frac{\{c(\text{氧化态})\}^a}{\{c(\text{还原态})\}^b}$$

当溶液的浓度较稀时，为简化起见，忽略溶液中离子强度的影响，以溶液的浓度代替活度进行计算。但在实际工作中，离子强度的影响不能忽视，尤其是当溶液组成改变时，电对氧化态和还原态的存在形式也随之改变，从而引起电极电位的变化。在这种情况下，用能斯特公式计算有关电对的电极电位时，若仍采用标准电极电位，不考虑离子强度的影响，其计算结果与实际情况相差很大。现以 HCl 溶液中的 Fe^{3+}/Fe^{2+} 体系的电位计算为例，用能斯特公式得

$$\varphi(Fe^{3+}/Fe^{2+}) = \varphi^{\ominus}(Fe^{3+}/Fe^{2+}) + 0.059\,2 \lg \frac{a(Fe^{3+})}{a(Fe^{2+})}$$

$$\varphi(Fe^{3+}/Fe^{2+}) = \varphi^{\ominus}(Fe^{3+}/Fe^{2+}) + 0.059\,2 \lg \frac{\gamma(Fe^{3+})c(Fe^{3+})}{\gamma(Fe^{2+})c(Fe^{2+})} \tag{6-7}$$

式中，γ——活度系数；

$c(Fe^{3+})$、$c(Fe^{2+})$——Fe^{3+} 和 Fe^{2+} 的平衡浓度。

在 HCl 溶液中除 Fe^{3+}、Fe^{2+} 外，三价铁还以 $[Fe(OH)]^{2+}$、$[FeCl]^{2+}$、$[FeCl_2]^+$、$[FeCl_4]^-$、$[FeCl_6]^{3-}$ 等形式存在，而二价铁也还有 $[Fe(OH)]^+$、$[FeCl]^+$、$[FeCl_3]^-$、$[FeCl_4]^{2-}$ 等存在形式。若用 $c_{Fe(III)}$、$c_{Fe(II)}$ 分别表示溶液中的 Fe^{3+} 和 Fe^{2+} 各种存在形式的总浓度，则

HCl 溶液中，Fe^{3+} 和 Fe^{2+} 的副反应系数 $\alpha(Fe^{3+})$ 及 $\alpha(Fe^{2+})$ 分别为

$$\alpha(Fe^{3+}) = c_{Fe(III)}/c(Fe^{3+})$$

$$\alpha(Fe^{2+}) = c_{Fe(II)}/c(Fe^{2+})$$

代入式（6-7）得

$$\varphi(Fe^{3+}/Fe^{2+}) = \varphi^{\ominus}(Fe^{3+}/Fe^{2+}) + 0.059\,2 \lg \frac{\gamma(Fe^{3+}) \cdot \alpha(Fe^{2+}) \cdot c_{Fe(III)}}{\gamma(Fe^{2+}) \cdot \alpha(Fe^{3+}) \cdot c_{Fe(II)}} \tag{6-8}$$

因为 Fe^{3+} 和 Fe^{2+} 的总浓度 $c(Fe^{3+})$、$c(Fe^{2+})$ 是知道的，副反应系数 α 和 γ 在一定条件下为一固定值，可以并入常数项中，为此将式（7-8）改写为

$$\varphi(Fe^{3+}/Fe^{2+}) = \varphi^{\ominus}(Fe^{3+}/Fe^{2+}) + 0.059\,2\,\lg\frac{\gamma(Fe^{3+})\cdot\alpha(Fe^{2+})}{\gamma(Fe^{2+})\cdot\alpha(Fe^{3+})} + 0.059\,\lg\frac{c_{Fe(III)}}{c_{Fe(II)}} \quad (6-9)$$

$$令\ \varphi'^{\ominus}(Fe^{3+}/Fe^{2+}) = \varphi^{\ominus}(Fe^{3+}/Fe^{2+}) + 0.059\,2\,\lg\frac{\gamma(Fe^{3+})\cdot\alpha(Fe^{2+})}{\gamma(Fe^{2+})\cdot\alpha(Fe^{3+})} \quad (6-10)$$

则式（6-9）可写作：

$$\varphi(Fe^{3+}/Fe^{2+}) = \varphi'^{\ominus}(Fe^{3+}/Fe^{2+}) + 0.059\,2\,\lg\frac{c_{Fe(III)}}{c_{Fe(II)}} \quad (6-11)$$

式（6-11）中 $\varphi'^{\ominus}(Fe^{3+}/Fe^{2+})$ 称为条件电极电位。表示在一定介质条件下氧化态和还原态的总浓度比值为 1 时，校正了各种外界因素影响后的实际电位，条件电极电位反映了离子强度与各种副反应影响的总结果，在一定条件下为常数。部分氧化还原电对的条件电极电位参见附录七。在处理有关氧化还原反应的电位计算时，应尽量采用条件电极电位，当缺乏相同条件下的电极电位数据时，可采用条件相近的条件电极电位，得到的处理结果比较接近实际情况。

2. 氧化还原反应进行的速度及影响因素

氧化还原反应平衡常数大小，只说明该反应进行的可能性和反应的完全程度，不能说明反应速率的快慢。有的反应平衡常数 K 值很大，理论上可以进行，实际上由于反应速率太慢，可认为氧化剂与还原剂之间并没有发生反应。不同的氧化还原反应，其反应速率差别很大。原因是氧化还原反应过程比较复杂，许多反应都分步进行，整个反应的速率由最慢的一步决定。在滴定分析中，要求氧化还原反应必须定量、迅速进行，必须考虑氧化还原反应进行的速率。影响反应速度的主要因素有：

（1）反应物浓度。一般来说，增加反应物浓度，可以加快反应速率。例如，在酸性溶液中，一定量的 $K_2Cr_2O_7$ 和 KI 反应：

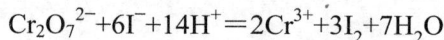

$$Cr_2O_7{}^{2-} + 6I^- + 14H^+ = 2Cr^{3+} + 3I_2 + 7H_2O$$

在较浓的 $K_2Cr_2O_7$ 溶液中加入过量 KI 和提高溶液酸度，才能使上述反应较快地进行。

（2）温度。温度对氧化还原反应的影响是很复杂的。对大多数反应来说，升高温度，可提高反应速率。例如，在酸性溶液中 MnO_4^- 和 $C_2O_4{}^{2-}$ 的反应：

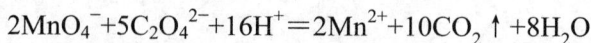

$$2MnO_4^- + 5C_2O_4{}^{2-} + 16H^+ = 2Mn^{2+} + 10CO_2\uparrow + 8H_2O$$

在室温下进行缓慢。用于滴定时，通常将溶液加热至 75～85℃，加快反应速度。

应该注意，不是所有情况都可用升高溶液温度的办法来加快反应速率。有些物质（如 I_2）具有较大的挥发性，加热溶液会引起挥发损失，从而产生误差。

（3）催化剂。催化剂对反应速率有很大影响。如上述 MnO_4^- 与 $C_2O_4^{2-}$ 的反应中加入 Mn^{2+}，能催化反应迅速进行。同时，Mn^{2+} 又是反应的生成物之一。因此，溶液中若不另外加入二价的锰盐，即使加热到 75～85℃，反应进行得仍较缓慢（MnO_4^- 褪色很慢）。但反应一经开始，溶液中产生了少量 Mn^{2+} 后，由于 Mn^{2+} 的催化作用，就使以后的反应大为加速，这里加速反应的催化剂 Mn^{2+} 是由反应本身生成的。这种反应称为自动催化反应。

氧化还原滴定中借助催化剂以加快反应速率的例子还很多，如用水中溶解氧氧化 $TiCl_3$ 时，用 Cu^{2+} 作催化剂：

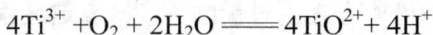

$$4Ti^{3+} + O_2 + 2H_2O \rightleftharpoons 4TiO^{2+} + 4H^+$$

又如在酸性介质中用 $(NH_4)_2S_2O_8$ 氧化 Mn^{2+} 的反应：

$$2Mn^{2+} + 5S_2O_8^{2-} + 8H_2O \rightleftharpoons 2MnO_4^- + 10SO_4^{2-} + 16H^+$$

必须有 Ag^+ 作催化剂。

以上讨论可知，为使氧化还原反应按所需方向定量、迅速地进行，选择和控制适当的反应条件（包括温度、酸度和浓度等）十分重要。

（4）诱导反应。有些氧化还原反应在通常情况下并不发生或进行极慢，但在另一反应进行时会促进这一反应的发生。这种由于一个氧化还原反应的发生促进另一氧化还原反应的进行，称为诱导反应。例如，在酸性溶液中，$KMnO_4$ 氧化 Cl^- 的反应速率极慢，当溶液中同时存在 Fe^{2+} 时，$KMnO_4$ 氧化 Fe^{2+} 的反应将加速 $KMnO_4$ 氧化 Cl^- 的反应。这里 Fe^{2+} 称为诱导体，MnO_4^- 称为作用体，Cl^- 称为受诱体。

诱导反应与催化反应不同，催化反应中，催化剂参加反应后恢复到原来的状态；而诱导反应中，诱导体参加反应后变成其他物质，增加了作用体的消耗量。如 $KMnO_4$ 氧化 Fe^{2+} 诱导 $KMnO_4$ 氧化 Cl^- 的反应中，诱导体 Fe^{2+} 反应后变成 Fe^{3+}，反应消耗了作用体 $KMnO_4$。

二、氧化还原滴定曲线

在氧化还原滴定中，随着滴定剂的加入，被测物质的氧化态和还原态的浓度逐渐改变，有关电对的电极电位也随之改变，当滴定到化学计量点附近时，滴加极少量的标准溶液，会引起电极电位的急剧变化，产生滴定突跃。滴定过程中，标准溶液用量和电极电位变化关系可用滴定曲线表示。各个滴定点的电极电位可用实验方法进行测量，也可根据能斯特方程进行计算。用滴定剂加入的百分数为横坐标，电对的电极电位为纵坐标作图，得到滴定曲线。

在 1 mol·L^{-1} H$_2$SO$_4$ 溶液中，用 0.1 000 mol·L^{-1} Ce(SO$_4$)$_2$ 标准溶液滴定 20.00 mL、0.100 0 mol·L^{-1} FeSO$_4$，讨论滴定过程中标准溶液用量和电极电位数值之间量的变化情况。

滴定反应式：$\qquad Ce^{4+} + Fe^{2+} \rightleftharpoons Ce^{3+} + Fe^{3+}$

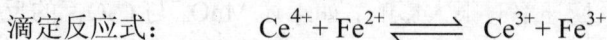

两个电对的条件电极电位：

$$Fe^{3+} + e \rightleftharpoons Fe^{2+} \qquad\qquad \varphi'^{\ominus}(Fe^{3+}/Fe^{2+}) = 0.68 \text{ V}$$

$$Ce^{4+} + e \rightleftharpoons Ce^{3+} \qquad\qquad \varphi'^{\ominus}(Ce^{4+}/Ce^{3+}) = 1.44 \text{ V}$$

1. 滴定开始至化学计量点前

在化学计量点前，溶液中存在着过量的 Fe^{2+}，滴定过程中电极电位可根据 Fe^{3+}/Fe^{2+} 电对计算：

$$\varphi(Fe^{3+}/Fe^{2+}) = \varphi'^{\ominus}(Fe^{3+}/Fe^{2+}) + 0.0592 \lg \frac{c_{Fe(III)}}{c_{Fe(II)}}$$

此时 $\varphi(Fe^{3+}/Fe^{2+})$ 值随溶液中 $c_{Fe(III)}$ 和 $c_{Fe(II)}$ 的改变而变化。例如，当加入 Ce(SO$_4$)$_2$ 标准溶液 99.9%，Fe^{2+} 剩余 0.1% 时，溶液电位：

$$\varphi(Fe^{3+}/Fe^{2+}) = 0.68 + 0.059\,2 \lg \frac{99.9}{0.1} = 0.86 \text{ V}$$

在化学计量点前时各滴定点的电位可按同法计算。

2. 化学计量点时

设化学计量点时的电极电位 φ_{eq} 分别为

$$\varphi_{eq} = \varphi(Fe^{3+}/Fe^{2+}) = \varphi'^{\ominus}(Fe^{3+}/Fe^{2+}) + 0.059\,2 \lg \frac{c_{Fe(III)}}{c_{Fe(II)}}$$

$$\varphi_{eq} = \varphi(Ce^{4+}/Ce^{3+}) = \varphi'^{\ominus}(Ce^{4+}/Ce^{3+}) + 0.059\,2 \lg \frac{c_{Ce(IV)}}{c_{Ce(III)}}$$

两式相加得

$$2\varphi_{eq} = \varphi'^{\ominus}(Fe^{3+}/Fe^{2+}) + \varphi'^{\ominus}(Ce^{4+}/Ce^{3+}) + 0.059\,2 \lg \frac{c_{Fe(III)}}{c_{Fe(II)}} \frac{c_{Ce(IV)}}{c_{Ce(III)}}$$

反应达到化学平衡状态，$\dfrac{c_{Fe(III)}}{c_{Ce(III)}} = \dfrac{c_{Ce(IV)}}{c_{Fe(II)}}$，则：

$$\lg \dfrac{c_{Fe(III)}}{c_{Fe(II)}} \dfrac{c_{Ce(IV)}}{c_{Ce(III)}} = 0$$

$$\varphi_{eq} = \dfrac{\varphi'^{\ominus}(Ce^{4+}/Ce^{3+}) + \varphi'^{\ominus}(Fe^{3+}/Fe^{2+})}{2} = \dfrac{1.44V + 0.68\ V}{2} = 1.06\ V$$

推而广之，设任一氧化还原反应式为

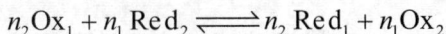

$$n_2 Ox_1 + n_1 Red_2 \rightleftharpoons n_2 Red_1 + n_1 Ox_2$$

反应达到平衡时电极电位 φ_{eq} 为

$$\varphi_{eq} = \dfrac{n_1 \varphi'^{\ominus}(Ox_1/Red_1) + n_2 \varphi'^{\ominus}(Ox_2/Red_2)}{n_1 + n_2} \tag{6-12}$$

3．化学计量点后

化学计量点后，加入了过量的 Ce^{4+}，故可利用 Ce^{4+}/Ce^{3+} 电对来计算电位：

$$\varphi(Ce^{4+}/Ce^{3+}) = \varphi'^{\ominus}(Ce^{4+}/Ce^{3+}) + 0.059\,2 \lg \dfrac{c_{Ce(IV)}}{c_{Ce(III)}}$$

例如，当 Ce^{4+} 过量 0.1%时，溶液电位是

$$\varphi(Ce^{4+}/Ce^{3+}) = \varphi'^{\ominus}(Ce^{4+}/Ce^{3+}) + 0.059\,2 \lg \dfrac{0.1}{100} = 1.26\ V$$

化学计量点过后各滴定点的电位值，可按同法计算。

滴定过程中，不同滴定点的电位计算结果见表 6-3，绘制的滴定曲线如图 6-3 所示。

表 6-3　在 1 mol·L^{-1} H_2SO_4 溶液中，用 0.100 0 mol·L^{-1}Ce(SO$_4$)$_2$
滴定 20.00 mL 0.100 0 mol·L^{-1}Fe^{2+}溶液

加入 Ce^{4+}溶液		电位/V
V/mL	α/%	
1.00	5.0	0.60
2.00	10.0	0.62
4.00	20.0	0.64
8.00	40.0	0.67
10.00	50.0	0.68
12.00	60.0	0.69

加入 Ce^{4+} 溶液		电位/V
V/mL	α/%	
18.00	90.0	0.74
19.80	99.0	0.80
19.98	99.9	0.86 ⎫
20.00	100.0	1.06 ⎬（滴定突跃）
20.02	100.1	1.26 ⎭
22.00	110.0	1.38
30.00	150.0	1.42
40.00	200.0	1.44

由图 6-3 可见，当 Ce^{4+} 标准溶液滴入 50% 时的电位等于还原剂电对的条件电极电位；当 Ce^{4+} 标准溶液滴入 200% 时的电位等于氧化剂电对的条件电极电位；滴定由 99.9%～100.1% 时电极电位变化范围为 1.26 V–0.86 V=0.4 V，即滴定曲线的电位突跃是 0.4 V，这为判断氧化还原反应滴定的可能性和选择指示剂提供了依据。由于 Ce^{4+} 滴定 Fe^{2+} 的反应中，两电对电子转移数都是 1，化学计量点的电位（1.6 V）正好处于滴定突跃中间（0.86～1.26 V），整个滴定曲线基本对称。氧化还原滴定曲线突跃的长短和氧化剂还原剂两电对的条件电极电位的差值大小有关。两电对的条件电极电位相差越大，滴定突跃的电位变化范围越大，反之，其滴定突跃就越小。

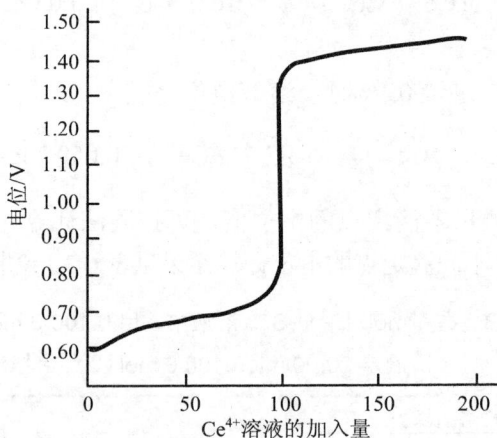

图 6-3　在 $1mol \cdot L^{-1} H_2SO_4$ 溶液中，用 $0.100\ 0\ mol \cdot L^{-1} Ce(SO_4)_2$ 滴定 $0.100\ 0\ mol \cdot L^{-1} Fe^{2+}$ 的滴定曲线

三、氧化还原指示剂

在氧化还原滴定过程中，利用某些物质在化学计量点附近即滴定突跃的电位变

化范围内颜色的改变来指示滴定终点，这些物质被称为氧化还原滴定中的指示剂。

1. 氧化还原指示剂

这类指示剂是具有氧化还原性的有机化合物，其氧化态和还原态具有不同的颜色，在化学计量点附近发生氧化还原反应。指示剂由氧化态变为还原态（或由还原态变为氧化态），根据颜色的突变来指示终点。

每种氧化还原指示剂只在一定的电极电位范围内发生颜色变化，称为指示剂的电极电位变色范围。如果用 In_{Ox} 和 In_{Red} 分别表示指示剂的氧化态和还原态，氧化还原指示剂的半反应可用下式表示：

$$In_{Ox} + ne^- \rightleftharpoons In_{Red}$$

$$\varphi = \varphi'^{\ominus}_{In} + \frac{0.059\,2}{n} \lg \frac{c(In_{Ox})}{c(In_{Red})}$$

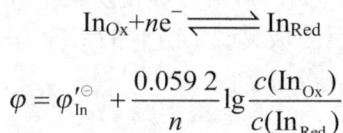

式中，$\varphi'^{\ominus}$——指示剂的条件电极电势。

当溶液中氧化还原电对的电位改变时，指示剂的氧化态和还原态的浓度比也会发生改变，因而使溶液的颜色发生变化。同酸碱指示剂的情况相似，指示剂变色的电位范围为

$$\varphi'^{\ominus} \pm \frac{0.059\,2}{n} V$$

当 $n=1$ 时，指示剂的变色范围为 $\varphi'^{\ominus}_{In} \pm 0.0592V$；当 $n=2$ 时，指示剂的变色范围为 $\varphi'^{\ominus}_{In} \pm 0.030\ V$。由于此范围甚小，一般可以用指示剂的条件电极电位来估量指示剂的电位范围。

选择指示剂的原则是：指示剂变色的电位范围应部分或全部在滴定突跃的电位变化范围之内。

常见的氧化还原指示剂见表 6-4。

表 6-4 一些常见的氧化还原指示剂

指示剂	$\varphi^{\ominus}$ /V $(H^+)=0.1\ mol \cdot L^{-1}$	颜色变化		配制方法
		氧化态	还原态	
次甲基蓝	0.36	天蓝	无	0.05%水溶液
二苯胺磺酸钠	0.84	紫红	无	0.2%水溶液
邻苯氨基苯甲酸	0.89	紫红	无	0.2%水溶液
邻二氮菲亚铁盐	1.06	淡蓝	无	每 100 mL 溶液含 1.62 g 邻氮菲和 0.695 g $FeSO_4$
硝基邻二氮菲亚铁盐	1.25	淡蓝	紫红	1.7 g 硝基邻二氮菲和 0.025mol · L^{-1} $FeSO_4$ 100 mL 配成溶液

2. 自身指示剂

氧化还原滴定中，有些标准溶液或被滴定的物质本身有颜色，如果反应后变为无色或浅色物质，滴定时不必另加指示剂。其本身颜色的变化起指示剂的作用，该物质称自身指示剂。例如高锰酸钾本身显紫红色，用于滴定无色或浅色的还原性溶液时，反应后 MnO_4^- 被还原为肉色几乎接近无色的 Mn^{2+}。故滴定到化学计量点后，稍过量的 $KMnO_4$ 就使溶液显粉红色，判断滴定终点的到来。

3. 专用指示剂

有的物质本身并不具有氧化还原性，但能与特定的氧化剂（或还原剂）产生特征颜色，可以指示滴定终点。例如，可溶性淀粉与碘生成深蓝色吸附化合物。当 I_2 被还原为 I^- 时，深蓝色消失，反应极灵敏，当 I_2 的浓度为 $2.0 \times 10^{-6} \, mol \cdot L^{-1}$ 时，能看到蓝色。故淀粉是碘量法的专用指示剂。

四、待测组分滴定前的预处理

许多具体分析工作中，滴定前常常要将被测组分预先进行氧化或还原处理，即氧化态的调整，使试样中待测组分成为特定的氧化态，能与滴定剂按一定的化学计量关系迅速完全反应。预处理的氧化还原反应必须满足下列条件：

（1）预氧化或预还原反应必须将被测组分定量氧化或还原成适宜滴定的价态，且反应速率要快。

（2）过剩的氧化剂或还原剂必须易于完全除去。一般采取加热分解、沉淀过滤或其他化学处理方法。例如，过量的 $NaBiO_3$ 不溶于水，用过滤除去。

（3）氧化还原反应的选择性要好，以避免试样中其他组分的干扰。例如，用重铬酸钾法测定钛铁矿中的铁含量，若用金属锌（$\varphi^\ominus = -0.76 \, V$）为预还原剂，不仅还原 Fe^{3+}，还能还原 $Ti^{4+} [\varphi^\ominus (Ti^{4+}/Ti^{3+}) = 0.10 \, V]$，其分析结果是铁钛两者的总量。若选用 $SnCl_2 [\varphi^\ominus (Sn^{4+}/Sn^{2+}) = 0.15 \, V]$ 为预还原剂，只还原 Fe^{3+}，其选择性比较好。

根据各种氧化剂、还原剂的性质，选择合理的试验步骤，可达到预处理的目的。几种常用的预处理试剂见表 6-5 和表 6-6。

表 6-5　预处理用的氧化剂

氧化剂	用途	使用条件	过量氧化剂除去方法
$NaBiO_3$	$Mn^{2+} \rightarrow MnO_4^-$ $Cr^{3+} \rightarrow Cr_2O_7^{2-}$ $Ce^{3+} \rightarrow Ce^{4+}$	在 HNO_3 溶液中	$NaBiO_3$ 微溶于水，过量 $NaBiO_3$ 可过滤除去
$(NH_4)_2S_2O_8$	$Ce^{3+} \rightarrow Ce^{4+}$ $VO^{2+} \rightarrow VO_3^-$ $Cr^{3+} \rightarrow Cr_2O_7^{2-}$	在酸性（HNO_3 或 H_2SO_4）介质中，有催化剂 Ag^+ 存在	加热煮沸除去过量 $S_2O_8^{2-}$
	$Mn^{2+} \rightarrow MnO_4^-$	在 H_2SO_4 或 HNO_3 介质中并存在 H_3PO_4 以防析出 MnO（OH）$_2$ 沉淀	加热煮沸除去过量 $S_2O_8^{2-}$

氧化剂	用途	使用条件	过量氧化剂除去方法
$KMnO_4$	$VO^{2+} \rightarrow VO_3^-$ $Cr^{3+} \rightarrow CrO_4^{2-}$ $Ce^{3+} \rightarrow Ce^{4+}$	冷的酸性溶液中（在 Cr^{3+} 存在下） 在碱性溶液中（即使存在 F^- 或 $H_2P_2O_7^{2-}$ 也可选择性地氧化）	加入 $NaNO_2$ 除去过量 $KMnO_4$。为防止 NO_2^- 同时还原 VO_3^-、$Cr_2O_7^{2-}$，可先加入尿素，然后再小心滴加 $NaNO_2$ 溶液至 MnO_4^- 红色正好褪去
H_2O_2	$Cr^{3+} \rightarrow CrO_4^{2-}$ $Co^{2+} \rightarrow Co^{3+}$ Mn（II）$\rightarrow$ Mn（IV）	$2\ mol \cdot L^{-1}\ NaOH$ 在溶液 $NaHCO_3$ 在碱性介质中	在碱性溶液中加热煮沸（少量 Ni^{2+} 或 I^- 作催化剂可加速 H_2O_2 分解）
$HClO_4$	$Cr^{3+} \rightarrow Cr_2O_7^{2-}$ $VO^{2+} \rightarrow VO_3^-$ $I^- \rightarrow IO_3^-$	$HClO_4$ 必须加热	放冷且冲稀即失去氧化性，煮沸除去所生成 Cl_2，浓热的 $HClO_4$ 与有机物将爆炸，若试样含有机物，必须先用 HNO_3 破坏有机物，再用 $HClO_4$ 处理
KIO_4	$Mn^{2+} \rightarrow MnO_4^-$	在酸性介质中加热	加入 Hg^{2+} 与过量 KIO_4 作用生成 $Hg(IO_4)_2$ 沉淀，滤去
Cl_2，Br_2	$I^- \rightarrow IO_4^-$	酸性或中性	煮沸或通空气流

表 6-6　预处理用的还原剂

还原剂	用途	使用条件	过量还原剂除去方法
$SnCl_2$	$Fe^{3+} \rightarrow Fe^{2+}$ Mo（VI）$\rightarrow$ Mo（V） As（V）$\rightarrow$ As（III） U（VI）$\rightarrow$ U（IV）	HCl 溶液 $FeCl_3$ 催化	快速加入过量 $HgCl_2$ 氧化，或用 $K_2Cr_2O_7$ 氧化除去
SO_2	$Fe^{3+} \rightarrow Fe^{2+}$ $AsO_4^{3-} \rightarrow AsO_2^{2-}$ Sb（V）$\rightarrow$ Sb（III） V（V）$\rightarrow$ V（IV） $Cu^{2+} \rightarrow Cu^+$	H_2SO_4 溶液 SCN^- 催化 存在 SCN^-	煮沸或通 CO_2 气流
$TiCl_3$	$Fe^{3+} \rightarrow Fe^{2+}$	酸性溶液中	水稀释，少量 Ti^{2+} 被水中 O_2 氧化（可加 Cu^{2+} 催化）
联胺	As（V）$\rightarrow$ As（III） Sb（V）$\rightarrow$ Sb（III）	浓 H_2SO_4 中煮沸	
Al	Sn（IV）$\rightarrow$ Sn（II） Ti（IV）$\rightarrow$ Ti（III）	在 HCl 溶液	
锌汞齐还原柱	$Fe^{3+} \rightarrow Fe^{2+}$ $Ce^{4+} \rightarrow Ce^{3+}$ Ti（IV）$\rightarrow$ Ti（III） V（V）$\rightarrow$ V（II） $Cr^{3+} \rightarrow Cr^{2+}$	酸性溶液中	过滤或加酸溶解

五、氧化还原滴定法应用

常用的氧化还原滴定法主要有高锰酸钾法、重铬酸钾法、碘量法等，现分别介绍如下。

1. 高锰酸钾法

（1）概述。$KMnO_4$ 是一种强氧化剂，其氧化能力的强弱与溶液的酸度有关，以高锰酸钾（$KMnO_4$）作为滴定剂，在强酸性的溶液中应用，$KMnO_4$ 与还原剂作用，MnO_4^- 被还原为 Mn^{2+}：

$$MnO_4^- + 8H^+ + 5e^- \rightleftharpoons Mn^{2+} + 4H_2O \qquad \varphi^{\ominus} = 1.51 \text{ V}$$

若在弱酸性、中性或弱碱性溶液中，MnO_4^- 则被还原为 MnO_2（实际是 MnO_2 的水合物）：

$$MnO_4^- + 2H_2O + 3e^- \rightleftharpoons MnO_2 + 4OH^- \qquad \varphi^{\ominus} = 0.59 \text{ V}$$

在强碱性溶液中，MnO_4^- 被还原为锰酸根 MnO_4^{2-}：

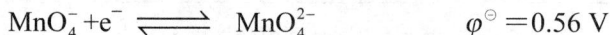

$$MnO_4^- + e^- \rightleftharpoons MnO_4^{2-} \qquad \varphi^{\ominus} = 0.56 \text{ V}$$

应用 $KMnO_4$ 作为滴定剂时，根据被测物质的性质采用不同的方法。

① 直接滴定法。许多还原性物质，如 Fe^{2+}、As（Ⅲ）、Sb（Ⅲ）、H_2O_2、$C_2O_4^{2-}$、NO_2^- 等，可用 $KMnO_4$ 标准溶液直接滴定。

② 返滴定法。有些氧化性物质不能用 $KMnO_4$ 溶液直接滴定，可用返滴定法。例如，测定 MnO_2 的含量时，可在 H_2SO_4 溶液中加入一定过量的 $Na_2C_2O_4$ 标准溶液，待 MnO_2 与 $C_2O_4^{2-}$ 作用完毕后，用 $KMnO_4$ 标准溶液滴定过量的 $C_2O_4^{2-}$。

③ 间接滴定法。某些非氧化还原性物质，不能用 $KMnO_4$ 标准溶液直接滴定或返滴定，可用间接滴定法进行测定。例如，测定 Ca^{2+} 时，首先将 Ca^{2+} 沉淀 CaC_2O_4，再用稀 H_2SO_4 将沉淀溶解，用 $KMnO_4$ 标准溶液滴定溶液中的 $C_2O_4^{2-}$，间接求得 Ca^{2+} 的含量。

高锰酸钾法氧化能力强，应用广泛。MnO_4^- 本身有颜色，用于滴定无色或浅色溶液时，一般不需另加指示剂。但高锰酸钾法试剂常含有少量杂质，使溶液不够稳定，且由于 $KMnO_4$ 的氧化能力强，可以和很多还原性物质发生作用，干扰也比较严重，选择性差。

（2）$KMnO_4$ 溶液的配制和标定。纯的 $KMnO_4$ 溶液相当稳定。一般 $KMnO_4$ 试剂中含有少量 MnO_2 和其他杂质，且蒸馏水中也常含有微量还原性物质，可与 MnO_4^- 反应析出 $MnO(OH)_2$ 沉淀；MnO_2 和 $MnO(OH)_2$ 又能进一步促进 $KMnO_4$ 分解，所以不能直接配制标准溶液。通常先配制近似浓度的溶液，再进行标定。热、光、酸、

碱等也能促进 $KMnO_4$ 溶液的分解。

配制 $KMnO_4$ 溶液，常采用下列措施：

① 称取稍多于理论量的 $KMnO_4$，溶解在规定体积的蒸馏水中。

② 将配制好的 $KMnO_4$ 溶液加热至沸，并保持微沸约 1 小时（蒸馏水中也含有微量还原性物质），然后放置 2～3 天，使溶液中可能存在的还原性物质完全氧化。

③ 用微孔玻璃漏斗过滤，除去析出的沉淀。

④ 将过滤后的 $KMnO_4$ 溶液贮存于棕色试剂瓶中，存放于暗处，以待标定。如需要浓度较稀的 $KMnO_4$ 溶液，可用蒸馏水将浓 $KMnO_4$ 溶液临时稀释和标定后使用，但不宜长期贮存。

标定 $KMnO_4$ 溶液的基准物质相当多，如 $Na_2C_2O_4$、$H_2C_2O_4 \cdot 2H_2O$、As_2O_3 和纯铁丝等。其中以 $Na_2C_2O_4$ 较为常用，其容易提纯，性质稳定，不含结晶水。$Na_2C_2O_4$ 在 105～110℃烘干约 2 h，冷却后就可以使用。在 H_2SO_4 溶液中，MnO_4^- 与 $C_2O_4^{2-}$ 的反应如下：

$$2\ MnO_4^- + 5\ C_2O_4^{2-} + 16H^+ = 2Mn^{2+} + 10CO_2 \uparrow + 8H_2O$$

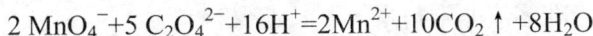

为使反应能够定量地较快地进行，应该注意下列问题：

标准溶液标定时应注意：① 速度：该反应室温下速度极慢，利用反应产生 Mn^{2+} 的自身催化作用，加快反应进行，所以滴定开始时速度不宜太快；② 温度：常将溶液加热到 75～85℃，反应温度过高会使 $C_2O_4^{2-}$ 部分分解，低于 60℃反应速度太慢；③ 酸度：保持一定的酸度（0.5～1.0 $mol \cdot L^{-1}$ H_2SO_4），为避免 Fe^{3+} 诱导 $KMnO_4$ 氧化 Cl^- 的反应发生，不使用 HCl 提供酸性介质；④ 滴定终点的判断：稍微过量高锰酸钾自身的粉红色指示终点（30 s 不退）。

（3）高锰酸钾法应用示例：

① 过氧化氢的测定。过氧化氢水溶液又称双氧水，市售双氧水中过氧化氢的含量，可用 $KMnO_4$ 溶液直接滴定，其反应为

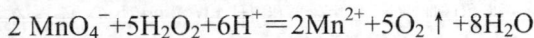

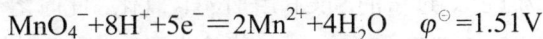

$$2\ MnO_4^- + 5H_2O_2 + 6H^+ = 2Mn^{2+} + 5O_2 \uparrow + 8H_2O$$

$$MnO_4^- + 8H^+ + 5e^- = 2Mn^{2+} + 4H_2O \quad \varphi^\ominus = 1.51V$$

$$O_2 + 2H^+ + 2e^- = H_2O_2 \quad \varphi^\ominus = 0.68\ V$$

用 $KMnO_4$ 滴定 H_2O_2 时，滴定开始时反应较慢，待少量 Mn^{2+} 生成后，Mn^{2+} 的催化作用使反应速度加快。H_2O_2 本身无色不必另加指示剂，粉红色出现即为终点。由于 H_2O_2 不稳定，双氧水中常加入少量有机稳定剂如乙酰苯胺尿素或丙乙酰胺等，这些物质也有还原性，能使终点的红色消失，干扰测定，遇此情况宜采用碘量法。

② 软锰矿中二氧化锰含量的测定。软锰矿的主要成分为 MnO_2。MnO_2 具有氧化能力，测定方法是将矿样用一定量过量的 $Na_2C_2O_4$ 和 H_2SO_4 溶液溶解还原，其反应为

$$MnO_2+C_2O_4{}^{2-}+4H^+ = Mn^{2+}+2CO_2\uparrow+2H_2O$$

待反应完全后，用 $KMnO_4$ 标液滴定过量的 $C_2O_4{}^{2-}$：

$$2MnO_4{}^-+5C_2O_4{}^{2-}+16H^+ = 2Mn^{2+}+10CO_2\uparrow+8H_2O$$

2. 重铬酸钾法

（1）概述。重铬酸钾是一种常用的氧化剂，在酸性溶液中，$K_2Cr_2O_7$ 与还原剂作用时，$Cr_2O_7{}^{2-}$ 被还原为 Cr^{3+}：

$$Cr_2O_7{}^{2-}+14H^++6e^- = 2Cr^{3+}+7H_2O \quad \varphi^\ominus = 1.36\ V$$

重铬酸钾法有以下优点：

① 重铬酸钾容易提纯，在 140～150℃ 干燥后，可直接称量配制标准溶液，不需要标定。

② 重铬酸钾标准溶液非常稳定，可长期保存。

③ 重铬酸钾的氧化能力没有 $KMnO_4$ 强，在 $1\ mol\cdot L^{-1}\ HCl$ 溶液中 $\varphi^\ominus = 1.00\ V$，室温下不与 Cl^- 作用，可在 HCl 溶液中滴定 Fe^{2+}。当 HCl 浓度较大或将溶液煮沸时，$K_2Cr_2O_7$ 也能部分地被 Cl^- 还原。浓 HCl 中 $K_2Cr_2O_7$ 全部被还原。

在重铬酸钾法中，虽然橙色的 $Cr_2O_7{}^{2-}$ 被还原为绿色的 Cr^{3+}，但 $K_2Cr_2O_7$ 的颜色不是很深，不能根据其颜色变化确定滴定终点，需采用氧化还原指示剂，如二苯胺磺酸钠等。

应该注意，$K_2Cr_2O_7$ 有毒害，使用时应注意处理废液，以免污染环境。

重铬酸钾法最重要的应用是测定铁的含量。通过 $Cr_2O_7{}^{2-}$ 和 Fe^{2+} 的反应，可测定其他氧化性或还原性的物质。例如，钢中铬的测定，先用适当的氧化剂将铬氧化为 $Cr_2O_7{}^{2-}$，然后用 Fe^{2+} 标准溶液滴定。

（2）重铬酸钾法的应用示例。

① 铁矿石中全铁的测定。矿样一般用 HCl 加热分解，在热的浓 HCl 溶液中，用 $SnCl_2$ 将 Fe^{3+} 还原为 Fe^{2+}，过量的 $SnCl_2$ 用 $HgCl_2$ 氧化，此时溶液中析出 Hg_2Cl_2 丝状白色沉淀，然后在 H_2SO_4-H_3PO_4 介质中用二苯胺磺酸钠作指示剂，用 $K_2Cr_2O_7$ 滴定溶液。其反应式如下：

$$Fe_2O_3\cdot nH_2O+6HCl = 2FeCl_3+（n+3）H_2O$$

$$2Fe^{3+}+Sn^{2+} = 2Fe^{2+}+Sn^{4+}$$

$$2HgCl_2+SnCl_4{}^{2-} = Hg_2Cl_2\downarrow+SnCl_6{}^{2-}$$

$$6Fe^{2+}+Cr_2O_7{}^{2-}+14H^+ = 6Fe^{3+}+2Cr^{3+}+7H_2O$$

操作中应注意加入 $SnCl_2$ 的量要适当，太少不能使 Fe^{3+} 完全还原为 Fe^{2+}，太多，用 $HgCl_2$ 除去 $SnCl_2$ 时，产生大量絮状 Hg_2Cl_2 沉淀，甚至产生粉末状的金属汞（黑色）。

$$Sn^{2+}+2HgCl_2+4Cl^-=SnCl_6^{2-}+Hg_2Cl_2（絮状白色）$$

$$Hg_2Cl_2+SnCl_4^{2-}=SnCl_6^{2-}+2Hg\downarrow（黑色）$$

少量 Hg_2Cl_2（丝状沉淀）与 $K_2Cr_2O_7$ 反应很缓慢，不至影响测定结果。而大量 Hg_2Cl_2（絮状沉淀），特别是金属 Hg 将被 $K_2Cr_2O_7$ 氧化影响滴定结果。为避免加入过量的 $SnCl_2$，应逐滴地将 $SnCl_2$ 滴入热溶液中，直到 Fe^{3+} 的黄色消失后再多加 $1\sim2$ 滴即可。

加入 $HgCl_2$ 溶液时，先将试液稀释并用水冷却，然后一次加足够的 $HgCl_2$ 溶液，得到白色丝状沉淀，如果出现白色絮状或黑色沉淀，应弃去重作。

加入 H_2SO_4-H_3PO_4 的作用：在 HCl 溶液中用 $K_2Cr_2O_7$ 滴定 Fe^{2+} 的滴定突跃范围是 $0.89\sim1.05$ V，二苯胺磺酸钠的变色电位 0.84 V<0.89 V，在突跃范围之前变色，使终点过早出现。在 H_2SO_4-H_3PO_4 介质中，Fe^{3+} 与 H_3PO_4 生成稳定的无色配离子 $Fe(HPO_4)_2^-$，既消除了 Fe^{3+} 的黄色，又降低了 Fe^{3+}/Fe^{2+} 的电极电位，使突跃范围变为 $0.79\sim1.05$ V，指示剂正好在突跃范围内变色，终点也易于观察。

②UO_2^{2+} 的测定。将 UO_2^{2+} 还原为 UO^{2+} 后，以 Fe^{3+} 为催化剂，二苯胺磺酸钠作指示剂，直接用 $K_2Cr_2O_7$ 标准溶液滴定。

$$Cr_2O_7^{2-}+3UO^{2+}+8H^+=2Cr^{3+}+3UO_2^{2+}+4H_2O$$

此法还可用于测定 Na^+，先将 Na^+ 沉淀为 $NaZn(UO_2)_3(CH_3COO)_9\cdot9H_2O$ 将所得沉淀溶于稀后，再将 UO_2^{2+} 还原为 UO^{2+}，用 $K_2Cr_2O_7$ 标液滴定。

3. 碘量法

（1）概述。

碘量法是利用 I_2 的氧化性及 I^- 的还原性建立起来的氧化还原分析法。

$$I_2+2e\rightleftharpoons2I^- \qquad \varphi^{\ominus}(I_2/I^-)=0.535\ V$$

固体 I_2 在水中的溶解度很小（$0.00133\ mol\cdot L^{-1}$），通常将 I_2 溶解在 KI 溶液中，此时 I_2 在溶液中以 I_3^- 形式存在：

$$I_2+I^-=I_3^-$$

为方便起见，简写为 I_2，用 I_3^- 滴定时的基本反应是

$$I_3^-+2e^-=3I^- \qquad \varphi^{\ominus}(I_2/I^-)=0.545\ V$$

I_2 是较弱的氧化剂，能与较强的还原剂作用；I^- 是中等强度的还原剂，能与许多氧化剂作用。因此碘量法可用直接和间接两种方式进行。

① 直接碘量法。电极电位比 $\varphi(I_2/I^-)$ 小的还原性物质，可用 I_2 标准溶液直接滴定，这种方法称为直接碘量法。直接碘量法的基本反应是

$$I_2 + 2e \rightleftharpoons 2I^-$$

由于 I_2 的氧化能力不强，能被 I_2 氧化的物质有限，一般用于滴定 S^{2-}、SO_3^{2-}、Sn^{2+}、AsO_3^{3-} 等。直接碘量法的应用受溶液 H^+ 浓度的影响很大，反应一般在中性或弱酸性溶液中进行，pH 过高，I_2 会发生歧化反应：$3I_2 + 6OH^- = IO_3^- + 5I^- + 3H_2O$，给测定带来误差，在酸性溶液中，只有少数还原能力强、不受 H^+ 浓度影响的物质才发生定量反应。

②间接碘量法。在一定条件下，用过量的还原剂 KI 与电极电位比 $\varphi(I_2/I^-)$ 电对高的氧化剂反应，再用硫代硫酸钠（$Na_2S_2O_3$）标准溶液滴定析出的 I_2，称间接碘量法。其基本反应为

$$2I^- - 2e^- = I_2$$
$$I_2 + 2S_2O_3^{2-} = S_4O_6^{2-} + 2I^-$$

如 $KMnO_4$ 在酸性溶液中，与过量的 KI 反应析出 I_2：
$$2MnO_4^- + 10I^- + 16H^+ = 2Mn^{2+} + 5I_2 + 8H_2O$$

析出的 I_2 用 $Na_2S_2O_3$ 标液滴定。间接碘量法可测定很多氧化性物质，如 ClO_3^-、ClO^-、BrO^-、BrO_3^-、CrO_4^{2-}、$Cr_2O_7^{2-}$、Ca^{2+}、NO_2^-、AsO_4^{3-} 及 H_2O_2 等，以及能与 CrO_4^{2-} 生成沉淀的阳离子如 Pb^{2+}、Ba^{2+} 等，所以间接碘量法的应用范围相当广泛。

在间接碘量法中，为了获得准确的结果，必须注意以下反应条件：

控制溶液的酸度：$S_2O_3^{2-}$ 与 I_2 之间的反应迅速、完全，但必须在中性或弱酸溶液中进行，在碱性溶液中将发生下列副反应：
$$S_2O_3^{2-} + 4I_2 + 10OH^- = 2SO_4^{2-} + 8I^- + 5H_2O$$

而且 I_2 在碱性溶液中还会发生歧化反应。

在强酸性溶液中，$Na_2S_2O_3$ 溶液会发生分解：
$$S_2O_3^{2-} + 2H^+ = SO_2\uparrow + S + H_2O$$

同时，I^- 在酸性溶液中易被空气中的 O_2 氧化：
$$4I^- + 4H^+ + O_2 = 2I_2 + 2H_2O$$

碘量法误差来源：一是 I_2 易挥发，二是 I^- 在酸性条件下易被空气中的氧所氧化。应采取适当措施防止 I_2 的挥发和空气中的 O_2 氧化 I^-，减少误差。加入过量碘化钾使 I_2 与 I^- 生成 I_3^- 减少挥发。反应在室温下进行，温度不能过高，滴定时不宜剧烈摇动溶液。溶液的酸度较高和阳光直射，都可促进空气中 O_2 氧化 I^-；因此酸度不宜太高，同时避免阳光直射，析出 I_2 后，不能让溶液久置；滴定速度宜适当加快。

碘量法终点常用淀粉指示剂来确定，应注意指示剂的使用。有少量 I^- 存在时，I_2 与淀粉反应形成蓝色化合物，根据蓝色的出现或消失来指示终点。在室温及少量 I^- 存在下，该反应的灵敏度较高，无 I^- 时，反应的灵敏度降低，I^- 浓度太大，终点变色不敏锐，故一般在滴定接近终点前才加入淀粉指示剂。淀粉溶液使用新鲜配制的，放置过久形成的化合物不呈蓝色而呈紫色或红色，当用 $Na_2S_2O_3$ 滴定时褪色慢，终点变色不灵敏。

（2）标准溶液的配制与标定。

碘量法中常用 $Na_2S_2O_3$ 和 I_2 标准溶液，两种溶液的配制和标定方法介绍如下。

① $Na_2S_2O_3$ 标准溶液的配制与标定。

固体 $Na_2S_2O_3 \cdot 5H_2O$ 容易风化，并含有少量 S、S^{2-}、SO_3^{2-}、CO_3^{2-}、Cl^- 等杂质，因此不能用来直接配制标准溶液。$Na_2S_2O_3$ 溶液不稳定，容易分解，原因：

ⅰ）细菌的作用　　$Na_2S_2O_3 \rightarrow Na_2SO_3 + S$

ⅱ）溶解在水中的 CO_2 的作用

$$S_2O_3^{2-} + CO_2 + H_2O \rightarrow HSO_3^- + HCO_3^- + S$$

ⅲ）空气中氧的氧化作用

$$2S_2O_3^{2-} + O_2 \rightarrow 2SO_4^{2-} + 2S$$

此反应速率较慢，但水中微量的 Cu^{2+} 或 Fe^{3+} 等杂质能加速反应。

因此，配制 $Na_2S_2O_3$ 溶液时，需要用新煮沸（除去 CO_2 和杀死细菌）并冷却了的蒸馏水，加入少量 Na_2CO_3 使溶液呈弱碱性，抑制细菌生长。配制的 $Na_2S_2O_3$ 溶液应贮于棕色瓶中，放置暗处，约一周后再进行标定。长期保存的 $Na_2S_2O_3$ 标准溶液，使用一段时间后要重新标定。如果发现溶液变浑或析出硫，应过滤后再标定，或者另配溶液。

纯碘、纯铜、$K_2Cr_2O_7$、KIO_3、$KBrO_3$ 等基准物质常用来标定 $Na_2S_2O_3$ 溶液的浓度。称取一定量的氧化剂基准物质，在弱酸性溶液中，使与过量 KI 作用，析出等量的 I_2，以淀粉为指示剂，用 $Na_2S_2O_3$ 溶液滴定，有关反应式如下：

$$Cr_2O_7^{2-} + 6I^- + 14H^+ = 2Cr^{3+} + 3I_2 + 7H_2O$$
$$IO_3^- + 5I^- + 6H^+ = 3I_2 + 3H_2O$$
$$2S_2O_3^{2-} + I_2 \rightarrow 2I^- + S_4O_6^{2-}$$

$K_2Cr_2O_7$（或 KIO_3）与 KI 的反应条件如下：

ⅰ）溶液的酸度愈大，反应速度愈快，但酸度太大时，I^- 容易被空气中的氧氧化，故酸度一般以 $0.2 \sim 0.4 \text{ mol} \cdot \text{L}^{-1}$ 为宜。

ⅱ）$K_2Cr_2O_7$ 与 KI 作用时，应将溶液贮于碘瓶或锥形瓶中（盖好表皿），在暗处放置一定时间（待反应完全后，再进行滴定）。KIO_3 与 KI 作用时，不需要放置，及时进行滴定。

ⅲ）所用 KI 溶液中不应含有 KIO_3 或 I_2。如果 KI 溶液显黄色，或将溶液酸化后加入淀粉指示剂显蓝色，则应事先将 $Na_2S_2O_3$ 用溶液滴定至无色后去除 KIO_3 或 I_2 再使用。

滴定至终点后，经过 5 分钟以上，溶液又出现蓝色。这是由于空气氧化 I^- 所引起的，不影响分析结果。若滴至终点，很快又转为蓝色，表示反应未完全（指 KI 与 $K_2Cr_2O_7$ 的反应），应另取溶液重新标定。

② I_2 标准溶液的配制和标定。

用升华法制得的纯碘，可以直接配制标准溶液。但由于碘的挥发性及对天平的腐蚀性，不宜在分析天平上称量，故通常先配制一个近似浓度的溶液，然后再进行标定。

配制 I_2 溶液时，先在托盘天平上称取一定量碘，加入过量 KI，置于研钵中，加少量水研磨，使 I_2 全部溶解，然后将溶液稀释，倾入棕色瓶中于暗处保存。

应避免 I_2 溶液与橡皮等有机物接触，同时防止 I_2 溶液见光遇热，否则浓度将发生变化。

标定 I_2 溶液的浓度时，可用已标定好的 $Na_2S_2O_3$ 标准溶液标定，也可用 As_2O_3 标定。As_2O_3 难溶于水，但可溶于碱溶液中：

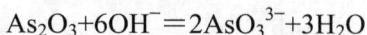

$$As_2O_3 + 6OH^- = 2AsO_3^{3-} + 3H_2O$$

AsO_3^{3-} 与 I_2 的反应式如下：

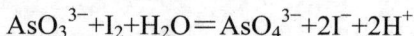

$$AsO_3^{3-} + I_2 + H_2O = AsO_4^{3-} + 2I^- + 2H^+$$

这个反应是可逆的。在中性或微碱性溶液中（加入 $NaHCO_3$，使溶液的 $pH \approx 8$），反应能定量地向右边进行。在酸性溶液中，则 AsO_4^{3-} 氧化 I^- 而析出 I_2。

（3）碘量法应用示例。

① S^{2-} 或 H_2S 的测定。

在酸性溶液中，I_2 能氧化 S^{2-}：

$$H_2S + I_2 = S + 2I^- + 2H^+$$

可用淀粉为指示剂，用 I_2 标准溶液滴定 H_2S。滴定不能在碱性溶液中进行，否则部分 S^{2-} 将被氧化为 SO_4^{2-}。

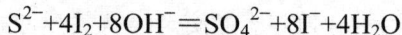

$$S^{2-} + 4I_2 + 8OH^- = SO_4^{2-} + 8I^- + 4H_2O$$

且 I_2 也会发生歧化反应。

测定气体中的 H_2S 时，一般用 Cd^{2+} 或 Zn^{2+} 的氨性溶液吸收，然后加入一定量过量的 I_2 标准溶液，用 HCl 将溶液酸化，最后用 $Na_2S_2O_3$ 标准溶液滴定过量的 I_2，以淀粉为指示剂。

② 铜合金中铜的测定。

试样可用 HNO_3 分解，但低价氮的氧化物氧化 I^- 干扰测定，需用浓 H_2SO_4 蒸发将其除去。也可用 H_2O_2 和 HCl 分解试样：

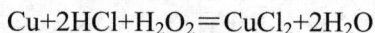

$$Cu + 2HCl + H_2O_2 = CuCl_2 + 2H_2O$$

煮沸除尽过量的 H_2O_2，调节溶液的酸度（通常用 HAc-NaAc、HAc-NH$_4$Ac 或 NH_4HF_2 等缓冲溶液将溶液的酸度控制为 $pH = 3.2 \sim 4.0$），加入过量的 KI 使析出 I_2：

$$2Cu^{2+} + 4I^- = 2CuI\downarrow + I_2$$

KI 是还原剂（将 Cu^{2+} 还原为 Cu^+）、沉淀剂（将 Cu^+ 沉淀为 CuI），又是配位剂（将 I_2 形成配离子 I_3^-）。

生成的 I_2 用 $Na_2S_2O_3$ 溶液滴定，以淀粉为指示剂。由于 CuI 沉淀表面吸附 I_2，使分析结果偏低。为了减少 CuI 对 I_2 的吸附，可在大部分 I_2 被 $Na_2S_2O_3$ 溶液滴定后，加入 NH_4SCN，使 CuI 转化为溶解度更小的 CuSCN：

$$CuI + SCN^- = CuSCN\downarrow + I^-$$

CuSCN 沉淀吸附 I_2 的倾向小，故可以减小误差。

试样中有铁存在时，因为 Fe^{3+} 能氧化 I^- 为 I_2：

$$2Fe^{3+}+2I^-=2Fe^{2+}+I_2$$

妨碍铜的测定。若加入 NH_4HF_2，使 Fe^{3+} 生成稳定的 FeF_6^{3-}，降低 Fe^{3+}/Fe^{2+} 电对的电极电位，因而不能将 I^- 氧化成 I_2。

用碘量法测定铜时，最好用纯铜标定 $Na_2S_2O_3$ 溶液，以抵消方法的系统误差。

此法也适用于测定铜矿、炉渣、电镀液及胆矾（$CuSO_4 \cdot 5H_2O$）等试样中的铜。

③ 漂白粉中有效氯的测定。

漂白粉的主要成分是 $NaClO$，还有 $CaCl_2$、$Ca(ClO_3)_2$ 及 CaO 等。漂白粉的质量以能释放出来的氯量作标准，称为有效氯，以 $Cl\%$ 表示。

漂白粉中有效氯的测定方法比较简单。试样在稀 H_2SO_4 介质中，加过量 KI 反应生成的 I_2，用 $Na_2S_2O_3$ 标准溶液滴定：

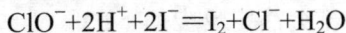

$$ClO^-+2H^++2I^-=I_2+Cl^-+H_2O$$

试样中的 ClO_2^- 及 ClO_3^- 亦参加反应：

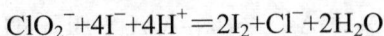

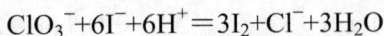

$$ClO_2^-+4I^-+4H^+=2I_2+Cl^-+2H_2O$$

$$ClO_3^-+6I^-+6H^+=3I_2+Cl^-+3H_2O$$

④ 某些有机物的测定。

碘量法在有机分析中应用广泛。凡能被碘直接氧化的物质，只要反应速度足够快，就可用直接碘量法进行测定。例如巯基乙酸、四乙基铅[$Pb(C_2H_5)_4$]、抗坏血酸（维生素 C）及安乃近药物等。

间接碘量法应用更为广泛。例如于葡萄糖、醛、丙酮及硫脲等试液中，加碱液使溶液呈碱性后，加入过量的 I_2 标准溶液，使有机物被氧化，使反应完全。在 NaOH 等碱液中，I_2 转变为 IO^- 及 I^-：

$$I_2+2OH^-=IO^-+I^-+H_2O$$

IO^- 可氧化葡萄糖等有机物。这些有机物的氧化还原半反应为

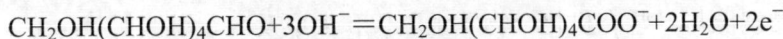

$$CH_2OH(CHOH)_4CHO+3OH^-=CH_2OH(CHOH)_4COO^-+2H_2O+2e^-$$

$$HCHO+3OH^-=HCOO^-+2H_2O+2e^-$$

$$(CH_3)_2CO+3I^-+4OH^-=CHI_3+CH_3COO^-+3H_2O+6e^-$$

$$CS(NH_2)_2+10OH^-=CO(NH_2)_2+SO_4^{2-}+5H_2O+8e^-$$

碱液中剩余的 IO^-，转变为 IO_3^- 及 I^-：

$$3IO^-=IO_3^-+2I^-$$

溶液酸化后，析出的 I_2 用 $Na_2S_2O_3$ 标准溶液滴定：

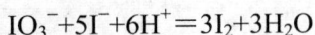

$$IO_3^-+5I^-+6H^+=3I_2+3H_2O$$

根据上述有关反应，计算被测物质含量。

4. 其他的氧化还原滴定法

（1）溴酸钾法。

本法以氧化剂 $KBrO_3$ 为滴定剂。$KBrO_3$ 在酸性溶液中是一个强氧化剂，其半反应式为

$$BrO_3^- + 6H^+ + 6e^- = Br^- + 3H_2O \qquad \varphi^{\ominus}(BrO_3^-/Br^-) = 1.44\ V$$

$KBrO_3$ 易从水溶液中重结晶而提纯，在 180℃ 烘干后，可直接称量配制成 $KBrO_3$ 标准溶液。$KBrO_3$ 溶液浓度也可用间接碘法标定。一定量的 $KBrO_3$ 在酸性溶液中与过量 KI 反应而析出 I_2：

$$BrO_3^- + 6I^- + 6H^+ = Br^- + 3I_2 + 3H_2O$$

然后用 $Na_2S_2O_3$ 标准溶液滴定。

利用溴酸钾法可直接测定一些还原性物质，如 As（Ⅲ）、Sb（Ⅲ）、Fe（Ⅱ）、H_2O_2、N_2H_4、Sn（Ⅱ）等，部分滴定反应如下：

$$BrO_3^- + 3Sb^{3+} + 6H^+ = 3Sb^{5+} + Br^- + 3H_2O$$
$$BrO_3^- + 3As^{3+} + 6H^+ = 3As^{5+} + Br^- + 3H_2O$$
$$2BrO_3^- + 3N_2H_4 = 2Br^- + 3N_2 + 6H_2O$$

用 BrO_3^- 标准溶液滴定时，以甲基橙或甲基红的钠盐水溶液为指示剂，当滴定到达化学计量点之后，稍微过量的 $KBrO_3$ 与 Br^- 作用生成 Br_2，使指示剂被氧化，溶液褪色指示滴定终点到达。但在滴定过程中应尽量避免滴定剂局部过浓，导致滴定终点过早出现。而且甲基橙或甲基红在反应中由于指示剂结构被破坏而褪色，必须再滴加少量指示剂进行检验，如果新加入指示剂也立即褪色，这说明真正到达滴定终点，如果颜色不褪就应该小心地继续滴定至终点。

溴酸钾法主要用于测定有机物质。在 $KBrO_3$ 的标准溶液中，加入过量的 KBr 并将溶液酸化，这时发生如下反应：

$$BrO_3^- + 5Br^- + 6H^+ = 3Br_2 + 3H_2O$$

生成的溴能与一些有机化合物发生取代和加成反应。举例如下：

① 取代反应——测定苯酚含量。在苯酚的酸性溶液中，加入过量的 $KBrO_3$-KBr 标准溶液，使苯酚与过量的 Br_2 反应后，用 KI 还原剩余的 Br_2，析出 I_2：

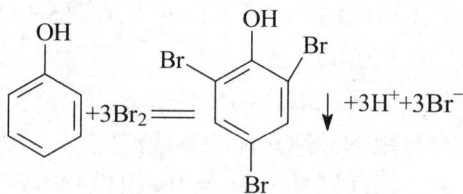

$$Br_2 + 2I^- = 2Br^- + I_2$$

然后用 $Na_2S_2O_3$ 标准溶液滴定。

苯酚是煤焦油的主要成分之一，是许多高分子材料、医药、农药及合成染料等的主要原料，同时广泛用于杀菌消毒，但苯酚的生产和应用对环境造成污染，所以苯酚是需要经常监测的项目之一。苯酚在水中溶解度小，通常将试样与 NaOH 作用，生成易溶于水的苯酚钠。

② 加成反应——测定丙烯磺酸钠含量。在酸性介质中，在 $HgSO_4$ 催化作用下，加入一定量且过量的 $KBrO_3$-KBr 标准溶液，其加成反应为

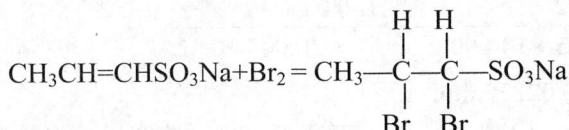

上述反应完成后，先加入 NaCl 与 Hg^{2+} 结合，然后加入 KI 与剩余的 Br_2 作用，所析出的 I_2 用 $Na_2S_2O_3$ 标准溶液滴定。

（2）铈量法。硫酸高铈 $Ce(SO_4)_2$ 在酸性溶液中是一种强氧化剂，其半反应式为

$$Ce^{4+}+e^-=Ce^{3+} \quad \varphi^\ominus(Ce^{4+}/Ce^{3+})=1.61\text{ V}$$

Ce^{4+}/Ce^{3+} 电对的电极电位与酸性介质的种类和浓度有关。由于 Ce^{4+} 在 $HClO_4$ 中不形成配合物，所以在 $HClO_4$ 介质中，Ce^{4+}/Ce^{3+} 的电极电位最高，应用也较多。

$Ce(SO_4)_2$ 标准溶液一般用硫酸铈铵 $Ce(SO_4)_2 \cdot 2(NH_4)_2SO_4 \cdot 2H_2O$ 或硝酸铈铵 $Ce(NO_3)_4 \cdot 2NH_4NO_3$ 直接称量配制而成。由于其容易提纯，不必另行标定，但是 Ce^{4+} 极易水解，在配制 Ce^{4+} 溶液和滴定时，应在强酸溶液中进行，$Ce(SO_4)_2$ 虽呈黄色，但显色不够灵敏，常用邻二氮菲—亚铁作指示剂。

$Ce(SO_4)_2$ 的氧化性与 $KMnO_4$ 差不多，凡是 $KMnO_4$ 能测定的物质几乎能用铈量法测定。铈量法与高锰酸钾法相比，具有如下优点：

① $Ce(SO_4)_2$ 标准溶液很稳定，加热到 100℃ 也不分解；

② 铈的还原反应是单电子反应，没有中间产物形成，反应简单；

③ 可在 HCl 介质中进行滴定；

④ $Ce(SO_4)_2$ 标准溶液可直接配制而成。

但 Ce^{4+} 易水解、生成碱式盐沉淀，所以 Ce^{4+} 不适于在碱性或中性溶液中滴定，且铈盐价格较贵，在应用上受到限制。

六、氧化还原滴定法计算示例

【例 6-17】 称取基准物质 $Na_2C_2O_4$ 0.1500 g 溶解在强酸性溶液中，然后用 $KMnO_4$ 标准溶液滴定，到达终点时用去 20.00 mL，计算 $KMnO_4$ 溶液的浓度。

解：滴定反应：

$$2MnO_4^- + 5C_2O_4^{2-} + 16H^+ = 2Mn^{2+} + 10CO_2 + 8H_2O$$

由上述反应式可知：$n(KMnO_4) = \dfrac{2}{5} n(Na_2C_2O_4)$

则：
$$c(KMnO_4)V(KMnO_4) = \frac{2}{5} \times \frac{m(Na_2C_2O_4)}{M(Na_2C_2O_4)}$$

$$c(KMnO_4) = \frac{2}{5} \times \frac{m(Na_2C_2O_4)}{M(Na_2C_2O_4)V(KMnO_4)}$$

$$= \frac{2}{5} \times \frac{0.150\,0\,g}{134.00\,g \cdot mol^{-1} \times 20.00 \times 10^{-3}\,L}$$

$$= 0.02239\,mol \cdot L^{-1}$$

【例 6-18】 称取 0.420 8 g 石灰石试样，溶解后，将其沉淀为 CaC_2O_4，经过滤、洗涤溶于 H_2SO_4 中，用 0.019 16 $mol \cdot L^{-1}$ $KMnO_4$ 标准溶液滴定，到达终点时消耗 43.08 mL $KMnO_4$ 溶液，计算试样中钙以 Ca 和 $CaCO_3$ 表示的质量分数。

解： 沉淀反应是：$Ca^{2+} + C_2O_4^{2-} = CaC_2O_4 \downarrow$

溶解，滴定反应分别是

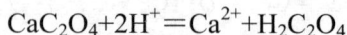

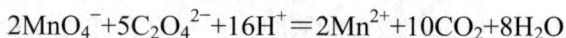

$$CaC_2O_4 + 2H^+ = Ca^{2+} + H_2C_2O_4$$

$$2MnO_4^- + 5C_2O_4^{2-} + 16H^+ = 2Mn^{2+} + 10CO_2 + 8H_2O$$

由上述反应式可知：

$$n(CaCO_3) = n(Ca^{2+}) = n(CaC_2O_4) = \frac{5}{2} n(KMnO_4)$$

求得：$n(Ca^{2+}) = \dfrac{5}{2} n(KMnO_4)$

$$\omega(Ca) = \frac{\dfrac{5}{2} \times c(KMnO_4)V(KMnO_4)M(Ca)}{m(试样)} \times 100\%$$

$$= \frac{\dfrac{5}{2} \times 0.019\,16\,mol \cdot L^{-1} \times 43.08 \times 10^{-3}\,L \times 40.08\,g \cdot mol^{-1}}{0.420\,8\,g} \times 100\% = 19.65\%$$

同理，$CaCO_3$ 表示的质量分数为

$$\omega(CaCO_3) = \frac{\dfrac{5}{2} \times c(KMnO_4)V(KMnO_4)M(CaCO_3)}{m(试样)} \times 100\%$$

$$= \frac{\dfrac{5}{2} \times 0.019\,16\,mol \cdot L^{-1} \times 43.08 \times 10^{-3}\,L \times 100.1\,g \cdot mol^{-1}}{0.420\,8\,g} \times 100\%$$

$$= 49.09\%$$

【例6-19】 称取铜合金试样 0.200 0 g，以间接碘法测定其铜含量。析出的碘用 0.1000 mol·L^{-1} Na$_2$S$_2$O$_3$ 标准溶液滴定，终点时共消耗 Na$_2$S$_2$O$_3$ 标准溶液 20.00 mL，计算试样中铜的质量分数。

解：滴定反应为

$$2Cu^{2+}+4I^-=2CuI\downarrow +I_2$$
$$I_2+2S_2O_3^{2-}=2I^-+S_4O_6^{2-}$$

由上述反应式可知：

$$n(Cu^{2+})=1/2n(I_2)=n(Na_2S_2O_3)$$
$$n(Cu^{2+})=n(Na_2S_2O_3)$$
$$\omega(Cu)=\frac{c(Na_2S_2O_3)V(Na_2S_2O_3)M(Cu)}{m(\text{试样})}\times 100\%$$
$$=\frac{0.100\,0\ mol\cdot L^{-1}\times 20.00\times 10^{-3}L\times 63.55\ g\cdot mol^{-1}}{0.200\,0\ g}\times 100\%=63.55\%$$

复习与思考题

1. 用氧化数法配平下列氧化还原反应方程式，指出氧化剂、还原剂以及它们相应的还原、氧化产物。

（1）$Cu+H_2SO_4$（浓）$\longrightarrow CuSO_4+SO_2+H_2O$

（2）$KMnO_4+S\longrightarrow MnO_2+K_2SO_4$

（3）$As_2S_3+HNO_3+H_2O\longrightarrow H_3AsO_4+H_2SO_4+NO$

（4）$(NH_4)_2Cr_2O_7\longrightarrow N_2+Cr_2O_3+H_2O$

（5）$P_4+NaOH\longrightarrow PH_3+NaH_2PO_2$

2. 用离子—电子法配平下列氧化还原反应方程式：

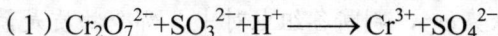

（1）$Cr_2O_7^{2-}+SO_3^{2-}+H^+\longrightarrow Cr^{3+}+SO_4^{2-}$

（2）$H_2S+I_2\longrightarrow I^-+S$

（3）$ClO_3^-+S^{2-}\longrightarrow Cl^-+S+OH^-$

（4）$KI + KIO_3 + H_2SO_4 \longrightarrow I_2 + K_2SO_4$

（5）$Fe(OH)_2 + H_2O_2 \longrightarrow Fe(OH)_3$

3. 填空题：

（1）氧化还原反应中，获得电子的物质是＿＿＿＿＿剂，自身被＿＿＿＿＿＿；失去电子的物质是＿＿＿＿＿剂，自身被＿＿＿＿＿＿。

（2）原电池的正极发生＿＿＿＿＿＿反应，负极发生＿＿＿＿＿＿反应，原电池的电流是由＿＿＿极流向＿＿＿极。

（3）Cu-Fe 原电池的电池符号是＿＿＿＿＿＿，其正极半反应式为＿＿＿＿＿＿，负极半反应式为＿＿＿＿＿＿，原电池反应式为＿＿＿＿＿＿。

（4）在氧化还原反应中，氧化剂是 $\varphi^{\ominus}$ 值＿＿＿＿＿＿的电对中的＿＿＿＿＿态物质，还原剂是 $\varphi^{\ominus}$ 值＿＿＿＿＿＿的电对中的＿＿＿＿＿态物质。

（5）下列各物质 Cd^{2+}，Cd，Al^{3+}，Zn，Cl_2，Fe^{2+}，Sn，MnO_4^- 中（酸性溶液），能作氧化剂的物质有＿＿＿＿＿＿，氧化性最强的物质是＿＿＿＿＿＿，还原性最强的物质是＿＿＿＿＿＿。

4. 标准状态下，下列各组物质中，哪种是较强的氧化剂？说明理由。

（a）PbO_2 或 Sn^{4+} （b）I_2 或 Ag^+

（c）Cl_2 或 Br_2 （d）HNO_2 或 H_2SO_3

5. 从附录中查出下列各电对的标准电极电位值，然后回答问题：

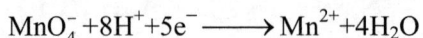

$MnO_4^- + 8H^+ + 5e^- \longrightarrow Mn^{2+} + 4H_2O$ $Ce^{4+} + e^- \longrightarrow Ce^{3+}$

$Fe^{2+} + 2e^- \longrightarrow Fe$ $Ag^+ + e^- \longrightarrow Ag$

（1）上列电对中，何者是最强的还原剂？何者是最强的氧化剂？

（2）上列电对中，何者可将 Fe^{2+} 离子还原为 Fe？

（3）上列电对中，何者可将 Ag 氧化为 Ag^+ 离子？

6. 查出下列各电对的标准电极电势 $\varphi_A^{\ominus}$，判断各组电对中，哪个物质是最强的氧化剂？哪个是最强的还原剂？并写出二者之间进行氧化还原反应的反应式。

（1）MnO_4^-/Mn^{2+} Fe^{3+}/Fe^{2+} Cl_2/Cl^-

（2）Br_2/Br^- Fe^{3+}/Fe^{2+} I_2/I^-

（3）O_2/H_2O_2 H_2O_2/H_2O O_2/H_2O

7. 根据标准电极电势 $\varphi_A^\ominus$，判断下列反应自发进行的方向：

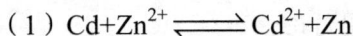

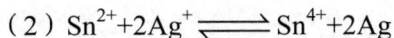

（1）$Cd+Zn^{2+} \rightleftharpoons Cd^{2+}+Zn$

（2）$Sn^{2+}+2Ag^+ \rightleftharpoons Sn^{4+}+2Ag$

（3）$H_2SO_3+2H_2S \rightleftharpoons 3S+3H_2O$

（4）$3Fe(NO_3)_2+4HNO_3 \rightleftharpoons 3Fe(NO_3)_3+NO+2H_2O$

8. 选择题

（1）根据下列反应：

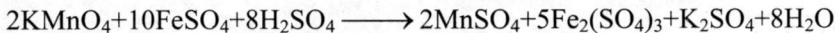

$$2FeCl_3+Cu \longrightarrow 2FeCl_2+CuCl_2$$
$$2Fe^{3+}+Fe \longrightarrow 3Fe^{2+}$$
$$2KMnO_4+10FeSO_4+8H_2SO_4 \longrightarrow 2MnSO_4+5Fe_2(SO_4)_3+K_2SO_4+8H_2O$$

判断电极电势最大的电对为：_____。

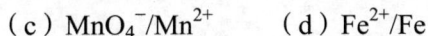

（a）Fe^{3+}/Fe^{2+}　　　（b）Cu^{2+}/Cu

（c）MnO_4^-/Mn^{2+}　　（d）Fe^{2+}/Fe

（2）在含有 Cl^-，Br^-，I^- 离子的混合溶液中，欲使 I^- 氧化成 I_2，而 Br^-，Cl^- 不被氧化，根据 $\varphi^\ominus$ 值大小，应选择下列氧化剂中的：_____。

（a）$KMnO_4$　（b）$K_2Cr_2O_7$　（c）$(NH_4)_2S_2O_8$　（d）$FeCl_3$

（3）在酸性溶液中和标准状态下，下列各组离子可以共存的是：_____。

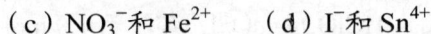

（a）MnO_4^- 和 Cl^-　（b）Fe^{3+} 和 Sn^{2+}

（c）NO_3^- 和 Fe^{2+}　（d）I^- 和 Sn^{4+}

（4）利用标准电极电势表判断氧化还原反应进行的方向，正确的说法是_____。

（a）氧化态物质与还原态物质起反应

（b）$\varphi^\ominus$ 较大电对的氧化态物质与 $\varphi^\ominus$ 较小电对的还原态物质起反应

（c）氧化性强的物质与氧化性弱的物质起反应

（d）还原性强的物质与还原性弱的物质起反应

（5）下列各半反应中，发生还原过程的是：_____。

（a）$Fe \rightarrow Fe^{2+}$　　　　（b）$Co^{3+} \rightarrow Co^{2+}$

（c）$NO \rightarrow NO_3^-$　　　　（d）$H_2O_2 \rightarrow O_2$

9. 解释下列现象：

（1）单质铁可以与 $CuCl_2$ 反应，而 Cu 又能与 $FeCl_2$ 反应，是否矛盾？

（2）Ag 活动顺序位于 H_2 之后，但它可以从氢碘酸中置换出氢气。

（3）分别用硝酸钠和稀硫酸均不能氧化 Fe^{2+}，但两者的混合溶液却可以。

（4）久置于空气中的氢硫酸溶液会变浑浊。

（5）得不到 FeI_3 这种化合物。

10. 什么是元素电势图？根据下列元素电势图讨论：

$$Cu^{2+} \underline{\ 0.159\ } Cu^+ \underline{\ 0.520\ } Cu$$

$$Sn^{4+} \underline{\ 0.154\ } Sn^{2+} \underline{\ -0.136\ } Sn$$

$$Au^{3+} \underline{\ 1.50\ } Au \underline{\ 1.68\ } Au$$

Cu^+，Sn^{2+}，Au^+ 离子哪些能发生歧化反应？

各物质在空气中的稳定性如何（注意氧气的存在）？

11. 为什么过量 HNO_3 与 Fe 反应得到的产物为 Fe^{3+}，而过量的 HCl 与 Fe 反应只能得到 Fe^{2+}？

12. 用镁片和铁片分别放入浓度均为 $1mol \cdot L^{-1}$ 的镁盐和亚铁盐的溶液中，并组成一个原电池。写出原电池的电池符号，指出正极和负极，写出正、负极的电极反应及电池反应，并指出哪种金属会溶解。

13. 计算下列半反应的电极电势。

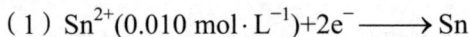

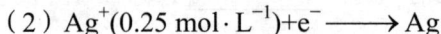

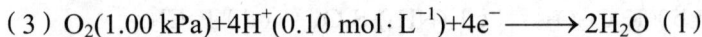

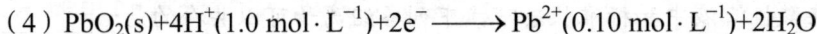

（1）$Sn^{2+}(0.010 \ mol \cdot L^{-1})+2e^- \longrightarrow Sn$

（2）$Ag^+(0.25 \ mol \cdot L^{-1})+e^- \longrightarrow Ag$

（3）$O_2(1.00 \ kPa)+4H^+(0.10 \ mol \cdot L^{-1})+4e^- \longrightarrow 2H_2O（l）$

（4）$PbO_2(s)+4H^+(1.0 \ mol \cdot L^{-1})+2e^- \longrightarrow Pb^{2+}(0.10 \ mol \cdot L^{-1})+2H_2O$

14. 次氯酸在酸性溶液中的氧化性比在中性溶液中强，计算当溶液 pH=1.00 和 pH=7.00 时，电对 $HClO/Cl^-$ 的电极电势，假设 $c(HClO)$ 和 $c(Cl^-)$ 都等于 $1.0 \ mol \cdot L^{-1}$。

15. 某原电池中的一个半电池是由金属钴浸在 $1.00 \ mol \cdot L^{-1}$ Co^{2+} 的溶液中组成的，另一半电池则由铂片浸入 $1.00 \ mol \cdot L^{-1}$ Cl^- 的溶液中，并通入 $Cl_2[p(Cl_2)=100 \ kPa]$ 组成的。实验测得电池的电动势为 1.63 V，钴电极为负极。已知 $\varphi^{\ominus}(Cl_2/Cl^-)=1.36 \ V$，回答下列问题。

（1）写出电池反应方程式。

（2）$\varphi^{\ominus}(Co^{2+}/Co)$ 为多少？

（3）$p(Cl_2)$ 增大时，电池的电动势如何变化？

（4）当其他浓度、分压不变，$c(Co^{2+})$ 变为 $0.010 \ mol \cdot L^{-1}$ 时，电池的电动势是多少？

16. Pb-Sn 电池：$(-)Sn \mid Sn^{2+}(1.0 \ mol \cdot L^{-1}) \parallel Pb^{2+}(1.0 \ mol \cdot L^{-1})\mid Pb(+)$

求算：（1）电池的标准电动势 $E^{\ominus}$；

（2）当 $c(Sn^{2+})$ 仍为 $1.0 \ mol \cdot L^{-1}$，电池反应逆转时（即 $E^{\ominus} \leqslant 0 \ V$）的 $c(Pb^{2+})$ 等于多少？

17. 铊的元素电势图如下：

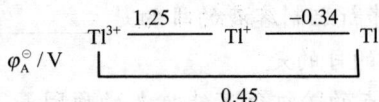

$$\varphi_A^{\ominus}/V \quad Tl^{3+} \xrightarrow{\quad 1.25 \quad} Tl^+ \xrightarrow{\quad -0.34 \quad} Tl$$
$$\underset{0.45}{\underbrace{\phantom{Tl^{3+} \xrightarrow{\quad 1.25 \quad} Tl^+}}}$$

（1）写出由电对 Tl^{3+}/Tl^+ 和 Tl^+/Tl 组成的原电池的电池符号及电池反应；

（2）计算该原电池的标准电动势 $E^{\ominus}$；

（3）电池反应的平衡常数。

18. 什么是条件电极电位？条件电极电位与标准电极电位有什么不同？影响条件电极电位的因素有哪些？

19. 简述氧化还原指示剂的变色原理。

20. 氧化还原滴定前，为什么往往需要预处理？预处理所需氧化剂或还原剂应具备哪些条件？

21. 碘量法的主要误差来源是什么？有哪些防止措施？

22. 如何配制 $KMnO_4$、$K_2Cr_2O_7$、NaS_2O_3、I_2 标准溶液？

23. 是非题（正确的打√，错误的打×）

（1）某电对的氧化态可以氧化电极电位比它低的另一电对的还原态。（　）

（2）氧化还原滴定曲线上电位突跃范围的大小，决定于相互作用的氧化剂和还原剂的条件电位之差。差值越大，电位突跃越大。（　）

（3）间接碘量法的终点是从蓝色变为无色。（　）

（4）溶液的酸度越高，$KMnO_4$ 氧化 $Na_2C_2O_4$ 的反应进行得越完全，所以用基准物 $Na_2C_2O_4$ 标定 $KMnO_4$ 溶液时，溶液的酸度越高越好。（　）

（5）$Na_2S_2O_3$ 标准滴定溶液滴定 I_2 时，应在中性或弱酸性介质中进行。（　）

（6）用于 $K_2Cr_2O_7$ 法中的酸性介质只能是硫酸，不能用盐酸。（　）

（7）用草酸钠标定高锰酸钾溶液时，溶液加热的温度不得超过45℃。（　）

（8）在碘量法中使用碘量瓶可以防止碘的挥发。（　）

24. 填充题

（1）滴定硫代硫酸钠一般可选择＿＿＿＿＿＿作基准物，标定高锰酸钾标准溶液一般选用＿＿＿＿＿＿作基准物。

（2）高锰酸钾标准溶液应采用＿＿＿＿＿＿方法配制，重铬酸钾标准溶液采用＿＿＿＿＿＿方法配制。

（3）氧化还原反应是基于＿＿＿＿＿＿转移的反应，比较复杂，反应常是分步进行的，需要一定时间才能完成。因此，氧化还原滴定时，要注意＿＿＿＿＿＿速度与＿＿＿＿＿＿速度相适应。

（4）当电对的氧化态、还原态的物质的量浓度为 $1mol \cdot L^{-1}$ 或二者浓度比值为1时，校正了各种外界因素影响后的实际电位称为＿＿＿＿＿＿。

（5）配制 NaOH 标准溶液时，要用煮沸过的纯水的目的是_____；配制 $KMnO_4$ 标准溶液时，要煮沸新配制溶液的目的是_____，配制 $Na_2S_2O_3$ 标准溶液时，要将水煮沸并冷却的目的是_____。

（6）$KMnO_4$ 滴定法终点的粉红色不能持久的原因是_____所致。因此，一般只要粉红色在_____min 内不褪便可认为终点已到。

（7）标定 $Na_2S_2O_3$，常用的基准物为_____，基准物先与_____试剂反应生成_____，再用 $Na_2S_2O_3$ 滴定。

（8）为了配制稳定的 $SnCl_2$ 溶液，将一定量的 $SnCl_2$ 溶于热的_____中，并在溶液中加入几粒_____。

25. 称取大理石试样 0.230 3 g，溶于酸中，调节酸度后加入过量的 $(NH_4)_2C_2O_4$ 溶液，使 Ca^{2+} 沉淀为 CaC_2O_4 沉淀。过滤，洗涤，将沉淀溶解于稀硫酸中。溶解后的溶液用 0.020 12 $mol \cdot L^{-1} KMnO_4$ 标准溶液滴定，消耗 22.30 mL，计算大理石中 $CaCO_3$ 的质量分数。

26. 硫化钠样品 0.500 0 g，溶解后稀释成 100.0 mL 溶液。从中取出 25.00 mL，加入 25.00 mL 碘标准溶液，待反应完毕后，将剩余的碘用 $c(Na_2S_2O_3) = 0.100 0$ $mol \cdot L^{-1}$ 的 $Na_2S_2O_3$ 标准溶液滴定，消耗 16.00 mL。空白试验时，25.00 mL 碘标准溶液消耗 $c(Na_2S_2O_3) = 0.100 0$ $mol \cdot L^{-1}$ 的 $Na_2S_2O_3$ 标准溶液 24.50 mL，求样品中 Na_2S 的含量。

27. 称取 0.200 0 g 含铜样品，用碘量法测定含铜量，如果析出的碘需要用 20.00 mL $c(Na_2S_2O_3) = 0.100 0$ $mol \cdot L^{-1}$ 的 $Na_2S_2O_3$ 标准溶液滴定，求样品中铜的质量分数。

28. 测定铁矿中的铁含量时，称取试样 0.302 9 g，使之溶解并将 Fe^{3+} 还原为 Fe^{2+} 后，用 0.016 43 $mol \cdot L^{-1} K_2Cr_2O_7$ 标准溶液滴定耗去 35.14 mL，计算试样中铁的质量分数。如果用 Fe_2O_3 表示，该 $K_2Cr_2O_7$ 对 Fe_2O_3 的滴定度是多少？

29. 称取含有 PbO 和 PbO_2 试样 0.617 0g，溶解时用 10.00 mL 0.125 0 $mol \cdot L^{-1}$ 的 $H_2C_2O_4$ 处理，使 PbO_2 还原成 Pb^{2+}，再用氨中和，则所有 Pb^{2+} 都形成 PbC_2O_4 沉淀。（1）滤液和洗涤液酸化后，过量的 $H_2C_2O_4$ 用 0.020 00 $mol \cdot L^{-1}$ 的 $KMnO_4$ 标准溶液滴定，消耗 5.00 mL；（2）将 PbC_2O_4 沉淀溶于酸后，用 0.020 00 $mol \cdot L^{-1}$ 的 $KMnO_4$ 标准溶液滴定到终点，消耗 15.00 mL。计算 PbO 和 PbO_2 的质量分数。

30. 称取含有丙酮的试样 0.100 0 g，放入盛有 NaOH 溶液的碘量瓶中振荡，精确加入 50.00 mL 0.050 0 $mol \cdot L^{-1}$ 的 I_2 标准溶液，放置后并调节溶液呈弱酸性，立即用 0.100 0 $mol \cdot L^{-1}$ $Na_2S_2O_3$ 标准溶液滴定到终点，消耗 10.00 mL。计算试样中丙酮的质量分数。丙酮与 I_2 的反应为

$$CH_3COCH_3 + 3I_2 + 4NaOH = CH_3COONa + 3NaI + 3H_2O + CHI_3$$

第七章 配位平衡和配位滴定

本章提要：配位化合物是一类组成复杂、应用极为广泛的化合物。金属分离与提取、分析技术、无机高分子材料、电镀等都与配位化合物（简称配合物）有紧密联系。本章将概括介绍配合物的基本知识，包括配合物组成、命名及配合物形成时性质上的变化。讨论配合物在溶液中的稳定性，应用化学平衡理论讨论配位平衡及其移动。在配位反应的基础上介绍配位滴定法，着重讨论 EDTA 作为配位剂的配位滴定。

第一节　配位化合物的基本概念

一、配位化合物的定义

无机化学中的许多简单化合物，如 H_2O、NH_3、$AgCl$、$CuSO_4$ 等，都是由两种或两种以上的元素按照经典的化合价理论结合而成的，元素的原子之间都有确定的简单整数比。另外有许多化合物看似由简单化合物"加合"而成，例如：

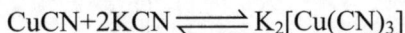

$$AgCl + 2NH_3 \rightleftharpoons [Ag(NH_3)_2]Cl$$

$$CuCN + 2KCN \rightleftharpoons K_2[Cu(CN)_3]$$

在化合过程中，既没有发生氧化数的变化，又没有形成传统意义的共价键，不符合经典的化合价理论。实际上，它们是含有复杂离子的配位化合物，简称配合物。配合物是由可以提供孤对电子的一定数目的离子或分子（统称为配位体），和接受孤对电子的原子或离子（统称中心原子），按一定的组成和空间构型形成的化合物。简言之，配合物是由中心原子和配位体以配位键结合而成的复杂的化合物。如 $[Ag(NH_3)_2]^+$，$[Cu(CN)_3]^{2-}$ 等离子，称为配离子，配离子与带有异种电荷的离子组成的中性化合物，如 $[Ag(NH_3)_2]Cl$，$K_2[Cu(CN)_3]$ 等，称为配合物。不带电荷的中性分子如 $Ni(CO)_4$、$[Co(NH_3)Cl_3]$，是中性配合物，或称配合分子。

二、配位化合物的组成

在配离子或配合分子中，都含有中心离子（或原子）和一定数目的配位体。配位体和中心离子构成配合物内界，是配合物的特征部分，书写时用方括号括起来。

方括号外的部分称为外界。整个配合物由内界和外界所组成，呈电中性。

1. 中心离子

在配合物的分子中，存在有简单的阳离子（或原子）作为配合物的形成体，位于配离子的中心，通常称为中心离子（或原子）。如 $K_4[Fe(CN)_6]$ 中的 Fe^{2+}，$[Ag(NH_3)_2]Cl$ 中的 Ag^+ 等。

2. 配位体和配原子

配合物中与中心离子（或原子）以配位键结合的含有孤对电子的负离子或中性分子称为配位体。如 $K_4[Fe(CN)_6]$ 中的 CN^-，$[Ag(NH_3)_2]Cl$ 中的 NH_3 等。中心离子和配位体电荷之和就是配离子的电荷。配位体中直接与中心离子结合，具有孤对电子的原子，称为配原子。如 $K_4[Fe(CN)_6]$ 中配位体 CN^- 的配原子为 C，$[Ag(NH_3)_2]Cl$ 中配位体 NH_3 的配原子为 N。

只含一个配位原子的配位体，称为单齿（或单基）配位体。如 CN^-，NH_3 中的 C、N 原子。由单齿配体与中心离子直接配位形成的配合物，称为简单配合物。如 $K_4[Fe(CN)_6]$、$[Ag(NH_3)_2]Cl$、$[Cu(NH_3)_2]SO_4$。含有多个配位原子的配位体，称为多齿（或多基）配位体。如乙二胺（en）含有两个配原子（两个 N 原子）为双齿配位体，其结构如下：

$$NH_2—CH_2—CH_2—H_2N$$

乙二胺四乙酸（简称 EDTA）有六个配原子即两个氨氮原子和四个羧基氧原子：

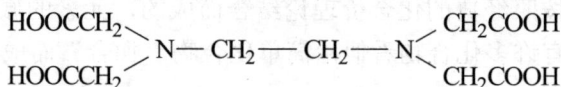

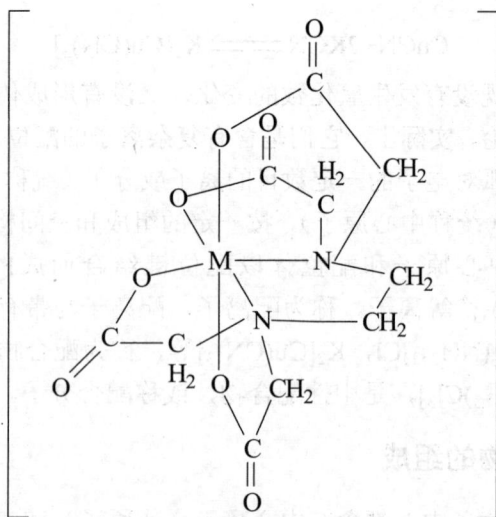

$$\begin{array}{c} HOOCCH_2 \\ HOOCCH_2 \end{array} \!\! \diagdown \!\! N—CH_2—CH_2—N \!\! \diagup \!\! \begin{array}{c} CH_2COOH \\ CH_2COOH \end{array}$$

图 7-1　EDTA 与金属离子 M 形成的螯合物

中心离子与多齿配位体形成的具有环状结构的配合物，称作螯合物。大多数螯合物具有五原子环或六原子环的稳定结构。如图 7-1 所示，EDTA 与金属离子形成五

$$\overset{\displaystyle \boxed{}\ \text{M}\ \boxed{}}{\text{O}-\text{C}-\text{C}-\text{N}}\qquad\overset{\displaystyle \boxed{}\ \text{M}\ \boxed{}}{\text{N}-\text{C}-\text{C}-\text{N}}$$

个五元环结构：四个 O—C—C—N 五元环，一个 N—C—C—N 五元环。

实验表明，螯合物比结构相似且配位原子相同的非螯合形配合物稳定。螯合物的稳定性还与螯环的大小和多少有关。一般五原子环或六原子环的螯合物最稳定。且一个多齿配位体与中心离子形成的螯环数越多，螯合物越稳定。另外，螯合物具有特征的颜色，通常难溶于水，易溶于有机溶剂。

3．配位数

直接同中心离子（或原子）配合的配位原子的数目，为该中心离子（或原子）的配位数。如 $K_4[Fe(CN)_6]$ 的配位数为 6，$[Ag(NH_3)_2]Cl$ 的配位数为 2。目前已知的配位数有 2，3，4，5，6，…，12 等，常见的是 4 和 6。中心离子的配位数取决于中心离子和配位体的本性，也与形成配合物时的条件如浓度、温度等有关。增大配位体的浓度，有利于形成高配位数的配合物。在一定条件下，某一中心离子有它常见的配位数，称为特征配位数。特征配位数与中心离子的电荷数之间存在如下关系：

中心离子的电荷：　+1　　+2　　　+3　　　+4

特征配位数：　　　2　4 或 6　6 或 4　6 或 8

下面以 $[Cu(NH_3)_4]SO_4$ 和 $K_4[Fe(CN)_6]$ 为例说明配合物的组成，图示如下：

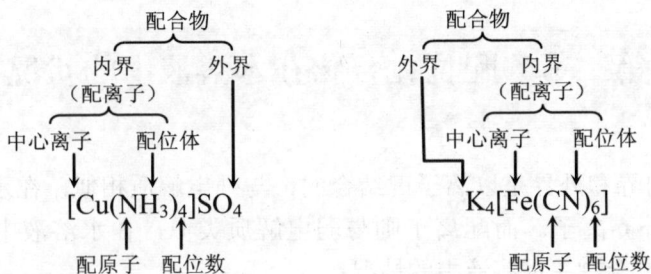

三、配位化合物的命名

配位化合物的命名方法基本上遵循一般无机化合物的命名原则。

1．配离子是阳离子的配合物

例如：$[Ag(NH_3)_2]Cl$　命名为　氯化二氨合银（Ⅰ）。

命名的次序是：（1）外界阴离子名称；（2）配位体个数及名称；（3）中心离子名称及其氧化数。其中中心离子与配位体之间以"合"字连接，配位体的数目用一、二、三等表示，中心离子的氧化数用圆括号内Ⅰ、Ⅱ、Ⅲ等注明。

因此，$[Cu(NH_3)_4]SO_4$　命名为：硫酸四氨合铜（Ⅱ）

2. 配离子是阴离子的配合物

例如：$K_4[Fe(CN)_6]$ 命名为 六氰合铁（Ⅱ）酸钾

命名次序为：（1）配位体个数及名称；（2）中心离子名称及氧化数；（3）外界阳离子名称。中心离子和外界阳离子之间用"酸"字连接，此时，配离子以配酸酸根的形式存在。

所以：$K_2[PtCl_6]$ 六氯合铂（Ⅳ）酸钾

$Na_2[SiF_6]$ 六氟合硅（Ⅳ）酸钠

3. 没有外界的配合物

命名次序为：（1）配位体数目及名称；（2）中心离子名称及氧化数。例如：

$[Ni(CO)_4]$ 四羰基合镍

$[Co(NH_3)_3Cl_3]$ 三氯·三氨合钴（Ⅲ）

4. 不止一种配位体的配合物

配离子中含有两种或两种以上的配位体，命名时阴离子配位体在先，中性分子在后，中间用原点分开；先无机配位体，后有机配位体；同类配位体的名称按配位原子的元素符号在英文字母中的顺序排列；同类配位体的配位原子相同，含原子个数少的配位体排在前；若配位体中含有原子数目相同，则在结构式中与配位原子相连原子的元素符号在英文字母中排在前面的先读。例如：

$[Co(NH_3)_4Cl_2]Cl$ 氯化二氯·四氨合钴（Ⅲ）

$[Co(NH_3)_5(H_2O)]Cl_3$ 氯化五氨·一水合钴（Ⅲ）

第二节 配位化合物在水溶液中的状况

配合物的内界和外界是以离子键结合的，与强电解质相似，在水溶液中完全电离为配离子和外界离子。而配离子则与弱电解质类似，在水溶液中部分电离。如 $[Cu(NH_3)_4]SO_4$ 配合物在水溶液中的情况：

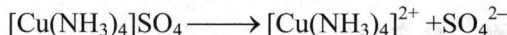

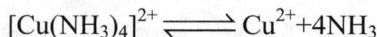

$$[Cu(NH_3)_4]SO_4 \longrightarrow [Cu(NH_3)_4]^{2+} + SO_4^{2-}$$

$$[Cu(NH_3)_4]^{2+} \rightleftharpoons Cu^{2+} + 4NH_3$$

下面讨论配离子在水溶液中的离解平衡及有关应用。

一、配位平衡及平衡常数

如果将氨水加到硫酸铜溶液中，先生成氢氧化铜沉淀，然后沉淀逐渐溶解，Cu^{2+} 和 NH_3 发生配位反应,生成深蓝色的 $[Cu(NH_3)_4]^{2+}$ 的溶液。在深蓝色溶液中加入 Na_2S,生成黑色的 CuS 沉淀，说明溶液中存在少量的 Cu^{2+} 和 NH_3。由于 CuS 的 $K_{sp}^{\ominus}$ 很小，

Cu^{2+} 和 S^{2-} 结合生成了难溶的 CuS 沉淀。

上述现象说明 Cu^{2+} 和 NH_3 在水溶液中存在配位和离解的平衡，称为配位离解平衡，反应式如下：

$$Cu^{2+} + 4NH_3 \rightleftharpoons [Cu(NH_3)_4]^{2+}$$

根据化学平衡原理，

$$K^{\ominus} = \frac{c([Cu(NH_3)_4]^{2+})}{c(Cu^{2+}) \cdot c^4(NH_3)} \tag{7-1}$$

式中，$K^{\ominus}$ 为配离子的稳定常数，以 $K^{\ominus}_{稳}$ 表示。$K^{\ominus}_{稳}$ 数值越大，表明配离子越稳定。

从离解的角度考虑，则反应式为

$$[Cu(NH_3)_4]^{2+} \rightleftharpoons Cu^{2+} + 4NH_3$$

根据化学平衡原理，可得：

$$K^{\ominus}_{不稳} = \frac{c(Cu^{2+}) \cdot c^4(NH_3)}{c([Cu(NH_3)_4]^{2+})} \tag{7-2}$$

式中，$K^{\ominus}_{不稳}$ 为配离子的离解平衡常数，又称为不稳定常数，$K^{\ominus}_{不稳}$ 越大，配离子的稳定性越差。显然，$K^{\ominus}_{稳}$ 与 $K^{\ominus}_{不稳}$ 互为倒数关系：

$$K^{\ominus}_{稳} = \frac{1}{K^{\ominus}_{不稳}} \tag{7-3}$$

配离子作为多元弱电解质，与多元弱酸或弱碱类似，其生成和离解都是分级进行，每一级反应对应着一个平衡常数，称为配离子的逐级平衡常数，包括逐级稳定常数和逐级不稳定常数。例如：

$M + L \rightleftharpoons ML$　　第一级稳定常数为：$K^{\ominus}_{稳1} = \dfrac{c(ML)}{c(M) \cdot c(L)}$

$ML + L \rightleftharpoons ML_2$　　第二级稳定常数为：$K^{\ominus}_{稳2} = \dfrac{c(ML_2)}{c(ML) \cdot c(L)}$

$\vdots$　　　　$\vdots$

$ML_{n-1} + L \rightleftharpoons ML_n$　　第 n 级稳定常数为：$K^{\ominus}_{稳n} = \dfrac{c(ML_n)}{c(ML_{n-1}) \cdot c(L)}$

总反应 $M + nL \rightleftharpoons ML_n$ $K_{稳}^{\ominus} = K_{稳1}^{\ominus} \cdot K_{稳2}^{\ominus} \cdots K_{稳n}^{\ominus} = \dfrac{c(ML_n)}{c(M) \cdot c^n(L)}$

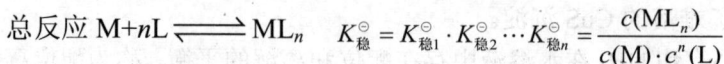

将逐级稳定常数彼此相乘，得到各级累积稳定常数 $\beta_n^{\ominus}$。

$$\beta_1^{\ominus} = K_{稳1}^{\ominus} = \frac{c(ML)}{c(M) \cdot c(L)}$$

$$\beta_2^{\ominus} = K_{稳1}^{\ominus} \cdot K_{稳2}^{\ominus} = \frac{c(ML_2)}{c(M) \cdot c^2(L)}$$

$$\beta_n^{\ominus} = K_{稳1}^{\ominus} \cdot K_{稳2}^{\ominus} \cdots K_{稳n}^{\ominus} = \frac{c(ML_n)}{c(M) \cdot c^n(L)}$$

最后一级累积稳定常数就是配合物的总的稳定常数。一些常见配离子的累积稳定常数见本书附录八。利用配合物的稳定常数，可计算配合物中有关物质的浓度，以及讨论配位平衡与其他平衡之间的关系等。

二、配离子稳定常数的应用

1. 比较同类型配合物的稳定性

对同类型配合物而言，稳定常数较大，其配合物稳定性较高。例如：

$$[Ag(NH_3)_2]^+ \qquad\qquad K_{稳}^{\ominus} = 10^{7.23}$$

$$[Ag(CN)_2]^- \qquad\qquad K_{稳}^{\ominus} = 10^{21.10}$$

由稳定常数可知，$[Ag(CN)_2]^-$ 比 $[Ag(NH_3)_2]^+$ 稳定得多。

2. 计算配位化合物溶液中有关离子浓度

【例 7-1】 计算溶液中与 1.0×10^{-3} $mol \cdot L^{-1}[Cu(NH_3)_4]^{2+}$ 和 1.0 $mol \cdot L^{-1}NH_3$ 处于平衡状态时游离的 Cu^{2+} 的浓度。

解：设平衡时 Cu^{2+} 离子浓度为 x $mol \cdot L^{-1}$，则有

$$Cu^{2+} + 4NH_3 \rightleftharpoons [Cu(NH_3)_4]^{2+}$$

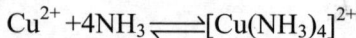

平衡浓度/$mol \cdot L^{-1}$ x 1.0 1.0×10^{-3}

$$K_{稳}^{\ominus} = \frac{c([Cu(NH_3)_4]^{2+})}{c(Cu^{2+}) \cdot c^4(NH_3)} = \frac{1.0 \times 10^{-3}}{x \cdot (1.0)^4} = 3.89 \times 10^{12}$$

解得 $x = 2.5 \times 10^{-16}$ $mol \cdot L^{-1}$

答：处于平衡状态时游离的 Cu^{2+} 的浓度为 $2.5 \times 10^{-16} mol \cdot L^{-1}$。

【例 7-2】 室温下，将 0.010 mol 的 $AgNO_3$ 固体溶解于 1.0 L 浓度为

0.030 $mol \cdot L^{-1}$ 的氨水中(设体积不变)。求生成$[Ag(NH_3)_2]^+$后溶液中 Ag^+ 和 NH_3 的浓度$[K_{稳}^{\ominus}([Ag(NH_3)_2]^+)=1.7\times10^7]$。

解：由于$K_{稳}^{\ominus}$值较大，且NH_3过量较多，可先认为Ag^+与过量NH_3生成$[Ag(NH_3)_2]^+$，浓度为 0.010 $mol \cdot L^{-1}$，剩余的 NH_3 为 $(0.030-2\times0.010)$ $mol \cdot L^{-1}=0.010$ $mol \cdot L^{-1}$。而后再考虑$[Ag(NH_3)_2]^+$ 的离解：

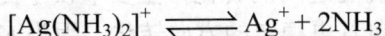

$$[Ag(NH_3)_2]^+ \rightleftharpoons Ag^+ + 2NH_3$$

平衡浓度/$mol \cdot L^{-1}$ 0.010$-x$ x 0.010$+2x$

因为$[Ag(NH_3)_2]^+$很稳定，离解很少，所以可作近似处理，即 $0.010-x\approx0.010$，$0.010+2x\approx0.010$，则：

$$K_{不稳}^{\ominus} = \frac{c(Ag^+)\cdot c^2(NH_3)}{c([Ag(NH_3)_2]^+)} = \frac{1}{K_{稳}^{\ominus}}$$

即：$\dfrac{(0.010)^2 x}{0.010} = \dfrac{1}{1.7\times10^7}$

解上式得：$x=5.9\times10^{-6}$ $mol \cdot L^{-1}$

即生成$[Ag(NH_3)_2]^+$后溶液中$c(Ag^+)=5.9\times10^{-6}$ $mol \cdot L^{-1}$，$c(NH_3)=0.010$ $mol \cdot L^{-1}$。

3. 判断配离子与沉淀之间转化的可能性

配离子与沉淀之间的转化，实际上是沉淀剂与配合剂对中心离子的争夺。例如，在 AgCl 沉淀中加入氨水，AgCl 沉淀因生成$[Ag(NH_3)_2]Cl$配合物而溶解。其反应式如下：

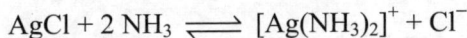

$$AgCl + 2NH_3 \rightleftharpoons [Ag(NH_3)_2]^+ + Cl^-$$

达到平衡时，

$$K = \frac{\{c([Ag(NH_3)_2]^+)\cdot c(Cl^-)}{c^2(NH_3)} = \frac{c([Ag(NH_3)_2]^+)\cdot c(Cl^-)}{c^2(NH_3)}\times\frac{c(Ag^+)}{c(Ag^+)}$$

$$= K_{稳}^{\ominus}([Ag(NH_3)_2]^+)\cdot K_{sp}^{\ominus}(AgCl)=1.7\times10^7\times1.8\times10^{-10}=3.1\times10^{-3}$$

如果在上述溶液中加入 KI，沉淀剂 I^-夺取了配离子中的 Ag^+，生成 AgI 沉淀，使$[Ag(NH_3)_2]^+$发生解离。反应如下：

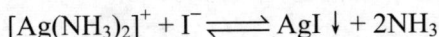

$$[Ag(NH_3)_2]^+ + I^- \rightleftharpoons AgI \downarrow + 2NH_3$$

达到平衡时，

$$K = \frac{c^2(NH_3)}{c([Ag(NH_3)_2]^+) \cdot c(I^-)} = \frac{c^2(NH_3)}{c([Ag(NH_3)_2]^+) \cdot c(I^-)} \times \frac{c(Ag^+)}{c(Ag^+)}$$

$$= \frac{1}{K_{稳}^{\ominus}([Ag(NH_3)_2^+]) \cdot K_{sp}^{\ominus}(AgI)} = 6.9 \times 10^9$$

平衡常数比较大，反应容易正向进行。同理，在 AgI 沉淀中加入氰化物，AgI 沉淀又会因生成更稳定的[Ag(CN)_2]^- 而溶解。

综上所述，配离子与沉淀之间的转化，主要取决于配离子的稳定性和沉淀的溶解度。配离子和沉淀都是向着更稳定的方向转化。因为 $K_{sp}^{\ominus}$ (AgI)< $K_{sp}^{\ominus}$ (AgCl)。

$K_{稳}([Ag(CN)_2]^-) > K_{稳}([Ag(NH_3)_2]^+)$，所以才能实现如下反应：

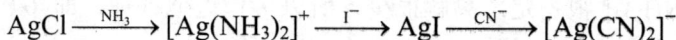

$$AgCl \xrightarrow{NH_3} [Ag(NH_3)_2]^+ \xrightarrow{I^-} AgI \xrightarrow{CN^-} [Ag(CN)_2]^-$$

【例 7-3】 在 1 L 例 7-1 所述的溶液中，加入 0.001 mol NaOH，问有无 Cu(OH)_2 沉淀生成？若加入 0.001 mol Na_2S，有无 CuS 沉淀生成？（设溶液体积基本不变）

解： 加入 0.001 mol NaOH 后，溶液中的 $c(OH^-)=0.001\ mol \cdot L^{-1}$，则：

$$Q = c(Cu^{2+}) \cdot c^2(OH^-) = 2.5 \times 10^{-16} \times (10^{-3})^2 = 2.5 \times 10^{-22}$$

$$Q < K_{sp}^{\ominus}(Cu(OH)_2) = 2.2 \times 10^{-20}$$

根据溶度积规则判断无 Cu(OH)_2 沉淀生成。

加入 0.001 mol Na_2S，溶液中 $c(S^{2-})=0.001\ mol \cdot L^{-1}$（未考虑 S^{2-} 的水解），则：

$$Q = c(Cu^{2+}) \cdot c(S^{2-}) = 2.5 \times 10^{-16} \times 10^{-3} = 2.5 \times 10^{-19}$$

$$Q > K_{sp}^{\theta}(CuS) = 6.3 \times 10^{-36}$$

有 CuS 沉淀生成。

【例 7-4】 在 1.0 L 氨水中欲溶解 0.10 mol AgCl 固体（设体积不变），求溶液中氨水的起始浓度至少为多少？已知 $K_{稳}^{\ominus}$ ([Ag(NH_3)_2]^+)=1.7×10^7，$K_{sp}^{\ominus}$ (AgCl)=1.8×10^{-10}。

解： 0.10 mol AgCl 固体溶解于氨水可生成 0.10 mol [Ag(NH_3)_2]^+，此时消耗氨水 0.20 mol·L^{-1}，并且溶液中同时存在两个平衡：

（1）$AgCl \rightleftharpoons Ag^+ + Cl^-$ 式中，$c_1(Ag^+) = \dfrac{K_{sp}^{\ominus}(AgCl)}{c(Cl^-)}$

（2）$Ag^+ + 2NH_3 \rightleftharpoons [Ag(NH_3)_2]^+$ 式中，$c_2(Ag^+) = \dfrac{c([Ag(NH_3)_2]^+)}{K_{稳}^{\ominus}([Ag(NH_3)_2]^+) \cdot c^2(NH_3)}$

由于 Ag^+ 同时参与两个平衡，故 $c_1(Ag^+) = c_2(Ag^+)$，即

$$\frac{K_{sp}^{\ominus}(AgCl)}{c(Cl^-)} = \frac{c([Ag(NH_3)_2]^+)}{K_{稳}^{\ominus}([Ag(NH_3)_2]^+) \cdot c^2(NH_3)}$$

由此可得溶液中游离的 $c(NH_3) = \left\{ \dfrac{c([Ag(NH_3)_2]^+) \cdot c(Cl^-)}{K_{稳}^{\ominus}([Ag(NH_3)_2]^+) \cdot K_{sp}^{\ominus}(AgCl)} \right\}^{\frac{1}{2}}$

式中 AgCl 全部溶解，$c(Cl^-) = 0.10\ mol \cdot L^{-1}$，

$c([Ag(NH_3)_2]^+) = 0.10 - \dfrac{K_{sp}^{\ominus}(AgCl)}{c(Cl^-)} \approx 0.10\ (mol \cdot L^{-1})$，代入上式得

$$c(NH_3) = \left(\frac{0.10 \times 0.10}{1.7 \times 10^7 \times 1.8 \times 10^{-10}} \right)^{\frac{1}{2}} = 1.8\ (mol \cdot L^{-1})$$

综上所述，氨水溶液的起始浓度至少是：$(0.2 + 1.8)\ mol \cdot L^{-1} = 2.0\ mol \cdot L^{-1}$。

4. 判断配离子之间转化的可能性

配离子之间的转化与沉淀之间的转化类似，反应向着生成更稳定配离子的方向进行。两种配离子的稳定常数相差越大，转化越完全。例如，在含有 Fe^{3+} 离子的溶液中，加入 KSCN 会出现血红色，这是定性检验 Fe^{3+} 离子常用的方法，反应式如下：

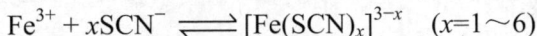

$$Fe^{3+} + xSCN^- \rightleftharpoons [Fe(SCN)_x]^{3-x} \quad (x=1\sim 6)$$

如在上述溶液中再加入足量的 NaF，血红色立即消失，F^- 离子夺取了 $[Fe(SCN)_x]^{3-x}$ 中的 Fe^{3+} 离子，生成了更稳定的 $[FeF_6]^{3-}$，反应式如下：

$$[Fe(SCN)_x]^{3-x} + 6F^- = [FeF_6]^{3-} + xSCN^-$$

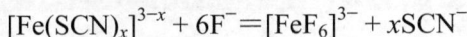

到达平衡时，平衡常数表达式为

$$K = \frac{c([FeF_6]^{3-}) \cdot c^x(SCN^-)}{c([Fe(SCN)_6^{3-}]) \cdot c^6(F^-)} = \frac{c([FeF_6]^{3-}) \cdot c^x(SCN^-)}{c([Fe(SCN)_6^{3-}]) \cdot c^6(F^-)} \times \frac{c(Fe^{3+})}{c(Fe^{3+})}$$

$$= \frac{K_{稳}^{\ominus}([FeF_6]^{3-})}{K_{稳}^{\ominus}([Fe(SCN)_6]^{3-})}$$

查表将稳定常数代入上式，可得：$K = \dfrac{2.0 \times 10^{15}}{1.3 \times 10^9} = 1.5 \times 10^6$

K 值较大，说明该转化反应很容易进行。

5. 计算配离子的电极电势

某些金属离子在形成配合物后能稳定存在，从而使溶液中游离的金属离子浓度有

所下降，使金属—配离子电对的电极电势也随之下降。由能斯特方程式来说明，例如：

$$M^{n+} + ne^- \rightleftharpoons M$$

$$\varphi = \varphi^{\ominus} + \frac{0.0592}{n} \lg c(M^{n+})$$

配合物越稳定，游离的金属离子浓度 $c(M^{n+})$ 越小，φ 值降低越多。利用这一关系可进行计算。如电对 Cu^+/Cu 的 $\varphi^{\ominus}$ 值为 0.521 V，Cu^+ 离子与 Cl^- 离子形成配离子 $[CuCl_2]^-$ 后，电对 $[CuCl_2]^-/Cu$ 的 $\varphi^{\ominus}$ 为 0.20 V(系统处于标准状态，即 $[CuCl_2]^-$ 离子与 Cl^- 离子浓度均为 $1\ mol \cdot L^{-1}$ 时电对的电极电势)。生成的配合物越稳定，金属离子浓度降得越低，电极电势数值就越小。参见下列数据：

	$\lg K_{稳}$	$\varphi^{\ominus}/V$
$Cu^+ + e^- \rightleftharpoons Cu$		+0.521
$[CuCl_2]^- + e^- \rightleftharpoons Cu + 2Cl^-$	5.50	+0.20
$[CuBr_2]^- + e^- \rightleftharpoons Cu + 2Br^-$	5.89	+0.17
$[CuI_2]^- + e^- \rightleftharpoons Cu + 2I^-$	8.85	0.00
$[Cu(CN)_2]^- + e^- \rightleftharpoons Cu + 2CN^-$	16.0	−0.68

一些不活泼金属如 Au，电极电势甚高，不能溶于浓 HNO_3，但能溶于王水。这是因为 Au 能与王水中的 Cl^- 结合生成 $[AuCl_4]^-$ 配离子，可大大降低 $[AuCl_4]^-/Au$ 的电极电势。此外，Au 能与 CN^- 形成更稳定的 $[Au(CN)_2]^-$ 配离子，使 Au 能在空气存在下溶于稀 NaCN 溶液中。

第三节　配位化合物的应用

一、在冶金工业中的应用

配合物可用于湿法冶金，所谓湿法冶金是指用水或溶液直接将金属元素以化合物的形式从矿石中浸取出来，然后进一步还原为金属的过程。

金属离子发生配位反应后，电极电势将发生变化，例如：

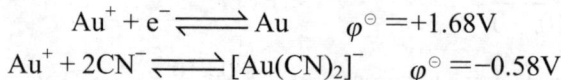

$$Au^+ + e^- \rightleftharpoons Au \qquad \varphi^{\ominus} = +1.68V$$

$$Au^+ + 2CN^- \rightleftharpoons [Au(CN)_2]^- \qquad \varphi^{\ominus} = -0.58V$$

电极电势明显降低，使得电对 $[Au(CN)_2]^-/Au$ 中，还原型 Au 的还原能力明显增强。在有 NaCN 溶液存在时，Au 可被 O_2 氧化形成 $[Au(CN)_2]^-$ 而进入溶液，用锌还原可得单质金。

$$4Au + 8CN^- + 2H_2O + O_2 \rightleftharpoons 4[Au(CN)_2]^- + 4OH^-$$

$$Zn + 2[Au(CN)_2]^- \rightleftharpoons Au + [Zn(CN)_4]^{2-}$$

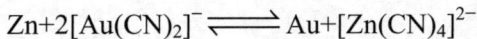

上述性质可用于提取 Au，Ag 等贵重金属。

另外，可利用生成配合物来分离金属元素。例如：由天然铝矾土（主要成分为水合氧化铝）制取 Al_2O_3，关键是要使铝与杂质铁分离，采用 Al^{3+} 与过量的 NaOH 溶液形成可溶性的 $[Al(OH)_4]^-$ 进入溶液，而 Fe^{3+} 与 NaOH 反应形成 $Fe(OH)_3$ 沉淀。然后通过澄清、过滤，即可除去杂质铁。

$$Al_2O_3 + 2OH^- + 3H_2O \rightleftharpoons 2[Al(OH)_4]^-$$

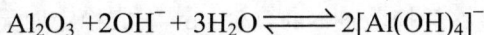

二、在电镀工业上的应用

在电镀工业中，为了得到结合力强、均匀平整、结构致密及光亮度好的镀层，常使被镀金属以配离子的形式存在，使溶液中游离的金属离子浓度降低，电镀的电流密度小，沉积慢，获得符合要求的镀层。例如，镀铜的配合物常用 $Na_2[Cu(CN)_3]$，$K_6[Cu(P_2O_7)_2]$ 等，镀银的配离子常用 $[Ag(CN)_2]^-$，$[Ag(SCN)_2]^-$ 等。

三、在生物化学、医药上的应用

配合物在生物化学中起着重要的作用。例如，植物中起光合作用的叶绿素是镁的复杂配合物；在动物血液中起输送氧气作用的血红素是铁的配合物；起凝血作用的是钙的配合物；在固氮菌中的固氮酶实际上是铁钼蛋白等。

在医药方面，配合物用途广泛。例如，铅中毒的病人可用柠檬酸钠来治疗，其和积累在骨骼中的 $Pb_3(PO_4)_2$ 作用，生成难离解但可溶的 $[Pb(C_6H_5O_7)]^-$ 配离子，经肾脏从尿液中排出。柠檬酸钠也能和 Ca^{2+} 配合，防止血液凝结，是医药上常用的血液抗凝剂。治疗糖尿病的胰岛素是 Zn 的配合物，治疗血吸虫病的酒石酸锑钾也是一种配合物。

四、在分析化学方面的应用

在分析化学中，无论是定性分析还是定量测定，都常用到配合物的性质。

1. 离子的鉴定

某种配合剂若能和特定的金属离子形成具有特征颜色的配合物，则这种配合剂可用于对该离子的有效鉴定。例如，氨能与水溶液中的 Cu^{2+} 形成深蓝色的 $[Cu(NH_3)_4]^{2+}$，此配合反应可用于鉴定 Cu^{2+} 离子。

2. 离子的分离

利用离子能形成配合物的性质，进行离子的分离。例如：在含有 Zn^{2+} 和 Al^{3+} 的溶液中加入氨水时，生成氢氧化物沉淀，继续加入氨水，$Zn(OH)_2$ 可与 NH_3 形成 $[Zn(NH_3)_4]^{2+}$ 进入溶液，而不能与 NH_3 形成配合物，仍以沉淀的形式存在，从而达到分离的目的：

$$Zn(OH)_2 + 4NH_3 \rightleftharpoons [Zn(NH_3)_4]^{2+} + 2OH^-$$

3．离子的掩蔽

在多种离子共存的情况下，若其他离子对组分离子的反应产生干扰作用，则利用配位反应将干扰离子生成配合物加以掩蔽，这种排除干扰作用的效应称为掩蔽效应，所用的配位剂称为掩蔽剂。

例如：在含有 Co^{2+} 和 Fe^{3+} 的混合溶液中，加入配合剂 KSCN 鉴定 Co^{2+} 时，Fe^{3+} 也可与 SCN^- 反应生成血红色的 $[Fe(SCN)]^{2+}$，妨碍对 Co^{2+} 配离子 $[Co(NCS)_4]^{2-}$ 宝蓝色的观察。如事先加入足够的掩蔽剂 NaF，使 Fe^{3+} 生成稳定而无色的 $[FeF_6]^{3-}$，可以消除 Fe^{3+} 对 Co^{2+} 的干扰作用。

4．配位滴定分析

在分析化学中，以配位反应为基础的一类滴定分析方法称为配位滴定法。配位滴定法广泛地应用于过渡元素的定量分析。以下章节将详细地介绍配位滴定法的有关内容。

第四节　配位滴定法

一、配位滴定法概述

以配位反应为基础的滴定分析方法称为配位滴定法，又叫作络合滴定法。配位滴定法是滴定分析的重要组成部分。形成配合物的反应很多，但要能适用于定量分析，必须满足如下条件：（1）反应要进行得比较完全，即生成的配合物要比较稳定，配位反应的平衡常数要大；（2）配位反应要按化学方程式定量进行，生成配合物的配位数要恒定；（3）配位反应的速度要快；（4）要有适当的方法确定滴定的化学计量点。

配位滴定中所使用的配位剂有无机和有机两大类。利用无机配位剂进行滴定已有多年的历史，例如，利用 Ag^+ 离子与 CN^- 离子的配位反应，可用 $AgNO_3$ 标准溶液来滴定氰化物，到达化学计量点时，稍微过量的 Ag^+ 离子与 $[Ag(CN)_2]^-$ 配离子生成 AgCN 白色沉淀而发生浑浊，指示滴定终点。但无机配位滴定发展受限制，其原因为：（1）许多无机配合物不够稳定（ $K_稳$ 很小），不符合滴定分析对化学反应的要求；（2）在配位反应过程中有分级配位现象产生，如 Cd^{2+} 离子与 CN^- 离子配合，分级生成 $[Cd(CN)]^+$，$[Cd(CN)_2]$，$[Cd(CN)_3]^-$ 和 $[Cd(CN)_4]^{2-}$ 四种配合物。由于各级稳定常数相差较小，不可能分步完成配位反应，因此在配位反应中，各级配合物同时存在，只有在过量配位剂存在下，才能完全形成配位数最多的配合物，这样在配位滴定中，金属离子的浓度不可能发生突跃性的变化，因而应用受到了限制。如用 CN^- 滴定 Cd^{2+} 离子时，就没有明显的滴定突跃，不能用于配位滴定。

自从 1945 年在滴定分析中引入有机氨羧类配位剂之后，才使配位滴定法发展为一种重要的滴定分析方法。有机配位剂，一般为多基配位体，可以与金属离子形成很稳定的、组成一定的配位化合物，克服了无机配位剂的缺点。下面主要介绍氨羧配位剂。

二、重要的氨羧配位剂

氨羧配位剂是一类含有以氨基二乙酸基团$[-N(CH_2COOH)_2]$为基体的有机配位剂，它含有配位能力很强的氨氮和羧氧两种配原子，能与多数金属离子形成稳定的可溶性配合物。氨羧配位体很多，比较重要的有：

（1）乙二胺四乙酸（简称 EDTA）：

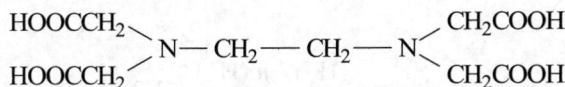

$$\begin{array}{c} HOOCCH_2 \\ \diagdown \\ HOOCCH_2 \end{array} N-CH_2-CH_2-N \begin{array}{c} CH_2COOH \\ \diagup \\ CH_2COOH \end{array}$$

（2）环己烷二胺四乙酸（简称 CDTA 或 DCTA）：

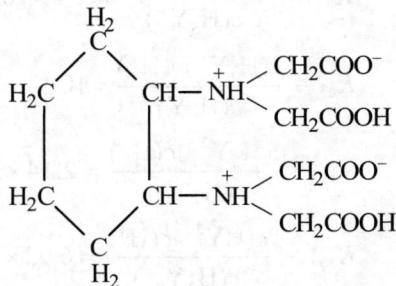

$$\begin{array}{c}
H_2C \\
H_2C \qquad CH-\overset{+}{N}H \begin{array}{c} CH_2COO^- \\ CH_2COOH \end{array} \\
H_2C \qquad CH-\overset{+}{N}H \begin{array}{c} CH_2COO^- \\ CH_2COOH \end{array} \\
C \\ H_2
\end{array}$$

（3）乙二醇二乙醚二胺四乙酸（简称 EGTA）：

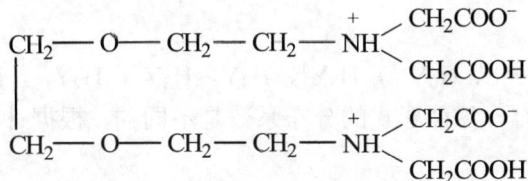

$$\begin{array}{c}
CH_2-O-CH_2-CH_2-\overset{+}{N}H \begin{array}{c} CH_2COO^- \\ CH_2COOH \end{array} \\
CH_2-O-CH_2-CH_2-\overset{+}{N}H \begin{array}{c} CH_2COO^- \\ CH_2COOH \end{array}
\end{array}$$

（4）乙二胺四丙酸（简称 EDTP）：

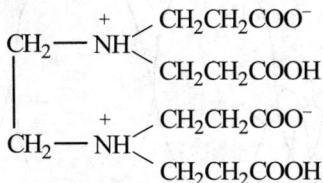

$$\begin{array}{c}
CH_2-\overset{+}{N}H \begin{array}{c} CH_2CH_2COO^- \\ CH_2CH_2COOH \end{array} \\
CH_2-\overset{+}{N}H \begin{array}{c} CH_2CH_2COO^- \\ CH_2CH_2COOH \end{array}
\end{array}$$

在配位滴定中，以乙二胺四乙酸（EDTA）最为重要。

1. 乙二胺四乙酸的性质及其在水溶液中的情况

乙二胺四乙酸是一种四元酸，为书写方便习惯上用 H_4Y 表示。它在水中的溶解度很小，20℃时，每 100 mL 水中能溶解 0.02 g，故常用它的二钠盐（$Na_2H_2Y \cdot 2H_2O$），也简写为 EDTA。后者的溶解度大，20℃时，每 100 mL 水中能溶解 11.1 g，其饱和水溶液的浓度约为 0.3 $mol \cdot L^{-1}$。在水溶液中，乙二胺四乙酸具有如下结构：

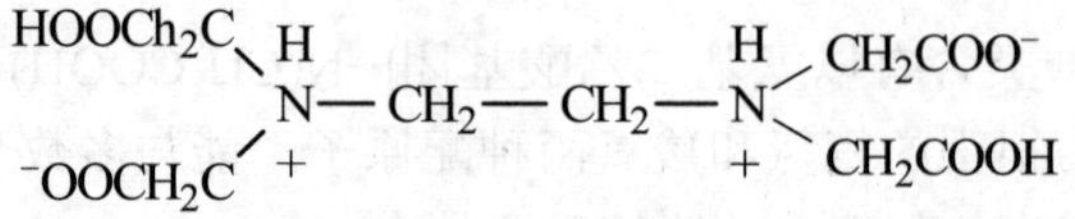

$$\begin{array}{c} \text{HOOCH}_2\text{C} \quad \text{H} \qquad\qquad\qquad \text{H} \quad \text{CH}_2\text{COO}^- \\ \diagdown \quad | \qquad\qquad\qquad | \quad \diagup \\ \text{N—CH}_2\text{—CH}_2\text{—N} \\ \diagup \quad | \qquad\qquad\qquad | \quad \diagdown \\ ^-\text{OOCH}_2\text{C} \quad + \qquad\qquad\qquad + \quad \text{CH}_2\text{COOH} \end{array}$$

其中在羧酸上的氢离子容易电离出来，而与碳原子结合的氢离子不易发生电离。在酸度很高时，两个羧酸根还可以接受质子，形成六元酸 H_6Y^{2+}，在水溶液中存在如下平衡：

$$H_6Y^{2+} \rightleftharpoons H_5Y^+ + H^+ \qquad K_{a1} = \frac{c(H_5Y^+)c(H^+)}{c(H_6Y^{2+})} = 1.3 \times 10^{-1} = 10^{-0.9}$$

$$H_5Y^+ \rightleftharpoons H_4Y + H^+ \qquad K_{a2} = \frac{c(H_4Y)c(H^+)}{c(H_5Y^-)} = 2.5 \times 10^{-2} = 10^{-1.6}$$

$$H_4Y \rightleftharpoons H_3Y^- + H^+ \qquad K_{a3} = \frac{c(H_3Y^-)c(H^+)}{c(H_4Y)} = 10^{-2.0}$$

$$H_3Y^- \rightleftharpoons H_2Y^{2-} + H^+ \qquad K_{a4} = \frac{c(H_2Y^{2-})c(H^+)}{c(H_3Y^-)} = 2.14 \times 10^{-3} = 10^{-2.67}$$

$$H_2Y^{2-} \rightleftharpoons HY^{3-} + H^+ \qquad K_{a5} = \frac{c(HY^{3-})c(H^+)}{c(H_2Y^{2-})} = 6.92 \times 10^{-7} = 10^{-6.16}$$

$$HY^{3-} \rightleftharpoons Y^{4-} + H^+ \qquad K_{a6} = \frac{c(Y^{4-})c(H^+)}{c(HY^{3-})} = 5.5 \times 10^{-11} = 10^{-10.26}$$

EDTA 在水溶液中以 H_6Y^{2+}，H_5Y^+，H_4Y，H_3Y^-，H_2Y^{2-}，HY^{3-} 和 Y^{4-} 等七种形式存在，当 pH 不同时，各种形式的分布系数是不同的，根据计算，EDTA 各种形式分布如图 7-2 所示：

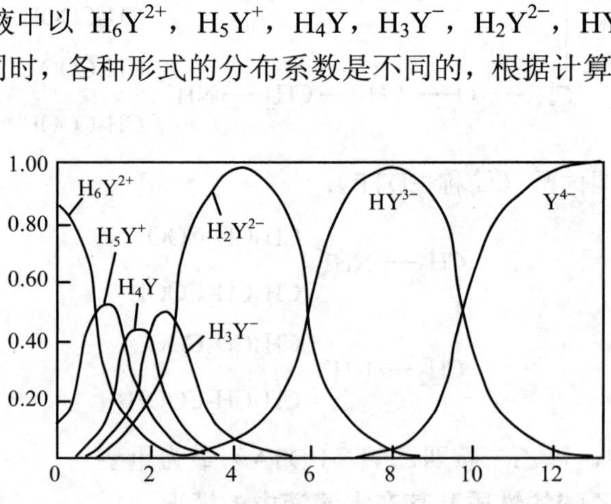

图 7-2　EDTA 各种存在形式在不同 pH 时的分布曲线

由图 7-2 可知，在不同 pH 时，EDTA 的主要存在形式如表 7-1 所示：

表 7-1　不同 pH 时 EDTA 的主要存在形式

pH	<1.0	1.0～1.6	1.6～2.0	2.0～2.7	2.7～6.2	6.2～10.3	>10.3
主要存在形式	H_6Y^{2+}	H_5Y^+	H_4Y	H_3Y^-	H_2Y^{2-}	HY^{3-}	Y^{4-}

在 EDTA 的七种形式中，只有 Y^{4-} 能直接与金属离子发生配位反应，故溶液的酸度越低，Y^{4-} 的分布系数越大，EDTA 的配位能力越强。

2. EDTA 与金属离子的配合物

EDTA 分子中有六个配原子：两个氨氮原子和四个羧氧原子。在与金属离子发生配位反应时，生成具有五个五元环的稳定的螯合物结构。例如 EDTA 与 Ca^{2+}、Fe^{3+} 的配合物的结构如图 7-3 所示。

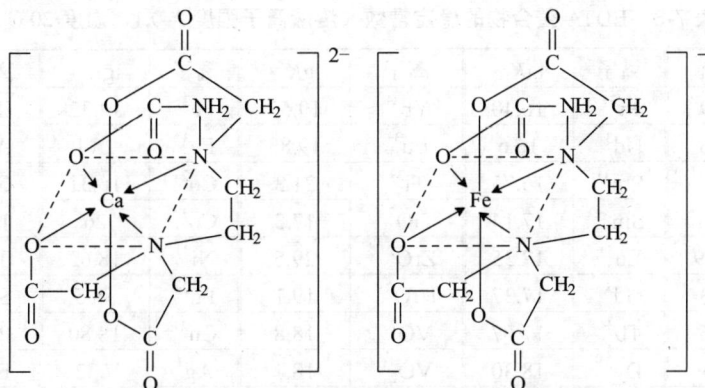

图 7-3　EDTA 与 Ca^{2+}、Fe^{3+} 的配合物的结构

EDTA 与金属离子形成的螯合物具有以下特点：

（1）EDTA 具有较强的配位能力，几乎能和所有的金属离子形成稳定的螯合物；

（2）EDTA 与金属离子一般形成 1：1 的螯合物；

（3）EDTA 与金属离子形成的螯合物大多带电荷，因此能够溶于水中，一般配位反应进行得很迅速，滴定能在水溶液中进行；

（4）EDTA 与无色金属离子形成的螯合物为无色，与有色金属离子则形成颜色更深的螯合物，若螯合物颜色太深，将使目测终点发生困难。表 7-2 列出了几种有色 EDTA 螯合物。

表 7-2　几种有色 EDTA 螯合物

螯合物	NiY^{2-}	CuY^{2-}	CoY^{2-}	MnY^-	FeY^-	CrY^-
颜色	蓝绿色	蓝色	紫色	紫红色	黄色	深紫色

三、EDTA 与金属离子的配位离解平衡及影响因素

1. EDTA 与金属离子的主反应

EDTA 的七种形式中，只有 Y^{4-} 与金属离子形成 1∶1 的配合物，反应式如下（为书写方便，将离子的电荷数省略）：

$$M + Y \rightleftharpoons MY$$

该反应为 EDTA 与金属离子配位滴定的主反应，该反应的平衡常数，即配合物的稳定常数为

$$K_{MY} = \frac{c(MY)}{c(M) \cdot c(Y)} \tag{7-4}$$

表 7-3 列出了 EDTA 与金属离子的配合物的稳定常数。

表 7-3　EDTA 螯合物的稳定常数（溶液离子强度 I=0.1，温度 20℃）

离子	lg$K_稳$	离子	lg$K_稳$	离子	lg$K_稳$	离子	lg$K_稳$	离子	lg$K_稳$
Li^+	2.79	Pr^{3+}	16.40	Yb^{3+}	19.57	Fe^{2+}	14.32	Hg^{2+}	21.8
Na^+	1.66	Nd^{3+}	16.6	Lu^{3+}	19.83	Fe^{3+}	25.1	Al^{3+}	16.3
Be^{2+}	9.3	Pm^{3+}	16.75	Ti^{3+}	21.3	Co^{2+}	16.31	Ga^{3+}	20.3
Mg^{2+}	8.7	Sm^{3+}	17.14	TiO^{2+}	17.3	Co^{3+}	26	In^{3+}	25.0
Ca^{2+}	10.69	Eu^{3+}	17.35	ZrO^{2+}	29.5	Ni^{2+}	18.62	Tl^{3+}	37.8
Sr^{2+}	8.73	Gd^{3+}	17.37	HfO^{2+}	19.1	Pd^{2+}	18.5	Sn^{2+}	22.11
Ba^{2+}	7.86	Tb^{3+}	17.67	VO^{2+}	18.8	Cu^{2+}	18.80	Pb^{2+}	18.04
Sc^{3+}	23.1	Dy^{3+}	18.30	VO_2^+	18.1	Ag^+	7.32	Bi^{3+}	27.94
Y^{3+}	18.09	Ho^{3+}	18.74	Cr^{3+}	23.4	Zn^{2+}	16.50	Th^{4+}	23.2
La^{3+}	15.50	Er^{3+}	18.85	MoO_2^+	28	Cd^{2+}	16.46	U(Ⅳ)	25.8
Ce^{3+}	15.98	Tm^{3+}	19.07	Mn^{2+}	13.87				

从表 7-3 中可以看出，金属离子 EDTA 螯合物的稳定性随金属离子的不同而有较大差别。其中：

（1）碱金属离子的螯合物最不稳定，lg$K_稳$＝2～3；

（2）碱土金属离子的螯合物 lg$K_稳$＝8～11；

（3）二价及过渡金属离子、稀土元素及 Al^{3+} 的螯合物，lg$K_稳$＝15～19；

（4）三价、四价金属离子和 Hg^{2+} 的配合物，lg$K_稳$＞20。

一般来说，金属离子的电荷数越高，离子半径越大，电子层结构越复杂，配合物的稳定常数就越大。此外，溶液的酸度、温度和其他配位体的存在及外界条件的变化也会影响配合物的稳定性。

2. 副反应及条件稳定常数

在配位滴定中，除了金属离子与 EDTA 的主反应外，由于酸度的影响和其他配位体的存在，还可能发生一些副反应，如下所示：

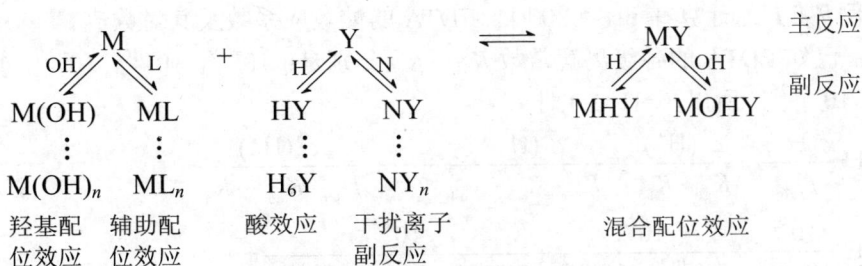

$$
\begin{array}{ccccccc}
 & \text{M} & & & \text{Y} & & & \text{MY} & & \text{主反应} \\
\text{OH}\swarrow & \searrow\text{L} & & \text{H}\swarrow & \searrow\text{N} & & \text{H}\swarrow & \searrow\text{OH} & & \\
\text{M(OH)} & \text{ML} & & \text{HY} & \text{NY} & & \text{MHY} & \text{MOHY} & & \text{副反应} \\
\vdots & \vdots & & \vdots & \vdots & & & & & \\
\text{M(OH)}_n & \text{ML}_n & & \text{H}_6\text{Y} & \text{NY}_n & & & & & \\
\end{array}
$$

羟基配　辅助配　　酸效应　干扰离子　　　混合配位效应
位效应　位效应　　　　　副反应

式中，L 为辅助配位体，N 为干扰离子。

副反应的发生将对主反应产生影响，如果反应物（M 或 Y）发生副反应，则不利于主反应的正向进行，而反应产物发生副反应则有利于主反应正向进行。当各种副反应同时发生时，考虑到混合配合物大多不太稳定，可以忽略不计，主要讨论对配位平衡影响较大的 M 和 Y 的副反应及副反应系数。

（1）EDTA 的酸效应及酸效应系数。

EDTA 与金属离子的主反应为：$\text{M}+\text{Y} \rightleftharpoons \text{MY}$。当溶液受酸度影响，H 与 Y 发生副反应，形成它的共轭酸时，Y 的平衡浓度降低，使主反应受到影响。由于 H 的存在使配位体参加主反应能力降低的现象，称为酸效应。H 引起副反应的系数称为酸效应系数，用 $\alpha_{Y(H)}$ 表示。

$\alpha_{Y(H)}$ 指在一定 pH 下，溶液中未与金属离子配位 EDTA 各种存在形式的总浓度 $c(Y')$ 是游离 Y 的平衡浓度 $c(Y)$ 的多少倍。$\alpha_{Y(H)}$ 值越大，副反应越严重，$\alpha_{Y(H)}=1$ 时，说明没有副反应发生。显然，$\alpha_{Y(H)}$ 为 Y 的分布系数 δ_Y 的倒数。即

$$\alpha_{Y(H)}=\frac{c(Y')}{c(Y)}=\frac{1}{\delta_Y} \tag{7-5}$$

式中，$c(Y')$ —— 溶液中未与金属离子配位的 EDTA 各种形式的总浓度；

$c(Y)$ —— 为游离的 Y 的平衡浓度；

δ_Y —— Y 的分布系数。

$c(Y')$ 为游离的 Y 和 HY，H_2Y，H_3Y，H_4Y，H_5Y，H_6Y 等形式浓度之和。即

$$c(Y')=c(Y)+c(HY)+c(H_2Y)+c(H_3Y)+c(H_4Y)+c(H_5Y)+c(H_6Y)$$

$$\alpha_{Y(H)}=\frac{c(Y)+c(HY)+c(H_2Y)+c(H_3Y)+c(H_4Y)+c(H_5Y)+c(H_6Y)}{c(Y)}$$

经推导得

$$\alpha_{Y(H)}=1+\frac{c(H^+)}{K_{a6}}+\frac{c^2(H^+)}{K_{a6}\cdot K_{a5}}+\frac{c^3(H^+)}{K_{a6}\cdot K_{a5}\cdot K_{a4}}+\cdots+\frac{c^6(H^+)}{K_{a6}\cdot K_{a5}\cdots K_{a1}} \qquad (7\text{-}6)$$

式中，K_{a1}，K_{a2}，$\cdots$，K_{a6}——EDTA 的各级离解常数。根据上式可以进行有关计算。

【例 7-5】 计算在 pH＝2.0 时，EDTA 的酸效应系数及其对数值。

解：已知 EDTA 的各级离解常数 $K_{a1}\sim K_{a6}$ 分别是：$10^{-0.9}$，$10^{-1.6}$，$10^{-2.0}$，$10^{-2.67}$，$10^{-6.16}$，$10^{-10.26}$。所以，pH＝2.0 时，

$$\alpha_{Y(H)}=1+\frac{c(H^+)}{K_{a6}}+\frac{c^2(H^+)}{K_{a6}\cdot K_{a5}}+\frac{c^3(H^+)}{K_{a6}\cdot K_{a5}\cdot K_{a4}}+\cdots+\frac{c^6(H^+)}{K_{a6}\cdot K_{a5}\cdots K_{a1}}$$

$$=1+\frac{10^{-2}}{10^{-10.26}}+\frac{10^{-4}}{10^{-10.26}\times10^{-6.16}}+\frac{10^{-6}}{10^{-10.26}\times10^{-6.16}\times10^{-2.67}}+$$

$$\frac{10^{-8}}{10^{-10.26}\times10^{-6.16}\times10^{-2.67}\times10^{-2.0}}+\frac{10^{-10}}{10^{-10.26}\times10^{-6.16}\times10^{-2.67}\times10^{-2.0}\times10^{-1.6}}+$$

$$\frac{10^{-12}}{10^{-10.26}\times10^{-6.16}\times10^{-2.67}\times10^{-2.0}\times10^{-1.6}\times10^{-0.9}}$$

$$=1+10^{8.26}+10^{12.42}+10^{13.09}+10^{13.09}+10^{12.69}+10^{11.59}$$

$$=3.25\times10^{13}$$

$$\lg\alpha_{Y(H)}=13.51$$

答：在 pH＝2.0 时，EDTA 的酸效应系数为 3.25×10^{13}，其对数值为 13.51。

由于 $\alpha_{Y(H)}$ 值的变化范围很大，故取其对数值比较方便。表 7-4 列出在不同 pH 值下的 $\lg\alpha_{Y(H)}$ 值。

由表 7-4 可以看出，多数情况下 $\alpha_{Y(H)}$ 值不等于 1，即 $c(Y')$ 总是大于 $c(Y)$，只有在 pH＞12.0 时，$\alpha_{Y(H)}$ 值才接近于 1，此时，EDTA 几乎完全离解为 Y 的形式，其配位能力最强。

（2）金属离子的配位效应及配位效应系数。

在配位滴定中，为了消除干扰和控制溶液的酸度，常需要加入掩蔽剂、缓冲溶液或其他辅助配位剂。金属离子 M 可能会与辅助配位剂发生配位反应，使主反应受到影响。我们把溶液中其他配位体 L（掩蔽剂、缓冲溶液中的配位体或辅助配位剂等）与金属离子配位所产生的副反应，称为金属离子的配位效应，金属离子的配位效应使金属离子参加主反应能力降低。其副反应系数称为配位效应系数，用 $\alpha_{M(L)}$ 表示。与酸效应系数类似，$\alpha_{M(L)}$ 表达式见式（7-7）。

$$\alpha_{M(L)}=\frac{c(M')}{c(M)} \qquad (7\text{-}7)$$

式中，$c(M')$——未与 Y 配位的金属离子（包括游离的 M 和 ML，ML_2，$\cdots$，ML_n 等）的总浓度；

$c(M)$——未与 Y 配位的游离的金属离子 M 的浓度。

表 7-4　EDTA 的 $\lg\alpha_{Y(H)}$ 值

pH	$\lg\alpha_{Y(H)}$	pH	$\lg\alpha_{Y(H)}$	pH	$\lg\alpha_{Y(H)}$	pH	$\lg\alpha_{Y(H)}$	pH	$\lg\alpha_{Y(H)}$
0.0	23.64	2.5	11.90	5.0	6.45	7.5	2.78	10.0	0.45
0.1	23.06	2.6	11.62	5.1	6.26	7.6	2.68	10.1	0.39
0.2	22.47	2.7	11.35	5.2	6.07	7.7	2.57	10.2	0.33
0.3	21.89	2.8	11.09	5.3	5.88	7.8	2.47	10.3	0.28
0.4	21.32	2.9	10.84	5.4	5.69	7.9	2.37	10.4	0.24
0.5	20.75	3.0	10.60	5.5	5.51	8.0	2.27	10.5	0.20
0.6	20.18	3.1	10.37	5.6	5.33	8.1	2.17	10.6	0.16
0.7	19.62	3.2	10.14	5.7	5.15	8.2	2.07	10.7	0.13
0.8	19.08	3.3	9.92	5.8	4.98	8.3	1.97	10.8	0.11
0.9	18.54	3.4	9.70	5.9	4.81	8.4	1.87	10.9	0.09
1.0	18.01	3.5	9.48	6.0	4.65	8.5	1.77	11.0	0.07
1.1	17.49	3.6	9.27	6.1	4.49	8.6	1.67	11.1	0.06
1.2	16.98	3.7	9.06	6.2	4.34	8.7	1.57	11.2	0.05
1.3	16.49	3.8	8.85	6.3	4.20	8.8	1.48	11.3	0.04
1.4	16.02	3.9	8.65	6.4	4.06	8.9	1.38	11.4	0.03
1.5	15.55	4.0	8.44	6.5	3.92	9.0	1.28	11.5	0.02
1.6	15.11	4.1	8.24	6.6	3.79	9.1	1.19	11.6	0.02
1.7	14.68	4.2	8.04	6.7	3.67	9.2	1.10	11.7	0.02
1.8	14.27	4.3	7.84	6.8	3.55	9.3	1.01	11.8	0.01
1.9	13.88	4.4	7.64	6.9	3.43	9.4	0.92	11.9	0.01
2.0	13.51	4.5	7.44	7.0	3.32	9.5	0.83	12.0	0.01
2.1	13.16	4.6	7.24	7.1	3.21	9.6	0.75	12.1	0.01
2.2	12.82	4.7	7.04	7.2	3.10	9.7	0.67	12.2	0.005
2.3	12.50	4.8	6.84	7.3	2.99	9.8	0.59	13.0	0.000 8
2.4	12.19	4.9	6.65	7.4	2.88	9.9	0.52	13.9	0.000 1

将 $c(M') = c(M) + c(ML) + c(ML_2) + \cdots + c(ML_n)$，代入式（7-7）：

$$\alpha_{M(L)} = \frac{c(M')}{c(M)} = \frac{c(M) + c(ML) + c(ML_2) + \cdots + c(ML_n)}{c(M)} \tag{7-8}$$

$\alpha_{M(L)}$ 表示未与 Y 配位的金属离子的各种形式的总浓度是游离的金属离子浓度的多少倍。$\alpha_{M(L)}$ 值越大，副反应越严重。当 $\alpha_{M(L)}=1$ 时，$c(M')=c(M)$，没有副反应发生。

若配合物 ML_n 的各级配位平衡如下：

$$M + L \rightleftharpoons ML \qquad K^{\ominus}_{稳1} = \frac{c(ML)}{c(M) \cdot c(L)}$$

$$ML + L \rightleftharpoons ML_2 \qquad K^{\ominus}_{稳2} = \frac{c(ML_2)}{c(ML) \cdot c(L)}$$

$$\vdots \qquad\qquad\qquad \vdots$$

$$ML_{n-1} + L \rightleftharpoons ML_n \qquad K^{\ominus}_{稳n} = \frac{c(ML_n)}{c(ML_{n-1}) \cdot c(L)}$$

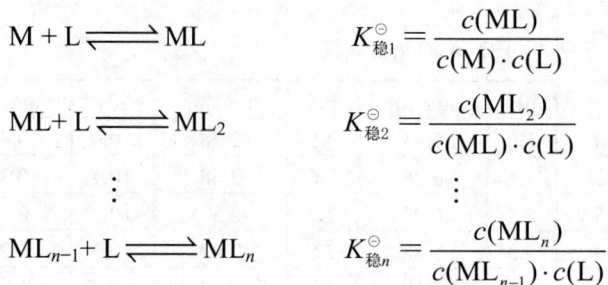

将 $K^{\ominus}_{稳}$ 的表达式代入式（7-8），经推导得

$$\alpha_{M(L)} = 1 + K^{\ominus}_{稳1} \cdot c(L) + K^{\ominus}_{稳1} \cdot K^{\ominus}_{稳2} \cdot \{c(L)\}^2 + \cdots + K^{\ominus}_{稳1} \cdot K^{\ominus}_{稳2} \cdots K^{\ominus}_{稳n} \cdot \{c(L)\}^n \qquad （7-9）$$

因为累积稳定常数 $\beta^{\ominus}_n$ 与逐级稳定常数 $K^{\ominus}_{稳n}$ 之间存在如下关系：

$$\beta^{\ominus}_1 = K^{\ominus}_{稳1}$$

$$\beta^{\ominus}_2 = K^{\ominus}_{稳1} \cdot K^{\ominus}_{稳2}$$

$$\vdots \qquad\qquad \vdots$$

$$\beta^{\ominus}_n = K^{\ominus}_{稳1} \cdot K^{\ominus}_{稳2} \cdots K^{\ominus}_{稳n}$$

则式（7-9）可记作：

$$\alpha_{M(L)} = 1 + \beta^{\ominus}_1 \cdot c(L) + \beta^{\ominus}_2 \cdot \{c(L)\}^2 + \cdots + \beta^{\ominus}_n \cdot \{c(L)\}^n \qquad （7-10）$$

由此可以看出，金属离子与配位体 L 形成的配合物越稳定，游离的配位体浓度越大，配位效应系数越大，越不利于主反应的进行。

（3）条件稳定常数

在没有任何副反应存在的条件下，配合物 MY 的稳定常数用 K_{MY} 表示，它不受溶液浓度、酸度等外界条件影响，所以又称绝对稳定常数。当 M 和 Y 的配合反应在一定的酸度条件下进行，有 EDTA 以外的其他配位体存在时，会引起副反应，影响主反应的进行。此时，稳定常数 K_{MY} 已不能客观地反映主反应进行的程度，稳定常数的表达式中，Y 应被 Y′替换，M 被 M′替换，这时配合物的稳定常数应表示为

$$K'_{MY} = \frac{c(MY)}{c(M') \cdot c(Y')} \qquad （7-11）$$

式中，$c(M')$——未与 Y 配位的金属离子（包括游离的 M 和 ML，ML_2，$\cdots$，ML_n 等）的总浓度；

$c(M)$ —— 未与 Y 配位的游离的金属离子 M 的平衡浓度；

K'_{MY} —— 条件稳定常数。

条件稳定常数是指考虑了副反应的影响而得出的实际稳定常数。K'_{MY} 表示条件稳定常数，有时为明确表示哪个组分发生了副反应，可将"′"写在发生副反应的该组分符号的右上方。如金属离子 M 发生了副反应，条件稳定常数可表示为 K'_{MY}。

配位滴定法中，一般情况下，对主反应影响较大的副反应是 EDTA 的酸效应和金属离子的配位效应，以酸效应影响更大。

$$K'_{MY} = \frac{c(MY)}{c(M') \cdot c(Y')} = \frac{K_{MY}}{\alpha_{M(L)}\alpha_{Y(H)}} \tag{7-12}$$

如不考虑其他副反应，只考虑 EDTA 的酸效应，则式（7-12）变为

$$K'_{MY} = \frac{K_{MY}}{\alpha_{Y(H)}} \tag{7-13}$$

将式（7-13）两边取对数得

$$\lg K'_{MY} = \lg K_{MY} - \lg \alpha_{Y(H)} \tag{7-14}$$

式（7-13）、式（7-14）是讨论配位平衡的重要公式，表明 MY 的条件稳定常数随溶液的酸度而变化。

【例 7-6】 假设只考虑酸效应，计算 pH＝2.0 和 pH＝5.0 时的 K'_{ZnY}。

解：（1）pH＝2.0 时，查表得 $\lg \alpha_{Y(H)} = 13.51$，$\lg K_{ZnY} = 16.50$。故：

$$\lg K'_{ZnY} = \lg K_{ZnY} - \lg \alpha_{Y(H)} = 16.50 - 13.51 = 2.99$$

$$K'_{ZnY} = 10^{2.99}$$

（2）pH＝5.0 时，查表得 $\lg \alpha_{Y(H)} = 6.45$。故：

$$\lg K'_{ZnY} = \lg K_{ZnY} - \lg \alpha_{Y(H)} = 16.50 - 6.45 = 10.05$$

$$K'_{ZnY} = 10^{10.05}$$

答： pH＝2.0 时，K'_{ZnY} 为 $10^{2.99}$ 和 pH＝5.0 时，K'_{ZnY} 为 $10^{10.05}$。

以上计算表明，pH＝5.0 时 ZnY 稳定，而 pH＝2.0 时条件稳定常数降低，ZnY 不稳定。为使配位滴定顺利进行，得到准确的分析测定结果，必须选择适当的酸度条件。

四、配位滴定法原理

配位滴定常用 EDTA 标准溶液滴定金属离子 M，随着 EDTA 标准溶液的不断加

入，溶液中金属离子浓度呈规律性变化。以被测金属离子浓度的负对数 pM 对应滴定剂 EDTA 的加入量做图，可得配位滴定曲线。由于 MY 的稳定性受酸度影响明显，必须用条件稳定常数进行计算。

1. 配位滴定曲线

现以 pH＝10.0 时，用 0.010 00 mol·L^{-1} EDTA 标准溶液滴定 20.00 mL、0.010 00 mol·L^{-1} Ca^{2+} 溶液为例说明滴定过程中金属离子浓度的计算方法。滴定反应为

$$Ca+Y \rightleftharpoons CaY \qquad lg\, K_{CaY}=10.69$$

查表得 pH＝10.0 时，$lg\, \alpha_{Y(H)}=0.45$，则：

$$lg\, K'_{CaY}=lg\, K_{CaY}-lg\, \alpha_{Y(H)}=10.69-0.45=10.24$$

说明配合物很稳定，可进行测定，随滴定剂的加入溶液 pCa 呈现如下变化。

（1）滴定前。此时，溶液中 $c(Ca^{2+})=0.010\,00$ mol·L^{-1}，则：

$$pCa=-lg\, c(Ca^{2+})=-lg\, 0.010\,00=2.00$$

（2）滴定开始至等量点前。假设滴入 V mL（$V<20.00$ mL）EDTA 标准溶液，由于发生了配位反应，溶液中剩余的 Ca^{2+} 离子浓度为

$$c(Ca^{2+})=0.010\,00\times\frac{20.00-V}{20.00+V}$$

将 V 的不同数值代入可得相应 $c(Ca^{2+})$，如 $V=19.80\sim19.98$ mL 时，pCa＝4.30～5.30。

（3）化学计量点。化学计量点时，Ca^{2+} 几乎与 EDTA 配位，且溶液的体积增大 1 倍，则溶液中 $c(CaY)=0.005\,0$ mol·L^{-1}，且有 $c(Ca^{2+})=c(Y)$，根据配位平衡有

$$K'_{CaY}=\frac{c(CaY)}{c(Ca^{2+})\cdot c(Y)}=10^{10.24}$$

$$\frac{c(CaY)}{\{c(Ca^{2+})\}^2}=\frac{0.0050}{\{c(Ca^{2+})\}^2}=10^{10.24}$$

$$c(Ca^{2+})=5.3\times10^{-7} \text{ mol·L}^{-1}$$

$$pCa=6.27$$

（4）化学计量点后。化学计量点后，溶液中 EDTA 稍微过量时，$c(CaY)=0.005\,0$ mol·L^{-1}，但 $c(Ca^{2+})\neq c(Y)$，设加入 20.02 mL 的 EDTA 时，溶液中过量的 Y 浓度为

$$c(Y)=0.010\,00\times\frac{20.02-20.00}{20.00+20.02}=5.0\times10^{-6} \quad (\text{mol·L}^{-1})$$

代入条件稳定常数表达式，计算得

$$\frac{0.005\,0}{c(\text{Ca}^{2+})\times 5.0\times 10^{-6}}=10^{10.24}$$

$$c(\text{Ca}^{2+})=5.8\times 10^{-8}\ \text{mol}\cdot\text{L}^{-1}$$

$$\text{pCa}=7.24$$

同理可求得任意时刻的 pCa，所得数据见表 7-5。以 pCa 对 V_{EDTA} 做图即可得 pH = 10.0 时的滴定曲线，滴定的突跃范围为 5.30 ~ 7.24。

表 7-5　pH=10.0 时，0.010 00 mol·L^{-1} EDTA 滴定
20.00 mL 0.010 00 mol·L^{-1} Ca^{2+}过程中 pCa 的变化情况

滴入 EDTA 体积/mL	Ca^{2+}被配位百分率/%	EDTA 过量百分率/%	溶液中 pCa
18.00	90.0	—	3.28
19.80	99.0	—	4.30
19.98	99.9	—	5.30 ⎫
20.00	100.0	—	6.27 ⎬ 滴定突跃
20.02	—	0.1	7.24 ⎭
20.20	—	1.0	8.24
22.00	—	10.0	9.24
40.00	—	100.0	10.20

与其他滴定曲线类似，配位滴定曲线在化学计量点前后 0.1%相对误差范围内，溶液的 pCa 有突跃。同一金属离子测定时的 pH 不同，滴定的突跃范围不同。在配位滴定中也希望滴定曲线有较大的突跃范围，以提高滴定的准确度。

2．影响滴定突跃范围的因素

（1）配合物的条件稳定常数对滴定突跃的影响。

从图 7-4 可知，配合物的条件稳定常数越大，滴定突跃也越大。式 7-14 告诉我们，影响配合物条件稳定常数的因素主要是配合物的稳定常数，而溶液的酸度，辅助配位剂及其他因素也有影响。其中酸度的影响尤其明显，溶液的 pH 越大，酸效应越小，突跃范围越宽，反之，溶液的 pH 越小，酸效应越大，突跃范围越窄。

（2）金属离子浓度对滴定突跃的影响。

当测定条件一定时，金属离子浓度越大，滴定曲线的起点越低，滴定突跃就越大，如图 7-5 所示。

3．金属离子能被定量测定的条件

金属离子能否被定量滴定，使滴定误差控制在允许范围（$T\leqslant 0.1\%$）内，是决定一种分析方法是否适用的首要条件，实践和理论证明，在配位滴定中，若某金属离子 M 浓度为 $c(\text{M})$能被 EDTA 定量滴定，必须满足：

$$\lg c(M) K'_{MY} \geqslant 6$$

若测定时金属离子的浓度控制为 $0.010\ mol \cdot L^{-1}$，则有

$$\lg K'_{MY} \geqslant 8 \tag{7-15}$$

式（7-15）即为金属离子 M 能被 EDTA 定量滴定的条件，同时考虑指示滴定终点的方法。

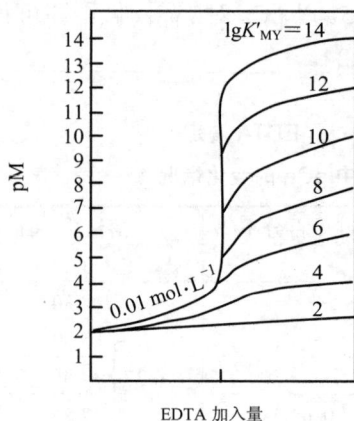

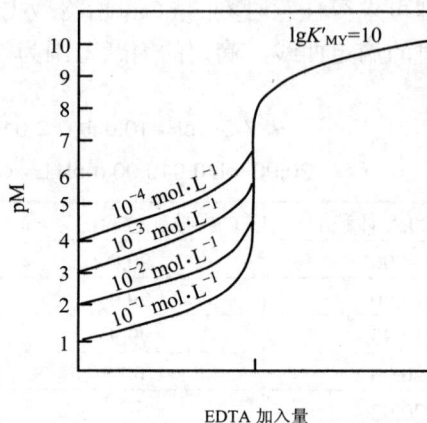

图 7-4 不同 $\lg K'_{MY}$ 时的滴定曲线　　图 7-5　不同浓度 EDTA 与金属离子 M 的滴定曲线

4．配位滴定中酸度的控制

由前面讨论可知，酸效应和水解效应均能降低配合物的稳定性，综合考虑两种因素可得到一个合适的酸度范围。在这个范围内，条件稳定常数能够满足滴定要求，金属离子也不发生水解。

（1）最高酸度（最小 pH 值）及酸效应曲线

由于 EDTA 定量滴定金属离子时必须满足 $\lg K'_{MY} \geqslant 8$，而 $\lg K'_{MY}$ 与 $\lg K_{MY}$、$\lg \alpha_{Y(H)}$ 有关，不同金属离子 $\lg K_{MY}$ 不同，各金属离子能被 EDTA 稳定配位时所允许的最高酸度不同。根据 $\lg K'_{MY} \geqslant 8$ 和 $\lg K'_{MY} = \lg K_{MY} - \lg \alpha_{Y(H)}$，可求得每一个金属离子能被 EDTA 定量配位时的最大 $\lg \alpha_{Y(H)}$，然后查表 7-4，就可得到对应的最小 pH 值。将各种金属离子的 $\lg K_{MY}$ 与其最小 pH 绘成曲线，称为 EDTA 的酸效应曲线，如图 7-6 所示。

酸效应曲线是配位平衡中的重要曲线，利用它可以确定单独定量滴定某一金属离子的最小 pH 值，还可以判断在一定 pH 范围内测定某一离子时其他离子的存在对它是否有干扰，可以判断分别滴定和连续滴定两种或两种以上离子的可能性。

（2）最低酸度（最大 pH 值）。

酸效应曲线只能说明测定某离子的最小 pH 值，而测定某一金属离子的最大 pH 值可由金属离子的水解情况、金属指示剂的作用情况求得。如：

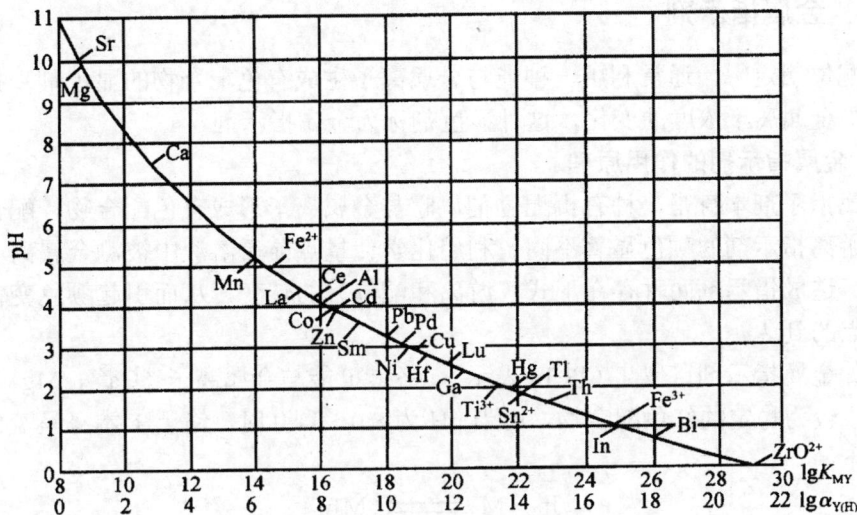

图 7-6　EDTA 的酸效应曲线

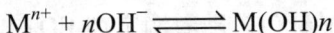

$$M^{n+} + nOH^- \rightleftharpoons M(OH)n$$

若使 M^{n+} 不能生成沉淀，则 $c(M^{n+}) \cdot \{c(OH^-)\}^n \leqslant K_{sp}^{\ominus}$

$$c(OH^-) \leqslant \sqrt[n]{\frac{K_{sp}^{\ominus}}{c(M^{n+})}} \qquad (7\text{-}16)$$

【例 7-7】　用 $0.010\ mol \cdot L^{-1}$ EDTA 滴定 $0.010\ mol \cdot L^{-1}$ Fe^{3+} 溶液，计算滴定最适宜的酸度范围。

解： 已知 $\lg K_{FeY} = 25.1$，根据式（7-14）和式（7-15）得

$$\lg \alpha_{Y(H)} = \lg K_{FeY} - 8 = 25.1 - 8 = 17.1$$

查表 7-4 得 pH=1.2(最高酸度)；
最低酸度由 $Fe(OH)_3$ 的溶度积关系式导出：

$$c(Fe^{3+}) \cdot c^3(OH^-) \leqslant K_{sp}^{\ominus}$$

$$c(OH^-) \leqslant \sqrt[n]{\frac{K_{sp}^{\ominus}}{c(Fe^{3+})}} = \sqrt[3]{\frac{4.0 \times 10^{-38}}{0.010}} = 1.6 \times 10^{-12}$$

pOH=11.8

pH=2.2（最低酸度）

所以滴定时的最适宜酸度范围为 pH= 1.2～2.2。

五、金属指示剂

在配位滴定中，通常利用一种能与金属离子生成有色配合物的显色剂来指示滴定过程中金属离子浓度的变化，这种显色剂称为金属指示剂。

1. 金属指示剂的作用原理

金属指示剂本身是一种有机配位剂，它与金属离子形成有色配合物，配合物的颜色与游离指示剂的颜色显著不同。利用化学计量点前后溶液中被测金属离子浓度的突变，造成指示剂两种存在形式（游离和配位）的转变，从而引起颜色变化指示滴定终点的到达。

例如金属指示剂铬黑 T（以 In 表示），铬黑 T 能与金属离子（Ca^{2+}，Mg^{2+}，Zn^{2+} 等）形成较为稳定的红色配合物，而当 pH 为 8.0～11.0 时，铬黑 T 本身呈蓝色。反应式如下：

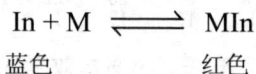

$$In + M \rightleftharpoons MIn$$

蓝色　　　　　　　红色

滴定时，先在含有上述待测金属离子的溶液中加入少量铬黑 T，由于生成了红色的配合物，此时待测溶液显红色。随着滴定剂 EDTA 的加入，与金属离子发生配位反应，当反应达到化学计量点时，与指示剂配位的金属离子被 EDTA 夺走，释放出金属指示剂，使溶液的颜色由红色变为蓝色，指示滴定到达终点：

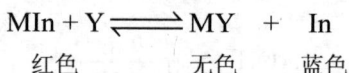

$$MIn + Y \rightleftharpoons MY \quad + \quad In$$

红色　　　　　　无色　　　蓝色

一般来说，金属指示剂应该具备下列条件：

（1）滴定的 pH 范围内，游离的指示剂颜色同金属离子与指示剂形成配合物的颜色应显著不同。

（2）金属离子与指示剂的显色反应应灵敏、迅速，有良好的变色可逆性。

（3）金属离子与指示剂的配合物 MIn 的稳定性要适当。既要具有足够的稳定性，又要比该金属离子的 EDTA 配合物 MY 的稳定性小，即 $K_稳^{\ominus}(MIn) < K_稳^{\ominus}(MY)$。在化学计量点时，EDTA 才能将指示剂从 MIn 配合物中置换出来，显示滴定终点的到达。另外，如果 MIn 没有足够的稳定性，会提前出现终点，而且变色不敏锐。

（4）金属离子与指示剂的配合物 MIn 应易溶于水，如果生成胶体或沉淀，则会使显色不明显。

（5）金属指示剂应比较稳定，便于贮藏和使用。

由于测定不同的金属离子要求的酸度不同，而指示剂本身大多是多元的有机酸，在不同酸度条件下显示不同的颜色，所以要正确指示滴定终点，要求指示剂与金属离子形成配合物的条件与 EDTA 测定金属离子的酸度条件相符合。如铬黑 T 在不同pH 时的颜色变化（表 7-6）。

表 7-6 铬黑 T 在不同 pH 时的不同颜色

铬黑 T	H_2In^-	HIn^{2-}	In^{3-}
pH	<6.30	6.30~11.55	>11.55
溶液颜色	紫红	蓝	橙

铬黑 T 与金属离子形成的配合物呈红色,所以只有在 6.30~11.55 的情况下铬黑 T 才能正确指示配位滴定的终点。

2. 使用金属指示剂时可能出现的问题

（1）指示剂的封闭现象。

由于指示剂与某些金属离子生成的配合物稳定性大于滴定剂 EDTA 与这些金属离子所生成的配合物稳定性,在化学计量点时,滴入过量的滴定剂 EDTA,也不能置换出金属—指示剂配合物中的指示剂,因而指示剂在化学计量点附近没有颜色变化。这种现象称为指示剂的封闭现象。

产生指示剂封闭现象的原因主要是干扰离子的存在,干扰离子与指示剂形成较为稳定的配合物,不能被滴定剂 EDTA 所置换,产生封闭现象,通常加入适当的掩蔽剂可消除干扰离子。例如用铬黑 T 作指示剂,在 pH=10.0 的条件下,用 EDTA 滴定 Ca^{2+}、Mg^{2+} 离子时,Fe^{3+}、Al^{3+}、Ni^{2+} 和 Co^{2+} 对铬黑 T 有封闭作用,可加入少量的三乙醇胺掩蔽 Fe^{3+} 和 Al^{3+},加入 KCN 掩蔽 Ni^{2+} 和 Co^{2+},消除干扰。

（2）指示剂的僵化现象。

有些指示剂或金属—指示剂配合物在水溶液中溶解度太小,滴定剂 EDTA 与金属—指示剂配合物置换缓慢,终点颜色变化不明显,这种现象称为指示剂僵化。消除办法是加入适当的有机溶剂或加热以增大其溶解度。例如用 PAN 指示剂时有僵化现象,可加入少量的甲醇或乙醇,或将溶液加热以加快置换速度,使指示剂的变色敏锐。

（3）指示剂的氧化变质现象。

金属指示剂大多为含有双键的有色化合物,易被日光、氧化剂、空气所分解。在水溶液中多不稳定,日久变质,避免的办法是配成固体混合物,或加入一定量的还原性物质（如盐酸羟胺）配成溶液。

3. 常用的金属指示剂

（1）铬黑 T。

铬黑 T 属于 O,O'-二羟基偶氮类染料,简称 EBT,化学名称是 1-（1-羟基-2-萘偶氮基）-6-硝基-2-萘酚-4-磺酸钠。

铬黑 T 与金属离子形成的配合物显红色。在 pH<6.30 和 pH>11.55 的溶液中,由于指示剂本身接近红色,故不能使用。根据实验结果,使用铬黑 T 最适宜的酸度是 pH=9.00~10.50。在此酸度的缓冲溶液中,用 EDTA 直接滴定 Mg^{2+}、Zn^{2+}、Cd^{2+}、

Pb^{2+} 和 Hg^{2+} 等离子时，铬黑 T 是良好的指示剂，但 Al^{3+}、Fe^{3+}、Co^{2+}、Ni^{2+}、Cu^{2+}、Ti^{4+} 等对指示剂有封闭作用。

固体铬黑 T 性质稳定，但其水溶液只能保存几天。这是由于发生聚合反应和氧化反应的缘故。铬黑 T 的聚合物反应如下：

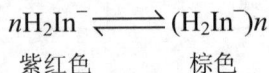

$$nH_2In^- \rightleftharpoons (H_2In^-)n$$

　　　　紫红色　　　　棕色

在 pH<6.5 的溶液中，聚合更严重。指示剂聚合后，不能与金属离子显色。如在配制溶液时，加入三乙醇胺，可减慢聚合速度。

在碱性溶液中，空气中的 O_2 及 $Mn(IV)$ 和 Ce^{4+} 等能将铬黑 T 氧化褪色。加入盐酸羟氨或抗坏血酸等还原剂，可防止其氧化。

配制指示剂的另一种方法是：将铬黑 T 与干燥的纯 NaCl 按 1:100 混合研细，密封保存。使用时用匙取约 0.1 g，直接加于溶液中。

（2）二甲酚橙。

二甲酚橙属于三苯甲烷类显色剂，化学名称是 3-3′-双（二羧甲基氨甲基）-邻甲酚磺酞，简写为 XO。二甲酚橙是紫色结晶，易溶于水，有 6 级酸式离解。pH>6.3 时，呈现红色；pH<6.3 时，呈现黄色；pH=pk_a=6.3 时，呈现中间颜色。二甲酚橙与金属离子形成的配合物都是红紫色，因此它只适用于在 pH<6.0 的酸性溶液中。

二甲酚橙可用于许多金属离子的直接滴定，如 ZrO^{2+}（pH<1），Bi^{3+}（pH=1.0～2.0），Th^{4+}（pH=2.5～3.5）等，终点由紫红色转变为亮黄色，变色敏锐。

Al^{3+}、Fe^{3+}、Ni^{2+}、Ti^{4+} 和 pH 为 5.0～6.0 时的 Th^{4+} 对二甲酚橙有封闭作用，可用 NH_4F 掩蔽 Al^{3+}、Ti^{4+}，抗坏血酸掩蔽 Fe^{3+}，邻二氮菲掩蔽 Ni^{2+}，乙酰丙酮掩蔽 Th^{4+}、Al^{3+} 等，消除封闭现象。

二甲酚橙通常配成 0.5% 的水溶液，稳定 2～3 周。

（3）PAN。

PAN 属于吡啶偶氮类显色剂，化学名称是 1-（2-吡啶偶氮）-2-萘酚。纯的 PAN 是橙红色针状结晶，难溶于水，可溶于碱、氨溶液及甲醇、乙醇等溶剂中，通常配成 0.1% 乙醇溶液使用。

PAN 在 pH=1.9～12.2 内呈黄色，与金属离子的配合物为红色，故可在 pH 范围内使用。PAN 与 Cu^{2+}、Bi^{3+}、Cd^{2+}、Hg^{2+}、Pb^{2+}、Zn^{2+}、Sn^{2+}、Fe^{2+}、Ni^{2+}、Mn^{2+}、Th^{4+} 和稀土金属离子形成红色螯合物。但它们的水溶性差，大多出现沉淀，变色不敏锐。为了加快变色过程，可加入乙醇，并适当加热。

Cu-PAN 指示剂是 CuY 和 PAN 的混合液，是一种广泛性的指示剂。将此溶液加入含有待测金属离子 M 的试液中，可与金属离子发生置换显色反应。例如与 Ca^{2+} 反应：

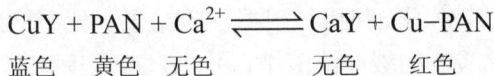

$$CuY + PAN + Ca^{2+} \rightleftharpoons CaY + Cu\text{-}PAN$$

　蓝色　黄色　无色　　　　无色　　红色

CuY（$\lg K_{CuY}=18.8$）较 CaY（$\log K_{CaY}=10.7$）稳定，在没有 PAN 存在时，Ca^{2+} 不能置换 CuY 中的 Cu^{2+}。但有 PAN 存在时，由于 Cu-PAN 相当稳定，相当于减小了 CuY 的条件稳定常数，因此，Ca^{2+} 很容易置换出 CuY 中的 Cu^{2+}，Cu^{2+} 与 PAN 络合，显红色。滴入 EDTA 时，先与 Ca^{2+} 反应，当 Ca^{2+} 反应完全后，过量 1 滴 EDTA 即可从 Cu-PAN 中夺出 Cu^{2+}，溶液由红色变为黄色，指示滴定到达终点。滴定前加入的 CuY 和最后生成 CuY 的量相等，故加入的 CuY 不影响滴定结果。

Ca^{2+} 与 PAN 并不显色，加入 CuY-PAN 后，由于置换反应，可以指示滴定终点。采用该方法，可滴定相当多能与 EDTA 形成稳定配合物的金属离子。

某些离子的连续滴定，如果加入数种指示剂，往往发生颜色干扰，而采用 Cu-PAN，则不需要再加入其他指示剂，就可连续指示滴定终点，其优越性显而易见。

Cu-PAN 指示剂可在很宽的 pH 范围内（pH＝2.0～12.0）使用，Ni^{2+} 对其有封闭作用。不能同时使用能与 Cu^{2+} 形成更稳定配合物的掩蔽剂。

（4）酸性铬蓝 K。

酸性铬蓝 K 的化学名称是 1,8-二羟基 2-（2-羟基-5-磺酸基-1-偶氮苯）-3，6-二磺酸萘钠盐。酸性铬蓝 K 在 pH＝8.0～13.0 时呈蓝色，与 Ca^{2+}、Mg^{2+}、Mn^{2+}、Zn^{2+} 等形成红色螯合物。其对 Ca^{2+} 的灵敏度较铬黑 T 高。

通常将酸性铬蓝 K 与萘酚绿 B 混合使用，简称 K-B 指示剂。由于酸性铬蓝 K 的水溶液不稳定，通常将指示剂用固体 NaCl 粉末稀释后使用。混合指示剂中的萘酚绿 B 在滴定过程中没有颜色变化，只起衬托终点颜色的作用。K-B 指示剂可用于测定 Ca^{2+}、Mg^{2+} 总量，也可用于单独测定 Ca^{2+} 量，使用方便。

（5）钙指示剂。

钙指示剂的化学名称是 2-羟基-1-（2-羟基-4-磺酸基-1-萘偶氮基）-3-萘甲酸。

纯的钙指示剂是紫黑色粉末，其水溶液或乙醇溶液都不稳定，故一般取固体试剂用 NaCl 粉末稀释后使用。

钙指示剂与 Ca^{2+} 显红色，灵敏度高。在 pH＝12.0～13.0 滴定 Ca^{2+} 时，终点呈蓝色。钙指示剂受封闭的情况与铬黑 T 相似，但可用 KCN 和三乙醇胺联合掩蔽，消除指示剂的封闭现象。

常用金属指示剂的主要使用情况见表 7-7。

表 7-7 常用的金属指示剂

指示剂名称	适用的 pH 范围	颜色变化		能被直接滴定的离子	指示剂的配制	注意事项
		In	MIn			
铬黑 T（eriochrome black T）简称 BT 或 EBT	8～10	蓝色	红色	pH=10，Mg^{2+}、Cd^{2+}、Pb^{2+}、Zn^{2+}、Mn^{2+}，稀土元素离子	1:100 NaCl（固体）	Fe^{3+}、Al^{3+}、Cu^{2+}、Ni^{2+} 等离子封闭 EBT

指示剂名称	适用的 pH 范围	颜色变化		能被直接滴定的离子	指示剂的配制	注意事项
		In	MIn			
二甲酚橙（xylenol orange）简称 XO	<6	亮黄	红色	pH<1，ZrO^{2+} pH=1～3.5，Bi^{3+}，Th^{4+} pH=5～6，Tl^{3+}，Zn^{2+}，Cd^{2+}，Pb^{2+}，Hg^{2+}，稀土元素离子	0.5%水溶液（5 g·L^{-1}）	Fe^{3+}，Al^{3+}，Ti^{4+}，Ni^{2+}等离子封闭 XO
PAN [1-(2-pyridylazo)-2-naphthol]	2～12	黄色	紫红	pH=2～3，Bi^{3+}，Th^{4+} pH=4～5，Cu^{2+}，Ni^{2+}，Pb^{2+}，Zn^{2+}，Cd^{2+}，Mn^{2+}，Fe^{2+}	0.1%乙醇溶液（1 g·L^{-1}）	MIn 在水中溶解度小，滴定时须加热防止 PAN 僵化
酸性铬蓝 K（acid chrome blue K）	8～13	蓝色	红色	pH=10，Mg^{2+}，Zn^{2+}，Mn^{2+} pH=13，Ca^{2+}	1:100 NaCl（固体）	—
钙指示剂（calcon-carboxylic acid）简称 NN	12～13	蓝色	红色	pH=12～13，Ca^{2+}	1:100 NaCl(固体)	Fe^{3+}，Al^{3+}，Cu^{2+}，Ni^{2+}，Mn^{2+}，Ti^{4+}，Co^{2+}等离子封闭 NN
磺基水杨酸（sulfo-salicylic acid）简称 SSAL	1.5～2.5	无色	紫红	pH=1.5～2.5，Fe^{3+}	5%水溶液（50 g·L^{-1}）	ssal 本身无色，FeY 呈黄色

六、提高配位滴定选择性的方法

EDTA 等氨羧配位剂配位作用广泛，可与许多金属离子发生配位反应。配位滴定中，实际分析对象比较复杂，多种离子共存，用 EDTA 滴定时往往互相干扰。如何在混合离子中选择滴定，对配位滴定十分重要。

提高选择性途径主要是设法降低干扰离子与 EDTA 配合物的稳定性或降低干扰离子的浓度。实际上都是减小干扰离子与 EDTA 配合物的稳定常数，常用以下方法。

1. 控制溶液的酸度进行分步滴定

不同金属离子的 EDTA 配合物的稳定常数不同，滴定时，允许的最小 pH 也不同。若溶液中有两种或两种以上的金属离子共存，且与 EDTA 形成配合物的稳定常数相差较大，则可通过控制溶液的酸度，使其只满足一种离子的最小 pH，又不会使该离子发生水解，析出沉淀。此时只能有一种离子与 EDTA 形成稳定的配合物，其他离子与 EDTA 不发生配位反应，这样可以避免干扰。

例如，一般矿石溶液中含有 Fe^{3+}、Al^{3+}、Ca^{2+} 和 Mg^{2+} 四种离子，如果控制溶液的酸度，使 pH=1.0，只能满足滴定 Fe^{3+} 离子的最小 pH，因此，用 EDTA 滴定 Fe^{3+} 离子时，其他三种离子不会发生干扰。

一般，对有干扰离子共存的配位滴定，通常允许有 $\leqslant \pm 0.5\%$ 相对误差。当两种离子浓度相等，准确滴定其中一种离子而另一种不干扰，必须满足：

$$\Delta \lg K \geqslant 5 \tag{7-17}$$

通常将上式作为判断能否利用控制酸度进行分别滴定的条件。

上述共存的四种离子中，Al^{3+} 与 Fe^{3+} 的稳定常数接近（$\lg K_{FeY} = 25.1$，$\lg K_{AlY} = 16.3$），两者的 $\Delta \lg K = 9.3 > 5$，可利用控制酸度选择滴定 Fe^{3+}，而 Al^{3+} 等另外三种离子都不干扰。

控制酸度滴定时，实际控制的 pH 范围应该比允许的最小 pH 稍大一点。原因是 EDTA 的各种存在形体中结合有 H^+ 离子（Y^{4-} 除外）。在配位反应过程中，会析出 H^+ 离子使溶液酸度增大。控制 pH 稍大可抵消这种影响。同时应选用适合指示剂的 pH 值范围。如滴定 Fe^{3+} 离子，选磺基水杨酸作指示剂，显色的 pH 范围是 $1.5 \sim 2.5$。因此控制 pH 范围，用 EDTA 直接滴定 Fe^{3+} 离子，而不被其他离子干扰。

2. 掩蔽和解蔽的方法

为提高配位滴定的选择性或避免金属指示剂的封闭，常用掩蔽剂掩蔽干扰离子。掩蔽之后，用另一种试剂破坏金属离子与掩蔽剂的配合物，使金属离子或掩蔽剂从该配合物中释放的过程称为解蔽，解蔽所用试剂称为解蔽剂。

掩蔽剂与干扰离子一般发生两种作用，一种是与干扰离子形成稳定的配合物，而不干扰主反应的进行；另一种是与干扰离子发生沉淀或氧化还原反应，使干扰离子不能与指示剂或 EDTA 作用，消除干扰。

常用的掩蔽方法有如下几种：

（1）配位掩蔽法。利用配位剂与干扰离子形成稳定配合物，降低干扰离子浓度消除干扰的方法，称为配位掩蔽法。例如用 EDTA 滴定 Zn^{2+}、Al^{3+} 共存溶液中的 Zn^{2+} 离子，Al^{3+} 离子产生干扰，加入 NH_4F 掩蔽，使其生成稳定性较大的 AlF_6^{3-} 配离子，调节 pH = 5～6 即可滴定 Zn^{2+} 离子。由于 AlF_6^{3-} 的稳定性（$\lg K_{AlF_6^{3-}} = 19.84$）远大于 AlY 的稳定性（$\lg K_{AlY} = 16.13$），而 F^- 离子又不与 Zn^{2+} 离子配位，故 NH_4F 可以掩蔽 Al^{3+} 离子。常用的配位掩蔽剂及使用范围见表 7-8。

表 7-8　常用的掩蔽剂

名称	pH 范围	被掩蔽的离子	备注
KCN	pH>8	Co^{2+}、Ni^{2+}、Cu^{2+}、Zn^{2+}、Hg^{2+}、Cd^{2+}、Ag^+、Tl^+ 及铂族元素	
NH_4F	pH =4～6	Al^{3+}、Ti^{4+}、Sn^{4+}、Zr^{4+}、W^{6+}、等	用 NH_4F 比 NaF 好，优点是加入后溶液 pH 变化不大
	pH =10	Al^{3+}、Mg^{2+}、Ca^{2+}、Sr^{2+}、Ba^{2+} 及稀土元素	
三乙醇胺（TEA）	pH =10	Al^{3+}、Sn^{4+}、Ti^{4+}、Fe^{3+}、	与 KCN 并用，可提高掩蔽效果
	pH=11～12	Fe^{3+}、Al^{3+} 及少量 Mn^{2+}	

名称	pH 范围	被掩蔽的离子	备注
二巯基丙醇	pH =10	Hg^{2+}、Cd^{2+}、Zn^{2+}、Bi^{3+}、Pb^{2+}、Ag^+、As^{3+}、Sn^{4+}及少量 Cu^{2+}、Co^{2+}、Ti^{4+}、Fe^{3+}	—
铜试剂 (DDTC)	pH =10	能与 Cu^{2+}、Hg^{2+}、Pb^{2+}、Cd^{2+}、Bi^{3+}生成沉淀，其中 Cu-DDTC 为褐色，Bi-DDTC 为黄色，故其存在量应分别小于 2 mg 和 10 mg	—
酒石酸	pH =1.2 pH =2 pH =5.5 pH=6～7.5 pH =10	Sb^{3+}、Sn^{4+}、Fe^{3+}及 5 mg 以下的 Cu^{2+}， Fe^{3+}、Sn^{4+}、Mn^{2+}， Fe^{3+}、Al^{3+}、Al^{3+}、Ca^{2+}， Mg^{2+}、Cu^{2+}、Fe^{3+}、Al^{3+}、Mo^{4+}、Sb^{3+}、W^{6+}， Al^{3+}、Sn^{4+}	在抗坏血酸存在下

（2）沉淀掩蔽法。加入选择性沉淀剂，与干扰离子形成沉淀，在沉淀存在下直接进行配位滴定。例如在 Ca^{2+}、Mg^{2+}两种离子共存的溶液中，加入 NaOH 溶液，使 pH＞12，则 Mg^{2+}离子生成 $Mg(OH)_2$ 沉淀，不用分离，可直接滴定溶液中的 Ca^{2+}离子。

沉淀掩蔽法在实际应用中有一定的局限，要求沉淀反应必须满足下列条件：①沉淀的溶解度要小，否则掩蔽效果不好；②生成的沉淀应是浅色或无色的，最好是晶形沉淀，吸附作用小。颜色太深、吸附待测组分或指示剂都会影响滴定终点的判断。常用的沉淀掩蔽剂及使用范围见表 7-9。

表 7-9 配位滴定中应用的沉淀掩蔽剂

名 称	被掩蔽的离子	待测定的离子	pH 范围	指示剂
NH_4F	Ca^{2+}、Sr^{2+}、Ba^{2+}、Mg^{2+}、Ti^{4+}、Al^{3+}、稀土	Zn^{2+}、Cd^{2+}、Mn^{2+}（有还原剂存在下）	10	铬黑 T
NH_4F	同上	Cu^{2+}、Co^{2+}、Ni^{2+}	10	紫脲酸铵
K_2CrO_4	Ba^{2+}	Sr^{2+}	10	Mg-EDTA 铬黑 T
Na_2S 或铜试剂	微量重金属	Ca^{2+}、Mg^{2+}	10	铬黑 T
H_2SO_4	Pb^{2+}	Bi^{3+}	1	二甲酚橙
$K_2[Fe(CN)_6]$	微量 Zn^{2+}	Pb^{2+}	5~6	二甲酚橙

（3）氧化还原掩蔽法。加入一种氧化还原剂，改变干扰离子的氧化数，消除其干扰。例如，用 EDTA 滴定 Bi^{3+}、Zr^{4+}、Th^{4+}时，溶液中如果存在 Fe^{3+}就会发生干扰。此时可加入抗坏血酸或羟氨，将 Fe^{3+}还原为 Fe^{2+}。由于 Fe^{2+}-EDTA 配合物的稳定常数比 Fe^{3+}-EDTA 配合物的稳定常数小得多，因而能避免干扰。

常用的还原剂有抗坏血酸、羟氨、半胱氨酸等，其中有些还原剂又是配位剂。

有些干扰离子的高价态与 EDTA 的配合物的稳定常数比低价态与 EDTA 的配合物的稳定常数小，可预先将低价干扰离子氧化成高价酸根来消除干扰。

（4）分离法：

① 液—液萃取分离法。利用被分离组分在两种互不相溶的溶剂中溶解度的不同，把被分离组分从一种相（如水相）转移到另一种相（如有机物）中，达到分离的方法。该法所用仪器设备简单，操作方便，分离效果好，既能用于主要组分的分离，更适用于微量组分的分离和富集。

② 层析分离法。由一种流动相带着试样经过固定相，试样中的组分在两相之间进行反复分配，由于各种组分在两相之间的分配系数不同，它们的移动速度也不一样，从而达到分离的目的。层析分离法根据所用层析材料不同可分为柱层析、纸层析和薄层层析。

③ 离子交换分离法。利用离子交换剂与溶液中的离子发生交换作用，使离子分离的方法，称为离子交换分离法。离子交换分离一般通过离子交换树脂进行。如果让试液通过阳离子交换树脂，则阳离子交换到树脂上，阴离子不交换留在试液中，阴阳离子得以分离。试液通过阴离子交换树脂时，阴离子交换到树脂上，阳离子留在溶液中，达到分离富集的目的。

（5）其他配位滴定剂的选用。氨羧配位剂种类很多，除 EDTA 外，许多氨羧配位剂都能与金属离子生成稳定的配合物，其配合物稳定性与 EDTA 配合物的稳定性有时差别较大，故可选用这些氨羧配位剂作滴定剂，提高某些离子的选择性。

例如：EGTA 与 Ca^{2+}、Mg^{2+} 形成的配合物稳定相差较大，可在 Ca^{2+}、Mg^{2+} 离子共存，选择性滴定 Ca^{2+}。EDTP（乙二胺四丙酸）与金属离子形成的螯合物，其稳定性较相应的 EDTA 配合物差，但 Cu-EDTP 配合物却有相当高的稳定性（$\lg K = 15.4$），因此控制一定的 pH，用 EDTP 滴定 Cu^{2+} 离子，Zn^{2+}、Cd^{2+}、Mn^{2+}、Mg^{2+} 等离子都不干扰。

七、配位滴定的方式及其应用

在配位滴定中，采用不同的滴定方式，既可扩大配位滴定的应用范围，又可提高配位滴定的选择性。

1. 滴定方式

（1）直接滴定法。

直接滴定法是配位滴定最基本的方法。将试样处理成溶液，调至所需酸度，加入必要的掩蔽剂和辅助配位体，选择适当的指示剂，直接用 EDTA 标准溶液滴定。

采用直接滴定法必须符合下列条件：

① 待测金属离子的浓度 $c(M)$ 及 EDTA 配合物的条件稳定常数 K'_{MY}，应满足 $\lg c(M)K'_{MY} \geqslant 6$。

② 配位反应快速进行。

③ 有合适的指示剂指示滴定终点。

④ 在所选的滴定条件下，待测离子不发生副反应。

不同 pH 条件下，直接滴定法的适用情况如下：

pH=1.0 　　　直接滴定 Zr^{4+}

pH=2.0～3.0 　直接滴定 Fe^{3+}，Bi^{3+}，Th^{4+}，Ti^{4+}，Hg^{2+}

pH=5.0～6.0 　直接滴定 Zn^{2+}，Pb^{2+}，Cd^{2+}，Cu^{2+} 及稀土元素

pH=10.0 　　　直接滴定 Mg^{2+}，Co^{2+}，Ni^{2+}，Zn^{2+}，Cd^{2+}

pH=12.0 　　　直接滴定 Ca^{2+}

（2）返滴定法。采用直接滴定法，当缺乏符合要求的指示剂，或被测离子对指示剂有封闭作用，被测离子与 EDTA 配位缓慢，或在滴定的 pH 条件下会发生水解等副反应时，可采用返滴定法。所谓返滴定法是在试液中先加入过量的滴定剂，使之与被测离子配位完全后，用另一种金属离子的标准溶液滴定剩余的滴定剂。由消耗两种标液的量可计算被测金属离子的含量。

例如，Al^{3+} 与 EDTA 配位缓慢，且对指示剂二甲酚橙有封闭作用，较易发生水解，故常用返滴定法滴定。先加入过量的滴定剂 EDTA，调节 pH，加热煮沸使 Al^{3+} 与 EDTA 配位完全，冷却后调节 pH 为 5.0～6.0，加入二甲酚橙，用 Zn^{2+} 标准溶液滴定剩余的 EDTA。

注意返滴定剂所生成的配合物应具一定的稳定性，但不宜超过被测离子配合物的稳定性，否则返滴定过程中，返滴定剂会置换出被测离子，引起误差，且终点不敏锐。

（3）置换滴定法。利用置换反应，从配合物中置换出按化学计量的另一金属离子，或置换出 EDTA，然后滴定已置换出的金属离子或 EDTA。置换滴定法的方式灵活多样。

① 置换出金属离子。被测离子 M 与 EDTA 反应不完全或所形成的配位物不稳定，可让 M 置换出另一配位物（NL）中的 N，用 EDTA 滴定置换出的 N 。即可求得 M 的含量：

$$M+NL \Longleftrightarrow ML+N$$

例如，Ag^+ 与 EDTA 的配位物不稳定，不能用 EDTA 直接滴定，但将 Ag^+ 加入到 $[Ni(CN)_4]^{2-}$ 溶液中，则：

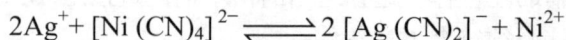

$$2Ag^+ + [Ni(CN)_4]^{2-} \Longleftrightarrow 2[Ag(CN)_2]^- + Ni^{2+}$$

在 pH=10.0 的氨缓冲溶液中以紫脲酸胺作指示剂，用 EDTA 滴定置换出来的 Ni^{2+}，即可求得 Ag^+ 的含量。

② 置换出 EDTA。将被测离子 M 和干扰离子全部用 EDTA 配位，加入选择性高的配位剂 L 夺取 M，并释放出 EDTA：

$$MY+L \Longrightarrow ML+Y$$

反应后，释放出与 M 等摩尔数的 EDTA，用金属盐类标准溶液滴定释放出来的 EDTA，即可测定 M 的含量。

例如，测定铂合金中的 Sn^{4+} 时，在试液中加入过量的 EDTA，将可能存在的干扰离子 Pb^{2+}、Zn^{2+}、Cd^{2+}、Bi^{3+} 等与 Sn^{4+} 一起配位。用 Zn^{2+} 标准溶液滴定过量的 EDTA。加入 NH_4F，选择性地将 SnY 中的 EDTA 释放出来，再用 Zn^{2+} 标准溶液滴定释放出来的 EDTA，即可求得 Sn^{4+} 的含量。

置换滴定法也是提高配位滴定选择性的途径之一。

利用置换滴定法的原理，可改善指示剂滴定终点的敏锐性。例如，铬黑 T 与 Mg^{2+} 显色很灵敏，但与 Ca^{2+} 显色的灵敏度差。在 pH＝10.0 的溶液中用 EDTA 滴定 Ca^{2+} 时，常于溶液中加入少量 MgY，发生如下置换反应：

$$MgY+Ca^{2+} \Longrightarrow CaY+Mg^{2+}$$

置换出来的 Mg^{2+} 与铬黑 T 显深红色，滴定时，EDTA 先与 Ca^{2+} 配位，当达到滴定终点时，EDTA 夺取 Mg-铬黑 T 配合物中的 Mg^{2+}，形成 MgY，不影响滴定结果。用 CuY-PAN 作指示剂，也是利用置换滴定法的原理。

（4）间接滴定法。有些金属离子和非金属离子不与 EDTA 配位或生成的配位物不稳定，可用间接滴定法。例如钠的测定，将 Na^+ 沉淀为醋酸铀酰锌钠 $NaACZn(Ac)_2 \cdot 3UO_2(Ac)_2 \cdot 9H_2O$，分出沉淀，洗涤、溶解，然后用 EDTA 滴定 Zn^{2+} 从而求得试样中 Na^+ 的含量。

间接滴定法手续较繁，引入误差的机会较多，不是一种理想的方法。

2. 配位滴定结果的计算

EDTA 通常与各种价态的金属离子以 1∶1 配位，结果计算比较简单：

$$被测物含量\% = \frac{cV \times M}{n \times 1\,000 \times m} \times 100$$

式中，c —— EDTA 的摩尔浓度，$mol \cdot L^{-1}$；

V —— 滴定时用去 EDTA 的毫升数，mL；

M —— 被测物的摩尔质量，$g \cdot mol^{-1}$；

n —— 1 mol 被测物相当于 EDTA 的摩尔数；

m —— 试样重量，g。

例如用浓度为 c 的 EDTA 滴定 Fe^{3+} 时，用去 EDTA V mL，试样中以 Fe，Fe_2O_3 表示的百分含量分别为

$$Fe\% = \frac{cV \times M_{Fe}}{1\,000\,m} \times 100$$

$$\text{Fe}_2\text{O}_3\% = \frac{cV \times M_{\text{Fe}_2\text{O}_3}}{2 \times 1\,000\,m} \times 100$$

3．配位滴定法应用示例

（1）水的总硬度测定。

工业用水常形成水垢，是因为水中含有钙、镁的碳酸盐、酸式碳酸盐、硫酸盐、氯化物等。水中钙、镁盐等的含量用"硬度"表示，其中 Ca^{2+}、Mg^{2+} 含量是计算硬度的主要指标。水的总硬度包括暂时硬度和永久硬度。在水中以碳酸盐及酸式碳酸盐形式存在的钙、镁盐，加热能被分解、析出沉淀而除去，这类盐所形成的硬度称为暂时硬度。而钙、镁的硫酸盐或氯化物等所形成的硬度称为永久硬度。

硬度是工业用水的重要指标，如锅炉给水，经常要进行硬度分析，为水的处理提供依据。测定水的总硬度就是测定水中 Ca^{2+}、Mg^{2+} 总含量。一般采用配位滴定法，即在 $pH=10.0$ 的氨缓冲溶液中，以铬黑 T 作指示剂，用 EDTA 标准溶液直接滴定，至溶液由酒红色转变为纯蓝色为终点。滴定时，水中存在的少量 Fe^{3+}、Al^{3+} 等干扰离子用三乙醇胺掩蔽，Cu^{2+}、Pb^{2+} 等重金属离子用 KCN、Na_2S 来掩蔽。

测定结果的钙、镁离子总量常以碳酸钙的量来计算水的硬度。各国对水的硬度表示方法不同，我国通常以含 $CaCO_3$ 的质量浓度 ρ 表示硬度，单位取 $mg \cdot L^{-1}$。也有用含 $CaCO_3$ 的物质的量浓度来表示的，单位取 $mmol \cdot L^{-1}$。国家标准规定饮用水硬度以 $CaCO_3$ 计，不能超过 $450\ mg \cdot L^{-1}$。

（2）氢氧化铝凝胶含量的测定。

用 EDTA 返滴定法测定氢氧化铝中铝的含量。将一定量的氢氧化铝凝胶溶解，加 $HAc-NH_4Ac$ 缓冲溶液，控制酸度 $pH=4.5$，加入过量的 EDTA 标准溶液，以二苯硫腙作指示剂，以锌标准溶液滴定到溶液由绿黄色变为红色，即为终点。

（3）硅酸盐物料中三氧化二铁、氧化铝、氧化钙和氧化镁的测定。

硅酸盐在地壳中占 75% 以上，天然的硅酸盐矿物有石英、云母、滑石、长石、白云石等。水泥、玻璃、陶瓷制品、砖、瓦等则为人造硅酸盐。黄土、黏土、砂土等土壤主要成分也是硅酸盐。硅酸盐的组成除 SiO_2 外主要有三氧化二铁、氧化铝、氧化钙和氧化镁等，这些组分通常都可采用 EDTA 配位滴定法来测定。试样经预处理制成试液后，在 $pH=2.0\sim2.5$，以磺基水杨酸作指示剂，用 EDTA 标准溶液直接滴定 Fe^{3+}。在滴定 Fe^{3+} 后的溶液中，加过量的 EDTA，调整 pH 在 $4.0\sim5.0$，以 PAN 作指示剂，在热溶液中用 $CuSO_4$ 标准溶液回滴过量的 EDTA，测定 Al^{3+} 含量。另取一份试液，加三乙醇胺，在 $pH=10.0$，以 KB 作指示剂，用 EDTA 标准溶液滴定 CaO 和 MgO 的总量。再取等量试液加三乙醇胺，以 KOH 溶液调 $pH>12.5$，使 Mg 形成 $Mg(OH)_2$ 沉淀，仍用 KB 指示剂，EDTA 标准溶液直接滴定得 CaO 量，并用差减法计算 MgO 的含量，测定中使用的 KB 指示剂由酸性铬蓝 K 和萘酚绿 B 混合配制。

复习与思考题

1. 解释下列名词：

（1）配合物 （2）配位原子 （3）配位数 （4）螯合物

（5）稳定常数条件稳定常数 （6）酸效应 （7）酸效应系数

（8）酸效应曲线 （9）金属指示剂 （10）掩蔽和解蔽

2. 填充下表。

配合物化学式	命名	中心离子电荷数	配位数	配位体	配位原子
$K_2[Cu(CN)_3]$					
$[Fe(H_2O)_6]^{2+}$					
$[CrCl \cdot (NH_3)_5]Cl_2$					
$Fe(CO)_5$					
$K_2[Co(NCS)_4]$					
$H_3[AlF_6]$					

3. 填充下表。

配合物名称	化学式	配离子电荷	配位数
氯化六氨合镍（Ⅱ）			
氯化二氯·三氨·一水合钴（Ⅲ）			
五氰·一羰基合铁（Ⅱ）酸钠			
硫酸二乙二胺合铜（Ⅱ）			
氢氧化二羟·四水合铝（Ⅲ）			
六氰合钴（Ⅱ）酸六氰合铬（Ⅲ）			

4. 试求下列转化反应的平衡常数，讨论下列反应进行的方向与程度。

（1）$[Ag(S_2O_3)_2]^{3-}+Br^- \rightleftharpoons AgBr(s)+2S_2O_3^{2-}$

（2）$[Ag(NH_3)_2]^++I^- \rightleftharpoons Ag(s)+2NH_3$

（3）$Cu(OH)_2（s）+4NH_3 \rightleftharpoons [Cu(NH_3)_4]_2+2OH^-$

（4）$CuI(s)+4CN^- \rightleftharpoons [Cu(CN)_4]^{3-}+I^-$

5. 在 1.0 L 6.0 mol·L^{-1} $NH_3 \cdot H_2O$ 中溶解 0.10 mol $CuSO_4$，试求：

（1）溶液中各组分的浓度；

（2）若向此混合溶液中加入 0.010 mol NaOH 固体，是否有 $Cu(OH)_2$ 沉淀生成？

（3）若以 0.010 mol Na_2S 代替 NaOH，是否有 CuS 沉淀生成（设 $CuSO_4$、NaOH、Na_2S 溶解后，溶液体积不变）？

6. 为什么在配位滴定中必须控制好溶液的酸度？

7. 在 EDTA 滴定中，下列有关酸效应的叙述，正确的是_____

（1）pH 越大，酸效应系数越大；

（2）酸效应系数越大，配合物的稳定性越大；

（3）酸效应系数越小，配合物的稳定性越大；

（4）酸效应系数越大，滴定曲线的突跃范围越大。

8. EDTA 与金属离子的配合物有何特点？

9. 金属指示剂的作用原理是什么？它应该具备哪些条件？试举例说明。

10. 为什么使用金属指示剂时要有 pH 的限制？为什么同一种指示剂用于不同金属离子滴定时适宜的 pH 条件不一定相同？

11. 金属离子指示剂为什么会发生封闭现象？如何避免？

12. 什么是金属离子指示剂的僵化现象？如何避免？

13. 在配位滴定分析中，有共存离子存在时应如何选择滴定的条件？

14. 是非题（正确的打√，错误的打×）

（1）只要金属离子能与 EDTA 形成配合物，都能用 EDTA 直接滴定。（　　）

（2）在配位滴定中，通常利用酸效应或配位效应，使 $\Delta\lg K_{MY}\geqslant 5$，使副反应不干扰主反应正常进行。（　　）

（3）由于 EDTA 分子中含有氨氮和羧氧两种配合能力很强的配位原子，所以它能和许多金属离子形成环状结构的配合物，且稳定性较高。（　　）

（4）一般来说，EDTA 与金属离子生成配合物的 K_{MY} 越大，则滴定允许的最高酸度越大。（　　）

（5）对一定的金属离子来说，溶液的酸度一定，当溶液中存在的其他配位剂浓度越高，则该金属与 EDTA 配合物的条件稳定常数 K'_{MY} 越大。（　　）

（6）游离金属指示剂本身的颜色一定要和与金属离子形成的配合物颜色有差别。（　　）

（7）EDTA 滴定中，当溶液中存在某些金属离子与指示剂生成极稳定的配合物，则产生指示剂的封闭现象。（　　）

（8）指示剂僵化只有另选指示剂，否则实验无法进行。（　　）

（9）当溶液中 pH > 12.0 时，条件稳定常数就和绝对稳定常数没有区别，不需要考虑各种因素的影响。（　　）

（10）配位滴定只能测定高价的金属离子，不能测低价金属离子和非金属离子。（　　）

15. 选择题

（1）下列关于酸效应系数的说法正确的是（　　）。

A. $\alpha_{Y(H)}$ 值随着 pH 增大而增大　　B. 在 pH 低时 $\alpha_{Y(H)}$ 值约等于零

C. $\lg\alpha_{Y(H)}$ 值随着 pH 减小而增大　　D. 在 pH 高时 $\lg\alpha_{Y(H)}$ 值约等于 1

E. 在 pH 低时 $\alpha_{Y(H)}$ 值约等于 1

（2）在 Ca^{2+}、Mg^{2+} 的混合溶液中，用 EDTA 法测定 Ca^{2+}，要消除 Mg^{2+} 的干扰，宜用（ ）。

A. 沉淀掩蔽法　　　B. 配位掩蔽法　　　C. 氧化还原掩蔽法

D. 离子交换法　　　E. 萃取分离法

（3）当溶液中有两种金属离子共存时，欲与 EDTA 溶液滴定 M 而 N 不干扰的条件必须满足（ ）。

A. $\dfrac{K'_{MY}}{K'_{NY}} \geqslant 10^5$　　　B. $\dfrac{K'_{MY}}{K'_{NY}} \geqslant 10^{-5}$　　　C. $\dfrac{K'_{MY}}{K'_{NY}} \leqslant 10^6$

D. $\dfrac{K'_{MY}}{K'_{NY}} = 10^{-8}$　　　E. $\dfrac{K'_{MY}}{K'_{NY}} = 10^8$

（4）$\lg K(CaY) = 10.7$，当溶液 $pH = 9.0$ 时，$\lg\alpha_{Y(H)} = 1.28$，则 $\lg K'_{CaY} =$（ ）。

A. 11.96　　　B. 10.69　　　C. 9.42　　　D. 1.28　　　E. 10.7

（5）以 EDTA 为滴定剂，下列叙述中哪一种是错误的（ ）。

A. 酸度较高的溶液中，可形成 MHY 配合物

B. 在碱性较高的溶液中，可形成 MOHY 配合物

C. 不论形成 MHY 和 MOHY，均有利于滴定反应

D. 不论溶液中 pH 的大小，只形成 MY 一种配合物

E. 反应物 M 和 Y 发生副反应不利于主反应的进行

（6）用 EDTA 滴定金属离子 M，影响滴定曲线化学计量点突越范围大小的因素是下列哪一种（ ）。

A. 金属离子的配位能力

B. 金属离子 M 的浓度

C. EDTA 的酸效应

D. 金属离子的浓度和配位效应

16. 在 Bi^{3+} 和 Ni^{2+} 均为 $0.01\ mol\cdot L^{-1}$ 的混合溶液中，试求以 EDTA 溶液滴定时所允许的最小 pH。能否采取控制溶液酸度的方法实现二者的分别滴定？

17. $pH = 5.0$ 时，Co^{2+} 和 EDTA 配合物的条件稳定常数是多少（不考虑水解等副反应）？当 Co^{2+} 浓度为 $0.02\ mol\cdot L^{-1}$ 时，能否用 EDTA 准确滴定 Co^{2+}？

18. 用纯 $CaCO_3$ 标定 EDTA 溶液。称取 0.100 5 g 纯 $CaCO_3$，溶解后用容量瓶配成 100.0 mL 溶液，吸取 25.00 mL，在 $pH = 12.0$ 时，用钙指示剂指示终点，用待标定的 EDTA 溶液滴定，用去 24.50 mL。

（1）计算 EDTA 溶液的物质的量浓度；

（2）计算该 EDTA 溶液对 ZnO 和 Fe_2O_3 的滴定度。

19. 在 $pH = 10.0$ 的氨缓冲溶液中，滴定 100.0 mL 含 Ca^{2+}、Mg^{2+} 的水样，消耗 $0.010\ 16\ mol\cdot L^{-1}$ EDTA 标准溶液 15.28 mL；另取 100.0 mL 水样，用 NaOH 处理，使

Mg^{2+} 生成 $Mg(OH)_2$ 沉淀, 滴定时消耗 EDTA 标准溶液 10.43 mL, 计算水样中 $CaCO_3$ 和 $MgCO_3$ 的含量 (以 $\mu g \cdot mL^{-1}$ 表示)。

20. 称取铝盐试样 1.2500 g, 溶解后加 0.050 00 $mol \cdot L^{-1}$ EDTA 溶液 25.00 mL, 在适当条件下反应后, 调节溶液 pH 为 5.0~6.0, 以二甲酚橙为指示剂, 用 0.020 00 $mol \cdot L^{-1}$ Zn^{2+} 标准溶液回滴过量的 EDTA, 耗用 Zn^{2+} 溶液 21.50 mL, 计算铝盐中铝的质量分数。

21. 配位滴定法测定氯化锌 ($ZnCl_2$) 的含量。称取 0.250 0 g 试样, 溶于水后稀释到 250.0 mL, 吸取 25.00 mL, 在 pH = 5.0~6.0 时, 用二甲酚橙作指示剂, 用 0.010 24 $mol \cdot L^{-1}$ EDTA 标准溶液滴定, 用去 17.61 mL。计算试样中 $ZnCl_2$ 的质量分数。

22. 取含 Fe_2O_3 和 Al_2O_3 的试样 0.201 5 g 溶解后, 在 pH = 2.0 以磺基水杨酸作指示剂, 以 0.020 08 $mol \cdot L^{-1}$ EDTA 标准溶液滴定至终点, 消耗 15.20 mL。然后再加入上述 EDTA 溶液 25.00 mL, 加热煮沸使 EDTA 与 Al^{3+} 反应完全, 调节 pH = 4.5, 以 PAN 作指示剂, 趁热用 0.021 12 $mol \cdot L^{-1}$ Cu^{2+} 标准溶液返滴, 用去 8.16 mL, 计算试样中 Fe_2O_3 和 Al_2O_3 的质量分数。

23. 欲测定有机试样中的含磷量, 称取试样 0.108 4 g, 处理成溶液, 并将其中的磷氧化成 PO_4^{3-}, 加入其他试剂使之形成 $MgNH_4PO_4$ 沉淀。沉淀经过滤洗涤后, 再溶解于盐酸中并用 NH_3-NH_4Cl 缓冲溶液调节 pH = 10.0, 以铬黑 T 为指示剂, 需用 0.010 04 $mol \cdot L^{-1}$ 的 EDTA 21.04 mL 滴定至终点, 计算试样中磷的质量分数。

24. 移取含 Bi^3, Pb^{2+}, Cd^{2+} 的试液 25.00 mL, 以二甲酚橙为指示剂, 在 pH = 1.0 用 0.020 15 $mol \cdot L^{-1}$ EDTA 标准溶液滴定, 消耗 20.28 mL。调 pH 至 5.5, 继续用 EDTA 溶液滴定, 消耗 30.16 mL。再加入邻二氮菲使与 Cd^{2+}-EDTA 配离子中的 Cd^{2+} 发生配合反应, 被置换出的 EDTA 再用 0.020 02 $mol \cdot L^{-1}$ Pb^{2+} 标准溶液滴定, 用去 10.15 mL, 计算溶液中 Bi^3, Pb^{2+}, Cd^{2+} 的浓度。

25. 称取 0.500 0 g 煤试样, 灼烧并使其中 S 完全氧化转移到溶液中以 SO_4^{2-} 形式存在。除去重金属离子后, 加入 0.050 00 $mol \cdot L^{-1}$ $BaCl_2$ 溶液 20.00 mL, 使之生成 $BaSO_4$ 沉淀。再用 0.025 00 $mol \cdot L^{-1}$ EDTA 溶液滴定过量的 Ba^{2+}, 用去 20.00 mL, 计算煤中 S 的质量分数。

26. 欲测定某试液中 Fe^{3+}、Fe^{2+} 的含量。吸取 25.00 mL 该试液, 在 pH = 2 时用浓度为 0.015 00 $mol \cdot L^{-1}$ 的 EDTA 滴定, 耗用 15.40 mL, 调节 pH = 6.0, 继续滴定, 又消耗 14.10 mL, 计算其中 Fe^{3+} 及 Fe^{2+} 的浓度 (以 $mg \cdot mL^{-1}$ 表示)。

27. 25.00 mL 试液中的镓 (Ⅲ) 离子, 在 pH = 10 的缓冲溶液中, 加入 25 mL 浓度为 0.05 $mol \cdot L^{-1}$ 的 Mg-EDTA 溶液时, 置换出的 Mg^{2+} 以铬黑 T 为指示剂, 需用 0.050 00 $mol \cdot L^{-1}$ 的 EDTA 10.78 mL 滴定至终点。计算: (1) 镓溶液的浓度; (2) 该试液中所含镓的质量 (单位以 g 表示)。

第八章 元 素

本章提要：元素化学是周期系中各元素的单质及其化合物的化学。元素化学是普通化学的重要内容之一，主要讨论元素及其化合物的存在形式、性质、制备和用途。

本章以元素的周期性为依据，对元素的金属性和非金属性进行系统化的归纳、解释，以利于从理解的角度上，深入地了解和掌握各种元素的化学性质。

第一节 化学元素概论

元素是对具有相同原子序数（核电荷数或质子数）的同一类原子的总称。能以单质状态天然存在的元素仅发现了少数几种。这些元素中有氧、氮、惰性气体（氦、氖、氩、氪、氙和氡）、硫、铜、银和金等。室温下，大部分元素的单质为固体，只有溴和汞是液体，其余是气体。在自然界，大多数元素与其他元素化合形成化合物。地球上最丰富的元素是氧，其次是硅。宇宙间最丰富的元素是氢，其次是氦。

大多数科学家认为，质子核聚变（在摄氏一亿度或更高的温度条件下氢核聚变形成氦，再聚变形成锂、硼等轻元素）和中子俘获（氦轰击氢原子产生的中子，能被原子核俘获形成较重元素）是宇宙形成各种化学元素的两个过程。目前已发现的化学元素都是简单核子（质子和中子等）核聚变合成的结果。可以认为，所有的化学元素都由氢元素通过恒星不同演化阶段逐步合成，再由恒星抛到宇宙空间，形成现在发现和观察到的化学元素及其同位素。恒星产生元素的聚变过程仍在继续进行。

利用这一核聚变原理，科学家们用中子或快速粒子（质子、氘、氦也即 α 粒子）去轰击某种元素的原子，把这种原子变成了另一种新元素的原子。合成了许多在自然界存在极少的元素（锝、钷、砹、钫等）及完全没有的元素（所有原子序数超过 94 的人工合成元素）。人们已能实现古代炼金术家的愿望——点石成金。

一、元素的自然资源

人类赖以生存的地球纵深 6 470 km，分为地核、地幔和地壳三层。地壳约为地球总重量的 0.7%。地壳所占质量虽不大，但所含元素很丰富。地球表面被岩石、海水（或河流）和大气所覆盖，经探明其中大约分布有 94 种元素。元素在地壳中的含量称为丰度，通常以质量分数表示。元素的相对含量差别很大，其中 99.2%为氧、硅、铝、铁、钙、钠、钾等 10 种元素（表 8-1），其余 80 多种不到 1%。在前 10 种元素中又以氧元素居首位，几乎占地壳质量的一半。元素在地壳中的存在较复杂，如铁在地壳中丰度虽然不低，但非常分散，并以化合物形式存在，难以提纯，直至 20 世纪 40 年代才被重视。银、金在地壳中丰度很低（$1×10^{-5}$、$5×10^{-7}$），但它们性质不活泼，大多以单质存在，且比较集中，所以早从古代起就被人们发现和利用。

表 8-1　地壳中主要元素的丰度

元素	O	Si	Al	Fe	Ca	Na	K	Mg	H	Ti
丰度/ %	48.6	26.3	7.73	4.75	3.45	2.74	2.74	2.00	0.76	0.42

我国矿产资源十分丰富，其中储量占世界首位的有钨、稀土、锑、锂、钒等。我国钨的储量为世界各国已知量总和的三倍多，稀土为四倍多，锑占世界储量的 44%。铜、锡、铅、铁、锰、镍、钛、铌、钼等储量也名列世界前茅。非金属硼、硫、磷等储量也居世界前列。我国资源虽然丰富，但铬、金、铂、钾、金刚石等资源不足。而且，按人均统计，我国的人均矿产拥有量也不算多。如何合理有效地利用矿产资源，是我国冶金工业首要解决的问题。

地球表面约有 70% 为海水所覆盖。海水平均深度为 3.8 km，占地球总重量的 0.024%。海水中主要元素的含量见表 8-2。

表 8-2　海水中主要元素的含量（未计入溶解的气体）

元　素	质量分数/%	元　素	质量分数/%
O	85.89	B	0.000 46
H	10.32	Si	0.000 40
Cl	1.9	C（有机物中）	0.000 30
Na	1.1	Al	0.000 19
Mg	0.13	F	0.000 14
S	0.088	N（硝酸盐中）	0.000 07
Ca	0.040	N（有机物中）	0.000 02
K	0.038	Rb	0.000 02
Br	0.003 5	Li	0.000 01
C（无机物中）	0.002 8	I	0.000 005
Sr	0.001 3	U	0.000 000 3

除表中所列元素外，海水中还含有微量的 Zn、Cu、Mn、Ag、Au、Ra 等 50 多种元素，这些元素大多与其他元素结合组成无机盐的形式存在于海水中。粗略估计，1 km³ 的海水可得 NaCl $2.7×10^4$ kg、MgCl₂ $3.6×10^3$ kg 等，若乘以海水的总体积（约 $1.4×10^9$ km³），则这些元素在海水中的总含量大得惊人。从表 8-2 可知 U 元素的百分

含量极低，但是在海水中的总含量却高达 $4×10^6～5×10^6$ kg。我国海岸线长达 1 万多 km，开发海洋资源极为有利。

地球表面的上方有 100 km 厚的大气层，占地球总重量的 0.000 1%。大气的组成通常用体积（或质量）分数表示。大气的平均组成列于表 8-3。

表 8-3　大气的平均组成

气体	体积分数/%	质量分数/%	气体	体积分数/%	质量分数/%
N_2	78.09	75.51	CH_4	0.000 22	0.000 12
O_2	20.95	23.15	Kr	0.000 11	0.000 29
Ar	0.934	1.28	N_2O	0.000 1	0.000 15
CO_2	0.031 4	0.046	H_2	0.000 05	0.000 003
Ne	0.001 82	0.001 25	Xe	0.000 008 7	0.000 036
He	0.000 52	0.000 072	O_3	0.000 001	0.000 036

大气的组分及含量除氮、氧、稀有气体比较固定外，其余组分随地域、环境的不同而有所变迁，尤其"三废"治理不完备的大型工厂密集地区，对大气的组分和含量必然带来影响。大气是一座天然的宝库，目前人类每年从大气中提取数以百万吨的 O_2、N_2 及稀有气体等物质。

二、元素的分类

1. 金属元素和非金属元素

到目前发现了 115 种元素，按其性质可分为金属元素和非金属元素两大类，其中金属元素 93 种，占元素总数的 4/5，非金属元素 22 种。

元素在长式周期表中的位置可通过硼—硅—砷—碲—砹和铝—锗—锑—钋之间划一条对角线来划分（这条线叫两性线），位于对角线左下方的元素都是金属元素，右上方是非金属元素。对角线附近的锗、砷、锑、碲等元素常常又称为准金属（或半金属）元素。即指性质介于金属元素和非金属元素之间的元素。准金属单质大多数可作半导体材料。

工业上常将金属分为黑色金属和有色金属两大类。

（1）黑色金属包括铁、锰、铬及其合金。

（2）有色金属包括除黑色金属以外的所有金属及其合金。按其密度、化学稳定性及其在地壳中的分布情况，又分为以下五类：

① 轻金属，指密度小于 5 g·cm⁻³ 的金属。包括钠、钾、镁、钙、锶、铝和钛，特点是质量轻，化学性质活泼。

② 重金属，指密度大于 5 g·cm⁻³ 的金属。包括铜、镍、铅、锌、锡、锑、钴、汞、镉和铋等。重金属还可分为高熔点重金属和低熔点重金属。

③ 贵金属，指金、银和铂族元素（钌、铑、钯、锇、铱、铂）。这类金属的化学性质特别稳定，在地壳中含量很少，开采和提取都比较困难，价格比一般金属高，称为贵金属。

④ 稀有金属，通常指在自然界中含量较少，分布稀散，发现较晚，以难提取或工业上制备及应用较晚的金属，包括锂、铷、铯、铍、镓、铟、铊、锗、钛、锆、铪、铌、钽、钼、钨及稀土金属（钪、钇、镧及镧系元素）。

⑤ 放射性金属，指金属元素的原子核能自发地放射出射线的金属。包括钫、锝、镭、锕系元素。

2．普通元素和稀有元素

在化学上将元素分为普通元素和稀有元素。稀有元素指在自然界中含量少或分布稀散，发现较晚，难从矿物中提取的或在工业上制备和应用较晚的元素。例如钛元素，由于冶炼技术要求较高，难以制备，长期以来，人们对它的性质了解得很少，被列为稀有元素，但它在地壳中的含量排第十位。而有些元素贮量并不大但矿物比较集中（如硼、金等），已早被人们所熟悉，被列为普通元素。因此，普通元素和稀有元素的划分不是绝对的。

通常稀有元素分为如下几类：

◆ 轻稀有元素：锂（Li）、铷（Rb）、铯（Cs）、铍（Be）；

◆ 分散性稀有元素：镓（Ga）、铟（In）、铊（Tl）、硒（Se）、碲（Te）；

◆ 高熔点稀有元素：钛（Ti）、锆（Zr）、铪（Hf）、钒（V）、铌（Nb）、钽（Ta）、钼（Mo）、钨（W）；

◆ 铂系元素：钌（Ru）、铑（Rh）、钯（Pd）、锇（Os）、铱（Ir）、铂（Pt）；

◆ 稀土元素：钪（Sc）、钇（Y）、镧（La）及镧系元素；

◆ 放射性稀有元素：钫（Fr）、镭（Ra）、锝（Tc）、钋（Po）、砹（At）、锕（Ac）及锕系元素；

◆ 稀有气体：氦（He）、氖（Ne）、氩（Ar）、氪（Kr）、氙（Xe）、氡（Rn）。

随着新矿源的开发和研究工作的进展，稀有元素的应用日益广泛，稀有元素与普通元素之间有些界限已越来越不明显。

第二节　非金属元素

一、非金属元素概述

非金属元素有 22 种。除氢外，都位于周期表的右上方。在此介绍除稀有气体氦、氖、氩等六元素以外的非金属元素。

（一）非金属元素的氧化数

非金属元素中，稀有气体具有 ns^2np^6（He 为 $1s^2$）的稳定外层电子构型，表现出特殊的化学稳定性。其他非金属元素的外层电子构型为 ns^2np^{1-5}（H 为 $1s^1$）。大多数非金属元素倾向于获得电子，而呈现负氧化数。其最低氧化数为 A-8，其中 A 为元素所处的主族数，如VIA 族的氧元素的最低氧化数为-2（H_2O）。非金属元素也可发生部分或全部价电子偏移呈现正氧化态。因此，大多数非金属元素具有多种氧化数。其最高氧化数等于元素所处的族数。如氯的最高氧化数为+7（$HClO_4$）。

（二）非金属元素的存在及单质的一般制备方法

1．非金属元素的存在及物理性质

在自然界中，非金属元素主要以化合物形式存在，有一些以单质状态存在，如氧、氮、硫、碳等。稀有气体都以单原子分子存在于接近地球表面的空气中，卤素是活泼的非金属，其原子易接受电子与其他元素形成化合物而存在于自然界中。氧也属于活泼的非金属元素，但 O_2 分子离解能大，在常温下 O_2 分子中两原子的结合较稳定。且氧在自然界中有其自身循环变化的特点，由植物的光合作用不断地从化合态分解出来，又因动物、植物的呼吸等不断反应化合，使氧在自然中保持平衡，所以大气中有恒定组成的氧气。在高空约 25 km 处有一层臭氧（O_3），它是由氧气吸收了太阳的强辐射而生成的。这一臭氧层保护地面上一切生物免遭太阳强烈辐射的侵害。而地壳中氧元素都以化合物形式存在。硫主要以化合物形式存在，火山地区，硫化物分解可以造成单质硫黄矿。硒、碲在自然界中储量不多，且很分散，通常混在某些矿物中。氮元素以单质的形式存在于空气中，也以硝酸盐形式存在于土壤、矿物中。在生物体内含有各种氮的化合物。磷主要以磷酸盐、砷主要以硫化物形式存在于自然界中。自然界中碳除以单质形式（金刚石、石墨和无定形碳）存在外，还以碳酸盐形式存在于岩层矿物中。碳是一切有机物的基本元素，广泛存在于煤、石油、天然气及一切生物体中。硅和硼主要以氧化物或含氧酸盐形式存在于自然界中，氢以化合物（如 H_2O）的形式存在。

非金属单质分子大多数由双原子或两个以上的原子以共价键结合而成，一般属原子晶体或分子晶体。根据非金属单质的结构和性质，可分为三类：

（1）双原子分子。如 H_2、O_2、N_2、X_2（卤素单质），固态时属分子晶体，其熔点、沸点都很低，通常情况下呈气态。

（2）多原子分子。如 P_4、As_4、S_8，属分子晶体，通常为固态，熔点、沸点也较低，较易挥发。

（3）巨大分子。如金刚石（晶体碳）、晶体硅和硼，属原子晶体，硬度大，熔点、沸点都很高，难气化。

非金属单质的物理性质见表 8-4。

表 8-4　非金属单质的重要物理性质

元素	单质名称	状态（室温）	颜色	密度/$g \cdot cm^{-3}$	硬度（金刚石 10）	熔点/℃	沸点/℃	其他特性
H	氢气	气体	无色	0.089[①]	—	−259.14	−252.8	
B	结晶硼	晶体	黑	2.34	9.5	2 300	2 550 升华	
	无定形硼	无定形	黑褐	1.73				
C	金刚石	透明晶体	无色	3.15	10	＞3 350	4 827	折射率大
	石墨	层状晶体	灰黑	2.25	1	3 652～3 697（升华）		润滑性好，导电性好
	球碳（笼状）	分子晶体	黑	1.7				润滑性好
Si	晶体硅	晶体	灰黑	2.32	7	1 410	2 355	有光泽，半导体
	无定形硅	无定形	灰黑					
N	氮气	气体	无色	1.25[①]	—	−209.9	−195.8	
P	白磷	蜡状晶体	无色	1.82	0.5	44.1	280	蒜臭味，极毒，易燃
	红磷	粉末	红棕	2.2（0℃）		590		无毒无味，200℃燃
As	晶体砷	立方晶体	黄	2.03	3.5	358	613 升华	有毒
	无定形砷	无定形	黑	4.73		817（2.8×10⁶Pa）		
	灰砷	类金属	灰	5.73		817		
O	氧气	气体	无色	1.43[①]	—	−218.9	−182.9	臭氧有毒，异臭，能吸收紫外线
	臭氧		淡蓝	2.14[①]		−393	−112	
S	斜方硫	菱形晶体	黄色	2.07	1.5～2.8	112.8	444.67	不溶于水，易溶于二硫化碳
	单斜硫	针状晶体	浅黄	1.96	2.5	119		
Se	金属型硒	三方晶体	灰色	4.81		217	684.8	稳定
	结晶硒	单斜	红色	4.4	2.0	144		半导体材料
Te	金属型碲	金属晶体	银灰	6.25	2.3	452	139	半导体材料
	无定形碲	粉末型	灰色	6.00		449.5	989.8	
F	氟气	气体	淡蓝	1.69[①]	—	−219.6	−188.1	极活泼，异臭，有毒
Cl	氯气	气体	黄绿	3.21[①]	—	−101	−34.6	活泼，异臭，有毒
Br	液溴	液体	红棕	3.12	—	−7.2	58.78	易挥发，异臭，有毒
I	碘	晶体	紫黑	4.93	—	113.5	184.35	易升华

① 气体密度单位为 $g \cdot L^{-1}$。

2．非金属单质的一般制备方法

非金属元素若以负氧化态形式存在，其原料可采用氧化法制取单质；若以正氧化态形式存在，则应采用还原法制取单质；非金属性很强的元素，也可采用电解的方法制取单质。

（1）氧化法。例如，从黄铁矿提取硫。原料 FeS_2 中的 S 的氧化数为-1，通过氧化而生成单质硫。

$$3FeS_2 + 12C + 8O_2 \xrightarrow{\text{加热}} Fe_2O_3 \cdot FeO + 12CO\uparrow + 6S$$

又如，实验室制备 Cl_2。

$$4HCl（浓）+ MnO_2 \xrightarrow{\text{加热}} MnCl_2 + Cl_2\uparrow + 2H_2O$$

（2）还原法。例如，从磷酸钙矿物制取磷。$Ca_3(PO_4)_2$ 中磷的氧化数为$+5$，可用碳来还原制取磷。

$$2Ca_3(PO_4)_2 + 10C + 6SiO_2 \xrightarrow{\text{高温}} 6CaSiO_3 + 10CO\uparrow + P_4$$

（3）电解法。对于用一般化学方法难于实现的氧化还原反应，可用电解的方法强制进行。如 F_2 的制备，用电解熔融的 KHF_2 方法，在阳极上可得到 F_2，在阴极得到 H_2。

$$2KHF_2 \xrightarrow{\text{电解}} 2KF + H_2\uparrow + F_2\uparrow$$

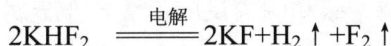

氟是最活泼的非金属元素，且毒性很大，制备和保存其单质极为困难，常在需要时制备，制得产品后立即使用。

电解食盐水溶液可制得氯气和氢气，是氯碱工业的基础。

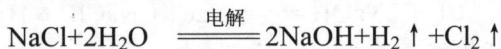

$$NaCl + 2H_2O \xrightarrow{\text{电解}} 2NaOH + H_2\uparrow + Cl_2\uparrow$$

3．非金属单质的化学性质

由于非金属单质以共价键结合，形成双原子分子、多原子分子或巨大分子，相对比较稳定。以非金属单质的几种化学反应来讨论其性质。

（1）与金属的反应。活泼的非金属单质如氟、氯、氧，能与大多数活泼金属直接反应并放出大量热。例如：

$$Mg + 1/2O_2 === MgO \qquad \Delta H^{\ominus} = -601.7\ kJ \cdot mol^{-1}$$
$$K + 1/2Cl_2 === KCl \qquad \Delta H^{\ominus} = -436.7\ kJ \cdot mol^{-1}$$

氮分子（$N\equiv N$）存在三键，是化学性质很稳定的单质，要在高温或高压放电"激活"下，才能与活泼金属反应生成氮化物。如：

$$3Mg + N_2 === Mg_3N_2$$

$$6Li + N_2 =\!\!=\!\!= 2Li_3N$$

（2）与氧反应。常温下，氧气的化学性质很不活泼，非金属单质与氧的反应不明显。除白磷可在空气中自燃外，硼、碳、红磷、硫等都需加热，才能与氧气反应生成相应的氧化物 B_2O_3、CO_2、P_2O_5、SO_2 等。卤素在加热时也不与氧直接反应。氮气很难与氧气化合，在雷雨天闪电条件下才发生反应。

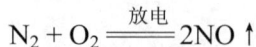

$$N_2 + O_2 \xrightarrow{\text{放电}} 2NO \uparrow$$

（3）与水的反应。非金属单质中，氟气与水剧烈反应。

$$2F_2 + 2H_2O =\!\!=\!\!= 4HF + O_2 \uparrow$$

氯气与水发生歧化反应。

$$Cl_2 + H_2O =\!\!=\!\!= HClO + HCl$$

氯水常用作漂白剂，其漂白作用来自次氯酸（HClO）的氧化性。

溴、碘与水反应的程度很小，其余的非金属单质不与水反应。但在高温下硼、碳、硅能与水蒸气作用。如：

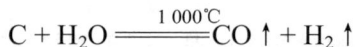

$$C + H_2O \xrightarrow{1\,000\,^\circ C} CO \uparrow + H_2 \uparrow$$

这是制造水煤气的反应，也是工业制氢的一种方法。

（4）与酸、碱反应。非金属单质不与非氧化性的酸反应。氧化性的酸，如硝酸或热的浓硫酸，能与硫、磷、碳和硼等反应，酸把非金属单质氧化为氧化物或含氧酸。例如：

$$S + 2HNO_3（浓）=\!\!=\!\!= H_2SO_4 + 2NO \uparrow$$

$$C + 2H_2SO_4（浓）=\!\!=\!\!= CO_2 \uparrow + 2SO_2 \uparrow + 2H_2O$$

卤素与碱能反应，从氯与水的反应可知，在碱存在下生成相应的盐。例如：

$$Cl_2 + 2NaOH =\!\!=\!\!= NaCl + NaClO + H_2O$$

硼、硅、磷等单质也能与浓的强碱反应。如：

$$Si + 2NaOH + H_2O =\!\!=\!\!= Na_2SiO_3 + 2H_2 \uparrow$$

二、元素的二元化合物

1. 氢化物

在元素周期表中除稀有气体外，几乎所有元素都能与氢结合生成不同类型的二元化合物，称为氢化物。但严格地说，氢化物是专指氢氧化数为 H^- 的化合物，而氧化数为 H^+ 的非金属氢化物应称为"某化氢"，如硫黄与氢气化合生成的 H_2S，称为硫化氢。

氢化物按其结构、性质的不同，大致分为离子型、共价型和金属型氢化物三类。氢化物的类型与元素在周期表中的位置有关系，大致分类如表8-5。

表 8-5　氢化物类型

Li	Be									B	C	N	O	F
Na	Mg									Al	Si	P	S	Cl
K	Ca	Sc	Ti	V	Cr	Mn	Fe	Co	Ni	Ga	Ge	As	Se	Br
Rb	Sr	Y	Zr	Nb	Mo	Tc	Ru	Rh	Pd	In	Sn	Sb	Te	I
Cs	Ba	La	Hf	Ta	W	Re	Os	Ir	Pt	Tl	Pb	Bi	Po	At
离子型					金属型						共价型			

（1）离子型氢化物。

碱金属和碱土金属（Be 和 Mg 除外）电负性很低，可将电子转移给氢原子生成氢负离子（H^-），从而组成离子型氢化物。离子型氢化物的结构和物理性质与盐类（卤化物）相似，又称为盐型氢化物。

离子型氢化物一般为白色晶体，熔点、沸点较高，熔融状态时能导电。最活泼的金属和氢气生成离子型氢化物时放出大量的热。碱金属氢化物的热稳定性按 LiH →CsH 递减（因为 LiH 的热分解产物在压力达 100 Pa 时温度是 1 123 K，而 CsH 在大于 473 K 时就明显分解了），其化学活性则按此顺序递增。

离子型氢化物可由金属单质与氢气在加热加压下，直接化合。

如：
$$2Na + H_2 === 2NaH$$

$$Ca + H_2 \xrightarrow{150\sim300℃} CaH_2$$

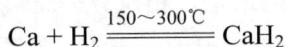

加压使反应进行得更快。

离子型氢化物都是优良的还原剂（$\varphi^{\ominus}_{H_2/H^-} = -2.25V$）。常利用其强还原性可制备高纯度的金属。

例如：
$$TiCl_4 + 4NaH === Ti + 4NaCl + 2H_2\uparrow$$

离子型氢化物极易与水反应。氢化钙可作为有效的干燥剂和脱水剂，氢化钙与水之间的反应用于实验室除去溶剂或惰性气体（如 N_2，Ar）中的痕量水。

$$CaH_2 + 2H_2O === Ca(OH)_2 + 2H_2\uparrow$$

（2）共价型氢化物。

周期表中绝大多数 p 区元素与氢形成共价型氢化物。用通式 $RH_{(8-A)}$ 表示。式中 A 是元素 R 所在的主族数。如表 8-6 所示：

表 8-6　ⅣA～ⅦA 族元素氢化物

$RH_{(8-A)}$	RH_4	RH_3	H_2R	HR
R	C	N	O	F
	Si	P	S	Cl
	Ge	As	Se	Br
	Sn	Sb	Te	I

共价型氢化物大多数在固态时为分子晶体。熔点、沸点都低。在常温下除 H_2O 和 BiH_3 为液体外，其余均为气体。共价型氢化物的物理性质有很多相似之处，而化学性质差别很大。但也有一定规律性：如同族氢化物自上到下，热稳定性递减、元素的还原性递增。如 $HF \rightarrow HCl \rightarrow HBr \rightarrow HI$ 的序列中，HI 的热稳定性最小，还原性最强。共价氢化物与水的作用情况较复杂。总体来看，有两种方式：一种是与水无反应，另一种是与水作用发生水解或是水合作用生成酸、碱，归纳在表 8-7。

表 8-7　共价型氢化物与水的作用情况

类	元　素	与水作用	实　　例
ⅢA、ⅣA	B、Al、Ga、Si	水解放出氢气	$SiH_4 + 3H_2O = H_2SiO_3 + 4H_2$
ⅣA、ⅤA	C、Ge、Sn、P、As、Sb	无反应	
ⅤA	N	水合成弱碱	$NH_3 + H_2O \rightleftharpoons NH_4^+ + OH^-$
ⅥA、ⅦA	S、Se、Te、F	弱的酸式电离	$H_2S \rightleftharpoons H^+ + HS^-$
ⅦA	Cl、Br、I	强的酸式电离	$HBr \rightarrow H^+ + Br^-$

硼的氢化物在组成和结构上相当特殊，其物理性质与碳的氢化物（烷烃）相似。所以，硼氢化合物常称为硼烷。从硼原子仅有 3 个电子来看，最简单的硼烷似乎应是 BH_3（甲硼烷），但实验结果表明，最简单的硼烷是 B_2H_6（乙硼烷）。

硼烷分子随着硼原子数目的增加，相对分子质量增大，熔点、沸点升高。在常温下，B_2H_6、B_3H_9、B_4H_{10} 为气体，B_5H_9、B_6H_{10} 为液体。$B_{10}H_{14}$ 及其他更高硼烷为固体。硼烷都是剧毒物质，不稳定，受热迅速分解。燃烧时放出大量热（比相应碳烷燃烧的热值高得多）。例如：

$$B_2H_6 (g) + 3O_2 (g) = B_2O_3 (s) + 3H_2O (l) \qquad \Delta H^\ominus = -2\ 165.9\ kJ \cdot mol^{-1}$$

曾试图利用硼烷燃烧的高热值，用作火箭或导弹的高能燃料，但由于所有硼烷的毒性都超过已知的毒物，且贮存条件苛刻，不得不放弃这一想法。但在对硼烷的研究过程中却大大丰富了有关硼的化学知识，对结构化学的发展也起到了重要的推动作用。

（3）金属型氢化物。

d 区和 d s 区金属元素与氢形成氢化物，称为金属型氢化物，其最大的特点是组成不定。含氢量随外界条件（温度、压力）变化而异，其化学式都不符合通常的化合价规则，有的是整数比化合物，有的是非整数比化合物。如，CrH_2、CrH、CuH、$VH_{0.56}$、$ZrH_{1.75}$、$PdH_{0.8}$ 等。通常是暗黑色固体，常保留金属的一些性质（如导电、金属光泽等）。金属型氢化物的生成热较小，说明氢与金属结合作用弱。因此，化学家认为是体积很小的 H 原子和 H_2 分子钻入金属晶格空隙中，形成间充化合物。由于氢原子的填入，往往导致金属强度减弱出现脆性，即"氢脆"。

应用金属型氢化物的实例，利用海绵钛（或钛屑）在约 473 K 与氢气反应生成氢化钛，氢化钛在一定的温度下又会脱氢，在制造电子管、显像管等真空电子管工业中用作高纯氢气的供气源和吸气剂。

$$Ti + H_2 \xrightarrow{473\ K} TiH_2$$

2．卤化物

周期表中ⅦA族元素称为卤素。卤化物指电负性比卤素小的元素与卤素形成的二元化合物，是一类重要的无机化合物。按结构和性质不同，卤化物可以分为离子型和共价型两类。电负性小的碱金属和碱土金属及副族元素低氧化态的金属离子所形成的卤化物为离子型卤化物，一般熔点、沸点较高，熔融状态或在水溶液中能导电，都可认为是氢卤酸（卤化氢水溶液）生成的典型盐类。非金属元素和许多高氧化态金属离子的卤化物（如 PCl_5、$SnCl_4$、$TiCl_4$ 等）多为共价型，一般为分子晶体，熔点、沸点低，有的具有挥发性或升华性（如 $SnCl_4$ 的盐酸性水溶液在煮沸的过程中，具有挥发性）。有些卤化物是介于离子型与共价型之间的过渡型。

对于卤化物化学性质，在此主要介绍热稳定性和水解作用。

（1）热稳定性。各种卤化物的热稳定性差异较大。多数卤化物相当稳定，其中 s 区元素的氟化物和氯化物最稳定。

同一元素的不同卤化物的热稳定性，依 F→Cl→Br→I 的顺序依次降低。碘化物最不稳定，容易分解。因此，生产上常采用碘化物热分解的方法来制取高纯的单质。例如，高纯硅的制取：

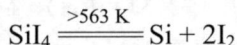

$$SiI_4 \xrightarrow{>563\ K} Si + 2I_2$$

新型电光源碘钨灯，利用二碘化钨的热分解性质提高灯的发光效率和使用寿命。溴化银、碘化银见光即可分解的性质，已用于照相底片和变色玻璃上。

（2）水解作用。大多数卤化物易溶于水。氟化物的溶解情况与相应的其他卤化物有所不同。如 CaF_2 难溶，而 Ca^{2+} 的其他卤化物都易溶于水，AgF 易溶于水，而其他卤化银都难溶于水，且溶解度从 Cl→Br→I 依次减小。

活泼的碱金属、碱土金属卤化物（不包括氯化物）可认为是强碱与强酸生成的盐，一般不发生水解。其他金属卤化物都有不同程度的水解倾向。

金属卤化物水解的产物，可能是碱式卤化物或卤氧化物或氢氧化物。例如：

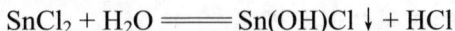

$$SnCl_2 + H_2O == Sn(OH)Cl\downarrow + HCl$$
$$BiCl_3 + H_2O == BiOCl\downarrow + 2HCl$$

为了抑制上述水解，在配制卤化物溶液时，常加入适量相应的氢卤酸。

非金属卤化物，大多数能完全水解生成相应的含氧酸和氢卤酸。例如：

$$SiCl_4 + 3H_2O == H_2SiO_3 + 4HCl$$
$$PCl_5 + 4H_2O == H_3PO_4 + 5HCl$$

由于它们极易水解，在潮湿空气中也能水解冒烟（酸雾），因此，必须密封保存。

3. 氧化物

氧化是指氧与电负性比氧小的元素形成的二元化合物。除大部分稀有气体外，几乎所有元素都能形成氧化物。

（1）氧化物的物理性质。

活泼金属元素的氧化物（如 Na_2O、CaO 等）属于离子型化合物，形成离子晶体，熔点、沸点高。

非金属元素的氧化物（如 CO_2、SiO_2、NO_2、SO_2 等）属于共价型化合物，大都形成分子晶体，熔点、沸点低。少数的氧化物形成原子晶体（如 SiO_2），熔点、沸点高。

除碱金属、碱土金属之外，金属元素的氧化物一般形成离子型与共价型之间的过渡型晶体，熔点、沸点也呈过渡趋势。

同一金属元素、不同氧化态的氧化物，其低氧化态的氧化物偏向于离子晶体，熔点、沸点较高。高氧化态的氧化物则偏向于分子晶体，熔点、沸点较低，如锰的氧化物的熔点（表 8-8）。

表 8-8　锰的氧化物的熔点

氧化物	MnO	Mn_2O_3	MnO_2	Mn_2O_7
熔点/℃	1 785	1 080	535	5.9

离子型或偏离子型的金属氧化物硬度也大，如 Al_2O_3、Cr_2O_3、Fe_2O_3、MgO、TiO_2 等熔点高，又具有一定硬度，常用作磨料。BeO、MgO、Al_2O_3、SiO_2、ZrO_2 等，熔点在 1 500～3 000℃，用于制造耐高温材料。

（2）氧化物及其水合物的酸碱性。

按与酸、碱反应的不同，氧化物分为酸性、碱性、两性和中性氧化物。中性氧化物又称不成盐氧化物，如 CO、N_2O、NO 等，不与酸、碱反应，也不溶于水。

酸性、碱性、两性氧化物对应的水合物也呈酸性、碱性及两性。氧化物水合物可认为是氢氧化物 $R(OH)_n$ 的形式（n 是元素 R 的氧化数）。酸性氧化物水合物习惯上写成酸的形式。例如次氯酸写成 $HClO$，而不写成 $ClOH$。当 n 较大时会部分脱水，如硝酸不是 H_5NO_5，而是失去 2 个分子 H_2O 为 HNO_3。高氯酸不是 H_7ClO_7，而是失去 3 个分子 H_2O 为 $HClO_4$。

氧化物及其水合物的酸碱性递变规律：

① 同一周期主族元素最高氧化态的氧化物及其水合物，自左至右，碱性递减，酸性递增。例如，第 3 周期主族元素氧化物及其水合物的酸碱性递变顺序如下：

Na_2O	MgO	Al_2O_3	SiO_2	P_2O_5	SO_3	Cl_2O_7
NaOH	$Mg(OH)_2$	$Al(OH)_3$	H_2SiO_3	H_3PO_4	H_2SO_4	$HClO_4$
强碱	中强碱	两性	弱酸	中强酸	强酸	最强酸

酸性递增　　　　　　　　　　　　　　　　　　　⟶

② 副族元素最高氧化态的氧化物及其水合物酸碱性变化略有起伏，不如主族元素有规律。但同周期ⅢB～ⅦB族，总的趋势仍是碱性递减，酸性递增。例如，第4周期的ⅢB～ⅦB族元素最高氧化态的氧化物及其水合物的酸碱性变化：

Sc_2O_3	TiO_2	V_2O_5	CrO_3	Mn_2O_7
$Sc(OH)_3$	$Ti(OH)_4$	HVO_3	H_2CrO_4	$HMnO_4$
			或 $H_2Cr_2O_7$	
碱性	两性	弱酸	中强酸	强酸

酸性递增 —————————————————————→

③ 同一主族元素，相同氧化态的氧化物及其水合物，从上到下，碱性递增，酸性递减。例如，ⅤA族元素，氧化数为+3的氧化物及其水合物的酸碱性变化：

N_2O_3	P_2O_5	As_2O_3	Sb_2O_3	Bi_2O_3
HNO_2	H_3PO_3	H_3AsO_3	$Sb(OH)_3$	$Bi(OH)_3$
弱酸	弱酸	两性（酸性为主）	两性	弱碱性

碱性递增 —————————————————————→

④ 同一元素不同氧化态的氧化物及其水合物，高氧化态的氧化物及其水合物的酸性比其低氧化态的强，碱性则弱。例如，硫酸的酸性比亚硫酸强；$HClO \rightarrow HClO_2$ $\rightarrow HClO_3 \rightarrow HClO_4$ 的酸性依次增强；$Fe(OH)_2$ 的碱性比 $Fe(OH)_3$ 的碱性强。

氧化物水合物酸碱性的变化规律，可用 R—O—H 的电离方式来解释。

从化学键看，氧化物水合物成酸或成碱都具有 R—O—H 的结构。如果电离发生在 R—O 之间，即按碱式电离，呈碱性。如果电离发生在 O—H 之间，即按酸式电离，呈酸性。

$$R—O—H \qquad R—O—H$$

碱式电离 　　　　　　　　　　　酸式电离

具体的氧化物水合物，按碱式电离还是按酸式电离，其影响因素比较复杂。将氧化物水合物看作存在着 $R^{n+} \cdot O^{2-} \cdot H^+$ 的联结。R^{n+} 的电荷越多，半径越小，R^{n+} 对 O^{2-} 的引力就越大，对 H^+ 的排斥力也越大，越有利于酸式电离。如果 R^{n+} 的电荷少，而半径又大，则 R^{n+} 对 O^{2-} 的引力小，对 H^+ 的排斥力也小，就有利于碱式电离。

同一周期主族元素，从左至右 R 的电荷从+1增加到+7，而半径依次减小，则 R^{n+} 对 O^{2-} 的结合力依次增大。所以，最高氧化态的氧化物及其水合物的碱性递减，酸性递增。

同一族元素 R 的电荷相同，半径从上到下依次增大，则对 O^{2-} 的结合力依次减弱。所以，氧化物及其水合物的碱性递增，酸性递减。

同一元素不同氧化态的氧化物及其水合物，随着氧化数升高其电荷数增大，半径减小。则 R 对 O 的结合力增大。所以，随着元素的氧化数升高，酸性增强，碱性减弱。

上述讨论基于简化的处理，实际上许多氧化物水合物中并不存在 R^{n+} 离子。

在工程实际中常常利用氧化物或氧化物水合物的酸碱性质，如炼铁的造渣反应，就是利用加入碱性氧化物与杂质硅石（主要组分是 SiO_2，酸性氧化物）生成炉渣 $CaSiO_3$ 而除去杂质。

$$CaO + SiO_2 \xrightarrow{\text{高温}} CaSiO_3$$

（3）过氧化物。

除了上述的普通氧化物外，部分 s 区元素还能形成过氧化物（如 Na_2O_2，BaO_2），超氧化物（如 KO_2）等。其中实际意义最大的是过氧化钠 Na_2O_2。

过氧化钠为浅黄色粉末，易吸潮，与水或稀酸作用生成过氧化氢（H_2O_2）。

$$Na_2O_2 + 2H_2O == H_2O_2 + 2NaOH$$
$$Na_2O_2 + H_2SO_4 == H_2O_2 + Na_2SO_4$$

生成的 H_2O_2 很易分解。

$$2H_2O_2 == 2H_2O + O_2\uparrow$$

所以，H_2O_2 被广泛用作氧气发生剂和漂白剂，过氧化钠能吸收二氧化碳并放出氧气。

$$2Na_2O_2 + 2CO_2 == 2NaCO_3 + O_2\uparrow$$

因此，可用作高空飞行或潜水时的供氧剂。

纯的过氧化氢为无色黏稠液体，在避光和低温条件下较稳定。若加热至 151℃ 即爆炸性分解。微量杂质如 Fe^{3+}、Cu^{2+}，Mn^{2+} 等会大大加速 H_2O_2 的分解。通常将过氧化氢贮存在光滑的塑料瓶或棕色玻璃瓶中，并置于阴凉处。有时还加入微量的稳定剂（如焦磷酸钠）。

H_2O_2 具有强的氧化性，用作氧化剂时，还原产物是水。因此，H_2O_2 作氧化剂的最大优点是不引入杂质。

医药上用稀 H_2O_2 水溶液（俗称双氧水）作消毒杀菌剂。目前生产的过氧化氢溶液约有半数用作漂白剂，因为 H_2O_2 不像含氯漂白剂那样损害动物性物质，所以 H_2O_2 特别适合于漂白毛、丝、羽毛等制品。

4．碳化物、氮化物和硼化物

碳、氮和硼与电负性比它们小的元素所形成的二元化合物，叫作碳化物、氮化物和硼化物，如 CaC_2、Mg_3N_2、SiC、Si_3N_4、B_4C 等。从结构上大致可分为离子型、共价型和金属型三类化合物。

（1）离子型化合物。

ⅠA、ⅡA 族活泼金属与碳和氮形成离子型化合物，如 CaC_2、Na_3N、Mg_3N_2 等，易与水作用产生挥发性的氢化物。

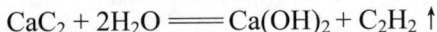

$$Na_3N + 3H_2O \Longrightarrow 3NaOH + NH_3\uparrow$$
$$CaC_2 + 2H_2O \Longrightarrow Ca(OH)_2 + C_2H_2\uparrow$$

硼的电负性较小，不能与金属形成离子型硼化物。

（2）共价型化合物。

ⅢA、ⅣA、ⅤA 的非金属元素之间可形成共价型化合物。如碳化硼（B_4C），碳化硅（SiC），氮化硅（Si_3N_4）等。它们都是原子晶体，熔点很高。

SiC 的晶体结构与金刚石相似，可认为金刚石中半数的碳原子被硅原子所取代，故又称金刚砂。SiC 的熔点为 3 100 K，硬度接近金刚石，常用作磨料。

Si_3N_4 的强度在 1 500 K 高温下仍保持不变。可用于制造火箭、导弹燃烧室的喷嘴。

氮化硼（BN）有两种晶型。一种与金刚石相似，另一种与石墨相似。这是由于 B 比 C 少一个电子，而 N 比 C 多一个电子。所以 BN 与单质碳的电子数和原子数相等，有相似的晶体结构。

通常制得的氮化硼 BN 是石墨型，为白色粉末，俗称白石墨，是比石墨更耐高温的固体润滑剂。石墨型 BN 在高压（800 MPa）下，可转变为金刚石型氮化硼。其硬度与金刚石相近，而耐热性比金刚石还好，是新型耐高温的超硬材料，可用来制造钻头、磨具和切割工具等。

（3）金属型化合物。

ⅣB、ⅤB、ⅥB 族等过渡金属与碳、氮、硼能形成金属型化合物。在这类化合物中，金属基本上保持着原来的晶体构型。由于 C、N、B 原子体积较小，故都能填充于金属晶格的空隙中，形成间充型合金。它们的共同特点是具有金属光泽，能导电导热，熔点高，硬度大，称为硬质合金，是制造高速切削和钻探工具的主要工作部件的优良材料。

三、含氧酸及含氧酸盐

1. 硼酸及其盐

硼酸 H_3BO_3 是六角形的白色晶体，属于层状结构，层与层之间以分子间力相联结。因此，常呈鳞片状，可用作润滑剂。

硼酸微溶于水，加热溶解度增大。在水溶液中按下式电离：

$$B(OH)_3 + H_2O \Longrightarrow H^+ + B(OH)_4^-$$

因此，硼酸是一元弱酸。

硼酸加热到 107℃部分失水变成偏硼酸（HBO_2），在 140～160℃变为焦硼酸（四硼酸）（$H_2B_4O_7$），高温转变为氧化物（B_2O_3）。

硼酸盐最重要的是四硼酸钠，俗称硼砂。分子式写成 $Na_2B_4O_7 \cdot 10 H_2O$。硼砂是无色透明晶体，溶于水。在高温下能与许多金属氧化物反应，冷却后成透明的玻璃状物质，常用于陶瓷、搪瓷、玻璃工业。含硼量较高的玻璃，受热变形性很小。烧杯就是含硼量较高的玻璃材料制成的。在农业上用硼砂做微量元素肥料，对小麦、棉花、麻等有增产效果。

2. 碳酸及其盐

CO_2 溶于水，溶液呈弱酸性，称为碳酸，受热即分解出 CO_2。制造饮料汽水时利用 CO_2 这一性质，在加压下，把 CO_2 溶入饮料中。汽水开瓶时，压力减小，分解出大量 CO_2 气泡。

H_2CO_3 是二元弱酸，在水溶液中存在下列电离平衡。

$$H_2CO_3 \rightleftharpoons H^+ + HCO_3^-$$
$$HCO_3^- \rightleftharpoons H^+ + CO_3^{2-}$$

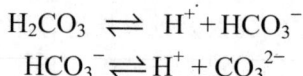

因此，碳酸盐有两类：碳酸（正）盐和酸式碳酸盐（碳酸氢盐）。

（1）盐的溶解性。

ⅠA 族（除 Li 外）和铵的碳酸盐都易溶于水，其他碳酸盐都难溶于水，碳酸氢盐都溶于水。碳酸盐在自然界中分布很广，如石灰石、大理石、方解石等的主要成分部是结构不同的 $CaCO_3$。

（2）热稳定性。

碳酸盐的热稳定性比相应的酸式盐的热稳定性强。例如，$NaHCO_3$（俗称小苏打）在 270℃便分解。

$$2NaHCO_3 (s) = Na_2CO_3 (s) + CO_2 (g) + H_2O (g)$$

碳酸盐中，ⅠA、ⅡA（除 Be 外）族的碳酸盐较稳定，其他碳酸盐受热都易分解。碳酸盐热分解后都生成金属氧化物和二氧化碳。

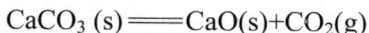

$$CaCO_3 (s) = CaO(s) + CO_2(g)$$

含氧酸盐的热稳定性有以下规律：

① 酸不稳定，其盐稳定性也差，但盐的稳定性比相应的酸高。碳酸不稳定，故碳酸盐的稳定性也差。

② 正盐的热稳定性大于酸式盐，碳酸盐比碳酸氢盐稳。

③ 在正盐中，热稳定性一般是碱金属盐＞碱土金属盐＞过渡金属盐＞铵盐。

3. 硅酸及其盐

SiO_2 不溶于水，故硅酸不能用 SiO_2 与水作用来制得，用可溶性硅酸盐（如 Na_2SiO_3）与盐酸作用即可制得。

$$Na_2SiO_3 + 2HCl = H_2SiO_3 + 2NaCl$$

开始主要是生成可溶于水的单分子硅酸（H_4SiO_4），后单分子硅酸逐渐缩合成各种多硅酸的硅酸溶胶。硅酸的形式很多，其组成常以 $xSiO_2 \cdot yH_2O$ 来表示。在各种硅酸中，组成最简单的是 $SiO_2 \cdot H_2O$。所以常用 H_2SiO_3 代表硅酸。若在稀的硅酸溶胶中加入电解质，或在适当浓度的硅酸盐溶液中加酸，则可生成硅酸凝胶。

硅酸凝胶软而透明，有弹性。如果将硅酸凝胶干燥，脱去大部分水，则得到白色稍透明的固体，即硅胶。硅胶内有很多微小的孔隙，内表面积很大，因此有很强的吸附能力，可用作吸附剂、干燥剂或催化剂载体。实验室常用变色硅胶作精密仪器的干燥剂，变色硅胶内含有二氧化钴。无水时二氧化钴呈蓝色，含水时呈粉红色，因此，可根据颜色的变化来显示其吸湿程度。当变色硅胶呈粉红色时，表明它已失去吸湿能力。再烘干它又变成蓝色，表示硅胶又恢复了干燥能力，可以再使用。

硅酸盐是硅酸或多硅酸的盐。所有硅酸盐中，只有碱金属的硅酸盐（如 Na_2SiO_3）可溶于水。工业上将 Na_2CO_3 与 SiO_2 共熔制得硅酸钠，其透明浆状水溶液称为水玻璃，又称"泡花碱"。它实际上是多种硅酸钠的混合物。

硅酸盐分布很广，它是组成地壳的主要矿石。种类繁多，结构十分复杂。为了便于表示其组成，通常写成氧化物形式。下面列出几种天然硅酸盐的化学式：

钾（正）长石　　$K_2O \cdot Al_2O_3 \cdot 6SiO_2$

高岭土　　　　$Al_2O_3 \cdot 2SiO_2 \cdot 2H_2O$

白云母　　　　$K_2O \cdot 3Al_2O_3 \cdot 6SiO_2$

石棉　　　　　$CaO \cdot 3MgO \cdot 4SiO_2$

滑石　　　　　$3MgO \cdot 4SiO_2 \cdot H_2O$

泡沸石　　　　$Na_2O \cdot Al_2O_3 \cdot SiO_2 \cdot nH_2O$

天然硅酸盐中的 SiO_2，均以 SiO_4 四面体的形式存在。所以，SiO_4 四面体是一切天然硅酸盐的基本结构单元（图 8-1）。大部分硅酸盐中的 SiO_4 都是通过共用氧原子组成链状结构（图 8-2），层状结构（图 8-3）或三维空间骨架的大型结构。

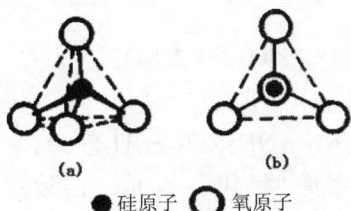

（a）　　　（b）

● 硅原子　○ 氧原子

图 8-1　SiO_4 的四面体结构

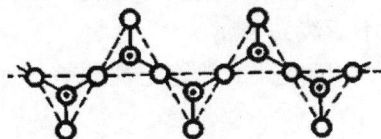

图 8-2　SiO_4 组成的链状结构

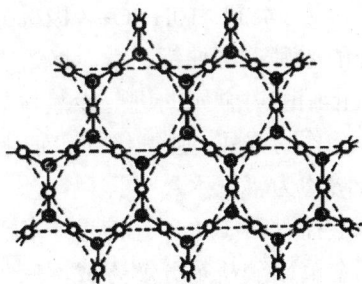

图 8-3　SiO_4 组成的层状结构

硅酸盐的结构特征与其表现出的特殊性质有联系。如链状的石棉具有纤维性质，层状的云母具有片状性质等。由于硅酸盐不溶于水，又有一定的强度，因而是重要的建筑材料。玻璃、水泥、耐火材料等工业，均建立在硅酸盐化学的基础上。

4. 氮的含氧酸及其盐

氮的含氧酸主要有两种：亚硝酸（HNO_2）和硝酸（HNO_3）。

（1）亚硝酸及其盐。

亚硝酸是弱酸，极不稳定，只能存在于很稀的溶液中。

亚硝酸盐较稳定，所有亚硝酸盐都有剧毒。亚硝酸盐具有氧化性和还原性，但在酸性介质中主要表现氧化性，反应中一般被还原为 NO。例如：

$$2NaNO_2 + 2KI + 2H_2SO_4 =\!=\!= Na_2SO_4 + K_2SO_4 + I_2 + 2NO\uparrow + 2H_2O$$

亚硝酸盐在空气中会逐渐被氧化成硝酸盐，亚硝酸盐的水溶液更易被空气所氧化。

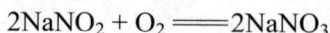

$$2NaNO_2 + O_2 =\!=\!= 2NaNO_3$$

（2）硝酸及其盐。

硝酸是强酸，纯硝酸是无色液体，浓硝酸不稳定，受热或光照射会分解。

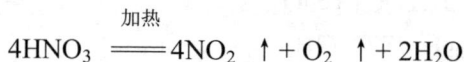

$$4HNO_3 \xrightarrow{\text{加热}} 4NO_2\uparrow + O_2\uparrow + 2H_2O$$

硝酸含有 NO_2 呈黄色或红棕色，硝酸不论浓或稀，都具有强氧化性。可氧化许多非金属单质，而 HNO_3 被还原为 NO。例如：

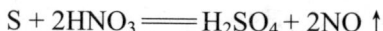

$$S + 2HNO_3 =\!=\!= H_2SO_4 + 2NO\uparrow$$

$$3C + 4HNO_3 =\!=\!= 3CO_2\uparrow + 4NO\uparrow + 2H_2O$$

硝酸能与绝大多数金属反应，溶解金属。在反应中硝酸被还原的产物取决于硝酸的浓度和金属的活泼性，一般来说，浓 HNO_3 被还原为 NO_2，稀 HNO_3 被还原为 NO。极稀的 HNO_3 与活泼金属（如 Mg、Zn）反应，HNO_3 可被还原为 NH_3，NH_3 与 HNO_3 生成 NH_4NO_3。例如：

$$Cu + 4HNO_3（浓）=\!=\!= Cu(NO_3)_2 + 2NO_2\uparrow + 2H_2O$$

$$3Cu + 8HNO_3（稀）=\!=\!= 3Cu(NO_3)_2 + 2NO\uparrow + 4H_2O$$

$$4Zn + 10HNO_3（极稀）=\!=\!= 4Zn(NO_3)_2 + NH_4NO_3 + 3H_2O$$

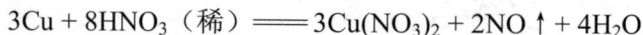

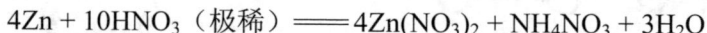

冷的浓硝酸可使铝、钛、铬、铁、钴、镍等金属"钝化"，生成一层致密的氧化膜，阻止硝酸对金属的进一步氧化。

硝酸作为强酸、强氧化剂和硝化剂，在工业上应用很广。硝酸与盐酸体积以 1：3 的混合酸称为"王水"。可溶解金、铂等贵重（不活泼）金属。

硝酸盐都溶于水，在溶液中相当稳定。但固体硝酸盐的热稳定性较差，加热会分解。金属硝酸盐热分解方式，有如下三种情况：

① 活泼金属（比 Mg 活泼的碱金属和碱土金属）的硝酸盐分解生成亚硝酸盐和氧气。如：

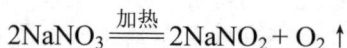

$$2NaNO_3 \xrightarrow{\text{加热}} 2NaNO_2 + O_2\uparrow$$

② 活泼性较小的金属（活泼性在 Mg 与 Cu 之间）的硝酸盐分解生成金属氧化

物、二氧化氮和氧气。如：

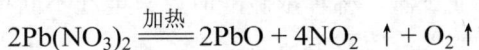

$$2Pb(NO_3)_2 \xrightarrow{\text{加热}} 2PbO + 4NO_2 \uparrow + O_2 \uparrow$$

③ 不活泼金属（活泼性比 Cu 差）的硝酸盐分解为金属单质、二氧化氮和氧气。如：

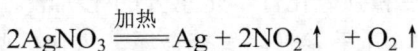

$$2AgNO_3 \xrightarrow{\text{加热}} Ag + 2NO_2 \uparrow + O_2 \uparrow$$

上述三种分解方式都有氧气放出，高温时硝酸盐是很好的供氧剂，常用于制造火药、焰火。硝酸铵热稳定性更差，缓慢加热到 200℃，分解为 N_2、O_2 和 H_2O，加热过猛可能使硝酸铵发生爆炸，是硝铵炸药的主体。

5. 磷的含氧酸及其盐

磷有多种含氧酸，以磷酸（H_3PO_4）最为重要，也最稳定。纯净的磷酸是无色透明晶体，熔点 42.3℃，易溶于水。市售的磷酸是无色黏稠的浓溶液，浓度为 85%～98%。磷酸是一种无氧化性，不挥发的三元中强酸。

磷酸可形成三种类型的盐。以钠盐为例：

Na_3PO_4 磷酸钠

Na_2HPO_4 磷酸氢二钠

NaH_2PO_4 磷酸二氢钠

磷酸正盐和磷酸一氢盐中，除钾、钠和铵盐外，都难溶于水，而大多数的磷酸二氢盐都溶于水。溶于水的各种磷酸盐，都可作为磷肥使用。

磷酸盐除用作化肥外，还可用作洗涤剂、动物饲料的添加剂等。某些磷酸盐用于钢铁制品的磷化处理。例如，磷酸铁锰 xFe(H_2PO_4)$_2$·yMn(H_2PO_4)$_2$ 和硝酸锌的混合溶液，可使浸入其中的钢铁制品表面生成一层薄的灰黑色的磷化膜，即磷酸铁、磷酸锰和磷酸锌的不溶性磷酸盐的保护膜，磷化处理广泛用于钢铁制品的抗蚀处理。

6. 硫的含氧酸及其盐

硫是有多种氧化态的元素，有多种含氧酸及含氧酸盐。

（1）亚硫酸及其盐。

亚硫酸（H_2SO_3)不稳定，只能存在于水溶液中，易分解出 SO_2。H_2SO_3 是二元中强酸，可形成正盐和酸式盐。绝大多数正盐（除 K^+、Na^+、NH_4^+ 盐外）都不溶于水，酸式盐都溶于水。亚硫酸及其盐中，硫的氧化数为+4，可失去电子变为+6，表现出还原性，也可获得电子而表现出氧化性。但亚硫酸及其盐主要表现出还原性。如亚硫酸盐在空气中易被氧化成硫酸盐。

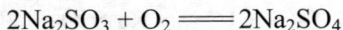

$$2Na_2SO_3 + O_2 =\!=\!= 2Na_2SO_4$$

亚硫酸盐在印染工业中用作还原剂。

（2）硫酸及其盐。

硫酸是 SO_3 的水合物，除 H_2SO_4 外，还有 $H_2SO_4 \cdot H_2O$，$H_2SO_4 \cdot 2H_2O$，

$H_2SO_4 \cdot 4H_2O$，这些水合物很稳定。浓硫酸与水混合时，形成水合物放出大量的热，热量可使溶液局部暴沸而飞溅。稀释浓硫酸时，只能在不断搅拌下将浓硫酸慢慢地倒入水中，切不可将水倒入浓硫酸中。

浓硫酸具有强的吸水性、脱水性（能从一些有机化合物中，按 2∶1 的比例夺取 H 原子和 O 原子）、强酸性和强氧化性，是重要的无机酸。

热浓硫酸氧化性很强，几乎能氧化所有金属，氧化一些非金属，而本身一般被还原为 SO_2。例如：

$$Cu + 2H_2SO_4 (浓) \xrightarrow{加热} CuSO_4 + SO_2\uparrow + 2H_2O$$

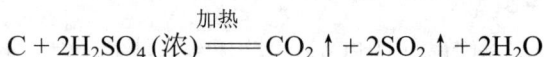

$$C + 2H_2SO_4 (浓) \xrightarrow{加热} CO_2\uparrow + 2SO_2\uparrow + 2H_2O$$

浓硫酸的氧化性指酸溶液中硫元素的氧化性。稀硫酸的氧化作用是 H^+ 离子获得电子生成 H_2。故稀硫酸只能与电势顺序在氢以前的金属（如 Zn，Fe 等）反应。

与硝酸一样，浓硫酸也会使铝、钛、铬、铁、钴、镍等金属"钝化"。

硫酸能形成正盐和酸式盐两类。正盐中除 $BaSO_4$、$PbSO_4$、$CaSO_4$ 等难溶于水外，其他盐都能溶于水。硫酸盐比硝酸盐、碳酸盐稳定很多。活泼金属的硫酸盐如 Na_2SO_4、K_2SO_4、$BaSO_4$ 等，在 1 000℃时也不分解。

（3）硫代硫酸盐。

最常用的硫代硫酸盐是硫代硫酸钠（$Na_2S_2O_3 \cdot 5H_2O$），商品名为海波，俗称大苏打。

硫代硫酸钠无色透明晶体，易溶于水，其水溶液呈碱性，在中性、碱性溶液中稳定，在酸性溶液中易发生歧化反应生成单质硫和二氧化硫。

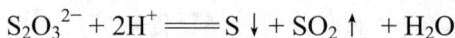

$$S_2O_3^{2-} + 2H^+ \Longrightarrow S\downarrow + SO_2\uparrow + H_2O$$

所以，硫代硫酸钠在酸性溶液中不稳定，往往出现混浊现象（单质硫的沉淀）。

硫代硫酸根（$S_2O_3^{2-}$）可认为是 SO_4^{2-} 中的一个氧原子被硫原子所取代，$S_2O_3^{2-}$ 中两个硫原子的氧化数不同，其平均氧化数为+2。$S_2O_3^{2-}$ 具有一定的还原性，与强氧化剂（如 Cl_2、Br_2）作用，被氧化生成 SO_4^{2-}。

$$Na_2S_2O_3 + 4Cl_2 + 5H_2O \Longrightarrow Na_2SO_4 + H_2SO_4 + 8HCl$$

在纺织和造纸工业中，用 $Na_2S_2O_3$ 作除氯剂。

$Na_2S_2O_3$ 与 I_2 反应，在中性或弱酸性溶液中硫代硫酸钠能被碘定量地氧化生成连四硫酸钠，而且反应迅速。

$$2Na_2S_2O_3 + I_2 \Longrightarrow Na_2S_4O_6 + 2NaI$$

用淀粉作指示剂，这一反应成为碘量法滴定分析的基本反应。

在照相术中，用 $Na_2S_2O_3$（定影剂）将未曝光的溴化银溶解（生成配合物）。

$$AgBr(s) + 2 Na_2S_2O_3 \Longrightarrow Na_3[Ag(S_2O_3)_2] + NaBr$$

7. 氯的含氧酸及其盐

氯的含氧酸有：次氯酸（HClO）、亚氯酸（HClO$_2$）、氯酸（HClO$_3$）、高氯酸（HClO$_4$）四种，其中氯的氧化数分别为+1、+3、+5、+7。

在氯的各种含氧酸中，亚氯酸最不稳定，容易歧化，常见的含氧酸是 HClO、HClO$_3$、HClO$_4$，这些含氧酸及其盐的化学性质变化规律很特别：

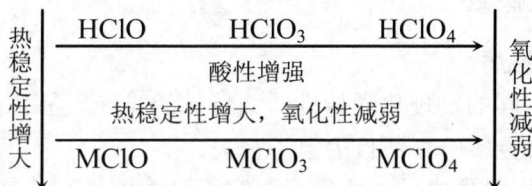

HClO→HClO$_3$→HClO$_4$ 的氧化性依次减弱，由此可见氧化性的强弱与氯元素在含氧酸中氧化数的高低没有直接的联系，如 HClO$_4$ 中 Cl 的氧化数（+7）最高，而其氧化性在氯的含氧酸中却最弱。

氯的含氧酸盐广泛应用于工业。次氯酸盐溶液有氧化性和漂白作用。漂白粉是用氯气与消石灰作用制得的次氯酸钙、氯化钙的混合物，其有效成分是次氯酸钙 [Ca(ClO)$_2$]。

$$2Cl_2 + 2Ca(OH)_2 = Ca(ClO)_2 + CaCl_2 + 2H_2O$$

漂白粉是廉价的漂白剂、消毒剂和杀菌剂。

固体氯酸钾在高温下是强氧化剂，实验室用它制取氧气。

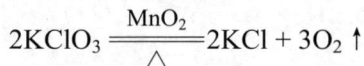

$$2KClO_3 \xrightarrow[\triangle]{MnO_2} 2KCl + 3O_2\uparrow$$

KClO$_3$ 与易燃物（如碳、硫黄、磷、有机物等）混合后，经摩擦或撞击会爆炸，这一性质被用于制造炸药、焰火等。

KClO$_4$ 比较稳定，但与有机物接触时也容易着火，在 610℃时熔化并发生分解。

$$KClO_4 = KCl + 2O_2\uparrow$$

KClO$_4$ 常用于制造炸药，由于产生的氧比 KClO$_3$ 多，可制得比 KClO$_3$ 威力更大的炸药。

高氯酸铵（NH$_4$ClO$_4$）的分解反应如下：

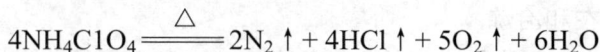

$$4NH_4ClO_4 \xrightarrow{\triangle} 2N_2\uparrow + 4HCl\uparrow + 5O_2\uparrow + 6H_2O$$

分解产生大量气体物质，是某些炸药的主要成分，也是火箭固体推进剂的成分。

第三节　金属元素

一、金属元素概述

1．金属的物理性质

金属都有一些共同的物理化学特性，如特殊的光泽、易传热导电、良好的机械加工性能。这些都与金属中存在自由电子有关。

（1）光泽。金属晶体中的自由电子很容易吸收可见光，使金属具有不透明性；当吸收能量被激发到较高能级的电子再回到较低能级时，可以放射出一定波长的光，而使金属具有光泽。如铜、金和铋分别显紫、黄和淡红色，其他大多数金属都显深浅不同的银白色或银灰色。

（2）传热导电。在外电场作用下，金属晶体中的自由电子作定向运动形成电流，使金属能导电。金属能够传热，是由于运动的电子不断与金属阳离子碰撞，进行能量交换，使整块金属温度趋于一致。

（3）延展性。在外力作用下，金属晶体各层离子间能发生相对滑动而不破坏金属键。所以，金属可被锻打成型，压成薄片或拉成细丝，具有优良的机械加工性能。金属的延展性，一般随温度的升高而增大。因此，金属的锻造、拉、轧等工艺往往在炽热时进行。

2．金属的化学性质

在化学反应中，金属一般容易失去外层电子表现出还原性。例如大多数金属容易与氧、硫、卤素等非金属进行化合反应，活泼金属能置换水或某些酸中的氢。各种金属还原性的强弱，与金属活动性顺序一致。

ⅠA、ⅡA 族金属具有很强的还原性，在与活泼非金属反应时，通常形成离子键。过渡金属的还原性一般较弱，与非金属反应时难以形成典型的离子键。位于ⅢA～ⅣA 族的金属，许多具有两性，在和非金属反应时，形成的化学键往往具有共价性质。

3．金属的存在和冶炼

（1）金属的存在。金属在自然界中的存在状态和金属的化学性质密切相关（表8-9）。金、银等少数金属以游离态存在于自然界，其他金属都以化合态存在于矿石中。

重要的氧化物矿石有赤铁矿（Fe_2O_3）、磁铁矿（Fe_3O_4）、软锰矿（MnO_2）等。

重要的硫化物矿石有方铅矿（PbS）、辉铜矿（Cu_2S）、辰砂（HgS）等。

重要的碳酸盐矿石有石灰石（$CaCO_3$）、菱铁矿（$FeCO_3$）、菱镁矿（$MgCO_3$）等。

（2）金属的冶炼。金属冶炼是由矿石中制取金属的过程。其实质是金属离子获得电子从化合物中被还原出来。

金属的化学活泼性不同，其离子获得电子还原成金属原子的难易程度也不同。相应地有各种不同的冶炼方法。

表 8-9　金属化学性质和金属活动顺序的关系

金属活动顺序	K	Ba	Ca	Na	Mg	Al	Mn	Zn	Cr	Fe	Ni	Sn	Pb	H	Cu	Hg	Ag	Pt	Au
原子失去电子能力	强 —————————————————— 渐　弱 ——————→ 弱																		
离子获得电子能力	弱 —————————————————— 渐　强 ——————→ 强																		
在空气中与氧的作用	易氧化			常温时能被氧化										—	加热时能被氧化			不能被氧化	
和水作用	常温时能置换水中氢			加热时能置换水中的氢										—	不能置换水中的氢				
和酸作用	能置换盐酸或稀硫酸中的氢													—	不能置换稀酸中的氢				
自然界中存在	仅呈化合状态存在													—	呈化合态和游离态存在			呈游离状态存在	
从矿石中提炼金属的一般方法	电解熔融化合物						用碳还原或铝热法								加热或其他方法				
金属活动顺序	K	Ba	Ca	Na	Mg	Al	Mn	Zn	Cr	Fe	Ni	Sn	Pb	H	Cu	Hg	Ag	Pt	Au

① 热分解法。金属活动性顺序位于铜以后的不活泼金属，可用加强热分解的方法将其冶炼出来。例如冶炼汞：

$$2HgO = 2Hg + O_2 \uparrow$$

② 高温还原法。在金属活动顺序中，铝到汞之间的金属冶炼是将矿石与加入的还原剂（碳、一氧化碳、氢气或活泼金属铝等）共热，使金属还原。如铁的冶炼就是采用这类方法。

金属硫化物矿石或金属碳酸盐矿石，需先在通入空气条件下煅烧，变成氧化物再还原。例如工业上从闪锌矿中制取锌：

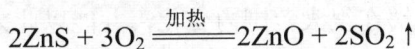

$$2ZnS + 3O_2 \xrightarrow{\text{加热}} 2ZnO + 2SO_2 \uparrow$$

$$ZnO + C \xrightarrow{\text{加热}} Zn + CO \uparrow$$

要制取纯净的金属单质（如钨、钼、锗）时，常用氢气作还原剂。冶炼锰、铬、钛等熔点较高的金属时，常用活泼金属（如镁、铝）作还原剂。

③ 电解还原法。活泼金属的冶炼常用电解法（金属活动顺序中锰以前的金属）。如钠和镁的制取，可分别电解熔融的氯化钠和氯化镁。

（3）合金。纯金属的许多性能（如硬度、强度、耐腐蚀性等）不能满足工程技术上的要求，所以工业上很少用纯金属。例如，纯铜导电性好，通常用于制造电器，但其硬度和强度不大，而不宜制造机器零件和日用器具。铝质轻，但纯铝硬度和强度不够、熔点低，不宜制造飞机零部件。

随着生产和科学技术的不断发展，对材料的很多性能提出了特殊要求，如耐高温、耐高压、耐腐蚀、高强度、高硬度、易熔等。而纯金属的性能很难满足要求，所以工业上使用的金属材料大多数是合金。

合金由两种或两种以上的金属（或金属与非金属）熔合而成，具有金属特性。如常用的黄铜是铜锌合金，铸铁和钢是铁碳合金。

广义地讲，合金是一种固态溶液，即固溶体。固溶体保持着溶剂金属原有的晶格点阵，溶质原子可以有限或无限地溶入溶剂金属的晶格。根据溶质原子在溶剂晶格点阵所处的位置，固溶体可分为置换固溶体和间隙固溶体两大类。

在置换固溶体中，溶质原子取代部分溶剂原子并排列在溶剂晶格结点的位置。当两种金属原子的半径差别很小、电子层和化学活泼性相似、晶格类型相同时容易形成置换固溶体。

在间隙固溶体中，溶质原子分布在溶剂晶格的间隙，又称间充固溶体。只有当溶质原子（如 C、B、N 等非金属元素的原子）半径很小时才能形成间隙固溶体。

无论是形成置换固溶体还是间隙固溶体，由于溶剂原子和溶质原子的半径及化学性质不尽一致，都将造成合金晶格的扭曲或变形（畸变）。因此，晶面之间相对滑动的阻力增大，使金属材料抵抗变形的能力增强，表现为合金的强度和硬度都高于纯金属。例如，铸铁和钢比纯铁的硬度大。在铜中加入 1%（质量分数）的铍所得到的合金，硬度比纯铜大 7 倍。

此外，多数合金的熔点低于组成它的任何一种金属的熔点。例如，锡、铋、镉、铅的熔点分别是 232℃、271℃、321℃、277℃，而这四种金属按 1∶4∶1∶2 的质量比组成合金，熔点只有 67℃。合金的硬度比组成金属的硬度要大，合金的导电传热性比纯金属低很多。

合金的化学性质也与组分金属有些不同。例如，不锈钢与铁比较，不易被腐蚀。镁和铝化学性质都活泼，而组成合金后就比较稳定。

合金各组分的比例能够在很大范围内变化，并能以此来调节合金的性能。

二、s 区金属元素

s 区元素位于周期表的最左侧，其最外层电子构型为 $ns^{1\sim2}$，包括周期表中第一主族ⅠA 和第二主族ⅡA。ⅠA 族元素有氢、锂、钠、钾、铷、铯和钫七个元素。这些元素的氧化物和氢氧化物都易溶于水，而且呈强碱性，统称为碱金属。ⅡA 族包括铍、镁、钙、锶、钡和镭六个元素。钙、锶、钡的氧化物既有碱性（与碱金属相似），又有土性（与黏土中的氧化铝相似，熔点高又难溶于水），称为碱土金属，在这两族中，钫和镭是放射性元素。

1．碱金属和碱土金属的通性

碱金属和碱土金属元素的一些主要性质见表 8-10 和表 8-11。两族元素原子的最外层分别有 1 个和 2 个 s 电子，都具有熔点、沸点低，硬度小，导电性好的特点。由于碱土金属元素原子半径比相邻的碱金属小，失去电子较难，因而金属活泼性比碱金属小，熔点、沸点都比碱金属高，硬度比碱金属大。在 I A、II A 各族元素中，从上到下，随着元素原子序数的增加，金属活泼性依次增加。

表 8-10　碱金属的性质

元　素	锂（Li）	钠（Na）	钾（K）	铷（Rb）	铯（Cs）
原子序数	3	11	19	37	55
价电子层结构	2s^1	3s^1	4s^1	5s^1	6s^1
氧化值	+1	+1	+1	+1	+1
熔点/℃	189.6	97.8	63.7	39	28.8
沸点/℃	1 336	881.4	765.5	694	678.5
金属原子半径/pm	152	185	227.2	247.5	265.4
离子半径 M$^+$/pm	60	95	133	148	169
第一电离能/kJ·mol^{-1}	520.2	495.8	418.8	403.0	272.5
第二电离能/kJ·mol^{-1}	7 298	4 563	3 051	2 632	2 422
电负性	1.0	0.9	0.8	0.8	0.7

表 8-11　碱土金属的性质

元　素	铍（Be）	镁（Mg）	钙（Ca）	锶（Sr）	钡（Ba）
原子序数	4	12	20	38	56
价电子层结构	2s^2	3s^2	4s^2	5s^2	6s^2
氧化值	+2	+2	+2	+2	+2
熔点/℃	1 277	650	850	769	725.1
沸点/℃	2 484	1 105	1 487	1 381	1 849
金属原子半径/pm	110	160	197.3	215.1	217.3
离子半径 M^{2+}/pm	31	65	99	113	135
第一电离能/kJ·mol^{-1}	899.4	737.9	589.8	459.5	502.9
第二电离能/kJ·mol^{-1}	1 757	1 451	1 145	1 064	965.3
电负性	1.5	1.2	1.0	1.0	0.9

这两族金属的表面都具有银白色光泽，最显著的特点是化学性质非常活泼，都容易与空气中的氧化合。这种作用在同一族中从上到下逐渐增强，在同一周期中，碱金属比碱土金属更易被氧化。碱金属新切开的表面，在空气中迅速失去光泽，就是被氧化生成氧化物的缘故。所以贮存这些金属时不能使其与水和空气接触，通常放在煤油中。碱金属及钙、锶、钡都能和冷水作用放出氢气。这类反应在同一族越

往下越剧烈，锂与水反应不及钠剧烈；钠与水反应猛烈，放出的热量可使钠熔化，甚至爆炸；钾、铷、铯遇水就发生燃烧，易爆炸。同周期比较，钙、锶、钡与冷水作用的剧烈程度远不及相应的碱金属。铍、镁虽然能与水反应，但由于表面形成一层难溶的氢氧化物，阻止与水进一步反应，因此实际上和冷水几乎没有作用。碱金属和碱土金属在空气中燃烧时，除生成正常氧化物外，还生成氧化物，如 Na_2O_2、BaO_2；在较纯氧气中燃烧，有的金属还生成超氧化物，如 KO_2。超氧化钾在防毒面具、高空飞行和潜水作业中用作二氧化碳吸收剂，并提供氧气。

$$4KO_2 + 2CO_2 \longrightarrow 2K_2CO_3 + 3O_2 \uparrow$$

与相应的碱金属相比，碱土金属的金属键比较强。因此硬度、密度较大，不过还是轻金属。由于外层电子数比碱金属多，核电荷也较多，因此第一电离能远较碱金属大，可失去两个电子变成正价的离子。碱土金属中用途较大的是金属镁，可制造轻合金（镁约 90%，其余为铝、锌、锰），应用于飞机和汽车工业。

2. s 区金属的重要化合物

（1）钠的重要化合物。

① 氧化物和过氧化物。氧化钠是碱性氧化物，能与水反应生成强碱。

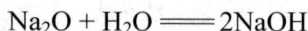

$$Na_2O + H_2O \longrightarrow 2NaOH$$

过氧化钠为淡黄色粉末或粒状物，易吸潮，加热至熔融不分解，但遇到棉花、木炭或铝粉等还原性物质时，会引起燃烧或爆炸，使用时应特别注意安全。过氧化钠与水或稀酸反应，生成过氧化氢，同时放出大量的热，过氧化氢又迅速分解放出氧气。

$$Na_2O_2 + 2H_2O \longrightarrow 2NaOH + H_2O_2$$
$$Na_2O_2 + H_2SO_4 \longrightarrow Na_2SO_4 + H_2O_2$$
$$H_2O_2 \longrightarrow 2H_2O + O_2 \uparrow$$

因此，过氧化钠是一种强氧化剂，广泛用于纤维、纸浆的漂白以及消毒、杀菌和除臭等。

过氧化钠与二氧化碳反应，也能放出氧气，所以过氧化钠适用于防毒面具、高空飞行和潜水作业等工作中二氧化碳的吸收剂和供氧剂，吸收人体呼出的二氧化碳和补充吸入的氧气。

$$2Na_2O_2 + 2CO_2 \longrightarrow 2Na_2CO_3 + O_2 \uparrow$$

过氧化钠在碱性介质中也是一种强氧化剂，是分析化学中分解矿石常用的熔剂，其能将矿石中的铬、锰、钒等氧化成可溶性的含氧酸盐，再用水提取出来。例如：

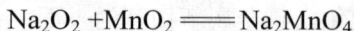

$$3Na_2O_2 + Cr_2O_3 \longrightarrow 2Na_2CrO_4 + Na_2O$$
$$Na_2O_2 + MnO_2 \longrightarrow Na_2MnO_4$$

② 氢氧化钠。又称苛性碱、烧碱或火碱。是白色固体，在空气中易吸水而潮解，因而固体氢氧化钠常用作干燥剂。氢氧化钠易溶于水，溶解时放出大量的热，水溶

液显强碱性，与酸、酸性氧化物及某些盐类均能发生化学反应。

氢氧化钠极易吸收二氧化碳生成碳酸钠。

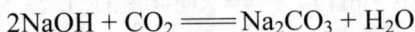

$$2NaOH + CO_2 =\!=\!= Na_2CO_3 + H_2O$$

因此，存放时必须注意密封。

氢氧化钠的浓溶液对纤维、皮肤、玻璃陶瓷等有强烈的腐蚀作用。制备浓碱液或熔融烧碱时，常用铸铁、镍或银制器皿。氢氧化钠与玻璃中的主要成分二氧化硅发生反应生成硅酸钠：

$$2NaOH + SiO_2 =\!=\!= Na_2SiO_3 + H_2O$$

硅酸钠的水溶液俗称水玻璃，是一种胶黏剂。实验室盛放氢氧化钠及其溶液的玻璃瓶，长期存放玻璃塞和瓶口会粘在一起，导致瓶塞无法打开，故不用玻璃塞而用橡胶塞。

氢氧化钠是重要的化工原料之一。广泛用于造纸、制皂、化学纤维、纺织、无机合成等工业中。工业上主要采用隔膜电解食盐水的方法生产氢氧化钠。

③ 重要的钠盐。钠盐一般是无色或白色固体（除少数阴离子有颜色外），绝大多数易溶于水，具有较高的熔点和较高的热稳定性。卤化钠在高温时只挥发，不易分解；硫酸盐、碳酸盐在高温下既不挥发也难分解；只有硝酸盐热稳定性差，加热到一定温度时发生分解。

以下是几种重要的钠盐：

氯化钠（NaCl） 氯化钠广泛存在于海洋、盐湖和岩盐中。不仅是人类生活的必需品，还是化学工业的基本原料。如烧碱、纯碱（Na_2CO_3）、盐酸等都以氯化钠为原料制备。

碳酸钠（Na_2CO_3） 即纯碱，又称苏打。有无水盐粉末和一水盐、十水盐、七水盐三种结晶水合物几种物质状态。常见工业品不含结晶水，为白色粉末。碳酸钠是一种基本的化工原料，除用于制备化工产品外，还广泛用于玻璃、造纸、制皂和水处理等工业。工业上常用氨碱法制取纯碱。

碳酸氢钠（$NaHCO_3$） 俗称小苏打，加热至160℃即分解产生CO_2气体，是食品工业的膨化剂。还用于泡沫灭火器中。

（2）镁的重要化合物。

① 氧化镁。是松软的白色粉末，不溶于水。熔点高达2 800℃，可做耐火材料，制备坩埚、耐火砖、高温炉的衬里等。

② 氢氧化镁。是微溶于水的白色粉末，是中等强度的碱。可用易溶镁盐和石灰水反应制取。

造纸工业中用氢氧化镁做填充材料，制牙膏、牙粉时也要用氢氧化镁。

③ 氯化镁（$MgCl_2\cdot6H_2O$）。是无色晶体，味苦，极易吸水。从海水晒盐的母液中制得不纯的$MgCl_2\cdot6H_2O$，叫卤块。工业上常用卤块作为生产碳酸镁及其他镁化合

物的原料。$MgCl_2 \cdot 6H_2O$ 加热至 527℃ 以上，分解为氧化镁和氯化氢气体。

$$MgCl_2 \cdot 6H_2O \xrightarrow{527℃} MgO + 2HCl\uparrow + 5H_2O$$

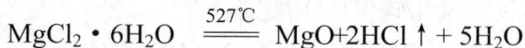

所以，仅用加热的方法得不到无水氯化镁。要得到无水氯化镁，必须在干燥的氯化氢气流中加热 $MgCl_2 \cdot 6H_2O$ 使其脱水。

（3）钙的重要化合物。

① 氧化钙。是白色块状或粉末状固体，俗名生石灰。生石灰是碱性氧化物，在高温下能和二氧化硅、五氧化二磷等化合。

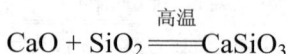

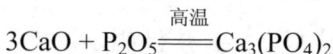

$$CaO + SiO_2 \xrightarrow{高温} CaSiO_3$$

$$3CaO + P_2O_5 \xrightarrow{高温} Ca_3(PO_4)_2$$

在冶金工业中利用这两个反应，可将矿石中的硅、磷等杂质转入矿渣而除去。氧化钙的熔点高达 2 570℃，是耐火材料的原料，还是重要的建筑材料。

② 氢氧化钙。是白色粉末，微溶于水，其溶解度随温度的升高而减小。其饱和溶液叫石灰水。氢氧化钙是最便宜的强碱，在工业生产中，若不需要很纯的碱，可将氢氧化钙制成石灰乳代替烧碱用。纯碱工业、制糖工业，以及制取漂白粉，都需要大量的氢氧化钙，但其更多是被用作建筑材料。

③ 硫酸钙。天然的硫酸钙有硬石膏（$CaSO_4$）和石膏（$CaSO_4 \cdot 2H_2O$）。石膏为无色晶体，微溶于水。石膏加热至 120℃ 时失去 3/4 的水而转变为熟石膏：

$$2CaSO_4 \cdot 2H_2O \xrightarrow{120℃} (CaSO_4)_2 \cdot 2H_2O + 2H_2O$$

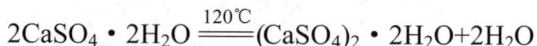

此反应可以逆转。用水将熟石膏拌成浆状物后，又会转变为石膏并凝固为硬块，其体积略有增大，因而可用熟石膏制造塑像、模型、粉笔和医疗用的石膏绷带。如把石膏加热到 500℃ 以上，便脱水得到硬石膏，硬石膏无可塑性。

3. 锂、铍的特殊性和对角线规则

（1）锂、铍的特殊性质。

① 锂的特殊性质。锂及其化合物虽具有ⅠA族金属的某些性质，但许多性质与其他碱金属元素及其化合物有较大差异。主要是由于锂原子或锂离子半径特别小（静电场强），Li^+ 的外层电子构型又是 2 电子型产生，Li^+ 的极化能力在碱金属离子中最大，因此具有较强的形成共价键的倾向。

锂及其化合物的一些特殊性质为：

◆ LiCl 能溶于有机溶剂，表现出一定共价特征；

◆ Li^+ 在水溶液中有较低的迁移率，与 Li^+ 的水合半径特别大有关；

◆ $\varphi^{\ominus}_{Li^+/Li} = -3.04\ V$ 负值特别大，与 Li^+ 具有较大的水合能有关；

◆ Li^+ 形成水合盐的数目多于其他碱金属，锂的难溶盐相对较多；

◆ LiOH 加热分解为 Li_2O 和 H_2O，而 I A 族其他 MOH 不分解。

碱金属离子在水溶液中迁移速率大小顺序是：$Li^+<Na^+<K^+<Rb^+<Cs^+$。由于离子在水溶液中充分水合，水合作用大小与离子半径和电荷有关，通过水合半径来体现。Li^+ 的半径最小且为 2 电子构型，有效核电荷大，电场强度就大，可吸引的水分子数多，水合作用的趋势是 $Li^+>Na^+>K^+>Rb^+>Cs^+$。由于 Li^+ 的水合半径最大（含多个水合层），近似水合离子半径和近似水合数见表 8-12，使 Li^+ 周围携带了较多的水分子，行动最为缓慢，所以迁移速率最小。

表 8-12　碱金属离子的近似水合离子半径和近似水合数

	Li^+	Na^+	K^+	Rb^+	Cs^+
近似水合离子半径 /pm	340	276	232	228	228
近似水合数	25.3	16.6	10.5	10.0	9.9

从 Li^+ 到 Cs^+ 水合程度的递降规律也表现在它们的成盐晶体的结晶水中。由于 Li^+ 的水合作用最强（放出能量就多）相应的水合盐数目最多，Na 盐则次之，K 盐只有少数是水合的，而 Rb 盐和 Cs 盐都没有水合盐。

② 铍的特殊性。铍及其化合物的性质和 ⅡA 族其他金属元素及其化合物有明显差异。原因是铍原子或铍离子半径是同族中最小的，Be^{2+} 外层为 2 电子构型，具有很高的电荷/半径比，因此 Be^{2+} 的极化能力很强，使其化合物中的化学键具有明显的共价性。特殊的表现如下：

◆ $BeCl_2$ 能溶于有机溶剂中，$BeCl_2$ 属共价型化合物，而其他碱土金属的氯化物基本上都是离子型的；

◆ $Be(OH)_2$ 呈两性；

◆ 铍盐易发生水解；

◆ 铍不形成过氧化物；

◆ 铍的化合物分解温度相对较低。

（2）对角线规则。

第二周期元素 Li、Be、B 的性质和第三周期处于对角位置的元素 Mg、Al、Si 一一对应，它们的相似性都符合对角线规则。

Li　　Be　　B　　C

Na　　Mg　　Al　　Si

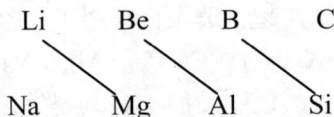

以下介绍 Li-Mg、Be-Al 这两对元素一些相似性的表现。

① 锂和镁的相似性。

a. 锂、镁在氧气中燃烧，均生成氧化物（Li_2O 和 MgO），不生成过氧化物；

b. 锂、镁在加热时直接和氮气反应生成氮化物（Li_3N 和 Mg_3N_2），而其他碱金属不能直接和氮气作用；

c. 锂、镁的氟化物（LiF，MgF_2）、碳酸盐（Li_2CO_3，$MgCO_3$）、磷酸盐[Li_3PO_4，$Mg_3(PO_4)_2$]均难（或微）溶于水，其他相应化合物为易溶盐；

d. 水合锂、镁氯化物晶体受热分解，产物分别为 $LiOH$ 和 HCl 及 $Mg(OH)Cl$ 或 MgO，HCl 和 H_2O。

e. ⅠA 族中只有锂能直接和碳化合生成 Li_2C_2，ⅡA 族镁和碳化合生成 $Mg_2C_3[(C=C=C)^{4-}]$。

f. 锂、镁的氯化物均溶于有机溶剂中，表现出它们的共价特性。

② 铍和铝的相似性

a. 氧化物和氢氧化物均为两性，ⅡA 族其他 $M(OH)_2$ 均显碱性。

b. 无水氯化物 $BeCl_2$、$AlCl_3$ 为共价化合物，易生成双分子聚合体（气态下），易升华，溶于乙醇、乙醚等有机溶剂中。ⅡA 族其他元素的 MCl_2 为离子型化合物，熔融状态能导电。

c. 铍、铝和冷硝酸接触表面易钝化，其他ⅡA 族金属易和硝酸反应。

d. 氧化铍和氧化铝都具有高硬度和高熔点。

三、p 区金属元素

p 区金属位于周期系ⅢA～ⅥA 族中，具有 $ns^2np^{1\sim4}$ 的价电子层构型。包括ⅢA 族的铝、镓、铟、铊；ⅣA 族的锗、锡、铅；ⅤA 族的锑、铋和ⅥA 族的钋。钋是稀有放射性元素。锗、锡、铅、铋出现了过渡型晶体结构，表明这些元素处于周期系中金属向非金属过渡的位置上，因而表现出某些较为特殊的性质。

1. 物理性质

表 8-13 列出了 p 区金属单质的物理性质。

由表 8-13 所列数据可知，金属铝的密度小，属于轻金属，其余为重金属。金属铝具有银白色光泽，导电性仅次于铜、银、金。铝的导电率虽然只有铜的 60%，但质量只有铜的一半，因此铝代替铜做电源线，特别是高压电缆线。铝虽然是活泼金属，但表面易形成致密的氧化膜，有很高的稳定性，广泛用来制造日用器皿。铝合金、镁合金及铍合金，都是密度小、强度大的重要轻型结构材料，大量用于宇宙飞船、航空、汽车、机械工业。例如，超音速飞机使用了 70%的铝及铝合金。

最重要的铝合金是坚铝（含 Al 94%，Cu 4%，Mg、Mn、Fe、Si 各 0.5%），其坚固性与优质钢材相似，而质量仅为钢制品的 1/4，但坚铝的耐腐蚀性较差。

镓、铟、铊和锗的高纯金属及其合金都是半导体材料，导电能力在导体与绝缘体之间，且随温度升高而增加，因此被广泛用于制造半导体元件。

表 8-13　p 区金属单质的物理性质

族	元素	原子序数	原子半径/pm	密度/$g \cdot cm^{-3}$	熔点/K	沸点/K	硬度（金刚石＝10）	导电性（Hg＝1）
ⅢA	Al	13	143	2.70	933	2 720	2.9	36.1
	Ga	31	141	5.93	303	2 510	1.5	1.7
	In	49	166	7.29	429	2 320	1.2	10.6
	Tl	81	171	11.85	577	1 743	1.0	5.0
ⅣA	Ge	32	137	5.36	1 233	3 103	6.5	0.001
	Sn	50	162	5.77	505	2 960	2.0	8.3
	Pb	82	175	11.34	601	2 024	1.5	4.6
ⅤA	Sb	51	159	6.6	903	1 910	3.0	2.5
	Bi	83	170	9.8	545	1 832	2.5	0.8
ⅥA	Po	84	176	9.2	527	1 235	—	—

　　锡、铅、铋属于低熔点重金属，是制造低熔合金的重要原料，如铋的某些合金熔点在 100℃以下。这类合金可用来制造自动灭火设备，锅炉安全装置、信号仪表、电路中的保险丝和焊锡等。锡和铅都是比较活泼的金属，锡主要用来制造马口铁（镀锡铁片）和合金，如黄铜（铜、锌、锡合金）、焊锡（锡和铅合金）、铅字合金（锡、锑、铅和铜合金）。金属铅材质较软，强度低，但密度较大（11.34 $g \cdot cm^{-3}$），在常见金属中仅次于汞（13.6 $g \cdot cm^{-3}$）和金（19.3 $g \cdot cm^{-3}$），常用来制造铅合金和铅蓄电池。

　　2．化学性质

　　p 区金属元素原子的最外层电子数较多，当它们参加化学反应时，这些电子可全部或部分失去，因此有可变氧化数。p 区金属主要氧化数见表 8-14。

表 8-14　p 区金属的主要氧化数

元素	ⅢA				ⅣA			ⅤA	
	Al	Ga	In	Tl	Ge	Sn	Pb	Sb	Bi
主要氧化数	+3	+3	+3	+3	+4	+4	+4	+5	+5
	—	+1	+1	+1	+2	+2	+2	+3	+3

　　锡、铅、锑、铋和铝，与空气中的氧气都能直接反应，但常温下因生成各种不同程度的氧化膜而钝化，因此这些金属在空气中无显著反应。但在高温下，它们能发生剧烈程度不同的燃烧，并放出大量的热。特别是金属铝粉在氧气中加热，可以燃烧发光，生成氧化铝，同时放出大量的热：

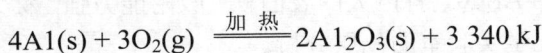

$$4Al(s) + 3O_2(g) \xrightarrow{\text{加热}} 2Al_2O_3(s) + 3\,340 \text{ kJ}$$

利用这一特性，用铝粉作为冶金工业的还原剂，将高熔点的金属氧化物还原为相应的金属单质，这种冶炼方法称为"铝热法"。由铝粉和粉末状的四氧化三铁组成的混合物，称为"铝热剂"。用点燃金属镁条产生高温的方法引燃"铝热剂"，反应立即猛烈进行，同时放出大量的热：

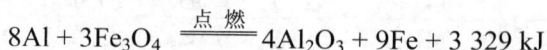

$$8Al + 3Fe_3O_4 \xrightarrow{\text{点燃}} 4Al_2O_3 + 9Fe + 3\ 329\ kJ$$

温度可上升到 3 000℃，生成的熔融态铁可用于野外焊接铁轨。

新切开的铅可见金属光泽，由于发生了下述反应，很快变成暗灰色：

$$Pb + O_2 + H_2O + CO_2 \Longrightarrow Pb(OH)_2CO_3$$

失去光泽，生成的碱式碳酸铅，在铅的表面形成一层保护膜，使铅钝化。

p 区金属在常温下不与水作用，除锑和铋外，p 区金属的标准电极电位都为负值，因此可与盐酸、稀硫酸反应置换出氢气。

p 区金属的铝、锡、铅是"两性"元素，与碱溶液作用，生成氢气和相应的含氧酸盐，例如：

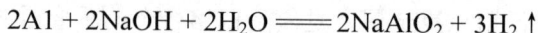

$$2Al + 2NaOH + 2H_2O \Longrightarrow 2NaAlO_2 + 3H_2 \uparrow$$

$$Sn + 2NaOH \Longrightarrow Na_2SnO_2 + H_2 \uparrow$$

锡、锑、铋的盐易水解生成碱式盐或酰基盐，且难溶于水，例如：

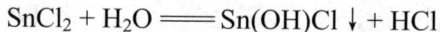

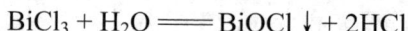

$$SnCl_2 + H_2O \Longrightarrow Sn(OH)Cl \downarrow + HCl$$

$$SbCl_3 + H_2O \Longrightarrow SbOCl \downarrow + 2HCl$$

$$BiCl_3 + H_2O \Longrightarrow BiOCl \downarrow + 2HCl$$

在配制这类盐的水溶液时，为抑制其水解，应先将盐溶于少量浓盐酸中，再加水稀释到所需浓度。

锡和铅虽都有氧化数为+2 和+4 的化合物，但氧化数为+2 的铅比氧化数为+4 的铅稳定，氧化数为+4 的锡比氧化数为+2 的锡稳定，故二氯化锡常用作还原剂，二氧化铅常用作氧化剂。实验室常利用氧化数为+4 的二氧化铅氧化浓盐酸制取氯气。

$$PbO_2 + 4HCl(浓) \xrightarrow{\text{加热}} PbCl_2 + Cl_2 \uparrow + 2H_2O$$

3．p 区金属的重要化合物

（1）铝的重要化合物。

① 氧化铝。氧化铝（Al_2O_3）是白色难溶于水的粉末，为典型的两性氧化物。新制氧化铝的反应能力很强，既溶于酸又溶于碱。

$$Al_2O_3 + 6H^+ \Longrightarrow 2Al^{3+}\ 3H_2O$$

$$Al_2O_3 + 2OH^- \Longrightarrow 2AlO_2^- + H_2O$$

经过活化处理的 Al_2O_3，有巨大的表面积，吸附能力强，称为活性氧化铝。常用于催化剂的载体和化学实验室的色层分析。

经高温（＞900℃）煅烧后的 Al_2O_3 晶体，化学稳定性强，反应能力差。不溶于酸、碱溶液，但能和熔融碱作用，与其他试剂也不反应。其熔点高达 2 050℃，硬度仅次于金刚石，称为"刚玉"。自然界中的刚玉含有多种杂质，故显不同颜色。例如，含微量氧化铬呈红色，称为红宝石；含微量钛、铁氧化物呈蓝色，称为蓝宝石，常用作装饰品和仪表中的轴承。人造刚玉广泛用作研磨材料，制造坩埚、瓷器及耐火材料。

② 氢氧化铝。氢氧化铝是白色胶状物质，常以铝盐和氨水反应来制备。

$$Al^{3+} + 3NH_3 \cdot H_2O \rightleftharpoons Al(OH)_3 \downarrow +3 NH_4^+$$

氢氧化铝是典型的两性氢氧化物，能溶于酸或碱性溶液，但不溶于氨水。所以铝盐和氨水作用，能使含 Al^{3+} 的盐沉淀完全。若用苛性碱代替氨水，则过量的碱又使生成的 $Al(OH)_3$ 沉淀逐渐溶解。

氢氧化铝和酸或碱（除氨水外）反应的离子方程式为

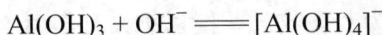

$$Al(OH)_3 + 3H^+ \rightleftharpoons Al^{3+} + 3H_2O$$

$$Al(OH)_3 + OH^- \rightleftharpoons [Al(OH)_4]^-$$

或 $$Al(OH)_3 + OH^- \rightleftharpoons AlO_2^- + 2H_2O$$

氢氧化铝在水中存在着如下电离平衡。

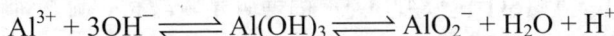

$$Al^{3+} + 3OH^- \rightleftharpoons Al(OH)_3 \rightleftharpoons AlO_2^- + H_2O + H^+$$

加酸时，进行碱式电离，平衡向左移动，$Al(OH)_3$ 生成相应酸的铝盐。反之，加碱时，进行酸式电离，平衡向右移动，$Al(OH)_3$ 不断溶解转为铝酸盐。

事实上，在溶液中并未找到偏铝酸根 AlO_2^- 离子，AlO_2^- 和 Al^{3+} 离子在溶液中分别以水合离子 $[Al(OH)_4]^-$（$AlO_2^- \cdot H_2O$）和 $[Al(H_2O)_6]^{3+}$ 形式存在。所以在水溶液 $NaAlO_2$ 的组成为 $Na[Al(OH)_4]$。因此铝及其化合物与烧碱溶液反应，生成的铝酸盐不是 AlO_2；只有在干燥状态和熔融态与苛性碱作用时，才生成 $NaAlO_2$，但习惯上将铝酸钠简写为 $NaAlO_2$。

铝酸盐易发生水解，溶液呈碱性。

$$AlO_2^- + 2H_2O \rightleftharpoons Al(OH)_3 + OH^-$$

该溶液中通入二氧化碳时，促使水解平衡右移，产生氢氧化铝沉淀。这也是工业上制取氢氧化铝的一种方法。

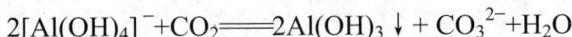

$$2[Al(OH)_4]^- + CO_2 \rightleftharpoons 2Al(OH)_3 \downarrow + CO_3^{2-} + H_2O$$

或 $$2AlO_2^- + 3H_2O + CO_2 \rightleftharpoons 2Al(OH)_3 \downarrow + CO_3^{2-}$$

氢氧化铝用于制备铝盐和纯氧化铝。

③ 无水三氯化铝。无水三氯化铝（$AlCl_3$）为白色粉末或颗粒状结晶，工业品因含有杂质呈淡黄色或红棕色。大量用作有机合成的催化剂，如石油裂解、合成橡胶、树脂及洗涤剂等用于制备铝的有机化合物。

无水三氯化铝暴露在空气中，极易吸收水分并水解，甚至放出 HCl 烟雾。其水中的溶解并水解的同时放出大量的热，并有强烈喷溅现象。人体沾染三氯化铝时，如直接用少量水洗，有烧皮肉产生疼感，最好迅速拭去后，再用大量水冲洗。

无水三氯化铝有强烈的水解性，只能用干法合成，在氯气流中或氯化氢气流中熔融金属铝，才能制得无水三氯化铝。

④ 硫酸铝和铝矾。

硫酸铝[$Al_2(SO_4)_3$]　无色硫酸铝为白色粉末，从饱和溶液中析出的白色针状结晶为 $Al_2(SO_4)_3 \cdot 18H_2O$，受热时会逐渐失去结晶水，至 250℃ 失去全部结晶水。约 600℃ 时即分解成 Al_2O_3。硫酸铝易溶于水，水解呈酸性。反应式如下：

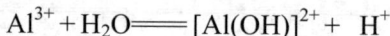
$$Al^{3+} + H_2O \Longrightarrow [Al(OH)]^{2+} + H^+$$

$[Al(OH)]^{2+}$ 进一步水解：

$$[Al(OH)]^{2+} + H_2O \Longrightarrow [Al(OH)_2]^+ + H^+$$
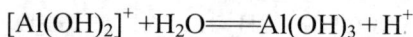
$$[Al(OH)_2]^+ + H_2O \Longrightarrow Al(OH)_3 + H^+$$

水解形成的 $Al(OH)_3$ 为胶体物质，能以细密分散状态沉积在棉纤维上，并牢固地吸附染料，因此硫酸铝是优良的媒染剂，也常用作水净化的凝聚剂和造纸工业的胶黏材料等。

铝钾矾[$K_2SO_4 \cdot Al_2(SO_4)_3 \cdot 24H_2O$]　铝钾矾是硫酸铝、硫酸钾的二十四水复盐，俗称明矾，易溶于水，水解生成 $Al(OH)_3$ 或碱式盐的胶状沉淀。广泛用于水的净化、造纸业的上浆剂，印染业的媒染剂及医药上的防腐、收敛和止血剂等。

关于"矾"的概念，凡组成为 $M^{(+1)}SO_4 \cdot M_2^{(+3)}(SO_4)_3 \cdot 24H_2O$ 的化合物都为矾，其中 $M^{(+1)}$ 可以是 K^+、Na^+ 或 NH_4^+，$M^{(3+)}$ 可以是 Al^{3+}、Cr^{3+} 或 Fe^{3+} 等。铝钾矾是铝矾中最为常见的一种矾。

（2）锡的重要化合物。

① 氯化亚锡。氯化亚锡（$SnCl_2 \cdot 2H_2O$）是白色晶体，能溶于水。在水溶液中强烈水解生成溶的碱式氯化亚锡沉淀。

$$SnCl_2 + H_2O \Longrightarrow Sn(OH)Cl \downarrow + 2HCl$$
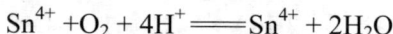
$$Sn^{4+} + O_2 + 4H^+ \Longrightarrow Sn^{4+} + 2H_2O$$
$$Sn^{4+} + Sn \Longrightarrow 2Sn^{2+}$$

配制 $SnCl_2$ 溶液时必须先加入适量的盐酸抑制水解。同时还需加锡粒防止 Sn^{2+} 氧化。

$SnCl_2$ 是实验室中常用的还原剂，$SnCl_2$ 也是有机合成中重要的还原剂。

② 四氯化锡。常温下为无色液体，不导电，易溶于四氯化碳等有机溶剂，是典型的共价化合物。沸点较低，易挥发，遇水强烈水解产生锡酸，并释放出氯化氢而呈现白烟。在加热条件下，可由金属锡与氯气充分反应制取四氯化锡（$SnCl_4$）。

$$SnCl_4 + 3H_2O =\!=\!= H_2SnO_3 + 4HCl$$

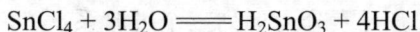

无水四氯化锡有毒并有腐蚀性，工业上用作媒染剂和有机合成的氯化催化剂，在电镀锡和电子工业等方面也有应用。

（3）铅的重要化合物。

① 铅的氧化物。常见铅的氧化物有 PbO，PbO_2 及 Pb_3O_4。

一氧化铅（PbO）俗称密陀僧，有黄色及红色两种变体。用空气氧化熔融铅得到黄色变体，在水中煮沸立即转变成红色变体。PbO 用于制造铅白粉、铅皂，在油漆中作催干剂。PbO 是两性物质，与 HNO_3 或 $NaOH$ 作用可分别得到 $Pb(NO_3)_2$ 和 Na_2PbO_2。

二氧化铅（PbO_2）是棕黑色固体，加热时逐步分解为低价氧化物（Pb_2O_3，Pb_3O_4，PbO）和氧气。PbO_2 具有强氧化性，在酸性介质中可将 Cl^- 氧化成 Cl_2，将 Mn^{2+} 氧化为 MnO_4^-。PbO_2 遇有机物易引起燃烧或爆炸，与硫、磷等一起摩擦可燃烧。二氧化铅（PbO_2）是铅蓄电池的阳极材料，也是火柴制造业的原料。工业上用 PbO 在碱性溶液中通入氯气制取 PbO_2。

$$PbO + 2NaOH + Cl_2 =\!=\!= PbO_2 + 2NaCl + H_2O$$

四氧化铅（Pb_3O_4）俗称铅丹，是鲜红色固体，可看作正铅酸的铅盐 $Pb_2(PbO_4)$ 或复合氧化物 $2PbO \cdot PbO_2$。铅丹的化学性质稳定，常用作防锈漆；水暖管工使用的红油也含有铅丹。Pb_3O_4 与热稀 HNO_3 作用，能溶出总铅量的 2/3：

$$Pb_3O_4 + 4HNO_3 =\!=\!= 2Pb(NO_3)_2 + PbO_2 + 2H_2O$$

② 铅盐。通常指 $Pb(II)$ 盐，多数难溶，广泛用作颜料或涂料，如 $PbCrO_4$ 是一种常用的黄色颜料（铬黄）；$Pb_2(OH)_2CrO_4$ 为红色颜料；$PbSO_4$ 制白色油漆；PbI_2 配制黄色颜料。可溶性的铅盐有两种：$Pb(NO_3)_2$ 和 $Pb(Ac)_2$，其中 $Pb(NO_3)_2$ 尤为重要，是制备难溶铅盐的原料。

四、过渡金属元素

过渡元素包括周期表中ⅢB～ⅧB、ⅠB～ⅡB族元素，即 d 区和 ds 区元素（见表 8-15），由于处于主族金属元素（s 区）和主族非金属元素（p 区）之间，故称过渡元素。它们都是金属，也称过渡金属。

表 8-15　周期表中的过渡元素

周期	ⅠA	ⅡB	ⅢB	ⅣB	ⅤB	ⅥB	ⅦB	Ⅷ			ⅠB	ⅡB	ⅢA—ⅧA
1													
2													
3						d 区					ds 区		
4			Sc	Ti	V	Cr	Mn	Fe	Co	Ni	Cu	Zn	p 区
5	s		Y	Zr	Nb	Mo	Tc	Ru	Rh	Pd	Ag	Cd	
6	区		Lu	Hf	Ta	W	Re	Os	Ir	Pt	Au	Hg	
7			Lr	Rf	Db	Sg	Bh	Hs	Mt				

通常按不同周期将过渡元素分为下列三个过渡系：

第一过渡系　　　第 4 周期元素从 Sc 到 Zn

第二过渡系　　　第 5 周期元素从 Y 到 Cd

第三过渡系　　　第 6 周期元素从 Lu 到 Hg

d 区元素的一般性质按上述三个过渡系见表 8-16 中。

（一）过渡元素的通性

1. 原子的电子层结构和原子半径

过渡元素原子结构的共同特点是：随着核电荷的增加，电子依次填充在外层的 d 轨道上，最外层只有 1~2 个 s 电子。其价层电子构型通式为$(n-1)d^{1\sim10}ns^{1\sim2}$。其中，除 ds 区元素的$(n-1)d$轨道为电子全充满外，其余 d 区元素（Pd 除外）原子的 d 轨道皆未填满。

同一过渡系的元素，随着原子序数的增加，原子半径依次缓慢减小，直至铜族前后略有增大。此变化规律是由于 d 电子填充在次外层上，未填满 d^x 电子对核的屏蔽作用比外层电子的大，使有效核电荷增加不多。因此在同一周期，自左向右原子半径仅略有减小。直到 d 亚层电子填 d^{10} 时，该充满结构具有更大的屏蔽效应，故原子半径又略有增大。

同族过渡元素自上而下，原子半径增加也不大。特别由于"镧系收缩"[①]的影响，导致第二和第三过渡系元素的原子半径十分接近。过渡元素原子的性质见表 8-16。

表 8-16　d 区元素的一般性质

第一过渡系	价层电子构型	熔点/℃	沸点/℃	原子半径/pm	离子半径 M^{2+}/pm	第一电离能/$kJ \cdot mol^{-1}$	氧化值
Sc	$3d^14s^2$	1 541	2 836	161	—	639.5	3
Ti	$3d^24s^2$	1 668	3 287	145	90	664.6	−1，0，2，3，4
V	$3d^34s^2$	1 917	3 421	132	88	656.5	−1，0，2，3，4，5
Cr	$3d^54s^1$	1 907	2 679	125	84	659.0	−2，−1，0，2，3，4，5，6
Mn	$3d^54s^2$	1 244	2 095	124	80	723.8	−2，−1，0，2，3，4，5，6，7
Fe	$3d^64s^2$	1 535	2 861	124	76	765.7	0，2，3，4，5，6
Co	$3d^74s^2$	1 494	2 927	125	74	764.9	0，2，3，4
Ni	$3d^84s^2$	1 453	2 884	125	72	742.5	0，2，3，（4）
Cu	$3d^{10}4s^1$	1 085	2 562	128	69	751.7	1，2，3
Zn	$3d^{10}4s^2$	420	907	133	74	912.6	2

（续表）

第二过渡系	价层电子构型	熔点/℃	沸点/℃	原子半径/pm	第一电离能/(kJ·mol^{-1})	氧化值
Y	4d^{1}5s^2	1 522	3 345	181	606.4	3
Zr	4d^{2}5s^2	1 852	3 577	160	642.6	2，3，4
Nb	4d^{4}5s^1	2 468	4 860	143	642.3	2，3，4，5
Mo	4d^{5}5s^1	2 622	4 825	136	691.2	0，2，3，4，5，6
Tc	4d^{5}5s^2	2 157	4 265	136	708.2	0，4，5，6，7
Ru	4d^{7}5s^1	2 334	4 150	133	707.6	0，3，4，5，6，7，8
Rh	4d^{8}5s^1	1 963	3 727	135	733.7	0，（1），2，3，4，6
Pd	4d^{10}5s^0	1 555	3 167	138	810.5	0，（1），2，3，4
Ag	4d^{10}5s^1	962	2 164	144	737.2	1，2，3
Cd	4d^{10}5s^2	321	765	149	874.0	2
第三过渡系	价层电子构型	熔点/℃	沸点/℃	原子半径/pm	第一电离能/(kJ·mol^{-1})	氧化值
Lu	5d^{1}6s^2	1 663	3 402	173	529.7	3
Hf	5d^{2}6s^2	2 227	4 450	159	660.7	2,3,4
Ta	5d^{3}6s^2	2 996	5 429	143	720.3	2，3，4，5
W	5d^{4}6s^2	3 387	5 900	137	739.3	0，2，3，4，5，6
Re	5d^{5}6s^2	3 180	5 678	137	754.7	0，2，3，4，5，6，7
Os	5d^{6}6s^2	3 045	5 225	134	804.9	0，2，3，4，5，6，7，8
Ir	5d^{7}6s^2	2 447	2 550	136	874.7	0，2，3，4，5，6
Pt	5d^{9}6s^1	1 769	3 824	136	836.8	0，2，4，5，6
Au	5d^{10}6s^1	1 064	2 856	144	896.3	1，3
Hg	5d^{10}6s^2	−39	357	160	1 013.3	1，2

注：镧系元素因增加的电子填充在外数第三层(n−2)f轨道上，故对核电荷的屏蔽作用比较大，原子核作用在外层电子的有效核电荷随原子序数的增加仅略有增加，致使镧系元素的原子半径从La到Lu略微减少，这一现象即为镧系收缩。

2．氧化数

过渡元素的又一显著特征是有多种可变的氧化数。由于过渡元素外层的 s 电子与次外层的 d 电子能级相近，所以除 s 电子可作为价电子外，次外层的 d 电子也可部分或全部作为价电子参与成键，形成多种氧化数。过渡元素的氧化数与主族元素的变化不同，过渡元素的氧化数大多连续变化。例如，Mn 有+2，+3，+4，+6，+7等。许多过渡元素的最高氧化数等于其所在族数，这一点和主族元素相似。

3．单质的物理性质

过渡元素与同周期主族元素相比，一般有较小的原子半径，而单质有较大的密度。另外，过渡金属的 d 轨道参与成键，增大了金属键的强度，使大多数过渡金属都有较高的硬度、熔点和沸点（ⅡB 族元素除外）。例如，单质中第三过渡系的锇、铱、铂密度最大，都在 20 g/cm³ 以上，其中金属锇为 22.48 g/cm³，为所有元素中密度最大。熔点最高的是金属钨（3 370℃），硬度最大的是金属铬（9）。此外，过渡金属有较好的延展性和机械加工性能。彼此之间及与非过渡金属之间，可组成具有多种特殊性能的合金，而且都是电和热的良好导体。

4. 单质的化学性质

金属单质参与化学反应的能力，主要取决于其提供电子的倾向及金属表面的性质。由标准电极电势来衡量。第一过渡系金属的标准电极电势见表 8-17。

表 8-17　第一过渡系金属的标准电极电势 $\varphi^{\ominus}$ /V

电对	Sc	Ti	V	Cr	Mn	Fe	Co	Ni	Cu	Zn
M^{2+}/M	—	−1.63	−1.2（估计值）	−0.86	−1.17	−0.44	−0.29	−0.25	+0.34	−0.763
M^{3+}/M	−2.08	−1.21	−0.885	−0.71	−0.284	−0.036	+0.41	—	—	—

从表 8-17 可以看出，除 Cu 外，第一过渡系都是比较活泼的金属，它们的标准电极电势都是负值。

与第一过渡系相比，第二、三过渡系元素（ⅢB 族除外）较不活泼，即同族元素自上而下，金属活泼性逐渐减弱（由于镧系收缩所致）。其活泼性分为五类列于表 8-18。

表 8-18　过渡元素单质的化学活性分类

化学活性分类	金属			可以作用的介质
	第一过渡系	第二过渡系	第三过渡系	
1. 很活泼金属	Sc	Y	Lu	H_2O
2. 活泼金属	V、Cu 除外	Cd	—	非氧化性酸
3. 不活泼金属	V、Cu	Mo, Tc, Pd, Ag	Re, Hg	HNO_3 浓硫酸
4. 极不活泼金属	—	Zr	Hf, Pt, Au	王水
5. 惰性金属	—	Nb	Ta, W	HNO_3+HF
	—	Ru, Rh	Os, Ir	NaOH+氧化剂

5. 水合离子的颜色

过渡元素的水合离子大都具有颜色，其原因很复杂。这种现象与过渡元素的离子具有未成对 d 电子有关。其大致规律是：没有未成对 d 电子的水合离子都是无色的；而有未成对 d 电子的水合离子一般都有颜色。见表 8-19。

表 8-19　过渡元素水合离子的颜色

未成对的 d 电子	水合离子的颜色	未成对的 d 电子	水合离子的颜色
0	Ag^+，Zn^{2+}，Cd^{2+}，Sc^{3+}，Ti^{4+}等均无色	3	Cr^{3+}（蓝紫色），Co^{2+}（粉红色）
1	Cu^{2+}（天蓝色），Ti^{3+}（紫色）	4	Fe^{2+}（浅绿色）
3	Ni^{2+}（绿色），V^{3+}（绿色）	5	Mn^{2+}（极浅粉红色）

6．配位性

过渡元素的另一特性是，与主族元素相比易形成配合物。由于过渡元素的离子有全空的 ns、np、nd 轨道及部分空或全空的$(n-1)d$ 轨道，这种构型使得它们具有接受配位体孤对电子并形成外轨或内轨型配位化合物的条件。另外，过渡元素离子半径较小，并有较大的有效核电荷，对配位体有较强的吸引力。

过渡元素的原子也因具有空的价电子轨道，同样能接受配体的孤对电子，形成具有特殊性质的配合物。如$[Fe(CO)_5]$、$[Ni(CO)_4]$及$[Cr(C_6H_6)_2]$等。

7．磁性及催化性

具有未成对电子的物质会呈现顺磁性。而多数过渡元素的原子或离子具有未成对 d 电子，它们的单质及化合物因此呈现顺磁性。铁系元素（Fe、Co、Ni）能被磁场强烈吸引，并在磁场移去后仍保持磁性，而表现出铁磁性。

另外，许多过渡元素及其化合物具有独特的催化性能，使化工生产上许多重要的反应得以实现。例如，合成氨以铁和钼作催化剂，硫酸工业中五氧化二钒是 SO_2氧化成 SO_3 的催化剂，氨氧化成 NO 以制取 HNO_3 的催化剂是铂和铑等。

过渡元素的催化作用与它们具有多种氧化数，以及能够提供适宜的反应表面有密切关系。

（二）铜副族

周期系第 I B 族元素包括铜、银、金三种元素，又称铜族元素。与其前面的各族过渡元素相比，铜族元素原子的次外层 d 道都充满了电子，其价层电子构型为$(n-1)d^{10}ns^1$。

1．铜族元素的单质

铜、银、金的熔点和沸点都不太高，延展性、导电性和导热性比较突出。例如，1 g 金可抽成长达 3 km 的丝，也能压碾成仅有 0.000 1 mm 厚的薄片（叫作金箔）。500 张金箔的总厚度不及人的一根头发的直径。它们的导电性在所有金属中居于前列（银第一，铜第二，金第三），在电气工业上（特别是铜）得到广泛的应用。

铜、银、金的化学活泼性较差，室温下不与氧或水作用。在含有 CO_2 的潮湿空气中，铜的表面会逐渐蒙上绿色的铜锈（铜绿—碱式碳酸铜 $Cu_2(OH)_2CO_3$）：

$$2Cu + O_2 + H_2O + CO_2 \!\!=\!\!\!= Cu_2(OH)_2CO_3$$

银或金在潮湿空气中不发生变化。加热时铜与氧化合生成黑色的氧化铜，铜、银、金即使在高温下也不与氢、氮或碳反应。常温下，铜能与卤素反应。银与卤素反应较慢，只有在加热时金与干燥的卤素才反应。

由于铜、银、金的活动顺序位于氢之后，不能从稀酸中置换出氢气。铜、银能溶于硝酸，也能溶于热的浓硫酸，金只能溶于浓硝酸和浓盐酸的混合溶液——王水：

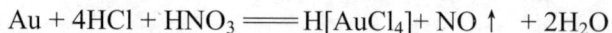

$$Au + 4HCl + HNO_3 \!\!=\!\!\!= H[AuCl_4] + NO\uparrow + 2H_2O$$

当非氧化性酸中有适当的配位剂时，铜有时能从该酸中置换出氢气。例如，铜能在溶有硫脲$[CS(NH_2)_2]$的盐酸中置换出氢气：

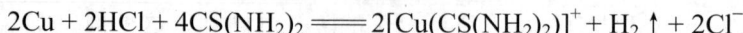

$$2Cu + 2HCl + 4CS(NH_2)_2 \!\!=\!\!\!= 2[Cu(CS(NH_2)_2)]^+ + H_2\uparrow + 2Cl^-$$

原因是硫脲能与Cu^+生成二硫脲合铜（Ⅰ）配离子，使铜的失电子能力增强。

在空气中，铜、银、金都能溶于氰化钾或氰化钠溶液中：

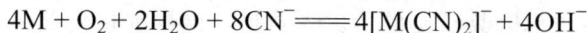

$$4M + O_2 + 2H_2O + 8CN^- \!\!=\!\!\!= 4[M(CN)_2]^- + 4OH^-$$

M 代表 Cu、Ag、Au。该现象也是由于其离子能与 CN^- 形成配合物，使其单质的还原性增强，以致空气中的氧能将其氧化，上述反应常用于从矿石中提取银和金。铜、银、金的活泼性依次递减，但银与硫的亲和作用较强，如在空气中银与硫化氢迅速反应生成硫化银，使银的表面变黑，反应如下：

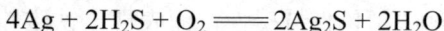

$$4Ag + 2H_2S + O_2 \!\!=\!\!\!= 2Ag_2S + 2H_2O$$

自然界中除铜以辉铜矿（Cu_2S）、孔雀石$[Cu_2(OH)_2CO_3]$等，银以辉银矿（Ag_2S），金以碲金矿（$AuTe_2$）的形成存在外，它们也以单质的形式存在，其中以金最为突出。单质金常与砂子混在一起（矿物称沙金）。这三种金属发现较早，古代的货币、器皿和首饰等常用其单质或合金制成。银、金作为高级仪器的导线或焊接材料，用量正逐年增大。铜、银、金都可以形成合金，特别是铜的合金如黄铜（铜、锌）、青铜（铜、锡）等应用较广。铜可作为高温超导材料的组分。

2. 铜族元素的化合物

（1）铜的化合物。

铜主要形成氧化值为+1，+2 的化合物。Cu^+ 的价电子构型为 d^{10}，不发生 d-d 跃迁，所以 Cu(Ⅰ)的化合物一般为白色或无色。Cu^+ 在溶液中不稳定。Cu(Ⅱ)为 d^9 构型，其化合物或配合物常因 Cu^{2+} 可发生 d-d 跃迁而呈现颜色。Cu(Ⅱ)的化合物种类较多，较稳定。

一般在固态时，Cu(Ⅰ)的化合物比 Cu(Ⅱ)的化合物热稳定性高。例如，CuO 在 100℃时分解为 Cu_2O 和 O_2，而 Cu_2O 到 1 800℃时才分解。又如无水 $CuCl_2$，受强热时分解为 CuCl，说明 CuCl 比 $CuCl_2$ 的稳定性高。在水溶液中 Cu(Ⅰ)容易被氧化为 Cu(Ⅱ)，水溶液中 Cu(Ⅱ)的化合物稳定，几乎所有 Cu(Ⅰ)的化合物都难溶于水。常见的 Cu(Ⅰ)化合物在水中的溶解度按下列顺序降低：

$$CuCl > CuBr > CuI > CuSCN > CuCN > Cu_2S$$

Cu(Ⅱ)的化合物则溶于水的较多。

硫酸铜　溶液中结晶的硫酸铜，每个分子带 5 个水分子。$CuSO_4 \cdot 5H_2O$ 受热后逐步脱水，最终变为白色粉末状的无水硫酸铜：

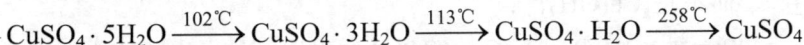

$$CuSO_4 \cdot 5H_2O \xrightarrow{102℃} CuSO_4 \cdot 3H_2O \xrightarrow{113℃} CuSO_4 \cdot H_2O \xrightarrow{258℃} CuSO_4$$

无水 $CuSO_4$ 易吸水，吸水后呈蓝色，常被用来鉴定液态有机物中的微量水。工业上常用硫酸铜作为电解铜的原料。农业上将其与石灰乳混合，消灭果树上的害虫。$CuSO_4$ 加在贮水池中可阻止藻类的生长。

（2）银、金的化合物。

银和金都有氧化值为+1，+2 和+3 的化合物。银的化合物中，Ag(Ⅰ)的化合物最稳定，种类也较多。已知 Ag(Ⅱ)和 Ag(Ⅲ)的二元化合物分别有 AgO，AgF_2 和 Ag_2O_3 等，但都有很强的氧化性。例如，在酸性溶液中，AgO 能把 Co^{2+} 氧化为 Co^{3+}，是仅次于 O_3 和 F_2 的强氧化剂。

与 Cu(Ⅰ)的化合物相似，Au(Ⅰ)的化合物几乎都难溶于水。在水溶液中，Au(Ⅰ)的化合物很不稳定，容易歧化为 Au(Ⅲ)和 Au。Au(Ⅱ)的化合物很少见，常是 Au(Ⅲ)化合物被还原时的中间产物。Au(Ⅲ)的化合物较稳定，在水溶液中多以配合物形式存在。Au(Ⅰ)和 Au(Ⅲ)化合物的氧化性都较强。

Ag(Ⅰ)的化合物热稳定性较差，较多难溶于水，且见光易分解。

一般，Ag(Ⅰ)的许多化合物加热到一定温度会发生分解。例如，300℃ Ag_2O 即分解为 Ag 和 O_2，320℃以上 AgCN 即分解出 Ag 和氰$(CN)_2$。$AgNO_3$ 在 440℃时按下式分解：

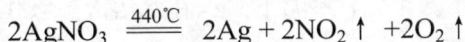

$$2AgNO_3 \xrightarrow{440℃} 2Ag + 2NO_2 \uparrow + 2O_2 \uparrow$$

易溶于水的 Ag(Ⅰ)化合物有高氯酸银（$AgClO_4$）、氟化银（AgF）、氟硼酸银（$AgBF_4$）和硝酸银（$AgNO_3$）等。其他 Ag(Ⅰ)的常见化合物（不包括配盐）几乎都难溶于水。卤化银溶解度按 AgF>AgCl>AgBr>AgI 的顺序减小。Ag^+ 有较强的极化作用，卤素离子的极化率从 F^- 到 I^- 依次增大。离子极化观点认为，阳、阴离子相互极化作用依次增强，从离子键占优势的 AgF 逐步到共价键占优势的 AgI，在水中的溶解度依次减小。Ag^+ 为 d^{10} 构型，化合物一般呈白色或无色，AgBr 呈淡黄色，AgI 呈黄色，这与卤素阴离子和 Ag^+ 之间发生的电荷跃迁有关。

许多 Ag(Ⅰ)的化合物对光敏感。例如，AgCl，AgBr，AgI 见光都按下式分解：

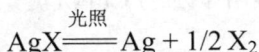

$$AgX \xrightarrow{光照} Ag + 1/2 X_2$$

X 代表 Cl、Br 和 I。AgBr 常用于制造照相底片或印相纸等，AgI 可用于人工增雨。

3. 水溶液中铜族元素的离子及其反应

（1）Cu(Ⅱ)，Cu(Ⅰ)离子的反应。

在水溶液中，铜离子发生水解、沉淀、配位和氧化还原等反应。

水合铜离子$[Cu(H_2O)_6]^{2+}$呈蓝色，在水中的水解程度很小，水解时生成$[Cu_2(OH)_2]^{2+}$，而不是$[Cu(OH)]^+$：

$$2Cu^{2+} + 2H_2O \Longrightarrow [Cu_2(OH)_2]^{2+} + 2H^+ \qquad K^{\ominus} = 10^{-10.6}$$

在Cu^{2+}的水溶液中加入适量的碱，析出浅蓝色氢氧化铜沉淀。加热氢氧化铜悬浮液到接近沸腾时，分解出氧化铜：

$$Cu^{2+} + 2OH^- \longrightarrow Cu(OH)_2(s) \xrightarrow{80\sim90℃} CuO(s) + H_2O$$

这一反应常用于制取 CuO。

$Cu(OH)_2$溶解于过浓碱溶液中，生成深蓝色的四羟基合铜(Ⅱ)配离子$[Cu(OH)_4]^{2-}$：

$$Cu(OH)_2 + 2OH^- \Longrightarrow [Cu(OH)_4]^{2-}$$

在 $CuSO_4$ 和过量的 NaOH 混合溶液中加入葡萄糖并加热至沸腾，有暗红色的 Cu_2O 沉淀析出：

$$2[Cu(OH)_4]^{2-} + \underset{\text{葡萄糖}}{C_6H_{12}O_6} \Longrightarrow Cu_2O(s) + \underset{\text{葡萄糖酸}}{C_6H_{12}O_7} + 2H_2O + 4OH^-$$

在有机化学中常用这一反应检验某些糖的存在。

$[Cu(H_2O)_6]^+$是无色的配离子，在水溶液中很不稳定，容易歧化为Cu^{2+}和Cu：

$$2Cu^+ \xrightarrow{102℃} Cu^{2+} + Cu \qquad K^{\ominus} = 10^{6.04}$$

由反应的标准平衡常数可知，室温下Cu^+在水溶液中歧化反应的程度较大，所以水溶液中不能存在Cu^+离子。

在水溶液中，Cu^{2+}的氧化性不强，下列电对的标准电极电势表明，Cu^{2+}氧化I^-：

$$Cu^{2+} + 2e^- \Longrightarrow Cu^+ \qquad \varphi^{\ominus} = 0.1590V$$

$$I_2 + 2e^- \Longrightarrow 2I^- \qquad \varphi^{\ominus} = 0.5345\ V$$

但实际上却能发生下列反应：

$$2Cu^{2+} + 4I^- \Longrightarrow 2CuI\downarrow + I_2$$

原因是Cu^+与I^-反应生成难溶于水的 CuI 沉淀，使溶液中的Cu^+浓度变得很小，增强了Cu^{2+}的氧化性，即$\varphi^{\ominus}(I_2/I^-)$，所以，$Cu^{2+}$可以把$I^-$氧化。

（2）Ag(Ⅰ)离子的反应。

一般认为水合银离子的化学式是$[Ag(H_2O)_4]^+$，在水中几乎不水解，所以 $AgNO_3$ 的水溶液呈中性。因为 AgOH 极不稳定，在含 Ag^+ 的溶液中加入 NaOH 溶液，则析出 Ag_2O 沉淀：

$$2Ag^+ + 2OH^- \rightleftharpoons Ag_2O(s)\downarrow + H_2O$$

从 $\varphi^{\ominus}(Ag^+/Ag) = 0.799\ 1\ V$ 来看，Ag^+ 的氧化性不弱，但在 Ag^+ 的溶液中加入 I^- 时，Ag^+ 不能把 I^- 氧化为 I_2 而是生成 AgI 沉淀。原因是 Ag^+ 与 I^- 反应生成 AgI 沉淀后，降低了溶液中 Ag^+ 的浓度，使 $\varphi(Ag^+/Ag)$ 大大降低，以致 Ag^+ 氧化 I^- 的反应不能发生。同样，在 Ag^+ 的溶液通入 H_2S，也不会发生氧化还原反应，而是析出 Ag_2S 沉淀。

在水溶液中，Ag^+ 能与多种配体形成配合物，其配位数一般为 2，也有配位数为 3 或 4。由于 Ag(I)的许多化合物都难溶于水，在 Ag^+ 的溶液中加入配位剂，常常首先生成难溶化合物。配位剂过量时，难溶化合物形成配离子而溶解。例如，在 Ag^+ 的溶液中逐滴加入少量氨水，首选生成难溶于水的 Ag_2O 沉淀：

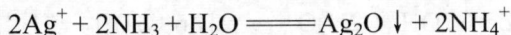

$$2Ag^+ + 2NH_3 + H_2O \rightleftharpoons Ag_2O\downarrow + 2NH_4^+$$

溶液中氨水浓度增大时，Ag_2O 即溶解，生成$[Ag(NH_3)_2]^+$：

$$Ag_2O(s) + 4NH_3 + H_2O \rightleftharpoons 2[Ag(NH_3)_2]^+ + 2OH^-$$

（三）锌副族

周期系第ⅡB族元素包括锌、镉、汞三种元素，称为锌族元素。锌族元素是与 p 区元素相邻的 d 区元素，具有与 d 区元素相似的性质，如易于形成配合物等。在某些性质上又与第四、五、六周期的 p 区金属元素有些相似，如熔点都较低，水合离子都无色等。

1. 锌族元素的单质

锌、镉、汞是银白色金属（锌略带蓝色）。锌和镉的熔点都不高，分别为 420℃ 和 321℃。汞是在室温下唯一的液态金属，在 0～200℃，汞的膨胀系数随温度升高而均匀地增大，并且不润湿玻璃，在制造温度计时常利用汞的这一特性。另外常用汞填充在气压计中，测量气压。在电弧作用下汞蒸气能导电，并发出含有紫外线的光，故汞被用于制造日光灯。

锌、镉、铜、银、金、钠、钾等金属易溶于汞中形成合金，这种合金叫作汞齐。汞齐有液态、糊状和固态三种形式。液态和糊状汞齐是汞中溶有少量其他金属形成的合金，固态汞齐则含有较多的其他金属。汞齐中的其他金属仍保留着原有的性质，如钠汞齐仍能从水中置换出氢气，只是反应变得缓和些，钠汞齐常用于有机合成中作还原剂。

一般说来，锌、镉、汞的化学活泼性从锌到汞降低，在干燥的空气中都稳定。

潮湿空气中存在 CO_2 时，锌的表面常生成一层碱式碳酸盐薄膜，保护锌不被继续氧化。锌和镉在空气中加热到足够高的温度时能发生燃烧，分别产生蓝色和红色的火焰，生成 ZnO 和 CdO。工业上常用燃烧锌的方法来制 ZnO。在空气中加热金属汞，能生成 HgO（红色）。当温度超过 400℃时，HgO 又分解为 Hg 和 O_2。汞与硫黄粉混合，不用加热就容易地生成 HgS。因此，若不慎将汞泼撒在地上无法收集，可撒硫黄粉，并适当搅拌或研磨，使硫黄与汞化合生成 HgS，可防止有毒的汞蒸气进入空气中。锌和镉与硫黄粉在加热时才生成硫化物。室温下，汞蒸气与碘蒸气相遇时，能生成 HgI_2，因此可以把碘升华为气体，以除去空气中汞蒸气。

锌的 $\varphi^{\ominus}$ $(Zn^{2+}/Zn)= -0.763V$，故锌有较强的还原性，在室温下不能从水中置换出氢气，原因是锌的表面已形成有一层碱式碳酸锌薄膜。工业上常将锌镀在铁制品表面，保护铁不生锈。锌和镉都能从盐酸或稀硫酸中置换出氢气。汞只能与氧化性硝酸反应而溶解。金属锌具有两性，在强碱溶液中由于保护膜被溶解，可从强碱溶液中置换出氢气：

$$Zn + 2OH^- + 2H_2O \Longrightarrow [Zn(OH)_4]^{2-} + H_2 \uparrow$$

Zn^{2+} 在碱溶液中生成配离子 $[Zn(OH_4)]^{2-}$，降低了电极电势，提高了锌的还原能力，促成这一反应的进行。

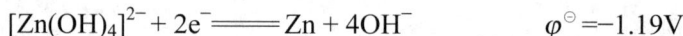

$$[Zn(OH)_4]^{2-} + 2e^- \Longrightarrow Zn + 4OH^- \qquad\qquad \varphi^{\ominus} = -1.19V$$

在标准电极电势条件时，pH = 14，$\varphi^{\ominus}$ $(H^+/H_2) = -0.828\,8\ V$，两电势差值仍较大，故金属锌可从碱溶液中置换出氢气。

2. 锌族元素的化合物

锌、镉、汞原子的价层电子构型为 $(n-1)d^{10}ns^2$。锌和镉通常形成氧化值为 +2 的化合物。汞除形成氧化值为 +2 的化合物外，还有氧化值为 $+1(Hg_2^{2+})$ 的化合物。锌和镉的化合物在某些方面较相似，但锌和镉的化合物与汞的化合物有许多不同之处。

（1）锌、镉的化合物。

锌和镉的卤化物，除氟化物微溶于水外，其余均易溶于水。锌和镉的硝酸盐、硫酸盐也易溶于水。锌的化合物大多数为无色。锌和镉的化合物通常可用它们的单质或氧化物为原料来制取。常见的几种锌和镉的化合物列在表 8-20 中。

一般，Zn(Ⅱ) 和 Cd(Ⅱ) 的化合物受热时，氧化值不改变。其含氧酸盐受热时分解，分别生成 ZnO 和 CdO，其无水卤化物受热时往往经熔化、沸腾成为气态的卤化物。

（2）汞的化合物。

在氧化值为 +1 的汞的化合物中，汞以 Hg_2^{2+}（—Hg—Hg—）的形式存在。Hg(Ⅰ) 的化合物叫亚汞化合物，绝大多数亚汞的无机化合物难溶于水，较多的 Hg(Ⅱ) 的化合物难溶于水，易溶于水的汞的化合物都有毒。许多汞的化合物以共价键结合。汞的常见化合物列于表 8-21 中。

表 8-20　锌和镉的常见化合物

	颜色和状态	密度/ $g \cdot cm^{-3}$	熔点/℃	受热时的变化	水中溶解度/ （g/100 g）（无水盐）
氧化锌 （ZnO）	白色粉末	5.60	1 975	1 800℃升华，加热时变成黄色，冷后又变白色	1.6×10^{-4}（29℃）溶于酸和碱
硫酸锌 （$ZnSO_4 \cdot 7H_2O$）	无色晶体	1.97		39℃时溶于其结晶水，250～270℃脱去结晶水，灼烧至红热时分解为 ZnO 和 SO_3	54.4，不溶于乙醇
氯化锌 （$ZnCl_2 \cdot \frac{1}{2} H_2O$）	无色晶体	2.907 （无水）	290 （无水）	26℃熔化，无水 $ZnCl_2$ 为白色粉末，灼烧时升华，并呈白烟	432（25℃）368（20℃），易溶于乙醇、醚和甘油中
硫酸镉 （$3CdSO_4 \cdot 8H_2O$）	无色粗大晶体	3.08	1 000 （无水）	加热到 100℃时，失去 1 个结晶水，灼烧时可全部脱水	113（0℃），不溶于酒精
氯化镉 （$CdCl_2$）	白色物质	4.05	568	568℃熔化，含水氯化镉有 $CdCl_2 \cdot 2.5H_2O$，在 34℃以上变为 $CdCl_2 \cdot 2H_2O$，低于 5.6℃时为 $CdCl_2 \cdot 4H_2O$	134.5，溶于乙醇中

表 8-21　汞的常见化合物

	颜色和状态	密度/ $g \cdot cm^{-3}$	熔点/℃	受热时的变化	水中溶解度/ （g/100 g）
氯化汞 （升汞） （$HgCl_2$）	无色针状晶体	5.4	277	304℃沸腾，有剧毒	6.5（20℃） 它的水溶液受空气及光的作用，逐渐分解为 Hg_2Cl_2
氯化亚汞 （甘汞） （Hg_2Cl_2）	白色粉末	7.16	525	缓慢加热至 383.2℃升华而不分解，长时间照光会析出 Hg	2×10^{-4}（25℃） 不溶于乙醇及稀酸中，溶于热的 HNO_3 及 H_2SO_4 中，并形成 Hg（Ⅱ）盐
硝酸汞 [$Hg(NO_3)_2 \cdot \frac{1}{2} H_2O$]	无色晶体	4.3 （无水）	79 （无水）	受热分解出 HgO、NO_2 和 O_2。剧毒	极易溶于水，并发生水解
硝酸亚汞 [$Hg_2(NO_3)_2 \cdot 2H_2O$]	无色晶体	4.79	70	高于 70℃时分解为 HgO、NO_2 和 O_2。剧毒	易溶于水，在水中易被氧化为 Hg（Ⅱ），储存时加 Hg 防止 Hg^{2+} 生成
氧化汞 （HgO）	鲜红色和黄色两种	11.14	—	高于 400℃即分解为 Hg 和 O_2，细心加热颜色变黑，冷又恢复原色	红色的为 1∶20 500（水）黄色的为 1∶19 500（水）不溶于乙醇，但溶于 HCl、HNO_3 中

氯化汞（$HgCl_2$）可由 $HgSO_4$ 与 NaCl 固体混合物加热制得：

$$HgSO_4 + 2NaCl \xrightarrow{440℃} Na_2SO_4 + HgCl_2 \uparrow$$

所得 $HgCl_2$ 气体冷却后变为 $HgCl_2$ 固体。由于 $HgCl_2$ 能升华，称为升汞。$HgCl_2$ 也可用 Hg 和 Cl_2 直接反应制得。$HgCl_2$ 有剧毒，微溶于水，在酸性溶液中是较强的氧化剂，当与适量的 $SnCl_2$ 作用时，生成白色丝状 Hg_2Cl_2 沉淀，$SnCl_2$ 过量，Hg_2Cl_2 会被进一步还原为金属汞，沉淀变黑：

$$2HgCl_2 + SnCl_2 =\!=\!= Hg_2Cl_2 \downarrow （白）+ SnCl_4$$

$$Hg_2Cl_2 + SnCl_2(过量) =\!=\!= 2Hg \downarrow （黑）+ SnCl_4$$

分析化学中常用上述反应鉴定 Hg^{2+} 或 Sn^{2+}。

医疗上常用 $HgCl_2$ 的稀溶液（1∶1 000）作器械消毒剂，中医称 $HgCl_2$ 为白降丹，用以治疗疗疮之毒。

氯化亚汞（Hg_2Cl_2），又称甘汞，是微溶于水的白色粉末，无毒。可由固体升汞（$HgCl_2$）和金属汞研磨而得：

$$HgCl_2 + Hg =\!=\!= Hg_2Cl_2$$

Hg_2Cl_2 不如 $HgCl_2$ 稳定，见光易分解（上式的逆反应），所以要保存在棕色瓶中。Hg_2Cl_2 在医药上用作轻泻药。分析化学中常用甘汞制造甘汞电极。

3. 水溶液中锌族元素的离子及其反应

在水溶液中 Zn^{2+} 和 Cd^{2+} 通常仅发生离子互换反应和配位反应。它们的水合离子分别为 $[Zn(H_2O)_6]^{2+}$ 和 $[Cd(H_2O)_6]^{2+}$，常温下这两种水合离子的水解趋势较弱，其水解常数如下：

$$[Zn(H_2O)_6]^{2+} =\!=\!= [Zn(OH)(H_2O)_5]^+ + H^+ \qquad K^\ominus = 10^{-9.66}$$

$$[Cd(H_2O)_6]^{2+} =\!=\!= [Cd(OH)(H_2O)_5]^+ + H^+ \qquad K^\ominus = 10^{-9.0}$$

在 Zn^{2+}、Cd^{2+} 的溶液中加入强碱时，分别生成白色的 $Zn(OH)_2$ 和 $Cd(OH)_2$ 沉淀，当碱过量时，$Zn(OH)_2$ 溶解生成 $[Zn(OH)_4]^{2-}$，而 $Cd(OH)_2$ 则难溶解：

$$Zn^{2+} + 2OH^- =\!=\!= Zn(OH)_2 \downarrow \xrightarrow{OH^-过量} [Zn(OH)_4]^{2-}$$

$$Cd^{2+} + 2OH^- =\!=\!= Cd(OH)_2 \downarrow$$

在 Zn^{2+}、Cd^{2+} 的溶液中分别通入 H_2S 时，都会有硫化物沉淀析出：

$$Zn^{2+} + H_2S =\!=\!= ZnS \downarrow （白）+ 2H^+$$

$$Cd^{2+} + H_2S =\!=\!= CdS \downarrow （黄）+ 2H^+$$

由于 ZnS 的溶度积较大，加入稀酸，ZnS 白色沉淀会溶解。CdS 浓度积极小，则难溶于稀酸，常根据这一性质，来鉴定溶液中 Cd^{2+} 的存在。ZnS 和 CdS 都用于制备荧光粉。

在 $ZnSO_4$ 溶液中加放 BaS 时，生成 ZnS 和 $BaSO_4$ 的混合沉淀物：

$$Zn^{2+} + SO_4^{2-} + Ba^{2+} + S^{2-} === ZnS \cdot BaSO_4 \downarrow (白)$$

该沉淀叫作锌钡白，俗称立德粉，是一种较好的白色颜料，没有毒性，在空气中比较稳定。

在水溶液中，Zn^{2+} 和 Cd^{2+} 分别与 NH_3，CN^- 形成配位数为 4 的稳定配合物。含有$[Zn(CN)_4]^{2-}$，$[Cd(CN)_4]^{2-}$ 的溶液，曾被用作锌和镉的电镀液。由于 CN^- 有剧毒，已经改用其他无毒的电镀液，例如，用 Zn^{2+} 与次氨基三乙酸或三乙醇胺形成的配合物做电镀液来镀锌。锌和镉的配合物中，Zn^{2+} 和 Cd^{2+} 的配位数多为 4，构型为四面体。Zn^{2+} 和 Cd^{2+} 都是 d^{10} 构型的离子，不会发生 d-d 跃迁，故其配离子都无色。

在 $Hg(NO_3)_2$ 和 $Hg_2(NO_3)_2$ 的酸性溶液中，有无色的 $[Hg(H_2O)_6]^{2+}$ 和 $[Hg_2(H_2O)_2]^{2+}$ 存在。Hg^{2+}，Hg_2^{2+} 在水溶液中发生的反应有水解、沉淀、氧化还原和配位反应。在水中按下式发生水解反应：

$$[Hg(H_2O)_6]^{2+} === [Hg(OH)(H_2O)_5]^+ + H^+ \qquad K^{\ominus} = 10^{-3.2}$$

$$[Hg(H_2O)_2]^{2+} === [Hg_2(OH)H_2O]^+ + H^+ \qquad K^{\ominus} = 10^{-5.0}$$

增大溶液的酸性，可抑制它们的水解：

由汞的元素电极电势图可以看出：Hg_2^{2+} 在溶液中不容易歧化为 Hg^{2+} 和 Hg。

$$Hg^{2+} \xrightarrow{\quad 0.799\ 5\ V \quad} Hg_2^{2+} \xrightarrow{\quad 0.908\ 3\ V \quad} Hg$$

相反，Hg 能把 Hg^{2+} 还原为 Hg_2^{2+}：

$$Hg^{2+} + Hg === Hg_2^{2+}$$

$Hg(NO_3)_2$ 的制取，就是根据这一反应而进行的。

（四）钛、铬、钼、钨、锰、铁、钴、镍

1. 钛及其化合物

钛在地壳中的丰度为 0.42%，在所有元素中居第 10 位。钛的主要矿物有钛铁矿（$FeTiO_3$）和金红石（TiO_2）。我国的钛资源丰富，已探明的钛矿储量位于世界前列。

（1）钛的单质。

钛是银白色金属，其密度（4.506 g·cm^{-3}）约为铁的一半，具备很高的机械强度（接近于钢）。钛的表面易形成致密的氧化物保护膜，使其具有良好的抗腐蚀性能，特别是对湿的氯气和海水有良好的抗蚀性能。因此，20 世纪 40 年代以来，钛是工业上最重要的金属之一，被用来制造超音速飞机、海军舰艇以及化工厂的某些设备等。钛易于和肌肉长在一起，可用于制造人造关节，所以也称"生物金属"。

室温下，钛在空气和水中十分稳定。能缓慢地溶解在浓盐酸或热的稀盐酸中，生成 Ti^{3+}。热的浓硝酸与钛作用也很缓慢，最终生成不溶性的二氧化钛的水合物 $TiO_2 \cdot nH_2O$。在高温下，钛能与许多非金属反应，例如，与氧、氯气作用分别生成 TiO_2 和 $TiCl_4$。在高温下，钛也能与水蒸气反应，生成 TiO_2 和 H_2，钛能与许多金属

形成合金。

（2）钛的化合物。

钛原子的价层电子构型为 $3d^2 4s^2$。钛可形成最高氧化值为 +4 的化合物，也可形成氧化值为 +3，+2，0，−1 的化合物。在钛的化合物中，氧化值为 +4 的化合物比较稳定，应用较广。Ti(IV) 的氧化性并不太强，因此钛不仅能与电负性大的氟、氧形成二元化合物 TiF_4 和 TiO_2，还能与氯、溴、碘形成二元化合物 $TiCl_4$，$TiBr_4$，TiI_4，但 $TiBr_4$ 和 TiI_4 较不稳定。在 Ti(IV) 的化合物中，比较重要的是 TiO_2，$TiOSO_4$，$TiCl_4$。从钛矿石中常常先制取钛的这类化合物，再以其为原料来制取钛的其他化合物。

用热水水解硫酸氧钛 $TiOSO_4$ 可得到难溶于水的二氧化钛水合物 $TiO_2 \cdot nH_2O$。加热 $TiO_2 \cdot nH_2O$ 可得到白色粉末状的 TiO_2：

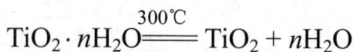

$$TiO_2 \cdot nH_2O \xrightarrow{300℃} TiO_2 + nH_2O$$

自然界中存在的金红石是 TiO_2 的另一种形式，由于含有少量的铁、铌、钽、钒等而呈红色或黄色。金红石的硬度高，化学稳定性好。

二氧化钛在工业上除用作白色涂料外，最重要的用途是用来制造钛的其他化合物。由二氧化钛直接制取金属钛比较困难，原因是 TiO_2（金红石）的生成热（−944.7 $kJ \cdot mol^{-1}$）很大，即 TiO_2 的热稳定性很强，例如，用碳还原二氧化钛：

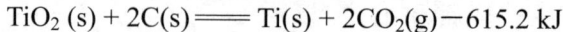

$$TiO_2 (s) + 2C(s) = Ti(s) + 2CO_2(g) - 615.2 \text{ kJ}$$

这个反应难以进行。通常用 TiO_2、碳和氯气在 800～900℃时进行反应，首先制得四氯化钛：

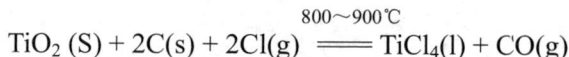

$$TiO_2 (S) + 2C(s) + 2Cl(g) \xrightarrow{800～900℃} TiCl_4(l) + CO(g)$$

然后用金属镁还原 $TiCl_4$，可得到海绵钛：

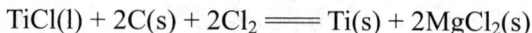

$$TiCl(l) + 2C(s) + 2Cl_2 = Ti(s) + 2MgCl_2(s)$$

2．铬、钼、钨

铬、钼、钨同属VIB 族元素，又称铬分族，其中钼和钨为稀有金属元素。铬在自然界的主要矿物是铬铁矿，其组成为 $FeO \cdot Cr_2O_3$ 或 $FeCr_2O_4$。钼常以硫化物形式存在，片状的辉钼矿 MoS_2 是含钼的重要矿物。重要的钨矿有黑色的钨锰矿（Fe，Mn）WO_4，又称黑钨矿；黄灰色的钨酸钙矿 $CaWO_4$，又称白钨矿。

（1）铬、钼、钨的性质和用途。

铬、钼、钨均为银白色的金属，价电子层都有六个价电子，可参与形成较强的金属键，且原子半径都比较小，因此它们的熔点、沸点在各自的周期中最高，硬度也大。

铬的单质是最硬的金属，主要用于电镀和制造合金钢。在汽车、自行车和精密仪器等器件表面镀铬，可使器件表面光亮、耐磨、耐腐蚀。含铬 12% 的钢称为"不锈钢"，有极强的耐腐蚀性能。

钼和钨也大量用于制造合金钢，可提高钢的耐高温强度、耐磨性、耐腐蚀性等。钼钢和钨钢在机械工业中可做刀具、钻头等各种机器零件。钼和钨的合金在武器制造，导弹火箭等尖端领域里也有重要用途。

钨的熔点和沸点在所有金属中最高，常用作灯泡的灯丝、高温电炉的发热元件等。

常温下，铬、钼、钨因表面形成致密氧化膜，在空气和水中相当稳定。铬可缓慢地溶于稀盐酸、稀硫酸中，生成蓝色 Cr^{2+}，与空气接触很快被氧化成绿色的 Cr^{3+}：

$$Cr + 2HCl \Longrightarrow CrCl_2 + H_2 \uparrow$$

$$4CrCl_2 + 4HCl + O_2 \Longrightarrow 4CrCl_3 + 2H_2O$$

铬与浓硫酸作用，反应如下：

$$2Cr + 6H_2SO_4 \Longrightarrow Cr_2(SO_4)_3 + 3SO_2 + 6H_2O$$

由于表面生成紧密的氧化物薄膜而呈钝态，金属铬不溶解于硝酸。

钼和钨的化学性质较稳定。钼与稀、浓盐酸都不反应，只与浓硝酸、王水作用。钨不溶于盐酸、硫酸和硝酸，只有王水或氢氟酸和硝酸的混合酸才与钨反应。由此可见，铬分族元素的金属活泼性从铬到钨逐渐降低，例如它们与卤素反应的情况：都能与氟发生剧烈反应，加热时，铬能与氯、溴、碘反应，钼只能与氯和溴化合，钨则不能与溴和碘作用。

（2）铬的重要化合物。

铬（$3d^5 4s^1$）的 6 个价电子都参与成键，所以铬能生成多种氧化态的化合物，其中以氧化数为 +3 和 +6 的化合物较为常见。在酸性溶液中，氧化数为 +6 的铬成 $Cr_2O_7^{2-}$ 离子状态，有较强的氧化性。在碱性溶液中，氧化数为 +6 的铬成 CrO_4^{2-} 离子状态，其氧化性很弱。Cr（Ⅲ）易被氧化为 Cr（Ⅵ）。

① 铬（Ⅲ）化合物。

<u>三氧化二铬</u>　三氧化二铬（Cr_2O_3）微溶于水，熔点 2 708 K，为绿色晶体，常作为绿色颜料，俗称铬绿。广泛应用于陶瓷、玻璃、涂料、印刷等工业，在有机合成中可作催化剂，是冶炼金属铬和制取铬盐的原料。

三氧化二铬（Cr_2O_3）的两性：

溶于酸：$Cr_2O_3 + 3H_2SO_4 = Cr_2(SO_4)_3 + 3H_2O$

溶于碱：$Cr_2O_3 + 2NaOH = 2NaCrO_2 + H_2O$

<u>铬(Ⅲ)盐</u>　常见的铬(Ⅲ)盐有 $CrCl_3 \cdot 6H_2O$（紫色或绿色），$Cr_2(SO_4)_3 \cdot 18H_2O$（紫色），铬钾矾 $KCr(SO_4)_2 \cdot 12H_2O$（紫蓝色），都易溶于水。$CrCl_3 \cdot 6H_2O$ 易潮解，在工业上用作催化剂、媒染剂和防腐剂等，以铬酐（CrO_3）、水和盐酸为原料制备 $CrCl_3$：

$$CrO_3 + H_2O \Longrightarrow H_2CrO_4（铬酸）$$

$$2H_2CrO_4 + 12HCl \Longrightarrow 2CrCl_3 + 3Cl_2 \uparrow + 8H_2O$$

铬(Ⅲ)能与 H_2O，Cl^-、NH_3、CN^-、SCN^-、$C_2O_4^{2-}$ 等形成配合物，如 $[Cr(H_2O)_6]^{3+}$、$[CrCl_6]^{3-}$、$[Cr(NH_3)_6]^{3+}$、$[Cr(CN)_6]^{3-}$ 等，配位数一般为 6。

② 铬（Ⅵ）的化合物。

三氧化铬（CrO_3），暗红色晶体，俗名"铬酐"，遇水生成铬酸，溶于碱生成铬酸盐：

$$CrO_3 + H_2O =\!=\!= H_2CrO_4（铬酸）$$

$$CrO_3 + 2NaOH =\!=\!= Na_2CrO_4 + H_2O$$

CrO_3 有毒，熔点为 196℃，对热不稳定，加热超过熔点则分解：

$$4CrO_3 \xrightarrow{\text{加热}} 2Cr_2O_3 + 3O_2 \uparrow$$

CrO_3 具有强氧化性，与有机物剧烈发生反应，甚至着火，爆炸。广泛用作有机反应的氧化剂和电镀工业的镀铬液成分，也可制取高纯金属铬。

③ 铬酸盐和重铬酸盐。

铬酸和重铬酸都为强酸。铬酸根（CrO_4^{2-}）和重铬酸根（$Cr_2O_7^{2-}$）之间存在以下平衡关系：

$$2CrO_4^{2-} + 2H^+ \rightleftharpoons Cr_2O_7^{2-} + H_2O$$
$$\text{黄色} \qquad\qquad\qquad \text{橙红色}$$

加酸时，平衡向右移动，溶液以 $Cr_2O_7^{2-}$ 为主，加入碱时，平衡向左移动，溶液中以 CrO_4^{2-} 为主。在酸性溶液中，重铬酸盐具有较强的氧化性，可以氧化 H_2S、H_2SO_3、HCl、HBr、HI、$FeSO_4$ 等许多物质，本身被还原为 Cr^{3+}，如：

$$Cr_2O_7^{2-} + 8H^+ + 3SO_3^{2-} =\!=\!= 2Cr^{3+} + 3SO_4^{2-} + 4H_2O$$

$$Cr_2O_7^{2-} + 14H^+ + 6Cl^- =\!=\!= 2Cr^{3+} + 3Cl_2 \uparrow + 7H_2O$$

重要的铬(Ⅵ)盐是重铬酸钾，在分析化学中，常用 $K_2Cr_2O_7$ 配制标准滴定溶液，来测定试液中铁的含量：

$$Cr_2O_7^{2-} + 14H^+ + 6Fe^{2+} =\!=\!= 2Cr^{3+} + 6Fe^{3+} + 7H_2O$$

铬酸洗液的组成为饱和 $K_2Cr_2O_7$ 溶液和浓硫酸的混合物（5 g $K_2Cr_2O_7$ 配制的热饱和溶液中加入 100 mL 浓硫酸制得），实验室常用来洗涤化学玻璃容器，除去器壁上黏附的还原性污物。洗液经过多次使用后，由棕红色变为暗绿色，表明铬（Ⅵ）已被还原为铬（Ⅲ），洗液已经失效。

钾、钠的铬酸盐和重铬酸盐是最重要的铬盐，K_2CrO_4 为黄色晶体，$K_2Cr_2O_7$ 为橙红色晶体（俗名红矾钾），$K_2Cr_2O_7$ 在低温下溶解度极小，不含结晶水，易通过重结晶法提纯，且 $K_2Cr_2O_7$ 不易潮解，故在分析化学中常用作基准物质。在工业上 $K_2Cr_2O_7$ 大量用于鞣革、印染、颜料、电镀等方面。

含铬废水的处理。冶炼、电镀、金属加工、制革、油漆、颜料、印染等工业废水都含有铬。铬盐能够降低生化过程的需氧量，从而发生内窒息。其对胃、肠等有刺激作用，对鼻黏膜的损伤较大，长期吸入会引起鼻膜炎，甚至鼻中隔穿孔，并有致癌作用。铬的化合物中，Cr（Ⅵ）的毒性最大，Cr（Ⅲ）次之，金属铬毒性最小。

我国规定工业废水中含 Cr（VI）的排放标准为 0.1 mg·L^{-1}。

（3）钼和钨的重要化合物。

钼和钨可形成从+2 到+6 的连续氧化态，其中以氧化数为+6 的化合物最稳定，如三氧化物、钼酸、钨酸及其盐是重要的化合物。

① 三氧化钼（MoO_3）和三氧化钨（WO_3）。MoO_3 为白色固体，受热时变为黄色，熔点为 1 068 K，沸点为 1 428 K，具有显著的升华现象。WO_3 为淡黄色粉末，加热时变为橙黄色，冷却后又恢复原来的颜色，熔点 1 746 K，沸点 2 023 K。皆难溶于水，不与酸（氢氟酸除外）反应，仅能溶于氨水和强碱溶液生成相应的含氧酸盐：

$$MoO_3 + 2NH_3 \cdot H_2O \xrightarrow{\hspace{1cm}} (NH_4)_2MoO_4 + H_2O$$

$$WO_3 + 2NaOH \xrightarrow{\hspace{1cm}} Na_2WO_4 + H_2O$$

这两种氧化物的氧化性极弱，仅在高温下才被氢气、碳或铝还原，如：

$$MoO_3 + 3H_2 \xrightarrow{\hspace{1cm}} Mo + 3H_2O$$

$$WO_3 + 3H_2 \xrightarrow{\hspace{1cm}} W + 3H_2O$$

313

MoO_3 和 WO_3 均可用金属在空气或氧气中灼烧得到，通常由含氧酸加热脱水制备，如：

$$(NH_4)_2MoO_4 + 2HCl \xrightarrow{\hspace{1cm}} H_2MoO_4 \downarrow + 2NH_4Cl$$

$$2Mo + 3O_2 \xrightarrow{\hspace{1cm}} 2MoO_3; \qquad 2W + 3O_2 \xrightarrow{\hspace{1cm}} 2WO_3$$

$$H_2MoO_4 \xrightarrow{\hspace{1cm}} MoO_3 + H_2O; \qquad H_2WO_4 \xrightarrow{\hspace{1cm}} WO_3 + H_2O$$

② 钼酸、钨酸及其盐。钼和钨的含氧酸盐，有铵、钠、钾、铷、锂、镁、铍和铊(I)的盐可溶于水，其余的含氧酸盐都难溶于水。钼酸盐可用作颜料、催化剂和防腐剂，钨酸盐用于使织物耐火和制造荧光屏。

当可溶性的钼酸盐和钨酸盐用强酸酸化时，可析出黄色水合钼酸（$H_2MoO_4 \cdot H_2O$）和白色水合钨酸（$H_2WO_4 \cdot H_2O$），如冷的 Na_2MoO_4 溶液中加入浓硝酸，析出的 $H_2MoO_4 \cdot H_2O$ 受热脱水，则变为白色无水钼酸（H_2MoO_4）。

$$MoO_4^{2-} + 2H^+ + 2H_2O \xrightarrow{\hspace{1cm}} H_2MoO_4 \cdot H_2O \downarrow （黄色）$$

$$H_2MoO_4 \cdot H_2O \xrightarrow{\hspace{1cm}} H_2MoO_4 + H_2O$$

（黄色）　　　　　　　　　（白色）

类似地，在钨酸盐的热溶液中加入盐酸，则析出黄色钨酸（H_2WO_4）：

$$WO_4^{2-} + 2H^+ + xH_2O \xrightarrow{\hspace{1cm}} H_2WO_4 \cdot xH_2O \downarrow （白色）$$

$$H_2WO_4 \cdot xH_2O \xrightarrow{\hspace{1cm}} H_2WO_4 + xH_2O$$

（白色）　　　　　　　　　（黄色）

铬酸、钼酸和钨酸的酸性和氧化性变化可归纳如下：

酸性减弱 ⟶

　　　铬酸　　　　　　钼酸　　　　　　钨酸

氧化性减弱 ⟶

3. 锰及其化合物

（1）锰的单质。

锰是ⅦB 族元素，锰在地壳中的含量为 0.1%，属于丰度较高的元素。于 1774 年在软锰矿中被发现。近年来，在深海海底发现大量以锰结核形式存在的锰矿。锰结核指一层层铁锰氧化物被黏土重重包围，形成一个个同心圆状团块，其中包含有铜、钴、镍等金属元素。地壳上锰的主要矿石有软锰矿（$MnO_2 \cdot xH_2O$），黑锰矿（Mn_3O_4），水锰矿[$MnO(OH)_2$]。

金属锰外形似铁，致密的块状锰为银白色，粉末状为灰色。纯金属锰用途不多，但用于合金制造非常重要。锰钢（含 Mn 12%～15%，Fe 83%～87%，C 2%）硬度大，抗冲击，耐磨损，大量用于制造钢轨、钢甲、破碎机等。锰可替代镍制造不锈钢，其成分为 Cr 16%～20%，Mn 8%～10%，C 0.1%。在镁铝合金中加入锰可使抗腐蚀性和机械性得到改进。

金属锰可由软锰矿还原（用铝热法）制得，由于铝与软锰矿反应剧烈，故先将软锰矿加热使之转变为 Mn_3O_4，再与铝粉混合燃烧。

$$3MnO_2 =\!=\!=\!= Mn_3O_4 + O_2 \uparrow$$

$$3\,Mn_3O_4 + 8Al =\!=\!=\!= 9Mn + 4Al_2O_3$$

锰原子的价电子构型为 $3d^5 4s^2$，其氧化数有+7，+6，+4，+3，+2，0。其中以+7，+4，+2 的化合物较为重要。

锰元素标准电势图（φ/V）如下：

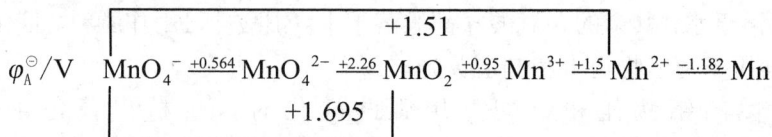

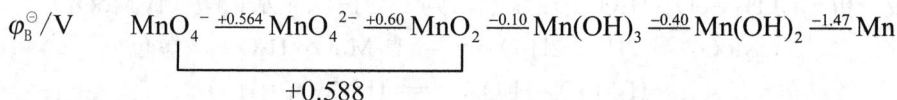

$$\varphi_A^\ominus / V \quad MnO_4^- \xrightarrow{+0.564} MnO_4^{2-} \xrightarrow{+2.26} MnO_2 \xrightarrow{+0.95} Mn^{3+} \xrightarrow{+1.5} Mn^{2+} \xrightarrow{-1.182} Mn$$

（图中上方连线标注 +1.51，下方连线标注 +1.695）

$$\varphi_B^\ominus / V \quad MnO_4^- \xrightarrow{+0.564} MnO_4^{2-} \xrightarrow{+0.60} MnO_2 \xrightarrow{-0.10} Mn(OH)_3 \xrightarrow{-0.40} Mn(OH)_2 \xrightarrow{-1.47} Mn$$

（图中下方连线标注 +0.588）

由电势图可知，在酸性介质中，MnO_4^-和 MnO_2 具有较强氧化性，Mn^{2+}较为稳定，不易被氧化和被还原，Mn^{3+}和 MnO_4^{2-}都易发生歧化反应。

$$2Mn^{3+} + 2H_2O =\!=\!=\!= Mn^{2+} + MnO_2 \downarrow + 4H^+$$

$$3MnO_4^{2-} + 4H^+ =\!=\!=\!= 2MnO_4^- + MnO_2 \downarrow + 2H_2O$$

在碱性介质中，MnO_4^{2-}也能发生歧化反应，但没有在酸性介质中进行得完全。$Mn(OH)_2$不稳定，易被氧化。

（2）锰的化合物。

① 锰(Ⅱ)的化合物。锰(Ⅱ)离子常以淡红色的水合离子[$Mn(H_2O)_6$]$^{2+}$形式存在，稀溶液几乎无色。其盐除碳酸锰、磷酸锰和硫化锰等少数盐外，一般都溶于水。从溶液中

结晶出来的锰(Ⅱ)盐是带结晶水的粉红色晶体，如：$MnCl_2 \cdot 4H_2O$，$Mn(NO_3)_2 \cdot 6H_2O$，$Mn(ClO_4)_2 \cdot 6H_2O$ 等。

由锰的标准电势图可知，Mn^{2+} 在酸性介质中较为稳定，只有在高酸度的热溶液中才与强氧化剂作用，例如过硫酸铵或二氧化铅等才能使 Mn^{2+} 氧化为 MnO_4^- 离子：

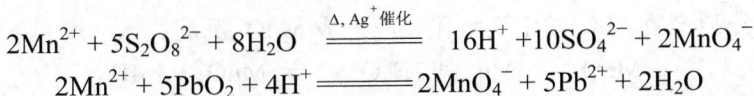

$$2Mn^{2+} + 5S_2O_8^{2-} + 8H_2O \xrightarrow{\Delta, Ag^+ 催化} 16H^+ + 10SO_4^{2-} + 2MnO_4^-$$

$$2Mn^{2+} + 5PbO_2 + 4H^+ =\!=\!=\!= 2MnO_4^- + 5Pb^{2+} + 2H_2O$$

在碱性介质中，Mn^{2+} 易被氧化，例如向锰(Ⅱ)的溶液中加入强碱，生成 $Mn(OH)_2$ 白色沉淀，其在碱性条件下不稳定，与空气接触即被氧化为棕色的 $MnO(OH)_2$ 或 $MnO_2 \cdot H_2O$：

$$MnSO_4 + 2NaOH =\!=\!=\!= Mn(OH)_2 \downarrow + Na_2SO_4$$

$$2Mn(OH)_2 + O_2 =\!=\!=\!= 2MnO(OH)_2 \downarrow$$

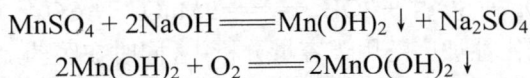

② 锰(Ⅳ)的化合物。MnO_2 是较为重要的锰(Ⅳ)的化合物，稳定的黑色粉末状物质，不溶于水，是自然界中软锰矿的主要成分，也是制备其他锰化合物的原料。可用于干电池中，以氧化在电极上产生的氢；在玻璃工业中作脱色剂，除去带色杂质；在电子工业中可用来制作锰锌铁氧体磁性材料；可作为油漆、油墨的干燥剂，同时还是一种重要的催化剂。

在酸性介质中，MnO_2 具有较强的氧化性，和浓盐酸作用产生氯气（实验室常用此反应制备少量氯气），和浓硫酸作用产生氧气：

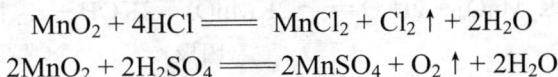

$$MnO_2 + 4HCl =\!=\!=\!= MnCl_2 + Cl_2 \uparrow + 2H_2O$$

$$2MnO_2 + 2H_2SO_4 =\!=\!=\!= 2MnSO_4 + O_2 \uparrow + 2H_2O$$

在碱性介质中，能被氧化为锰(Ⅵ)的化合物，例如 MnO_2 和碱的混合物在有空气存在下，或者与 $KClO_3$，KNO_3 等氧化剂加热熔融，得到绿色的锰酸钾（K_2MnO_4）：

$$2MnO_2 + 4KOH + O_2 =\!=\!=\!= 2K_2MnO_4 + 2H_2O$$

$$2MnO_2 + 6KOH + KClO_3 =\!=\!=\!= 3K_2MnO_4 + KCl + 3H_2O$$

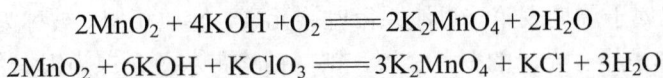

③ 锰(Ⅶ)的化合物。锰(Ⅶ)的化合物中，最重要的是高锰酸钾 $KMnO_4$（俗名灰锰氧），深紫色的晶体，有光泽，热稳定性差，加热至 473 K 以上能分解放出氧气，是实验室制备氧气的一个简便方法。基于此性质，高锰酸钾与有机物或易燃物混合，易发生燃烧或爆炸。

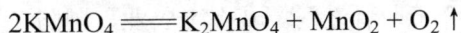

$$2KMnO_4 =\!=\!=\!= K_2MnO_4 + MnO_2 + O_2 \uparrow$$

高锰酸钾水溶液呈紫红色，在酸性溶液中能缓慢分解：

$$4MnO_4^- + 4H^+ =\!=\!=\!= 4MnO_2 + 3O_2 \uparrow + 2H_2O$$

在中性或微碱性溶液中，分解速度更慢，但光对该反应起催化作用，所以固体高锰酸钾及其溶液都应保存在棕色玻璃瓶中。

由于酸性溶液中 $\varphi^{\ominus}(MnO_4^- / MnO_2) = 1.695\ V$，故高锰酸钾为强氧化剂，无论在

酸性、中性或碱性溶液中，都能发挥氧化作用，即使是稀溶液也有强氧化性，这是其他氧化剂所不能比的。其还原产物因介质的酸碱性不同而有所差异：

在酸性溶液中，MnO_4^- 为较强的氧化剂，被还原为 Mn^{2+}：

$$MnO_4^- + 5Fe^{2+} + 8H^+ \longrightarrow Mn^{2+} + 5Fe^{3+} + 4H_2O$$

分析化学中，高锰酸钾法测定铁的含量就是利用该反应。如果 MnO_4^- 过量，将和它自身的还原产物 Mn^{2+} 发生逆歧化反应生成 MnO_2 沉淀。

$$2MnO_4^- + 3Mn^{2+} + 2H_2O \longrightarrow 5MnO_2 \downarrow + 4H^+$$

在弱酸性、中性或弱碱性溶液中，MnO_4^- 还原为 MnO_2，例如：

$$2MnO_4^- + 3SO_3^{2-} + H_2O \longrightarrow 2MnO_2 \downarrow + 3SO_4^{2-} + 2OH^-$$

在强碱性溶液中，还原为锰酸根（MnO_4^{2-}）：

$$2MnO_4^- + SO_3^{2-} + 2OH^- \longrightarrow 2MnO_4^{2-} + SO_4^{2-} + H_2O$$

高锰酸钾的强氧化性被广泛用于容量分析中，同时在医药上可用作消毒剂，0.1%的稀溶液常用于水果、碗、水杯等物质的消毒和杀菌，5%的溶液可以治疗轻度烫伤。此外，高锰酸钾也应用于制作油脂及蜡的漂白剂和有机物的制备。

工业上常以 MnO_2 为原料制取高锰酸钾。在强碱性溶液中将其氧化为锰酸钾，然后进行电解氧化，反应方程式如下：

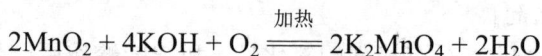

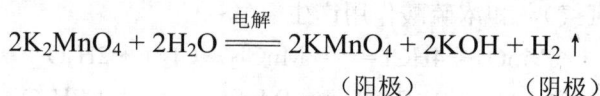

$$2MnO_2 + 4KOH + O_2 \xrightarrow{\text{加热}} 2K_2MnO_4 + 2H_2O$$

$$2K_2MnO_4 + 2H_2O \xrightarrow{\text{电解}} 2KMnO_4 + 2KOH + H_2 \uparrow$$
$$\qquad\qquad\qquad \text{（阳极）} \qquad\qquad \text{（阴极）}$$

4．铁、钴、镍

（1）铁、钴、镍的单质。

铁、钴、镍属于周期表第一过渡系第Ⅷ族元素，性质相似，被称为铁系元素。铁、钴、镍的单质都是具有光泽的白色金属，铁、钴略带灰色，镍为银白色。铁和镍有很好的延展性，而钴则较硬而脆。它们都有铁磁性，合金是很好的磁性材料。三种金属按照铁、钴、镍的顺序，原子半径逐渐减小，密度依次增大，熔点和沸点都较高。

铁在地壳中的丰度居第四位，仅次于铝。铁矿主要有磁铁矿（Fe_3O_4）、赤铁矿（Fe_2O_3）、褐铁矿（$Fe_2O_3 \cdot H_2O$）等。常说的生铁含碳在 1.7%～4.5%，熟铁含碳在 0.1%以下，钢的含碳量介于两者之间。其在工农业、国防、军工以及人们的生活中起着不可替代的作用，在常用金属中算得上最廉价、最富有、最重要。同时，铁还是植物所必需的营养元素，在植物的细胞代谢中起重要作用，植物缺铁会出现黄叶病。动物血液中的血红蛋白是铁的配合物，在血液中担负着运输氧的任务，铁还是血色素的重要成分。钴是维生素 B_{12} 的主要成分，为哺乳类动物所必需。能活化一些酶，家畜体内造血作用与铁、钴、镍三种元素密切相关。钴对植物有剧毒。镍对大多数植物有剧毒。

铁、钴、镍属于中等活泼金属，在高温下分别和氧、硫、氯等非金属作用，铁溶解于盐酸、稀硫酸和硝酸，但冷的浓硫酸和浓硝酸会使其发生钝化。钴和镍在盐酸和稀硫酸中的溶解比铁缓慢，遇到冷的硝酸也会发生钝化。浓碱对铁有缓慢的腐蚀作用，而钴和镍在浓碱中较稳定，可用镍制的容器盛熔融碱。

铁、钴、镍原子的价电子层构型分别为：$Fe(3d^64s^2)$、$Co(3d^74s^2)$、$Ni(3d^84s^2)$。

铁在化合物中的氧化数主要是+2 和+3，其中以氧化数为+3 的化合物较为稳定。钴有+2 和+3 两种氧化态，但以+2 的氧化态较为稳定。只有在强氧化剂作用下才能得到+3 的氧化物。镍的氧化态通常只有+2。

（2）铁、钴、镍的氧化物和氢氧化物。

铁、钴、镍的氧化物如下：

FeO（黑色）　　　　CoO（茶绿色）　　　　NiO（暗绿色）

Fe_2O_3（砖红色）　　Co_2O_3（褐色）　　　Ni_2O_3（黑色）

这些氧化物难溶于水，具有碱性，溶于强酸而难溶于碱。

Fe_2O_3 俗称铁红，可作红色颜料、磨光剂和磁性材料。是两性偏碱性的氧化物，难溶于水，与酸作用时生成 Fe(Ⅲ)盐：

$$Fe_2O_3 + 6HCl == 2FeCl_3 + 3H_2O$$

Co_2O_3 及 Ni_2O_3 有强氧化性，溶解于盐酸时，得不到 Co(Ⅲ)和 Ni(Ⅲ)盐，而被还原为 Co(Ⅱ)和 Ni(Ⅱ)盐，例如：

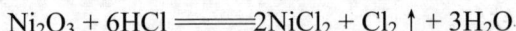

$$Ni_2O_3 + 6HCl == 2NiCl_2 + Cl_2\uparrow + 3H_2O$$

在 Fe(Ⅱ)、Co(Ⅱ)和 Ni(Ⅱ)的盐溶液中加入强碱，均能得到相应的氢氧化物沉淀：

$$Fe^{2+} + 2OH^- == Fe(OH)_2\downarrow（白）$$

$$Co^{2+} + 2OH^- == Co(OH)_2\downarrow（蓝或桃红）$$

$$Ni^{2+} + 2OH^- == Ni(OH)_2\downarrow（苹果绿）$$

$Co(OH)_2$ 沉淀的颜色由生成条件决定。桃红色的化合物比蓝色的稳定，将后者放置或加热，可转化为前者。在空气中 $Fe(OH)_2$ 易被氧化，成为棕红色的水合氧化铁(Ⅲ)，习惯上写作 $Fe(OH)_3$。

$$4Fe(OH)_2 + O_2 + 2H_2O == 4Fe(OH)_3\downarrow$$

$Co(OH)_2$ 在空气中也易被氧化为棕黑色的水合氧化钴 CoO(OH)，但比 $Fe(OH)_2$ 的氧化趋势小，反应速率慢。在空气中 $Ni(OH)_2$ 不能被氧化，只能在强碱性溶液中用强氧化剂如 $NaClO$，Cl_2，Br_2 等，才会被氧化为黑色的水合氧化镍 NiO(OH)：

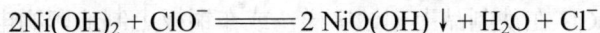

$$2Ni(OH)_2 + ClO^- == 2NiO(OH)\downarrow + H_2O + Cl^-$$
黑色

$Fe(OH)_2$ 和 $Co(OH)_2$ 略显两性，在浓的强碱溶液中，分别形成$[Fe(OH)_6]^{4-}$和$[Co(OH)_4]^{2-}$。$Co(OH)_2$ 和 $Ni(OH)_2$ 可溶于氨水，生成土黄色的$[Co(NH_3)_6]^{2+}$和蓝紫色

的$[Ni(NH_3)_6]^{2+}$。新沉淀出来的 $Fe(OH)_3$ 也显两性，溶于酸生成相应的铁(Ⅲ)盐，溶于热浓强碱溶液，生成$[Fe(OH)_6]^{3-}$。$CoO(OH)$为碱性，可溶于酸，但在酸性溶液中，Co(Ⅲ)是极强的氧化剂，能氧化 H_2O 释放出 O_2，氧化 Cl^- 放出 Cl_2，自身被还原为Co(Ⅱ)盐。$NiO(OH)$的氧化能力比 $CoO(OH)$更强。

$$4CoO(OH) + 8H^+ === 4Co^{2+} + O_2 \uparrow + 6H_2O$$

$$2CoO(OH) + 6H^+ + 2Cl^- === 2Co^{2+} + Cl_2 \uparrow + 4H_2O$$

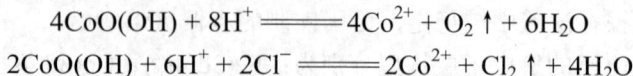

由此可见，铁系元素氢氧化物的氧化还原性随 $Fe \rightarrow Co \rightarrow Ni$ 的顺序递变：氧化值为+2 的氢氧化物按 Fe-Co-Ni 的顺序还原性递减，氧化值为+3 的氢氧化物按 $Fe \rightarrow Co \rightarrow Ni$ 的顺序氧化性递增。

（3）铁、钴、镍的盐类。

① 硫酸亚铁。铁屑与硫酸作用后，经浓缩、冷却，可析出绿色的 $FeSO_4 \cdot 7H_2O$ 晶体，俗称为绿矾。$FeSO_4 \cdot 7H_2O$ 经加热失水，可得无水 $FeSO_4$，若加强热则分解产生 Fe_2O_3：

$$2FeSO_4 \xrightarrow{\text{加热}} Fe_2O_3 + SO_2 \uparrow + SO_3 \uparrow$$

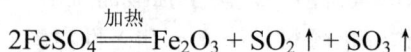

$FeSO_4 \cdot 7H_2O$ 晶体在空气中可逐渐失去一部分水而风化，表面容易被氧化，生成黄褐色碱式硫酸铁 $Fe(OH)SO_4$：

$$4FeSO_4 + 2H_2O + O_2 === 4Fe(OH)SO_4$$

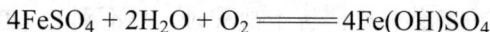

在酸性溶液中，Fe^{2+}在空气中被氧化，所以保存铁(Ⅱ)盐溶液时，应加入足够浓度的酸，同时加几颗铁钉。

$FeSO_4$和硫酸铵形成复盐硫酸亚铁铵$[(NH_4)_2SO_4 \cdot FeSO_4 \cdot 6H_2O]$，俗称摩尔氏盐，为绿色晶体，在空气中比绿矾稳定，分析化学中常用作还原剂。

$FeSO_4$与鞣酸作用，可生成易溶的鞣酸亚铁，在空气中易被氧化为黑色的鞣酸铁，可用来制蓝黑墨水，用于染色和木材防腐，农业上可作杀虫剂，医药上用于治疗缺铁性贫血。用 $FeSO_4$浸泡种子，对防治小麦、元麦的黑穗病、条纹病有较好的效果。

② 三氯化铁。$FeCl_3 \cdot 6H_2O$ 为深黄色固体，易潮解，易溶于水，其水溶液因 Fe^{3+}水解而显酸性。$FeCl_3$能使蛋白质凝聚，在医药用作止血剂。

在酸性溶液中，Fe^{3+}是中强的氧化剂，能氧化一些还原性较强的物质，例如：

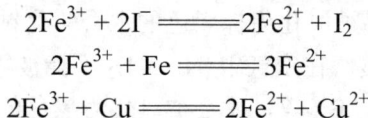

$$2Fe^{3+} + 2I^- === 2Fe^{2+} + I_2$$

$$2Fe^{3+} + Fe === 3Fe^{2+}$$

$$2Fe^{3+} + Cu === 2Fe^{2+} + Cu^{2+}$$

工业上用 $FeCl_3$ 在铁制品上刻蚀字样，或在铜板上制造印刷电路，就是利用了 Fe^{3+}的氧化性。

③ 二氯化钴（$CoCl_2$）。二氯化钴是常见的钴盐，由于所含结晶水的数目不同而呈现多种颜色，随着温度升高，所含结晶水逐渐减少，颜色发生变化。

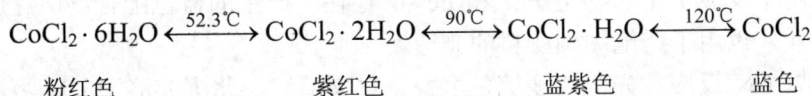

$$CoCl_2 \cdot 6H_2O \xleftarrow{52.3℃} CoCl_2 \cdot 2H_2O \xrightarrow{90℃} CoCl_2 \cdot H_2O \xleftarrow{120℃} CoCl_2$$

　　粉红色　　　　　　紫红色　　　　　蓝紫色　　　　蓝色

　　由于$[Co(H_2O)_6]^{2+}$离子在溶液中呈粉红色，用该稀溶液在白纸上写的字看不清颜色，但烘干之后立即显出蓝色字迹，所以氯化钴溶液可作隐显墨水。同时，其吸水色变的性质可被用于干燥剂的干湿指示剂。

　　④ 硫酸镍。七水合硫酸镍（$NiSO_4 \cdot 7H_2O$）是工业上重要的镍化合物，将 NiO 或 $NiCO_3$ 溶于稀硫酸中，在室温下即可结晶析出绿色的 $NiSO_4 \cdot 7H_2O$。大量用于电镀，制镍镉电池和媒染剂等。

　　（4）铁系元素的配位化合物。

　　铁系元素是很好的配合物形成体，可形成多种配合物，配位数多为 6。

　　① 氨合物。Fe^{2+}，Co^{2+}，Ni^{2+}均能和氨形成氨合配离子，其配离子的稳定性，按 Fe^{2+}，Co^{2+}，Ni^{2+}顺序依次增大，Fe^{2+}所形成的$[Fe(NH_3)_6]^{2+}$极不稳定，遇水分解。

$$[Fe(NH_3)_6]^{2+} + 6H_2O \Longrightarrow Fe(OH)_2 \downarrow + 4NH_3 \cdot H_2O + 2NH_4^+$$

　　由于 Fe^{3+}强烈水解，与氨水作用时生成 $Fe(OH)_3$ 沉淀，不形成氨合物。Co^{2+}与大量氨水反应，可形成土黄色的$[Co(NH_3)_6]^{2+}$，此配合物不稳定，在空气中可慢慢被氧化为更稳定的红棕色$[Co(NH_3)_6]^{3+}$，反应方程式如下：

$$4[Co(NH_3)_6]^{2+} + O_2 + 2H_2O \Longrightarrow 4[Co(NH_3)_6]^{3+} + 4OH^-$$

　　Ni^{2+}在过量的氨水中可生成$[Ni(NH_3)_6]^{2+}$ $[Ni(NH_3)_4(H_2O)_2]^{2+}$，通常显蓝色，较为稳定。

　　② 氰合物。Fe^{2+}，Co^{2+}，Ni^{2+}，Fe^{3+}都能与 CN^-形成稳定的配合物。

　　Fe(Ⅱ)盐与 KCN 溶液作用，首先析出白色 $Fe(CN)_2$ 沉淀，KCN 过量时沉淀溶解，结晶析出柠檬黄色六氰合铁(Ⅱ)酸钾 $K_4[Fe(CN)_6]$晶体，简称亚铁氰化钾，俗名黄血盐。

$$Fe^{2+} + 2CN^- \Longrightarrow Fe(CN)_2 \downarrow$$
$$Fe(CN)_2 + 4KCN \Longrightarrow K_4[Fe(CN)_6]$$

　　黄血盐主要用于制造颜料、油漆、油墨。$[Fe(CN)_6]^{4-}$在溶液中相当稳定，其溶液几乎检测不出 Fe^{2+}的存在，通入氯气或加入其他氧化剂，可将$[Fe(CN)_6]^{4-}$氧化为$[Fe(CN)_6]^{3-}$：

$$2[Fe(CN)_6]^{4-} + Cl_2 \Longrightarrow 2[Fe(CN)_6]^{3-} + 2Cl^-$$

　　此溶液可析出棕红色晶体六氰合铁(Ⅲ)酸钾 $K_3[Fe(CN)_6]$，简称高铁氰化钾，俗名赤血盐。主要用于印刷制版、照片洗印、显影及制晒蓝图纸等。

　　在含有 Fe^{2+}的溶液中加入赤血盐溶液，在含有 Fe^{3+}的溶液中加入黄血盐溶液，均能生成蓝色沉淀。

$$3Fe^{2+} + 2[Fe(CN)_6]^{3-} \Longrightarrow Fe_3[Fe(CN)_6]_2 \downarrow （腾氏蓝）$$
$$4Fe^{3+} + 3[Fe(CN)_6]^{4-} \Longrightarrow Fe_4[Fe(CN)_6]_3 \downarrow （普鲁氏蓝）$$

上述两个反应可用来鉴定 Fe^{2+} 和 Fe^{3+} 的存在。产生的蓝色配合物广泛用于油漆和油墨工业，也用于蜡笔图画颜料的制造。

Co^{2+} 与 CN^- 反应，先生成浅棕色水合氰化物沉淀，此沉淀溶于 CN^- 溶液，形成 $[Co(CN)_6]^{4-}$ 配离子，此配离子在空气中易被氧化为黄色的 $[Co(CN)_6]^{3-}$。Ni^{2+} 和 CN^- 生成稳定的橙黄色 $[Ni(CN)_4]^{2-}$，在较浓的 CN^- 溶液中，形成深红色的 $[Ni(CN)_5]^{3-}$。

③ 硫氰化物。Fe^{2+} 的硫氰合物不稳定。Fe^{3+} 与 SCN^- 反应，生成血红色的配合物：

$$Fe^{3+} + nSCN^- \Longrightarrow [Fe(NCS)_n]^{3-n} \qquad (n=1\sim6)$$

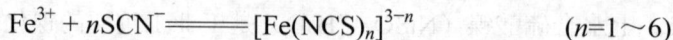

n 值随溶液中的 SCN^- 浓度和酸度而定。该反应非常灵敏，用来检出 Fe^{3+} 和比色法测定 Fe^{3+} 的含量。

Co^{2+} 与 SCN^- 反应，形成蓝色的 $[Co(NCS)_4]^{2-}$，在定性分析化学中用于鉴定 Co^{2+}。但是，$[Co(NCS)_4]^{2-}$ 在水溶液中不稳定，用水稀释时变为粉红色的 $[Co(H_2O)_6]^{2+}$，故用 SCN^- 检验 Co^{2+} 时，常用浓 NH_4SCN 溶液，抑制 $[Co(NCS)_4]^{2-}$ 的离解，并用丙酮或戊醇萃取。

Ni^{2+} 可与 SCN^- 反应，形成 $[Ni(NCS)]^+$、$[Ni(NCS)_3]^-$ 等配合物，但这些配离子都不稳定。

④ 羰基化合物。铁系元素都易与 CO 形成羰基配合物，如 $Fe(CO)_5$，$Ni(CO)_4$，$Co_2(CO)_8$ 等。在这些配合物中，铁、钴、镍的氧化数为零，故化学性质比较活泼，熔点、沸点一般不高，热稳定性较差，较易挥发（有毒），容易分解析出单质。不溶于水，易溶于有机溶剂。

利用上述性质可以提纯金属，例如将不纯的镍粉于 $323\sim373$ K（$50\sim100℃$）通入 CO，得到气态的羰基镍，再加热到 $200℃$ 令其分解，得到纯度高达 99.99% 的镍粉。

复习与思考题

1. 指出下列物质中氮的氧化数。

$$NH_3, \qquad NH_4Cl, \qquad HNO_3, \qquad NO_2, \qquad N_2O$$

2. 在非金属单质中，熔点最高，沸点最低，硬度最大，能导电的各是什么物质？

3. 下列元素形成的氢化物各属于什么类型？

（1）K， （2）B， （3）Sb， （4）Cr

4. 排出下列各组物质酸碱性大小的顺序，简述理由。

$$MgO \qquad SiO_2 \qquad P_2O_5 \qquad Al_2O_3$$

5. 完成并配平下列反应式。

（1）$NaHCO_3 \xrightarrow{\triangle}$ 　　　　　　　　（2）$KO_2 + CO_2 \rightarrow$

（3）$Na_2O_2 + H_2O \rightarrow$ 　　　　　　　（4）$SbCl_3 + H_2O \rightarrow$

6. 用离子方程式完成并配平下列反应式。

（1）$Fe^{3+} + Fe \rightarrow$ （2）$K_2Cr_2O_7 + H_2SO_4 + Na_2SO_3 \rightarrow$

（3）$KMnO_4 + H_2SO_4 + Na_2SO_3 \rightarrow$ （4）$KMnO_4 + NaOH + Na_2SO_3 \rightarrow$

7. 下列反应都可以产生氢气：（1）金属与水；（2）金属与酸；（3）金属与碱；（4）非金属单质与碱；（5）非金属单质与水蒸气。试各举一例，并写出相应的反应方程式。

8. 填空

（1）元素周期表中共有_____种金属元素。其中熔点最高的金属是_____，硬度最大的金属是_____，熔点最低的金属是_____，密度最小的金属是_____，做导电最好的金属是_____，导热性最好的金属是_____，延性最好的金属是_____，展性最好的金属是_____。

（2）轻金属有_____，低熔点金属有_____，较常用的半导体元素有_____和_____。可做光电材料的金属是_____。

（3）金属的提炼是基于_____反应。除碳、一氧化碳外，还可做还原性金属如_____，称金属热还原法。对于还原性很强的金属可用_____的方法来冶炼。

9. 某厂每天要烧掉 $W(s) = 1.6\%$ 的煤 100 t，计算每年（365 天）共排放 SO_2 多少吨。SO_2 会对大气造成污染，如果把这些 SO_2 回收利用，计算每年可生产 98%（质量分数）的浓硫酸多少吨。

10. 写出下列变化的化学反应方程式：

$N_2 \rightarrow NH_3 \rightarrow NO \rightarrow NO_2 \rightarrow HNO_3 \rightarrow Ca(NO_3)_2$

11. 过渡元素有哪些特点？

12. 过渡元素的水合离子为何多数有颜色，而 Ti^{4+}、Ag^+ 和 Zn^{2+} 等水合离子却无色？

13. 下列离子中，指出哪些能在氨水溶液中形成氨合物。

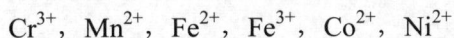

Cr^{3+}，Mn^{2+}，Fe^{2+}，Fe^{3+}，Co^{2+}，Ni^{2+}

14. 选择题

（1）关于 d 区元素，下列说法正确的是（   ）。

　A. 各族最高氧化态都等于其族数

　B. 各族元素的活泼性都是从上至下减弱

　C. Cr，Mn，Fe，Co，Ni 的 $\varphi^{\ominus}(M^{2+}/M)$ 都是负值

　D. Cr，Mn，Fe，Co，Ni 的最稳定氧化态都是 +1

（2）$CrCl_3$ 溶液与下列物质作用时，既产生沉淀又生成气体的是（   ）。

　A. Na_2S　　　　B. $BaCl_2$　　　　C. H_2O_2　　　　D. $AgNO_3$

（3）下列溶液可与 MnO_2 作用的是（   ）。

A. 稀 HCl　　B. 稀 H_2SO_4　　　C. 浓 H_2SO_4　　　D. 浓 NaOH

（4）$KMnO_4$ 溶液需存放在棕色瓶中是因为它（　　）。

A. 不稳定，易发生歧化反应　　　B. 光照下会慢慢分解成 MnO_2 和 O_2

C. 光照下与空气中的 O_2 反应　　　D. 光照下迅速反应生成 K_2MnO_4 和 O_2

（5）下列物质最不易被空气中的 O_2 所氧化的是（　　）。

A. $MnSO_4$　　　B. $Ni(OH)_2$　　　C. $Fe(OH)_2$　　　D. $[Co(NH_3)_6]^{2+}$

15. 某溶液中有 NH_4^+、Mg^{2+}、Fe^{2+} 和 Al^{3+} 四种离子，若向其中加入过量的 NaOH 溶液，微热并搅拌，再加入过量盐酸，溶液中大量减少的阳离子是（　　）。

A. NH_4^+　　　B. Mg^{2+}　　　C. Fe^{2+}　　　D. Al^{3+}

第九章 现代化学进展

本章提要：本章主要介绍现代化学进展，主要介绍纳米化学、绿色化学、能源化学及生命化学的研究及发展。

第一节 纳米化学

1990 年以来，一场以信息技术、生物技术、能源技术和纳米技术为代表的科技革命在全球兴起。其中 1980—1990 年逐渐形成的纳米材料技术（Nonstructural Substances Technology, NST），是世界各国科学研究者普遍关注的最具有代表性的热点领域。虽然人们对这种材料的认识并不完全统一，但是大多数人认为这种材料指的是颗粒径在 1～100 nm 范围内的材料。由于这门科学与许多分支科学有关，于是就出现了纳米化学、纳米物理学、纳米生物学、纳米技术、纳米工艺等。这些学科为纳米材料的发展提供了科学基础。其中纳米化学是最重要，也是其他各门纳米学科的基础。

近年来，纳米化学受到很大的重视。美国化学会出版的刊物《Chemistry of Materials》1996 年第 8 期出版了第一个"纳米结构的材料"专刊，刊登了 20 多篇综述文章和 50 多篇快报和研究文章。2000 年 1 月美国 NASA 组织了一次关于纳米材料对航天科技发展的影响的专题讨论会。会上许多人指出，航天科技提出的许多任务，离开纳米技术是无法解决的。

一、纳米化学的产生

1959 年，美国著名物理学家，诺贝尔物理奖获得者理查德·费因曼提出逐级缩小装置，最后由人类直接按需要排列原子和分子，制造产品的设想，为后来的纳米技术发展指出了一条新思路。1963 年，Uyeba 等用气体冷凝法制备纳米粒子。1977年麻省理工学院的德雷克思勒，首创纳米技术一词，并在其访问斯坦福大学时成立纳米尺度科学技术研究小组，成为纳米科技的先行者。1981 年，IBM 公司苏黎世的 G.Binning 和 H.rohrer 发明了电子扫描显微镜，其分辨率可达 0.1 nm，为纳米科技的发展提供了前所未有的研究手段，大大提高了人类认识和改造微观世界的能力，也加速了纳米科技的发展。1984 年，德国萨尔大学的格莱特首先研制出纳米微粒，并压制烧结得到一种新型凝聚态固体（纳米固体）。1990 年被认为是 NST 正式诞生之年，其标志是：1990 年在美国巴尔的摩召开了第一届国际纳米科学技术会议；专业国际刊物《nanotechnology》的出版；日本等发达国家制订了发展纳米科技的国家计划；冠以纳米的新名词、新概念层出不穷；美国 IBM 公司的一个研究小组，用一个个氙原子在镍表面上排出了"IBM"字样，首次实现了人类直接操纵原子这一伟大创举。纳米科学技术的诞生是多学科交叉融合的结果，代表了当代科学技术发展的一个基本特征，随之产生的纳米化学作为纳米科学技术的基础科学，其基本任务就是如何利用化学的特长和优势，合成和制备具有特定功能的纳米物质。

二、纳米材料的制备方法

1. 物理制备方法

早期的方法是将较粗的物质破碎，如低温粉碎法、超声波粉碎法、水锤粉碎法、高能球磨法、喷雾法、蒸汽冷凝法、蒸汽油面冷却法等。近年来出现了新的物理方法，中科院物理所开发了对玻璃态合金进行纳米晶化的方法、表面光刻的方法等。

2. 化学制备方法

（1）液相反应法。

液相反应法是使用最多的方法。溶液中不同的分子或离子反应，产生固体产物。适当控制反应物的浓度、反应温度和搅拌速度，能使固体产物的颗粒尺寸达到纳米级。其可以是单组分的沉淀，也可以是多组分沉淀。所用反应多种多样，常用复分解反应、水解反应、还原反应、络合反应、聚合反应等。水解反应又包括溶胶凝胶法、水热法。溶胶凝胶法是一个老方法，开始时主要使用金属的醇氧化物水解制备无机材料。所用原料为 $M(OR)_n$，M 可以是 Si，Ti，Zr，Al，B 等，R 为烷基。部分水解后再进行缩合反应，可得到三维网格结构的凝胶。将其中的低分子化合物除去后，体积大大收缩，即可得到纳米尺寸的颗粒。采用这种方法，近年来制备了许多无机复合化合物。如用聚四氢呋喃与四乙基原硅酸酯进行水解和缩合反应，可得到聚四氢呋喃与二氧化硅杂化的产物。干燥后形成杂化纳米颗粒。水热法是一种古老的方法，近年来也有不少新的进展。用水热法制备纳米颗粒，如以 $Na_4Ge_4S_{10}$ 和 $MnCl_2$ 为原料，在水热反应条件下制备出纳米棒状颗粒。还原法也是一种常用的方法，用氢、碱金属及硼氢化合物可以把金属离子还原为金属颗粒，如用金属钠还原 CCl_4 可制备纳米金刚石，用 Li_3N 还原 $GaCl_3$ 可制备纳米 GaN。

（2）气相反应法。

气相反应法也是一种常用的方法。用两种或多种气体或蒸汽相互反应，控制适当的浓度、温度和混合速度，能生成纳米尺寸的固体颗粒。近年来发展较快的化学气相沉积法，可以制备纳米金刚石晶粒或薄膜，但是在一般情况下不能保证生成的全是纳米颗粒。用化学气相沉积法制备纳米碳管是纳米材料的一个重大突破。纳米碳管是十分优异的纳米材料，过去使用电弧法制备，产量低，能耗大，产品质量不稳定，影响了它的发展。后来发现，在金属催化剂的作用下，用气相沉积法制备纳米碳管，不但收率大大提高，且质量稳定。后来又制备出性能更加优异的单壁碳纳米管。作为特殊的方法，用爆炸或燃烧的方法也可制备纳米物质。用低压燃烧的方法制备 SiO_2、TiO_2、Al_2O_3 等多种纳米颗粒，其特点是生产效率高，可达 30～50 g/h，实现批量生产。

（3）固相反应法。

固相反应法用得较少。金属盐的热分解是制备金属氧化物纳米颗粒较老的方法。近年来，人们用金属有机化合物热分解制备出纳米金属颗粒。又发现金属有机化合物在超声波的作用下，也可分解出纳米金属颗粒。在聚合物的保护下，可得到单分散的颗粒。用机械化学的方法也可制备纳米颗粒。如用高能球磨处理纳米尺寸的 ZnO、Fe_2O_3 混合物，可得到纳米的铁酸锌。用冲击波处理金属氧化物，也可得到金属复合氧化物的纳米颗粒。

3．其他新方法

近年来在纳米材料的制备研究领域出现了一些新的思路和方法，从单个分子水平的设计出发，模仿生物体系的自由组织和自装配原理，自上而下地构造纳米材料的仿生纳米合成，已成为纳米化学合成的重要思路之一。发展了两类方法，一类是用比较简单的分子进行组装，另一类是用有机和无机化合物在适当的基材上通过自组装反应，生成有序结构的薄膜，制备中空的纳米球或纳米管。另外模板法也是合成纳米粒子的重要发展方向，利用纳米多孔材料的纳米孔或纳米管道为模板，使前驱体进入后自己反应或者与管壁反应生成纳米颗粒、纳米棒、纳米管。如用铝表面阳极氧化生成的氧化铝多空膜，其纳米尺寸的管道排列整体，内径 2～10 nm。还有一种独特的方法是利用硫代钼酸盐为原料，用电化学的方法将 MoS_2 沉积到受超声波处理的电极上，可将硫化钼转变为具有富勒烯结构、直径在几纳米的颗粒。机理尚不很清楚。但估计该法可能用于制备其他类似的化合物。

目前已有的纳米物质合成方法五花八门，但很不完整。从发展实用纳米材料角度看，需要开发比较简单，便于大规模生产的方法。从纳米物质的研究角度来讲，需要开发出能严格控制颗粒尺寸、形状和结构的纳米颗粒的制备方法。

三、纳米材料的性质和用途

纳米的主要性质是量子尺寸效应和表面效应。物理学家主要研究前一个效应，对其电学、磁学、光学性质已有详细的研究。而化学家主要研究其表面效应和化学性质及其在化学化工方面的应用。

1．催化性质和作为催化剂的应用

作为催化剂，首先考虑纳米颗粒巨大的比表面积和表面原子占很大比例的特点。近年来研制出催化活性很高的纳米催化剂。尤其是一些配体稳定化的金属纳米颗粒。一般认为纳米催化剂活性的提高取决于表面金属原子数目，每个表面原子的活性并没有提高。当然，减少颗粒尺寸，提高金属表面原子的比例也可提高单位质量催化剂的产出效率，降低成本，但要防止催化剂的纳米颗粒在较高温度下发生团聚，才能开发出具有工业价值的催化剂。

对于光催化剂，因其涉及电子的跃迁和转移，纳米催化剂显示出独特的性质。吴鸣等用 TiO_2 进行苯酚的光催化分解，发现当颗粒尺寸小于 16 nm 时，出现明显的量子效应，催化活性明显提高。另据报道纳米 TiO_2 涂在高速公路照明设备的玻璃罩面上，由于其光催化活性高，表面上的油污可被分解掉，因此可使表面保持良好的透光性。

纳米陶瓷材料又是一种良好的生物医学材料。颗粒尺寸分别为 23 nm 和 32 nm 的 Al_2O_3 和 TiO_2 对骨细胞的附着力大大高于 62 nm 的 Al_2O_3 和 2 μm 的 TiO_2，与活细胞有较好的相互结合性能，可成为矫形和牙科手术的良好材料。

2. 力学性质

纳米物质的巨大表面使力学性能也有许多特点。如纳米陶瓷材料。上海硅酸盐研究所在一般陶瓷中添加少量纳米陶瓷粉，烧结后其力学性能会有成倍的增加。例如在 Al_2O_3 陶瓷材料中加入少量纳米 SiC，其性能有显著提高，抗弯强度由原来的 300～400 MPa 提高到 1.0～1.5 GPa，断裂韧性也提高了 40%。还有人发现 SiC 纳米棒的强度比纳米碳管更高，是极好的增强填料，有人甚至认为，这可能是世界上已发现的材料中力学性能最强的材料。

纳米摩擦学是近年新兴的一门学科，某些纳米颗粒或纳米膜具有良好的润滑性能和减磨性能。中科院兰州化物所固体润滑国家重点实验室用钼酸钠和硫化钠为原料合成用二烷基二硫代磷酸盐修饰的纳米 MoS_2 和 PbS，将其分散在润滑油中可使磨损量减少 40%～70%。

近年来开发的纳米碳管具有优异的机械性能，极高的杨氏模量，强度高，密度小，是复合材料中理想的增强填料，开始得到实际应用。由于其刚性极限和弹性极限都很高，已经成功地用单根纳米碳管建立了纳米秤。在电镜中观察碳管荷载时的弯曲情况，据称，最小秤量到 2×10^{-16} g 的微小重量。由于单壁碳纳米管内外层带有不同电荷，在电解质溶液中施加一定电压时，会发生弯曲。这与肌肉的动作有相似之处。据测定，施加 1 V 电压，可产生 0.4 mm 的位移。这个原理有可能用在微执行元件中，可直接把电能转变为机械能，而且可用于较高温度下。有报道指出，用这种效应已制成可以夹住纳米颗粒的纳米钳。用纳米碳管做贮氢材料取得很大的进展。中科院金属所进行的试验表明在中等压力下，储氢量可达 4.2%，常压下有 80% 的氢可能被释放出来。这对利用氢作为机动车的燃料将有极大促进。

由上述简单的介绍可知，纳米物质的化学性质具有一定的特色，但至今还没有被充分研究，目前纳米材料虽然得到了一些初步的应用，但由于对其性质的认识远不充分，因此对其应用途径的开发也远远不够。应大力开展对其化学性质的全面研究，同时积极探索新的应用途径。

第二节 绿色化学

绿色化学（Green Chemistry）又称环境无害化学（Environmental Benign Chemistry），在此基础上发展的技术称为环境友好技术（Environmental Friendly Technology）或清洁技术（Clean Technology）。绿色化学是用化学的技术和方法去减少或杜绝那些对人类健康、社区安全、生态环境有害的原料、催化剂、溶剂和试剂、产物、副产物等的使用和产生。绿色化学的理想在于不再使用有毒、有害的物质，不再产生废物，不再处理废物，是一门从源头上阻止污染的化学。

一、绿色化学的重要性

迄今为止，化学工业的绝大多数工艺是40多年前开发的，当时的加工费用主要包括原料、能耗和劳动力。近年来化学工业向大气、水和土壤排放了大量有毒、有害的物质，以1993年为例，美国仅按365种有毒物质排放估算，化学工业的排放量为30亿磅（1磅＝0.453 6 kg）。因此，又增加了废物控制、处理和处置，环境监测、达标、事故责任赔偿等费用。1996年杜邦公司化学品销售总额为180亿美元，环保费用为10亿美元。所以，从环保、经济和社会的要求看，化学工业不能再承担使用和产生有毒、有害物质的费用，需要大力研究与开发从源头上减少和消除污染的绿色化学。1990年美国颁布了污染防治法案，将防治污染确立为美国的国策。1995年3月，美国宣布设立"总统绿色化学挑战奖"；1996年7月颁发了第二届"总统绿色化学挑战奖"，两届共有8家公司和2位教授获奖。欧洲、拉美国家也纷纷制订了绿色化学与技术的科研计划，绿色化学与技术已成为世界各国政府最为关注的问题。日本制订了新阳光计划，在环境技术的研究与开发领域，确定了环境无害制造技术、较少环境污染技术和二氧化碳固定与利用技术等绿色化学内容。总之，绿色化学的研究已经成为国外企业、政府和学术界的重要研究与开发方向。

二、绿色化学的研究进展

近年来，绿色化学的研究主要围绕化学反应、原料、催化剂、溶剂和产品的绿色化展开，如图9-1所示。

绿色化学的发展主要涉及下面几个方面：

1. 开发"原子经济"反应

Trost在1991年提出原子经济（Atom Econnmy）的概念，即原料分子中究竟有百分之几的原子转化为产物。理想的原子经济反应是原料分子中的原子百分之百的转化为产物，不产生副产物或废物，实现废物的零排放（Zero Emission）。对于大宗有机原料的生产来讲，选择"原子经济"反应十分重要。目前，在基本有机原料的生产中，有的已经采用"原子经济"反应，如甲醇羰化制醋酸、乙烯或丙烯的聚合物等。一些基本有机原料生产所采用的反应中，已由二步反应改为采用一步的"原子经济"反应，如环氧乙烷的生产。

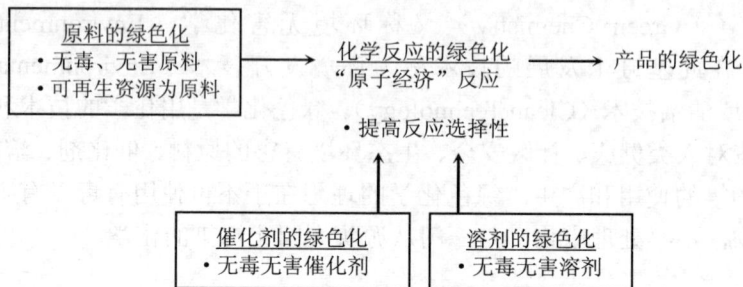

图 9-1　绿色化学主要研究内容

开发新的原子经济反应已成为绿色化学研究的热点之一。EniChem 公司用钛硅分子筛催化剂，将环己酮、氨、过氧化氢反应，可直接合成环己酮肟，取代由氨氧化制硝酸，硝酸离子在铂、钯贵金属催化剂上用氢还原制备羟胺，再与环己酮反应合成环己酮肟的复杂路线，并实现工业化。

2. 提高烃类氧化反应的选择性

烃类选择性氧化在石油化工中占有极其重要的地位。据统计，在催化过程生产的各类有机化学品中，催化选择氧化生产的产品约占 25%。烃类选择性氧化为强放热反应，其目的产物大多是热力学上不稳定的中间化合物，在反应条件下很容易被进一步深度氧化为二氧化碳和水，其选择性是各类催化反应中最低的。这不仅造成资源浪费和环境污染，而且给产品的分离和纯化带来很大的困难，使得投资和生产成本大幅度上升。控制氧化反应深度，提高目的产物的选择性始终是烃类选择氧化研究中最具挑战的难题。

早在 1940 年 Lewis 等就提出烃类晶格氧选择氧化的概念，用可还原的金属氧化物的晶格氧作为烃类氧化的催化剂，按还原氧化模式进行。采用循环流化床提升管反应，在提升管反应器中烃分子与催化剂的晶格氧反应生成氧化产物，失去晶格氧的催化剂被输送到再生器中用空气氧化到初始价态，然后送入提升管中再进行反应。这样，反应在没有气相氧分子的条件下进行，可避免气相和减少表面的深度氧化反应，提高反应的选择性。且不受爆炸极限的限制，可提高原料浓度，使反应产物容易分离回收，是控制氧化深度，节约资源和保护环境的绿色工艺。根据上述还原模式，国外一家公司已成功开发出丁烷晶格氧化制顺酐的提升管再生工艺，建成一套工业装置。氧化反应的选择性大幅度提高，顺酐收率由原有的 50% 提高到 72%，未反应的丁烷可循环使用，被誉为绿色化学反应工程。

3．采用无毒、无害的原料

为使制造的中间体具有进一步转化所需的官能团和反应性，现有化工生产中仍使用剧毒的光气和氢氰酸等作为原料。为了人类健康和安全，需要采用无毒无害的原料来代替生产所需化工产品。

在代替剧毒的光气作为原料生产有机化工原料方面，Tundo 报道了用二氧化碳代替光气生产碳酸二甲酯的新方法。Komiya 研究开发了在固态熔融的状态下，采用双酚 A 和碳酸二甲酯聚合生产聚碳酸酯的新技术，取代常规的光气合成路线，并同时实现两个绿色化学目标：一是不使用有毒有害的原料，二是由于反应在熔融状态下进行，不使用作为溶剂的可疑的致癌物——甲基氯化物。

关于代替剧毒氢氰酸原料，Monsanto 公司从无毒无害的二乙醇胺原料出发，经过催化脱氢开发了安全生产氨基二乙酸钠的工艺，改变了过去以氨、甲醛和氢氰酸为原料的二步合成路线。并因此获得了 1996 年"美国总统绿色化学挑战奖"中的变更合成路线奖。另外，国外还开发了由异丁烯生产甲基丙烯酸甲酯的新合成路线，取代了以丙酮和氢氰酸为原料的丙酮氰醇法。

4．采用无毒、无害的催化剂

目前烃类烷基化反应一般使用的是氢氟酸、硫酸、三氯化铝等液体酸催化剂，这些催化剂的共同特点是，对设备的腐蚀严重，对人身有危害，产生废渣、污染环境。为了保护环境，多年来国外从分子筛、杂多酸、超强酸等新型催化材料中大力开发固体酸烷基化催化剂。已开发几种丙烯和苯烃化异丙苯的工艺，采用大孔硅铝酸盐沸石 MCM222、MCM256 新型沸石和 Y 型沸石或用高度脱铝的丝光沸石和 B 沸石催化剂，代替了原有的固体磷酸或三氯化铝催化剂。还有一种生产线性烷基苯的固体酸催化剂替代氢氟酸催化剂，改善了生产环境。在固体酸烷基化的研究中，还应进一步提高催化剂的选择性，以降低杂质含量；提高催化剂的稳定性，以延长运转周期；降低原料中的苯烯比，提高经济效益。

5．采用无毒、无害的溶剂

大量与化学品制造相关的污染问题不仅来源于原料和产品，也来源于其制造过程中使用的物质。最常见的是在反应介质、分离和配方中所用的溶剂。当前广泛使用的挥发性有机化合物，有的会引起地面臭氧的形成，有的会引起水源的污染，需要限制这类溶剂的使用。采用无毒无害的溶剂代替挥发性有机化合物作溶剂已成为绿色化学的重要研究方向。

在无毒无害溶剂的研究中，最活跃的研究项目是超临界流体，特别是超临界二氧化碳作溶剂。超临界二氧化碳是指温度和压力均在其临界点（311℃、747 717 kPa）以上的二氧化碳流体。通常其具有流体的密度，因而具有常规液态溶剂的溶解度；在相同条件下，它又具有气体的黏度，因而，又具有很高的传质速度；同时也具有很大的可压缩性。流体的密度、溶剂溶解度和黏度性能均可由压力和温度的变化来调节。超临界二氧化碳的最大优点是无毒、不可燃、廉价等。

除采用超临界溶剂外，还研究水和近临界水作为溶剂及有机溶剂水相界面反应。采用水作溶剂虽能避免有机溶剂，但其溶解度有限，限制了使用，且还要注意废水是否会造成污染。在有机溶剂水相界面反应中，一般采用毒性较小的溶剂（甲苯）代替原有毒性较大的溶剂如二甲基亚砜等。采用无溶剂的固相反应也是避免使用挥发性溶剂的一个研究方向，如采用微波技术来促进固—固相反应。

6．利用可再生的资源合成化学品

利用生物原料（Biomass）代替当前广泛使用的石油，是保护环境的一个长远的发展方向。

生物质主要由淀粉及纤维素等组成，前者易转化为葡萄糖，而后者由于结晶及与木质素共生等原因，通过纤维素酶等转化为葡萄糖，难度较大。Frost 报道了以葡萄为原料，通过酶反应可以制得己二酸、邻苯二酚和对苯二酚等，尤其是不需要从传统的苯开始来制作作为尼龙原料的己二酸。由于苯是已知的致癌物质，在经济和技术上可行的前提下，从合成大量的有机原料中取出苯，是具有竞争力的绿色化学目标。

另外，Gross 首创了利用生物或农业废物如多糖类制造新型聚合物的工作。其优越性在于聚合物原料单体实现了无害化，生物催化转化方法优于常规的聚合方法，且该法还有生物降解功能。

7．环境友好产品

1996 年，Rohm&Hass 公司开发成功一种环境友好的海洋生物防垢剂，获"美国总统绿色化学挑战奖"。Donlar 公司开发了两个高效工艺生产热聚天冬氨酸，代替丙烯酸的可生物降解产品获设计更安全化学品奖。

在环境友好机动车燃料方面，1990 年《美国清洁空气法》规定，逐步推广使用新配方汽油，减少由汽车尾气中的一氧化碳及烃类引发的臭氧和光化学烟雾等对空气的污染。新配方汽油要求限制汽油的蒸汽压、苯含量，还将逐步限制芳烃和烯烃含量。要求在汽油中加入含氧化合物，比如甲基叔丁基醚、甲基叔戊基醚。这种新配方汽油的质量要求已推动了汽油的有关炼油技术的发展。

柴油是另一类重要的石油炼制产品。对环境友好柴油，美国要求硫含量≯0.105%，芳烃含量≯20%，同时十六烷含量≮40%。瑞典对一些柴油要求更严格，为达上述目的，一是要有性能优异的深度加氢脱硫催化剂；二是要开发低压的深度脱硫芳烃饱和工艺。

此外，保护大气臭氧层的氯氟烃代用品、防止"白色污染"的生物降解也在使用。

三、我国绿色化学的活动

我国在绿色化学方面的活动也逐渐活跃。1995 年，中国科学院化学部确定绿色化学与技术的院士咨询课题；1997 年，国家自然科学基金委员会与中国石油化工集团公司联合立项资助"九五"重大基础研究项目"环境友好石油化工催化化学与化学反应工程";中国科技大学绿色科技与开发中心在该校举行了专题讨论会,并出版了《当前绿色科技中的一些重大问题》论文集;1998年,在合肥举办了第一届国际绿色化学高级研讨会;《化学进展》杂志出版社出版了"绿色化学与技术"专辑;四川联合大学也成立了绿色化学与技术研究中心。

第三节 能源化学

一、能源的分类

能源(Energy Source)指提供能量的自然资源。能源品种繁多,按其来源可分为三类:一是来自地球以外的太阳能,除太阳的辐射能之外,煤炭、石油、天然气、水能、风能都间接来自太阳能;第二类是来自地球本身,如地热能,原子核能;第三类是太阳、月亮等天体对地球的引力而产生的能量,如潮汐能。其中在自然界自然存在,可直接获得而无须改变其形态和性质的能源又称为一次能源,如煤、石油、天然气、水能、风能、地热能、潮汐能等。由一次能源经过加工或转化成另一种能源形态的能源产品,如电力、汽油、柴油、煤气等称为二次能源。根据消费后能否造成环境污染,又可将能源分为污染型能源和洁净型能源。如煤、石油等是污染型能源,水力能、风能、太阳能和氢能是洁净型能源。

二、化石能源

1. 煤(Coal)

(1)煤炭的组成与结构。

煤炭是储量最丰富的化石原料,既是重要的能源,也是重要的化工原料。世界煤炭可采储量约10^{12}t,中国约占11%,仅次于俄罗斯和美国,处于第三位。煤炭是一种具有高碳氢比的有机交联聚合物与无机矿物所构成的复杂混合物。煤炭有机大分子由许多结构相似但又不相同的结构单元组成。结构单元的核心是缩合程度不同的稠环芳香烃及一些脂环烃和杂环化合物。结构单元之间由氧桥或亚甲基桥连接,还带有侧链烃基、甲氧基等基团。大分子在三维空间交联成网络状结构,一些小分子以氢键或范德华力相连。无机分子被有机分子填充和包埋,形成复杂的天然"杂化"材料。

组成煤的主要元素有碳、氢、氧、氮和硫,它们占煤炭有机组成的99%以上。按其变质程度由低到高可分为泥炭、褐煤、烟煤和无烟煤四大类。煤的无机组成主要包括水分和矿物质(黏土、石英、硫化物、碳酸盐等)。它们在燃烧过程中,转化成为灰分和粉尘造成环境恶化，并因分解吸热而降低煤发热量。

煤在我国能源消费结构中位居榜首，煤的年消费量在 10 亿 t 以上，其中 30% 用于发电和炼焦，50% 用于各种工业锅炉、窑炉，20% 用于人民生活。煤可以燃烧，其中 C、H、S、N 分别变为 CO_2、H_2O、SO_2、NO_x，这样热利用效率并不高，如煤球的热效率只有 20%～30%，蜂窝煤高一些，可达 50%，而碎煤不到 20%。

直接烧煤对环境造成的污染十分严重，二氧化硫（SO_2）、氮氧化物（NO_x）等是造成酸雨的罪魁祸首，大量 CO_2 的产生是全球气温变暖的祸首，还有煤灰和煤渣等固体垃圾的处理与利用问题。为了解决这些问题，合理利用煤资源的方法不断出现并不断推广。其中煤的催化燃烧是最近研究的热点之一。

（2）洁净煤技术

洁净煤技术是减少污染和提高效率的煤炭加工、转换和污染控制新技术的总称。包括了煤炭使用过程中各环节的净化和污染防治技术，是当前世界各国煤污染的主导技术，分为四个技术领域：煤炭加工领域，燃煤与发电领域，煤转换领域，污染排放控制及固体废物处理领域。

2. 石油和天然气

石油是远古时代沉积在海底和湖泊中的动植物遗体，经过千百万年的漫长转化过程而形成的碳氢化合物的混合物。直接从地壳开采出来的石油称之为原油，原油经过加工所得的液体产品总称为石油。石油有"工业的血液""黑色的黄金"等美誉。自 1950 年开始，在世界能源消费结构中，石油跃居首位。石油产品的种类已超过几千种。石油是国家现代化建设的战略物资，许多国家争端往往与石油资源有关。现代生活中的衣、食、住、行直接或间接地与石油有关。

石油是碳氢化合物的混合物，含有 1～50 个碳原子。按质量计，其碳和氢分别占 84%～87% 和 12%～14%，主要成分为直链烷烃、支链烷烃、环烷烃和芳香烃。石油中的固态烃类称为蜡。此外，石油中含有少量由 C、H、O、N 和 S 组成的杂环化合物。原油中含硫量变化很大，在 0～7%，主要以硫醚、硫酚、二硫化物、硫醇、噻吩、噻唑及其衍生物的形式存在。氮的含量远低于硫，为 0～0.8%，以杂环系统的衍生物形式存在。此外石油中还含有其他微量元素。

石油的成分十分复杂，在炼油厂，原油经过蒸馏和分馏，得到不同沸点范围的油品，包括石油气、轻油（溶剂油、汽油、柴油和煤油等）及重油（润滑油、凡士林、石蜡、沥青和油渣等）。重油经过热裂化、催化裂化或加氢裂化等，又可产生出轻质油。石油经过一系列的炼制和精制获得了各种半成品和组分，然后再按照用途和质量要求调配得到品种繁多的石油产品。这些产品按用途可分为两类：燃料（汽油、柴油和煤油等）和化工原料。

天然气是蕴藏在地层中的可燃性碳氢化合物气体，其形成过程和石油相同，二者可能伴生，但一般埋藏部位较深。根据国际经验，每吨石油大概伴有 $1\,000\ m^3$ 的天然气，所以能源统计者往往把石油和天然气归结在一起。天然气的主要成分是甲烷，也含有乙烷、丙烷、丁烷、戊烷等。碳原子超过五的烷烃，在地下的高温条件下以气体状态的形式被开采出来，但在标准状态下是液体。天然气中还含有 H_2S、SO_2 及微量有机气体。和其他的化石燃料相比，天然气是最"清洁"的燃料，燃烧产物都是 CO_2 和 H_2O，是无毒物质，并且燃烧值很高（802 kJ·mol^{-1}），管道输送也方便。我国最早开发使用天然气的是四川盆地，20 世纪末和 21 世纪初，在陕、甘、宁地区的长庆油田和新疆的塔里木盆地也发现了特大型气田，长庆油田的天然气已经输送到北京、西安等地，塔里木盆地的天然气"西气东送"至上海。

石油和天然气作为燃料在燃烧过程中也会产生 SO_2 和 NO_x 等有害气体，对大气造成污染。催化燃烧降低燃烧温度减少 NO_x 是目前国内外研究的热点之一。

三、化学电源

化学电源即化学电池，是一种将化学能转变为电能的装置，通称电池，主要分为一次电池（干电池）、二次电池（蓄电池）和燃料电池。当前，美国、日本和欧洲都在拟定开发燃料电池的计划。日本在 1990 年前已经投资了 170 亿日元，用于燃料电池电力站的开发。

现有燃料电池除碱性氢氧燃料电池、磷酸型燃料电池外，还有高温固体氧化物燃料电池、熔融碳酸盐燃料电池、醇类燃料电池等，在电力站开发、航天飞船、军用、驱动电力车等众多方面有发展前景。无论哪种电池，在设计时必须满足许多条件：能量转换的效率大，以保证较大的电流；电池活性物质不通过外电路的自放电要小；较高的电动势；电池容量大；能在较宽的温度范围内正常工作；此外材料还要廉价、安全、无毒等。

燃料电池比其他电池能更好地满足上述条件，表现出其突出的优点。无论与传统的火力发电、水力发电或核能发电相比，还是与以往的一次、二次电池的化学电源相比，燃料电池都具有无可比拟的特点和优势。在研究和比较各种电力生产方法之后，科学家预言燃料电池将成为未来世界上获得电力的重要途径。因为燃料通过电池的方法来产生电力有许多优点：

（1）能量转化效率高。火力发电受热机卡诺循环效率的制约，转化率最高只有35%左右，能源浪费严重；其他物理电池，如温差电池的效率为 10%，太阳能电池的效率为 20%。但在燃料电池中，可连续和直接地把化学反应中产生的化学能转化成电能，其能量转化在理论上可达 100%，实际中最高可达 80%。

（2）环境友好。火力发电产生大量的烟雾、尘埃及有害气体而污染环境。而燃料电池排放物一般为水和二氧化碳，与火力发电相比，突出的优点是减少大气污染。且燃料电池不需传送机构，没有磨损和噪声，特别适合军事目的。

（3）高度的可靠性。燃料电池具有常规电池的积木特性，即可由若干个电池串联、并联的组合方式向外供电。所以燃料电池既适于集中发电，也可以做成各种规格的分散电源和可移动电源。其可靠性还在于，即使处于额定功率以上过载运行或低于额定功率运行都能承受且效率变化不大，当负载有变动时，能做出快速响应。比重量或比功率高，同样重量的各种发电装置，燃料电池的发电功率更大。

（4）适应能力强。燃料电池可使用多种多样的初级燃料，包括火力发电厂不宜使用的低质燃料。既可用于固定地点的发电站，也可用作汽车、潜艇等交通工具的动力源。

四、新能源

新能源指以新技术为基础，系统开发利用的能源，包括核能、氢能、太阳能、生物质能、风能、地热能、海洋能等。下面对各种新能源作简单的介绍。

1. 核能

核能也称为原子能，原子能的释放模式为原子核的衰变、原子核的裂变和原子核的聚变。原子能的研究成果不幸首先用于战争，危害人类自身。但第二次世界大战结束后，科技人员很快致力于原子能的和平利用。1954 年苏联建成世界上第一座核电站。至今世界上已有 30 多个国家的 400 多座核电站在运行之中。

利用中子激发引起的核裂变，是人类迄今为止大量释放原子能的主要形式。原子核裂变时，同时放出中子，这些中子激发的核裂变，可使裂变反应不断进行下去，称为链式反应。如果人们设法控制在链式反应中中子的增长速度，使其维持在某一数值，链式反应会缓慢地释放能量，此即核反应堆的工作原理。核电是一种清洁能源，没有废气和煤灰，建设投资虽高，但运行时没有运送煤炭、石油这样繁重的运输工作，因此还是经济的。发展核电是解决当前电力缺口的一种重要选择。但有两个问题令人担忧，一是保证安全运行，二是核废料的处理。

世界上曾接二连三地出现过核电站"失控"事故。1979 年 3 月 28 日美国宾夕法尼亚州三里岛核电站，因反应堆冷却系统失灵，使堆心部分过热，致使部分放射性物质逸入大气，但事故得到及时处理，没有引起爆炸，对人伤害不很严重，只是核电站受到一定的破坏。1986 年 4 月 26 日，苏联乌克兰基辅市北部的切尔诺贝利核电站因人为差错和违章操作发生猛烈爆炸，反应堆内放射性物质大量外泄，造成大面积环境污染，人畜伤亡惨重。目前我国运行的浙江秦山核电站和广东大亚湾核电站，均采用世界上流行的压水堆技术。

单纯以裂变能源来计算（包括天然铀和钍）是化石燃料的 20 倍。至于聚变能源的储量，仅海水中的氘，至少可供人类利用 10^7 年。所以在原子能利用的问题上，尽管存在巨大的技术困难，但对受控核反应的研究，一直获得最大的关注。

2．氢能

（1）氢能的特点。

氢能是指以氢及其同位素为主体的反应或氢状态变化过程中所释放的能量。氢能包括氢核能和氢化学能，这里主要讨论由氢与氧化剂发生化学反应放出的化学能。

氢和其他能源相比有明显的优势：燃烧产物是水，堪称清洁能源；氢是地球上取之不尽、用之不竭的能源，而无枯竭之忧；1 kg 氢气燃烧释放出 142 MJ 的热量，热值高，与化石燃料相比，约是汽油的 3 倍，煤的 5 倍，研究中的氢—氧燃料电池还可高效率地直接将化学能转变为电能，具有十分广阔的发展前景。

（2）氢气的发生。

氢能源的开发利用必须解决三个问题：廉价氢的大量制备、氢的储运和氢的合理有效利用。大规模制取氢气，目前主要有水煤气法、天然气或裂解石油气制氢。但这些方法也非长久之计，因为原料来源有限。由水的分解来制取氢气主要包括水的电解、热分解和光分解。水的电解和热分解有能耗大、热功转化效率低、热分解温度高等缺点，不是理想的制氢方法。

研究经济上合理的制氢方法是战略性的研究课题。光分解水制取氢的研究已有一段历史。目前也找到一些好的催化剂，如钙和联吡啶形成的配合物，其所吸收的阳光正好相当于水分解成氢和氧所需的能量。酶催化水解制氢是最有前景的方法，目前已发现一些微生物，通过氢化酶诱发电子与水中氢离子结合起来，生成氢气。总之，光分解水制取氢气一旦成功突破，将使人类彻底解决能源危机问题。

（3）氢的输运与储存。

氢气的输运和储存是氢能开发利用中极为重要的技术，因此氢气的储存和输运技术的研究十分重要。常用的储氢方法有高压气体储存、低压液氢储存、非金属氧化物储存及金属储氢材料的固体储存等，蓬勃发展中的纳米技术也将给储氢技术带来新的希望。目前氢气的输运主要仍然使用一般的交通工具及管道输送方式。

3．太阳能

太阳能是地球上最根本的能源，煤、石油中的化学能由太阳能转化而成，风能、生物能、海洋能等也来自太阳能。太阳每年辐射到地球表面的能量为 50×10^{18} kJ，相当于目前全世界能量消费的 1.3 万倍，可谓取之不尽、用之不竭，因此利用太阳能的前景非常诱人。植物的光合作用是自然界"利用"太阳能的成功范例。它不仅为大地带来了郁郁葱葱的森林和养育万物的粮菜瓜果，地球蕴藏的煤、石油、天然气的起源也与此有关。寻找有效的光合作用的模拟体系、利用太阳能使水分解为氢气和氧气及直接将太阳能转变为电能等都是当今科学技术的重要课题，一直受到各国政府和工业界的支持与鼓励。

太阳能与常规能源相比具有如下特点：太阳是个持久、普遍、巨大的能源；太阳能是洁净、无污染的能源；太阳能无偿地提供给地球的每个角落，可就地取材，不受市场的垄断和操纵。

目前太阳能的利用也存在一些问题。阳光普照大地，单位面积上所受到辐射热并不大，如何把分散的热量聚集在一起，成为有用的能量是问题的关键。就每个地域来说，受到昼夜、阴晴、季节、纬度等因素的较大影响，能量供应极不稳定，因此，太阳能的采集和利用尚有大量课题研究。太阳能的利用主要有热能转化、化学能转化和电能转化等方式。

太阳能的热利用是通过集热器进行光热转化的。集热器也就是太阳能热水器，其板芯由涂了吸热材料的铜片制成，封装在玻璃钢外壳中。铜片只是导热体，进行光热转化的是吸热涂层。封装材料既要有高透光率，又要有良好的绝热性，随涂层、材料、封装技术和热水器的结构设计的不同而不同。终端使用温度较低（低于 100℃）时，可供生活热水、取暖等；中等温度（100～300℃）时，可供烹调、工业用热等；温度高于 300℃以上，可供发电使用。1970 年石油危机之后，这类热水器曾蓬勃发展。1980 年在美国已建成若干示范性的太阳能发电站，用特殊的抛物面反光镜聚焦热量获得高温蒸汽送到发电机进行发电。

太阳能也可以通过光电池直接变成电能，即太阳能电池。其具有安全可靠、无噪声、无污染、不需燃料、无须架设电网、规模可大可小等优点，但需占用较大的面积，因此比较适合阳光充足的边远地区的农牧民或边防部队使用。光电池应用的范围很广，大的可用于微波中转站、卫星地面站、农村电话系统，小的可用于太阳能手表、太阳能计算器、太阳能充电器等，这些产品已有广大市场。

美国、德国、日本等发达国家致力于太阳能的开发利用，如利用太阳能发电。我国自 1980 年起也开始研究太阳能电池，引进国际先进技术。太阳能电池现已有小批量生产，受到西藏无电地区牧民们的欢迎。小的太阳能发电装置可为一台彩色电视机和一部卫星接收机提供电源，或为家庭照明和家用电器供电。

4．生物质能

生物质能指由太阳能转化并以化学能形式贮藏在动物、植物、微生物体内的能量。生物质（Biomass）本质上是由绿色植物和光合细菌等自养生物吸收光能，通过光合作用把水和二氧化碳转化成碳水化合物而形成。一般说，绿色植物只吸收了照射到地球表面辐射能的 0.5%～3.5%。即使如此，全部绿色植物每年所吸收的二氧化碳约 $7×10^{11}$ t，合成有机物约 $5×10^{11}$ t。因此生物质能是一种极为丰富的能量资源，也是太阳能的最好贮存方式。生物质能可以说是现代的、可再生的"化石燃料"，可为固态、液态或气态。其储量大，使用普遍，含硫量低、充分燃烧后有害气体排放极低。因此，在世界能源结构中至今还占有十分重要的地位，尤其是在广大的农村和经济不发达地区。

稻草、劈柴、秸秆等生物质直接燃烧时，热能利用率极低，仅 15%左右，即便使用节柴灶，热量利用率最多也只达到 25%左右，并且对环境有较大的污染。目前把生物质能作为新能源考虑，并不是烧固态的柴草，而是将它们转化为可燃性的液态或气态化合物，即把生物质能转化为化学能，然后再利用燃烧放热。

农牧业废料、高产作物（如甘蔗、高粱、甘薯等）、速生树木（如赤杨、刺槐、桉树等），经过发酵或高温热分解可生产甲醇、乙醇等洁净的液体燃料；生物质若在密闭容器内经高温干馏也可生成可燃性气体（一氧化碳、氢气、甲烷等的混合气体）、液体（焦油）及固体（木炭）；生物质还可在厌氧条件下发酵生成沼气，沼气是一种可燃的混合气体，其中甲烷占 55%～70%，CO_2 占 25%～40%。沼气作为燃料不仅热值高并且干净，沼渣、沼液是优质速效肥料，同时也处理了各种有机垃圾，清洁了环境。我国的沼气事业起步晚，但发展速度快，数量多。目前农村约有 760 万个小型沼气池作为家用能源。投资建设中型、大型沼气池不仅可用于发电，也可处理城市垃圾。垃圾也可直接用来发电，垃圾中含有的二次能源物质——有机可燃物所含热量多、热值高，每 2 t 垃圾可获得相当于燃烧 1 t 煤的热量。焚烧处理后的灰渣呈中性、无气味、无二次污染，且体积减小 90%，重量减少 75%。垃圾最多可获得 300～400 kW·h 的电能。因此此垃圾发电是一种非常有效的减量化、无害化和资源化的措施。

此外，科学家们发现世界各地遍生能产石油的各种树，如东南亚地区的汉加树，澳大利亚的桉树和牛角爪，巴西的苦配巴树、三角大戟、牛奶树。在国内，广泛分布着可做能源的植物，如陕西省的白乳树、海南岛的油楠树、南方的乌桕树，以及广泛栽种的续随子。美国人工种植的黄鼠草，每公顷可年产 6 000 kg 石油，美国西海岸的巨型海藻，可用于生产类似柴油的燃料油。我国海南岛的油楠树可谓世界石油树产油之冠，一株树最多可产燃油 50 kg，经过滤后可直接供柴油机使用。

生物质能资源丰富，可再生性强，是一种取之不尽、用之不竭的能源。随着科学技术的发展，人类将会不断培育出高效能源植物，发现新的生物质能转化技术。生物质能的合理开发和综合利用将对提高人类生活水平，改善全球生态平衡和人类生存环境作出更积极的贡献。

5. 风能

利用风力进行发电、提水、扬帆助航等的技术，也是一种可以再生的干净能源。随着风力发电技术的提高和市场的不断扩大，近年来风力发电增长迅速。单机容量不断扩大，国外有实力的企业正在开发 3～5 MW 机组，目前兆瓦机组已走向商业化。全世界风力发电装机容量到 2000 年底已达到 1 765.2 万 kW。德国居世界第一位，我国东南沿海及西北高原地区（如内蒙古、青海、新疆）也有丰富的风力资源，现已建成小型风力发电厂 9 个，发电装机容量 2 万千瓦。北京周边已建的风力发电站，为 2008 年北京奥运会提供了电能。

6. 地热能

地壳深处的温度比地面上高得多，利用地下热量也可进行发电。在西藏的发电量中，一半是水力发电，约 40%是地热电。西藏羊八井地热电站的水温在 150℃左右；台湾清水地热电站水温达 226℃。近年来发展最快的是中、低温地热的利用，可用于采暖、洗浴、医疗、游泳、种植业等。目前，全国已发现地热点 3 200 多处，打成地热井 2 000 多眼。地热能与地球共存亡，地热潜力不容忽视。

7．海洋能

在地球与太阳、月亮等互相作用下海水不停地运动，站在海滩上，可以看到滚滚海浪，其中蕴藏着潮汐能、波浪能、海流能、温差能等，总称海洋能。从 1960 年起法国、苏联、加拿大、芬兰等国先后建成潮汐能发电站。我国在东南沿海先后建成 7 个小型潮汐能电站，其中浙江温岭的江厦潮汐能电站具有代表性，于 1980 年建成，至今运行状况良好。

8．节能技术

国民经济的发展要求能源有相应的增长，人口的增长和生活条件的改善也需要消耗更多的能量。现代社会是一个耗能社会，没有相当数量的能源是谈不上现代化的。现代主要能源是煤、石油和天然气等短期内不可再生的化石燃料，储存都极其有限，因此必须节能，节约就是创造价值。但节能不是简单地指少用能量，而是指要充分有效地利用能源，尽量降低各种产品的能耗，这也是国民经济建设中一项长期的战略任务。

一个国家或一个地区能源利用率的高低一般按生产总值和能源总消耗量的比值进行统计比较，与产业结构、产品结构和技术状况有关。和国际相比，我国的能耗比日本高 4 倍，比美国高 2 倍，比印度高 1 倍。所以若能赶上印度的能源利用率，要实现生产翻一番，似乎不必增加能源消费量。要实现国民经济现代化，既要开发能源，又必须降低能耗，开源节流并举，并且要把节流放到更重要的位置。

我国长期面临能源供不应求的局面，人均能源水平低，同时能源利用率低，单位产品能耗高。所以必须用节能来缓解供需矛盾，促进经济发展，利于环境保护。

根据国家能源委员会的预测，到 2020 年，新型的节能车、新型的工业节能装置和热力系统，以及节约能源的部分基础设施将取代现代的能源设施。从 2050 年到 2100 年，几乎所有的能源技术和能源设施将至少被更新两次，大多数与能源有关的基础设施也不例外。

第四节　生命化学

生命化学（Life Chemistry）是运用化学原理和方法研究生命现象，阐明生命现象的本质，探讨其发生和发展规律的学科。

美国医学家、Nobel 奖得主科恩伯格提出"把生命理解为化学"，这一著名的论断向人们昭示揭开生命过程的奥秘有赖于医学与化学在高层次的整合。利用化学的原理和方法研究基体各组织、亚细胞的结构和功能、物质代谢和能量变化等基本生命过程，有助于人们深入了解人体正常的生理变化和异常的病理现象，寻求与疾病做斗争的有效手段，实现医学保障人类健康的目的。本节简单介绍生命化学的基础知识，部分现代生命化学的研究结果。

一、生命化学基础

早在 19 世纪初，科学家们已经认识到，虽然生物有机体种类繁多，形态各异，但其组成的基本单位都是细胞。而细胞由化学元素组成的若干种生物大分子构成，如蛋白质、碳水化合物、类脂体、核酸等。由于蛋白质和核酸是生命的最基本物质，因此下面简要介绍蛋白质、核酸的基本性质。

1. 蛋白质

蛋白质是氨基酸（Amino Acid）构成的聚合物。具有生物活性的蛋白质是含碳、氢、氧、氮、硫的化合物。在生物体内蛋白质约占细胞干物质的 50%。据估计在人体中蛋白质的种类高达 30 万种，而整个生物界约有 $10^{10}\sim10^{12}$ 种蛋白质。构成蛋白质的氨基酸共有 20 种（表 9-1）。虽然氨基酸的种类有限，但是由于氨基酸在蛋白质中的连接顺序及数目、种类的不同，可以构成远远大于 10^{12} 种的蛋白质。蛋白质的性质与功能则由其所含氨基酸的组成、排列顺序、结构决定。蛋白质依其在生物体内所起的作用可分为 5 大类：

表 9-1　20 种氨基酸的中文名称及简写符号

中文名称	英文名称	三字母缩写	单字母缩写
甘氨酸	Glycine	Gly	G
丙氨酸	Alanine	Ala	A
缬氨酸	Valine	Val	V
亮氨酸	Leucine	Leu	L
异亮氨酸	Isoleucine	IIr	I
脯氨酸	Proline	Pro	P
苯丙氨酸	Phenylalanine	Phe	F
酪氨酸	Tyrosine	Tyr	Y
色氨酸	Tryptophan	Trp	W
丝氨酸	Serine	Ser	S
苏氨酸	Threonine	Thr	T
半胱氨酸	Cystine	Cys	C
蛋氨酸	Methionine	Met	M
天冬酰胺	Asparagine	Asn	N
谷氨酰胺	Glutamine	Gln	Q
天冬氨酸	Aspartic acid	Asp	D

中文名称	英文名称	三字母缩写	单字母缩写
谷氨酸	Glutamic acid	Glu	E
赖氨酸	Lysine	Lys	K
精氨酸	Arginine	Arg	R
组氨酸	Histidine	His	H

（1）酶蛋白。能对生物体内的化学反应起催化作用的蛋白质生物催化剂称为酶蛋白。在酶蛋白的作用下，生物体内的化学反应速度很快，往往是体外速度的几百倍甚至上千倍。

（2）运载蛋白。运载蛋白是能携带小分子从一处到另一处的一类特异蛋白质。运载蛋白通过细胞膜在血液中循环，在不同组织间运载代谢物。运载蛋白在生物的物质代谢中起着重要的作用。

（3）结构蛋白。结构蛋白是参与细胞结构建成的一类蛋白质。生物体的细胞结构上含有大量由结构蛋白组成的亚基，形成了细胞的框架结构。

（4）抗体。具有免疫、防御功能的特异蛋白质被称为抗体。当外界的病原体入侵生物体时，生物体便产生一种特异蛋白质——抗体。抗体能与病原体对抗，使其解体。抗体在高等动物机体免疫机制中起着重要的作用。

（5）激素。激素是一种具有调节功能的特异蛋白质，由生物体内某部分产生。通过循环能调节生物体内其他部分的生命活动。

蛋白质还可依其分子形状或分子组成的简单、复杂程度分类。从蛋白质在生物体内所起的作用可知，蛋白质是一切生命活动调节控制的主要承担者。蛋白质的人工合成成功，为研究生命现象的本质和活动规律奠定了理论基础，使人们认清了生命现象并不神秘。

2. 核酸（Nucleic Acid）

核酸是由核苷酸（Nucleotide）构成的酸性聚合物。1869 年，瑞士科学家米歇尔（F. Miesher，1844—1895）在研究细胞核的化学成分时发现细胞核主要由含磷物质构成。19 世纪末，科学家发现构成细胞核的含磷物质具有强酸性，故将其命名为核酸。德国科学家苛赛尔将核酸水解，又发现核酸中含有三种物质：核糖、有机碱基和磷酸。其中核糖和有机碱基组成核苷，而核苷和磷酸组成核苷酸，若干个核苷酸聚合即为核酸。有机碱基是含氮的杂环化合物，因呈碱性故称为碱基。组成核苷的碱基共有 5 种：腺嘌呤（用字母 A 表示）、鸟嘌呤（用字母 G 表示）、胞嘧啶（用字母 C 表示）、尿嘧啶（用字母 U 表示）、胸腺嘧啶（用字母 T 表示）。其后苛赛尔的学生，美国化学家莱文（P.A.Levene，1869—1940）发现核糖分子比普通糖少一个碳原子，为戊糖。有些糖分子中少一个氧原子，则将其命名为脱氧核糖。因此核糖有两种类型：核糖与脱氧核糖。核酸可依含有核糖类型不同分为核糖核酸（RNA）和脱氧核糖核酸（DNA）两大类。二者的组成见表 9-2。

表 9-2 核糖核酸、脱氧核糖核酸的组成、结构

		核糖核酸（RNA）		脱氧核糖核酸（DNA）	
组成	戊糖	核糖		脱氧核糖	
	碱基	腺嘌呤（A）	鸟嘌呤（G）	腺嘌呤（A）	鸟嘌呤（G）
		胞嘧啶（C）	尿嘧啶（U）	胞嘧啶（C）	胸腺嘧啶（T）
	磷酸	Pi（磷酸二酯键）			
结构		单链、部分碱基互补、三叶草形		双链、碱基互补、双螺旋形	
生物功能		遗传信息表达		遗传信息贮存、发布	

　　核糖的生物功能是多方面的。DNA 是遗传的物质基础，负责遗传信息的贮存、发布。遗传基因就是 DNA 链上若干核苷酸组成的片段。决定人类生命的因素只有两种，一是 DNA 的遗传结果，二是环境因素使 DNA 发生的演变和异变。RNA 负责遗传信息的表达，转录 DNA 所发布的遗传信息，并将之翻译给蛋白质，使生命机体的生长、繁殖、遗传能继续进行。

　　1944 年，艾弗里（O.T.Avery，1877—1955）等的重要发现，首次严密地证实了 DNA 就是遗传物质的事实。随后，一些研究逐步肯定了核酸作为遗传物质在生物界的普遍意义。1950 年初，已经对 DNA 和 RNA 中的化学成分，碱基的比例关系及核苷酸之间的连接键等问题有了明确的认识。在此背景下，研究者们面临着一个十分关键且诱人的命题：作为遗传载体的 DNA 分子，应该具有怎样的结构？1953 年，沃森和克里克以非凡的洞察力，得出了答案。他们以立体化学上的最适构型建立了一个与 DNA 的 X 射线衍射资料相符的分子模型——DNA 双螺旋结构模型（图 9-2）。这是一个能够在分子水平上阐述

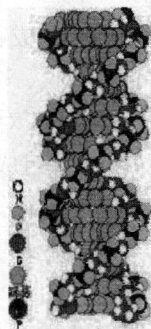

图 9-2　DNA 双螺旋结构

遗传（基因复制）的基本特征的 DNA 二级结构。它使长期以来神秘的基因成为了真实的分子实体，是分子遗传学诞生的标志，并且开拓了分子生物学发展的未来。

　　双螺旋结构模型的成功之处除与 X 射线衍射图谱及核酸化学的研究资料相符外，另一个重要方面是它能够圆满地解释作为遗传功能分子的 DNA 是如何进行复制的。沃森和克里克这样设想 DNA 结构中的 2 条链：看成是 1 对互补的模板（亲本），复制时碱基对间的氢键断开，两条链分开，每条链都作为模板指导合成与自身互补的新链（复本），最后从原有的两条链得到两队链而完成复制。在严格碱基配对基础上的互补合成保证了复制的高度保真性，也就是将亲链的碱基序列复制给了子链。因为复制得到的每对链中只有一条是亲链，即保留了一半亲链，故这种复制方式又称为半保留复制（Semi-conservative Replication）。双螺旋结构建立时，复制原理只

是设想，不久这一设想被实验证实是正确的。现已明确：半保留复制是生物体遗传信息传递的基本方式。

60 年来，核酸研究的进展日新月异，所积累的知识几年就要更新。其影响面之大，几乎涉及生命科学的各个领域，现代分子生物学的发展使人类对生命本质的认识进入了一个崭新的天地。双螺旋结构创始人之一的克里克于 1958 年提出的分子遗传中心法则（Centraldogma），揭示了核酸与蛋白质间的内在关系，以及 RNA 作为遗传信息传递者的生物学功能。并指出了信息在复制、传递及表达过程中的一般规律，即 DNA →RNA→蛋白质。遗传信息以核苷酸顺序的形式贮存在 DNA 分子中，它们以功能单位在染色体上占据一定的位置构成基因。因此，搞清 DNA 顺序无疑是非常重要的。

二、生命化学进展

1．基因（Gene）工程

基因是染色体上 DNA 双螺旋链具有遗传效应的特定核苷酸序列的总称，是生物性状遗传的基本功能单位。基因一词是 1909 年丹麦生物学家约翰逊（W. Johannsen，1857—1927）根据希腊文"给予生命"之意创造的。生物体的一切生命活动，从出生、成长，到出现疾病、衰老直至死亡都与基因有关。基因调控细胞的各种功能：生长、分化、老化、死亡。

每个人有 23 对共 46 条染色体，一半来自父亲，一半来自母亲。一个染色体由一个 DNA 分子组成，基因就是 DNA 的一段，由四种碱基通过不同的排列组合而成，可能很长也可能很短。基因不仅可以通过复制把遗传信息传给下一代，还可以使遗传信息得到表达。不同人种间之所以头发、肤色乃至性格等不同就是基因差异所造成的。

科学家推测，人的细胞中大约有 6 万～10 万个基因，组成这些基因即核苷酸的数量约有 30 亿个。并认为找到人类基因组 30 亿个碱基对的排列序列，必将大大促进生物信息学、生物功能基因组和蛋白质等生命科学前沿领域的发展，也将为基因资源开发利用，医药卫生，农业等生物高技术产业的发展开辟更加广阔的前景。

2．人类基因组计划（Human Genome Project, HGP）

人类基因组计划是当前国际生命科学研究的热点之一，由美国科学家于 1985 年率先提出。美国、英国、法国、德国、日本和中国科学家共同参与了人类基因组计划的工作。国际人类基因组计划就是要发现所有人类基因并搞清其在染色体上的位置，弄清人的细胞中 6 万～10 万个基因在 30 亿个核苷酸中的具体排列，即测定人类基因组的全部 DNA 序列，从而解读所有遗传密码，揭示生命的所有奥秘，破译人类全部的遗传信息。这项计划一旦完成，我们将清楚地了解不同人种间之所以头发、肤色、鼻子乃至性格等不同，一个人为什么会成为色盲，为什么会发胖，易患某种疾病而不是另外疾病等的原因。正由于此，人类基因组计划是一项改变世界、影响到我们每个人的科学计划。

人类基因组计划是与曼哈顿原子计划、阿波罗登月计划并称的人类科学史上的三大科学工程。对于人类认识自身，推动生命科学、医学以及制药产业等的发展，具有极其重大的意义。经过全球科学界的共同努力，测序工作取得了重大的进展。1999 年 12 月 1 日，一个由英、美、日等国科学家组成的研究小组，破译了人类第 22 号染色体中所有与蛋白质合成有关的基因序列，发现了至少 545 个基因。这是人类首先了解的一条完整的人类染色体的结构。研究显示，第 22 号染色体与免疫系统、先天性心脏病、精神分裂、智力迟钝和白血病以及多种癌症相关。这一成果是宏大的人类基因组计划的一个里程碑。2000 年 4 月 13 日，美国科学家又宣布他们已经完成第 5 号、第 16 号和第 19 号染色体的遗传密码草图，在这些染色体上大约包含 10 000～15 000 个基因，约占人体遗传物质重量的 11%。新破解的 3 对染色体数据材料将无偿提供给公共和个人研究人员使用。到 2001 年已绘就人类基因组序列的"工作框架图"。2003 年美国国家人类基因研究所（NHGRI）宣布：人类基因组的 30 亿个碱基对已经测序完毕。下一步的目标是定位和区分出其中有意义的部分，这包括确定哪些 DNA 是编码蛋白质的，而哪些不具有调节基因表达的精确定位性质。

3. 基因治疗

基因治疗是指应用基因工程的技术方法，将正常的基因转入病患者的细胞中，以取代病变基因，从而表达所缺乏的产物，或者通过关闭或降低异常表达的基因等途径，达到治疗某些遗传病的目的。目前已发现，人类与疾病相关的基因有 5 000 多个，迄今已有 1/3 被确认和分离。遗传病是基因治疗的主要对象。

第一例基因治疗是美国在 1990 年进行的。当时，两个 4 岁和 9 岁的小女孩由于体内腺苷脱氨酶缺乏而患了严重的联合免疫缺陷病。科学家对她们进行了基因治疗并取得了成功。

基因治疗的具体方法有 DNA 治疗和 RNA 修复。DNA 治疗包括基因补偿、DNA 疫苗、肽核酸（PNA）等技术，最常用的是基因补偿。

基因补偿首先是要选择合适的靶基因，选择的原则是哪些基因有缺陷就补偿其相应的正常基因。如常见的遗传性疾病，通常是因某一基因缺陷所致，只要给予相应的正常基因即可奏效。例如有的神经性疾病是由于神经细胞缺乏营养因子所致，原则上给予能表达该营养因子的基因，就能达到治疗效果。基因补偿还需要合适地接受和表达靶基因的靶细胞。靶细胞必须具备两个基本条件：一是能较容易地让靶基因转移进来；二是能使靶基因表达。靶细胞可以使与疾病有关的细胞，如肿瘤细胞（与癌症有关）、红细胞（与贫血有关）、淋巴细胞（与免疫疾病有关）、神经细胞（与神经病有关）、β 细胞（与糖尿病有关）等，也可以是与疾病无关的中介细胞，如纤维细胞、成肌细胞等。基因补偿治疗单基因病往往很有效。RNA 修复是基因治疗的新途径。

基因遗传信息的表达是一个复杂的连续过程，主要包括"复制""转录""翻译"等阶段。"复制"使基因数量倍增，遗传信息得以延续。"转录"是将基因的遗传信息以密码的形式转录到载体上。该载体是 mRNA。"翻译"是解读 mRNA 分子上的密码，使之变为多肽或蛋白质的过程。RNA 治疗着眼于阻断和破坏"复制""转录""翻译"，使表现疾病的基因不能表达。

4. 转基因生物

转基因生物是指应用转基因技术，植入了新基因的生物。

将某一特定基因从 DNA 分子上切割下来，装在运载工具（DNA 载体）上，导入另一生物体内，并使该基因在受体细胞内稳定遗传，以表达出特定的蛋白质，赋予受体细胞以新的特征的一门技术就叫作转基因技术。转基因技术使人类可以按照自己的愿望来改造自然物种。

科学家已经创造了许多种转基因动物。有些转基因动物可以用来作为生产医药产品的"化工厂"，有些转基因动物可以为人类器官移植提供原料。例如，在转基因奶山羊乳汁中生产出了一种治疗蛋白，这种蛋白质在医疗上有重要作用：从转基因小鼠或猪的血液中得到人类血红蛋白、人免疫球蛋白等。现在已经产生出了可为人类提供器官的转基因猪。转基因猪的肝脏可用于虚弱的、无法接受肝脏移植手术的急性病人进行离体灌注。这种转基因猪肝脏的商业价值高达每个 2 万美元。

转基因植物的产业化进程则远远超过了转基因动物。利用转基因技术可培育出富含各种营养素，具抗旱和抗土壤能力的农作物。

2010 年全球转基因作物种植面积达到 1.48 亿 hm^2，是 1996 年的 87 倍，15 年间年均增长近 5 倍。1996 年全球种植转基因作物的国家仅 6 个，2010 年已达 29 个。中国是全球第一个将种植转基因农作物用作商业用途的国家。辽宁省早在 1988 年已开始种植能抗病毒的转基因烟草。自 1997 年至今，全国共批准种植 100 多种转基因植物，其中包括迟熟的番茄、能抗病毒的青椒、彩色棉花等。

三、生物芯片

生物芯片的概念来自计算机芯片，是 20 世纪 90 年代中期发展起来的高科技产物。生物芯片最初的目的是用于 DNA 序列的测定，基因表达谱鉴定，又被称为 DNA 芯片或基因芯片。

生物芯片只有指甲一般大小，在这样小的面积上通过平行反应可得到无数的生物信息。生物芯片的基质一般是经过处理的玻璃片，片上有成千上万个微凝胶，可进行并行检测；由于微凝胶是三维立体的，它相当于提供了一个三维检测平台，能固定住蛋白质和 DNA 并进行分析。

目前，该技术主要应用于有基因表达谱分析、新基因发现、基因突变及多态性分析、基因组文库作图、疾病诊断和预测、药物筛选、基因测序等。从 20 世纪 80

年代初 SBH（sequencing by hybridization）概念的提出，到 20 世纪 90 年代初以美国为主开始进行的各种生物芯片的研制，不到十年的工夫，芯片技术得以迅速发展，并呈现发展高峰。国外的多家大公司及政府机构均对此表现出极大兴趣，并投以可观的财力。

1. 基因破译

由多国科学家参与的"人类基因计划"，力图在 21 世纪初绘制出完整的人类染色体排列图。众所周知，染色体是 DNA 的载体，基因是 DNA 上有遗传效应的片段，构成 DNA 的基本单位是 4 种碱基。由于每个人拥有 30 亿对碱基，破译所有 DNA 的碱基排列顺序无疑是一项巨型工程。而与传统基因序列测定技术相比，基因芯片破译人类基因组和检测基因突变的速度要快数千倍。

基因芯片是最重要的一种生物芯片，是将大量探针分子固定于支持物上，然后与标记的样品进行交换，通过杂交信号的强弱判断靶分子的数量。用该技术可将大量的探针同时固定于支持物上，一次可对大量核酸分子进行检测分析，从而解决传统核酸印迹杂交技术操作复杂、自动化程度低、检测目的分子少、效率低等问题。它能在同一时间内分析大量的基因，使人们准确高效地破译遗传密码。

2. 疾病检测诊断

生物芯片在疾病检测诊断方面具有独特的优势。它可以仅用极少量的样品，在极短时间内，向医务人员提供大量的疾病诊断信息，有助于医生在短时间内找到正确的治疗措施。如对肿瘤、糖尿病、传染性疾病等常见病的临床检验及健康人群检查，均可应用生物芯片技术。

例如，过去检测癌症方法是用影像学方法，像人们熟知的 X 光、B 超和 CT 等，还有直接手术或做病变组织的穿刺活检，但都很难对肿瘤做出早期诊断，且对人体有较大伤害。而现在用生物芯片检测癌症，一次只需抽 0.1 mL 血，将一张名片大的芯片插入微电子仪器中，通过分析 12 种肿瘤标志物，即可在数十分钟内同时完成原发性肝癌、肺癌、胃癌、食道癌、胰腺癌、前列腺癌和乳腺癌等多种危害人类健康的恶性肿瘤普查。

3. 药物筛选

目前国外几乎所有的主要制药公司都不同程度地采用了生物芯片技术来寻找药物靶标，检查药物的毒性或副作用。可对不同基因型的个体采取不同的治疗方法和用药，以获得最佳疗效。这就是所谓的个性化医疗。

应用生物芯片技术进行大规模的药物筛选可以省略大量的动物试验，使从基因到药物的过程尽可能地快速和高效。缩短药物筛选所用时间，从而带动创新药物的研究和开发。

当代新药物研究竞争十分激烈，其焦点就在于药物筛选。低耗、高效率地筛选出新药或先导化合物是问题的核心，采用基因芯片技术可大大缩短新药的开发过程。

无论是直接检测化合物对生物大分子如受体、酶、离子通道、抗体等的结合作用，还是检测化合物作用于细胞后基因表达的变化，生物芯片技术作为一种高度集成化的分析手段都能很好胜任。利用生物芯片技术可比较正常组织与病变组织中大量相关基因表达的变化，从而发现一组疾病相关基因作为药物筛选的靶标，这种方法尤其适用于病因复杂或尚无定论的情况。例如，在恶性肿瘤细胞基因表达模式及肿瘤相关因子发掘中具有重要作用。应用基因芯片技术对中药作用机制的研究将为中药走向世界奠定坚实的基础。

另外，生物芯片在农业、食品监督、司法鉴定、环境保护等方面都将做出重大贡献。生物芯片技术的深入研究和广泛应用，将对 21 世纪人类生活和健康产生极其深远的影响。

总之，生物芯片是生命信息的集成，将给生命科学的研究方式带来重大改变，开辟一个生命信息研究和应用的新纪元。

从 DNA 双螺旋结构的提出开始，便开启了分子生物学时代。分子生物学使生物大分子的研究进入一个新的阶段，使遗传的研究深入到分子层次，"生命之谜"被打开，人们清楚地了解遗传信息的构成和传递的途径。在以后的近 50 年里，分子遗传学、分子免疫学、细胞生物学等新学科如雨后春笋般出现，一个又一个生命的奥秘从分子角度得到了更清晰地阐明，DNA 重组技术更是为利用生物工程手段的研究和应用开辟了广阔的前景。在人类最终全面揭开生命奥秘的进程中，化学已经并将更进一步地为之提供理论指导和技术支持。

附录一　弱酸和弱碱的离解常数

酸

名　称	温度/℃	离解常数（K_a）	pK_a
砷酸　H_3AsO_4	18	$K_{a1}=5.6\times10^{-3}$	2.25
		$K_{a2}=1.7\times10^{-7}$	6.77
		$K_{a3}=3.0\times10^{-12}$	11.50
硼酸　H_3BO_3	20	$K_a=5.7\times10^{-10}$	9.24
氢氰酸　HCN	25	$K_a=6.2\times10^{-10}$	9.21
碳酸　H_2CO_3	25	$K_{a1}=4.2\times10^{-7}$	6.38
		$K_{a2}=5.6\times10^{-11}$	10.25
铬酸　H_2CrO_4	25	$K_{a1}=1.8\times10^{-1}$	0.74
		$K_{a2}=3.2\times10^{-7}$	6.49
氢氟酸　HF	25	$K_a=3.5\times10^{-4}$	3.46
亚硝酸　HNO_2	25	$K_a=4.6\times10^{-4}$	3.37
磷酸　H_3PO_4	25	$K_{a1}=7.6\times10^{-3}$	2.12
		$K_{a2}=6.3\times10^{-8}$	7.20
		$K_{a3}=4.4\times10^{-13}$	12.36
硫化氢　H_2S	25	$K_{a1}=1.0\times10^{-7}$	6.89
		$K_{a2}=7.1\times10^{-15}$	14.15
亚硫酸　H_2SO_3	18	$K_{a1}=1.5\times10^{-2}$	1.82
		$K_{a2}=1.0\times10^{-7}$	7.00
硫酸　H_2SO_4	25	$K_{a2}=1.0\times10^{-2}$	1.99
甲酸　HCOOH	20	$K_a=1.8\times10^{-4}$	3.74
醋酸　CH_3COOH	20	$K_a=1.8\times10^{-5}$	4.74
一氯乙酸　$CH_2ClCOOH$	25	$K_a=1.4\times10^{-3}$	2.86
二氯乙酸　$CHCl_2COOH$	25	$K_a=5.0\times10^{-2}$	1.30

名称		温度/℃	离解常数 K_a	pK_a
柠檬酸	CH₂COOH | C(OH)COOH | CH₂COOH	18	$K_{a1}=7.4\times10^{-4}$	3.13
			$K_{a2}=1.7\times10^{-5}$	4.76
			$K_{a3}=4.0\times10^{-7}$	6.40
苯酚	C₆H₅OH	20	$K_a=1.1\times10^{-10}$	9.95
苯甲酸	C₆H₅COOH	25	$K_a=6.2\times10^{-5}$	4.21
水杨酸	C₆H₄(OH)COOH	18	$K_{a1}=1.07\times10^{-3}$	2.97
			$K_{a2}=4\times10^{-14}$	13.40
邻苯二甲酸	C₆H₄(COOH)₂	25	$K_{a1}=1.1\times10^{-3}$	2.95
			$K_{a2}=2.9\times10^{-6}$	5.54

碱

名 称		温度/℃	离解常数（K_b）	pK_b
氨水	NH₃·H₂O	25	$K_b=1.8\times10^{-5}$	4.74
羟胺	NH₂OH	20	$K_b=9.1\times10^{-9}$	8.04
苯胺	C₆H₅NH₂	25	$K_b=4.6\times10^{-10}$	9.34
乙二胺	H₂NCH₂CH₂NH₂	25	$K_{b1}=8.5\times10^{-5}$	4.07
			$K_{b2}=7.1\times10^{-8}$	7.15
六亚甲基四胺	(CH₂)₆N₄	25	$K_b=1.4\times10^{-9}$	8.85
吡啶		25	$K_b=1.7\times10^{-9}$	8.77

附录二 常用酸碱溶液的相对密度、质量分数与物质的量浓度

酸

相对密度 （15℃）	HCl		HNO₃		H₂SO₄	
	$w/\%$	$c/\text{mol}\cdot\text{L}^{-1}$	$w/\%$	$c/\text{mol}\cdot\text{L}^{-1}$	$w/\%$	$c/\text{mol}\cdot\text{L}^{-1}$
1.02	4.13	1.15	3.70	0.6	3.1	0.3
1.04	8.16	2.3	7.26	1.2	6.1	0.6
1.05	10.2	2.9	9.0	1.5	7.4	0.8
1.06	12.2	3.5	10.7	1.8	8.8	0.9
1.08	16.2	4.8	13.9	2.4	11.6	1.3
1.10	20.0	6.0	17.1	3.0	14.4	1.6

相对密度	HCl		HNO₃		H₂SO₄	
（15℃）	w/%	c/mol·L⁻¹	w/%	c/mol·L⁻¹	w/%	c/mol·L⁻¹
1.12	23.8	7.3	20.2	3.6	17.0	2.0
1.14	27.7	8.7	23.3	4.2	19.9	2.3
1.15	29.6	9.3	24.8	4.5	20.9	2.5
1.19	37.2	12.2	30.9	5.8	26.0	3.2
1.20			32.3	6.2	27.3	3.4
1.25			39.8	7.9	33.4	4.3
1.30			47.5	9.8	39.2	5.2
1.35			55.8	12.0	44.8	6.2
1.40			65.3	14.5	50.1	7.2
1.42			69.8	15.7	52.2	7.6
1.45					55.0	8.2
1.50					59.8	9.2
1.55					64.3	10.2
1.60					68.7	11.2
1.65					73.0	12.3
1.70					77.2	13.4
1.84					95.6	18.0

碱

相对密度	NH₃·H₂O		NaOH		KOH	
（15℃）	w/%	c/mol·L⁻¹	w/%	c/mol·L⁻¹	w/%	c/mol·L⁻¹
0.88	35.0	18.0				
0.90	28.3	15				
0.91	25.0	13.4				
0.92	21.8	11.8				
0.94	15.6	8.6				
0.96	9.9	5.6				
0.98	4.8	2.8				
1.05			4.5	1.25	5.5	1.0
1.10			9.0	2.5	10.9	2.1
1.15			13.5	3.9	16.1	3.3
1.20			18.0	5.4	21.2	4.5
1.25			22.5	7.0	26.1	5.8
1.30			27.0	8.8	30.9	7.2
1.35			31.8	10.7	35.5	8.5

附录三　常用的缓冲溶液

表1　几种常用缓冲溶液的配制

pH	配 制 方 法
0	1 mol·L^{-1} HCl*
1	0.1 mol·L^{-1} HCl
2	0.01 mol·L^{-1} HCl
3.6	NaAc·3H$_2$O 8 g，溶于适量水中，加 6 mol·L^{-1} HAc 134 mL，稀释至 500 mL
4.0	NaAc·3H$_2$O 20 g，溶于适量水中，加 6 mol·L^{-1} HAc 134 mL，稀释至 500 mL
4.5	NaAc·3H$_2$O 32 g，溶于适量水中，加 6 mol·L^{-1} HAc 68 mL，稀释至 500 mL
5.0	NaAc·3H$_2$O 50 g，溶于适量水中，加 6 mol·L^{-1} HAc 34 mL，稀释至 500 mL
5.7	NaAc·3H$_2$O 100 g，溶于适量水中，加 6 mol·L^{-1} HAc 13 mL，稀释至 500 mL
7	NH$_4$Ac 77 g，用水溶解后，稀释至 500 mL
7.5	NH$_4$Cl 60 g，溶于适量水中，加 15 mol·L^{-1} 氨水 1.4 mL，稀释至 500 mL
8.0	NH$_4$Cl 50 g，溶于适量水中，加 15 mol·L^{-1} 氨水 3.5 mL，稀释至 500 mL
8.5	NH$_4$Cl 40 g，溶于适量水中，加 15 mol·L^{-1} 氨水 8.8 mL，稀释至 500 mL
9.0	NH$_4$Cl 35 g，溶于适量水中，加 15 mol·L^{-1} 氨水 24 mL，稀释至 500 mL
9.5	NH$_4$Cl 30 g，溶于适量水中，加 15 mol·L^{-1} 氨水 65 mL，稀释至 500 mL
10.0	NH$_4$Cl 27 g，溶于适量水中，加 15 mol·L^{-1} 氨水 197 mL，稀释至 500 mL
10.5	NH$_4$Cl 9 g，溶于适量水中，加 15 mol·L^{-1} 氨水 175 mL，稀释至 500 mL
11	NH$_4$Cl 3 g，溶于适量水中，加 15 mol·L^{-1} 氨水 207 mL，稀释至 500 mL
12	0.01 mol·L^{-1} NaOH**
13	0.1 mol·L^{-1} NaOH

注：* Cl$^-$ 对测定有妨碍时，可用 HNO$_3$。
　　** Na$^+$ 对测定有妨碍时，可用 KOH。

表2　不同温度下，标准缓冲溶液的 pH

温度/℃	0.05 mol·L^{-1} 草酸三氢钾	25℃饱和酒石酸氢钾	0.05 mol·L^{-1} 邻苯二甲酸氢钾	0.025 mol·L^{-1} KH$_2$PO$_4$ + 0.025 mol·L^{-1} Na$_2$HPO$_4$	0.008 695 mol·L^{-1} KH$_2$PO$_4$ + 0.030 43 mol·L^{-1} Na$_2$HPO$_4$	0.01 mol·L^{-1} 硼砂	25℃饱和氢氧化钙
10	1.670	—	3.998	6.923	7.472	9.332	13.011
15	1.672	—	3.999	6.900	7.448	9.276	12.820
20	1.675	—	4.002	6.881	7.429	9.225	12.637
25	1.679	3.559	4.008	6.865	7.413	9.180	12.460

温度/℃	$0.05\ mol\cdot L^{-1}$ 草酸三氢钾	25℃饱和酒石酸氢钾	$0.05\ mol\cdot L^{-1}$ 邻苯二甲酸氢钾	$0.025\ mol\cdot L^{-1}$ KH_2PO_4 + $0.025\ mol\cdot L^{-1}$ Na_2HPO_4	$0.008\ 695\ mol\cdot L^{-1}$ KH_2PO_4 + $0.030\ 43\ mol\cdot L^{-1}$ Na_2HPO_4	$0.01\ mol\cdot L^{-1}$ 硼砂	25℃饱和氢氧化钙
30	1.683	3.551	4.015	6.853	7.400	9.139	12.292
40	1.694	3.547	4.035	6.838	7.380	9.068	11.975
50	1.707	3.555	4.060	6.833	7.367	9.011	11.697
60	1.723	3.573	4.091	6.836	—	8.962	11.426

附录四　常用基准物质的干燥条件和应用

基准物质名称	分子式	干燥后组成	干燥条件/℃	标定对象
碳酸氢钠	$NaHCO_3$	Na_2CO_4	270～300	酸
碳酸钠	$Na_2CO_3\cdot 10H_2O$	Na_2CO_3	270～300	酸
硼砂	$Na_2B_4O_7\cdot 10H_2O$	$Na_2B_4O_7\cdot 10H_2O$	放在含 $NaCl$ 和絮糖饱和液的干燥器中	酸
碳酸氢钾	$KHCO_3$	K_2CO_3	270～300	酸
草酸	$H_2C_2O_2\cdot 2H_2O$	$H_2C_2O_4\cdot 2H_2O$	室温空气干燥	碱或 $KMnO_4$
邻苯二甲酸氢钾	$KHC_8H_4O_4$	$KHC_8H_4O_4$	110～120	碱
重铬酸钾	$K_2Cr_2O_7$	$K_2Cr_2O_7$	140～150	还原剂
溴酸钾	$KBrO_3$	$KBrO_3$	130	还原剂
碘酸钾	KIO_3	KIO_3	130	还原剂
铜	Cu	Cu	室温干燥器中保存	还原剂
三氧化二砷	As_2O_3	As_2O_3	室温干燥器中保存	氧化剂
草酸钠	$Na_2C_2O_4$	$Na_2C_2O_4$	130	氧化剂
碳酸钙	$CaCO_3$	$CaCO_3$	110	EDTA
锌	Zn	Zn	室温干燥器中保存	EDTA
氧化锌	ZnO	ZnO	900～1 000	EDTA
氯化钠	$NaCl$	$NaCl$	500～600	$AgNO_3$
氯化钾	KCl	KCl	500～600	$AgNO_3$
硝酸银	$AgNO_3$	$AgNO_3$	280～290	氯化物
氨基碳酸	$HOSO_2NH_2$	$HOSO_2NH_2$	在真空 H_2SO_4 干燥器中保存 18 h	碱
氟化钠	NaF	NaF	钢坩埚中 500～550℃ 下保持 40～50 min 后，H_2SO_4 干燥器中冷却	

附录五 国际相对原子质量表 (1997 年)

元素 符号	元素 名称	相对原子质量	元素 符号	元素 名称	相对原子质量	元素 符号	元素 名称	相对原子质量	元素 符号	元素 名称	相对原子质量
Ac	锕	[227]	Er	铒	167.26	Mn	锰	54.938 05	Ru	钌	101.07
Ag	银	107.868 2	Es	锿	[252]	Mo	钼	95.94	S	硫	32.066
Al	铝	26.981 54	Eu	铕	151.964	N	氮	14.006 74	Sb	锑	121.760
Am	镅	[243]	F	氟	18.998 40	Na	钠	22.989 77	Sc	钪	44.955 91
Ar	氩	39.948	Fe	铁	55.845	Nb	铌	92.906 38	Se	硒	78.96
As	砷	74.921 60	Fm	镄	[257]	Nd	钕	144.24	Si	硅	28.085 5
At	砹	[210]	Fr	钫	[223]	Ne	氖	20.179 7	Sm	钐	150.36
Au	金	196.966 55	Ga	镓	69.723	Ni	镍	58.693 4	Sn	锡	118.710
B	硼	10.811	Gd	钆	157.25	No	锘	[254]	Sr	锶	87.62
Ba	钡	137.327	Ge	锗	72.61	Np	镎	237.048 2	Ta	钽	180.947 9
Be	铍	9.012 18	H	氢	1.007 94	O	氧	15.999 4	Tb	铽	158.925 34
Bi	铋	208.980 38	He	氦	4.002 60	Os	锇	190.23	Tc	锝	98.906 2
Bk	锫	[247]	Hf	铪	178.49	P	磷	30.973 76	Te	碲	127.60
Br	溴	79.904	Hg	汞	200.59	Pa	镤	231.035 88	Th	钍	232.038 1
C	碳	12.010 7	Ho	钬	164.930 32	Pb	铅	207.2	Ti	钛	47.867
Ca	钙	40.078	I	碘	126.904 47	Pd	钯	106.42	Tl	铊	204.383 3
Cd	镉	112.411	In	铟	114.818	Pm	钷	[145]	Tm	铥	168.934 21
Ce	铈	140.116	Ir	铱	192.217	Po	钋	[210]	U	铀	238.028 9
Cf	锎	[251]	K	钾	39.098 3	Pr	镨	140.907 65	V	钒	50.941 5
Cl	氯	35.452 7	Kr	氪	83.80	Pt	铂	195.078	W	钨	183.84
Cm	锔	[247]	La	镧	138.905 5	Pu	钚	[244]	Xe	氙	131.29
Co	钴	58.933 20	Li	锂	6.941	Ra	镭	226.025 4	Y	钇	88.905 85
Cr	铬	51.996 1	Lr	铹	[260]	Rb	铷	85.467 8	Yb	镱	173.04
Cs	铯	132.905 45	Lu	镥	174.967	Re	铼	186.207	Zn	锌	65.39
Cu	铜	63.546	Md	钔	[258]	Rh	铑	102.905 50	Zr	锆	91.224
Dy	镝	162.50	Mg	镁	24.305 0	Rn	氡	[222]			

附录六 一些化合物的相对分子质量

化 合 物	相对分子质量	化 合 物	相对分子质量
$AgBr$	187.78	Cu_2O	143.09
$AgCl$	143.32	$CuSO_4$	159.61
AgI	234.77	$CuSO_4 \cdot 5H_2O$	249.69
$AgNO_3$	169.87		
Al_2O_3	101.96	$FeCl_3$	162.21
$Al_2(SO_4)_3$	342.15	$FeCl_3 \cdot 6H_2O$	270.30
As_2O_3	197.84	FeO	71.85
As_2O_5	229.84	Fe_2O_3	159.69
		Fe_3O_4	231.54
$BaCO_3$	197.34	$FeSO_4 \cdot H_2O$	169.93
BaC_2O_4	225.35	$FeSO_4 \cdot 7H_2O$	278.02
$BaCl_2$	208.24	$Fe_2(SO_4)_3$	399.89
$BaCl_2 \cdot 2H_2O$	244.27	$FeSO_4 \cdot (NH_4)_2SO_4 \cdot 6H_2O$	392.14
$BaCrO_4$	253.32		
$BaSO_4$	233.39	H_3BO_3	61.83
		HBr	80.91
$CaCO_3$	100.09	H_2CO_3	62.03
CaC_2O_4	128.10	$H_2C_2O_4$	90.04
$CaCl_2$	110.99	$H_2C_2O_4 \cdot 2H_2O$	126.07
$CaCl_2 \cdot H_2O$	129.00	$HCOOH$	46.03
CaO	56.08	HCl	36.46
$Ca(OH)_2$	74.09	$HClO_4$	100.46
$CaSO_4$	136.14	HF	20.01
$Ca_3(PO_4)_2$	310.18	HI	127.91
$Ce(SO_4)_2 \cdot 2(NH_4)_2SO_4 \cdot 2H_2O$	632.54	HNO_2	47.01
CH_3COOH	60.05	HNO_3	63.01
CH_3OH	32.04	H_2O	18.02
CH_3COCH_3	58.08	H_2O_2	34.02
C_6H_5COOH	122.12	H_3PO_4	98.00
$C_6H_4COOHCOOK$ （苯二甲酸氢钾）	204.23	H_2S	34.08
		H_2SO_3	82.08
CH_3COONa	82.03	H_2SO_4	98.08
C_6H_5OH	94.11	$HgCl_2$	271.50

化 合 物	相对分子质量	化 合 物	相对分子质量
$(C_9H_7N)_3H_3(PO_4 \cdot 12MoO_3)$（磷钼酸喹啉）	2212.74	Hg_2Cl_2	472.09
CCl_4	153.81	$KAl(SO_4)_2 \cdot 12H_2O$	474.39
CO_2	44.01	$KB(C_6H_5)_4$	358.33
CuO	79.54	KBr	119.01
$KBrO_3$	167.01	Na_3PO_4	163.94
K_2CO_3	138.21	Na_2S	78.05
KCl	74.56	$Na_2S \cdot 9H_2O$	240.18
$KClO_3$	122.55	Na_2SO_3	126.04
$KClO_4$	138.55	Na_2SO_4	142.04
K_2CrO_4	194.20	$Na_2SO_4 \cdot 10H_2O$	322.20
$K_2Cr_2O_7$	294.19	$Na_2S_2O_3$	158.11
$KHC_2O_4 \cdot H_2C_2O_4 \cdot 2H_2O$	254.19	$Na_2S_2O_3 \cdot 5H_2O$	248.19
KI	166.01	$NH_2OH \cdot HCl$	69.49
KIO_3	214.00	NH_3	17.03
$KIO_3 \cdot HIO_3$	389.92	NH_4Cl	53.49
$KMnO_4$	158.04	$(NH_4)_2C_2O_4 \cdot H_2O$	142.11
KNO_2	85.10	$NH_3 \cdot H_2O$	35.05
KOH	56.11	$NH_4Fe(SO_4)_2 \cdot 12H_2O$	482.20
$KSCN$	97.18	$(NH_4)_2HPO_4$	132.05
K_2SO_4	174.26	$(NH_4)_3PO_4 \cdot 12MoO_3$	1 876.35
		NH_4SCN	76.12
$MgCO_3$	84.32	$(NH_4)_2SO_4$	132.14
$MgCl_2$	95.21	$NiC_8H_{14}O_4N_4$（丁二酮肟镍）	288.91
$MgNH_4PO_4$	137.33		
MgO	40.31	P_2O_5	141.95
$Mg_2P_2O_7$	222.60	$PbCrO_4$	323.19
MnO_2	86.94	PbO	223.19
		PbO_2	239.19
$Na_2B_4O_7 \cdot 10H_2O$	381.37	Pb_3O_4	685.57
$NaBiO_3$	279.97	$PbSO_4$	303.26
$NaBr$	102.90		
Na_2CO_3	105.99	SO_2	64.06
$Na_2C_2O_4$	134.00	SO_3	80.06
$NaCl$	58.44	Sb_2O_3	291.52
NaF	41.99	Sb_2S_3	339.72
$NaHCO_3$	84.01	SiF_4	104.08
NaH_2PO_4	119.98	SiO_2	60.08

化 合 物	相对分子质量	化 合 物	相对分子质量
Na_2HPO_4	141.96	$SnCl_2$	189.62
$Na_2H_2Y \cdot 2H_2O$（EDTA 二钠盐）	372.26	TiO_2	79.88
NaI	149.89		
$NaNO_2$	69.00	$ZnCl_2$	136.30
Na_2O	61.98	ZnO	81.39
NaOH	40.01	$ZnSO_4$	161.45

附录七　一些氧化还原电对的条件电极电位

半反应	$\varphi^{\ominus}$ / V	介质
Ag（Ⅱ）$+e^-$=Ag^+	1.927	$4mol \cdot L^{-1}$ HNO_3
Ce（Ⅳ）$+e^-$=Ce(Ⅲ)	1.74	$1\ mol \cdot L^{-1}$ $HClO_4$
	1.44	$0.5\ mol \cdot L^{-1}$ H_2SO_4
	1.28	$1\ mol \cdot L^{-1}$ HCl
$Co^{3+}+e^-$=Co^{2+}	1.84	$3\ mol \cdot L^{-1}$ HNO_3
Co(乙二胺)$_3{}^{3+}+e^-$=Co(乙二胺)$_3{}^{2+}$	−0.2	$0.1\ mol \cdot L^{-1}$ KNO_3
		$+0.1\ mol \cdot L^{-1}$ 乙二胺
Cr(Ⅲ)$+e^-$=Cr(Ⅱ)	−0.40	$5\ mol \cdot L^{-1}$ HCl
	1.08	$3\ mol \cdot L^{-1}$ HCl
$Cr_2O_7{}^{2-}+14H^++6e^-$=$2Cr^{3+}+7H_2O$	1.15	$4\ mol \cdot L^{-1}$ H_2SO_4
	1.025	$1\ mol \cdot L^{-1}$ $HClO_4$
$CrO_4{}^{2-}+2H_2O+3e^-$= $CrO_2{}^-+4OH^-$	−0.12	$1\ mol \cdot L^{-1}$ NaOH
	0.767	$1\ mol \cdot L^{-1}$ $HClO_4$
	0.71	$0.5\ mol \cdot L^{-1}$ HCl
	0.68	$1\ mol \cdot L^{-1}$ H_2SO_4
Fe(Ⅲ)$+e^-$=Fe^{2+}	0.68	$1\ mol \cdot L^{-1}$ HCl
	0.46	$2\ mol \cdot L^{-1}$ H_3PO_4
	0.51	$1\ mol \cdot L^{-1}$ HCl$+0.25\ mol \cdot L^{-1}$ H_3PO_4
Fe(EDTA)$^-+e^-$=Fe(EDTA)$^{2-}$	0.12	$0.1\ mol \cdot L^{-1}$EDTA　pH$=4\sim6$
Fe(CN)$_6{}^{3+}+e^-$=Fe(CN)$_6{}^{4-}$	0.56	$0.1\ mol \cdot L^{-1}$ HCl
$FeO_4{}^{2-}+2H_2O+3e^-$=$FeO_2{}^-+4OH^-$	0.55	$10\ mol \cdot L^{-1}$ NaOH
$I_3{}^-+2e^-$=$3I^-$	0.5446	$0.5\ mol \cdot L^{-1}$ H_2SO_4
I_2(水)$+2e^-$=$2I^-$	0.6276	$0.5\ mol \cdot L^{-1}$ H_2SO_4
$MnO_4{}^-+8H^++5e^-$=$Mn^{2+}+4H_2O$	1.45	$1\ mol \cdot L^{-1}$ $HClO_4$
$SnCl_6{}^{2-}+2e^-$=$SnCl_4{}^{2-}+2Cl^-$	0.14	$1\ mol \cdot L^{-1}$ HCl
Sb（Ⅴ）$+2e^-$=Sb(Ⅲ)	0.75	$3.5\ mol \cdot L^{-1}$ HCl

半反应	$\varphi^{\ominus}$ / V	介质
$Sb(OH)_6^-+2e^-=SbO_2^-+2OH^-+2H_2O$	−0.428	$3\ mol\cdot L^{-1}\ NaOH$
$SbO_2^-+2H_2O+3e^-=Sb+4OH^-$	−0.675	$10\ mol\cdot L^{-1}\ KOH$
$Ti(IV)+e^-=Ti(III)$	−0.01	$0.2\ mol\cdot L^{-1}\ H_2SO_4$
	0.12	$2\ mol\cdot L^{-1}\ H_2SO_4$
	0.10	$3\ mol\cdot L^{-1}\ HCl$
	−0.04	$1\ mol\cdot L^{-1}\ HCl$
	−0.05	$1\ mol\cdot L^{-1}\ H_3PO_4$
$Pb(II)+2e^-=Pb$	−0.32	$1\ mol\cdot L^{-1}\ NaAc$

附录八　金属配合物的稳定常数

金属离子	离子强度	n	$\lg \beta_n$
氨配合物			
Ag^+	0.1	1，2	3.40，7.23
Cd^{2+}	0.1	1，…，6	2.60，4.65，6.04，6.92，6.6，4.9
Co^{2+}	0.1	1，…，6	2.05，3.62，4.61，5.31，5.43，4.75
Cu^{2+}	2	1，…，4	4.13，7.61，10.48，12.59
Ni^{2+}	0.1	1，…，6	2.75，4.95，6.64，7.79，8.50，8.49
Zn^{2+}	0.1	1，…，4	2.27，4.61，7.01，9.06
氯配合物			
Ag^+	0.2	1，…，4	2.9，4.7，5.0，5.9
Hg^{2+}	0.5	1，…，4	6.7，13.2，14.1，15.1
碘配合物			
Cd^{2+}	*	1，…，4	2.4，3.4，5.0，6.15
Hg^{2+}	0.5	1，…，4	12.9，23.8，27.6，29.8
氰配合物			
Ag^+	0～0.3	1，…，4	−，21.1，21.8，20.7
Cd^{2+}	3	1，…，4	5.5，10.6，15.3，18.9
Cu^+	0	1，…，4	−，24.0，28.6，30.3
Fe^{2+}	0	6	35.4
Fe^{3+}	0	6	43.6
Hg^{2+}	0.1	1，…，4	18.0，34.7，38.5，41.5
Ni^{2+}	0.1	4	31.3
Zn^{2+}	0.1	4	16.7
硫氰酸配合物			
Fe^{3+}	*	1，…，5	2.3，4.2，5.6，6.4，6.4
Hg^{2+}	1	1，…，4	−，16.1，19.0，20.9

金属离子	离子强度	n	$\lg \beta_n$
硫代硫酸配合物			
Ag^+	0	1，2	8.82，13.5
Hg^{2+}	0	1，2	29.86，32.26
柠檬酸配合物			
Al^{3+}	0.5	1	20.0
Cu^{2+}	0.5	1	18
Fe^{3+}	0.5	1	25
Ni^{2+}	0.5	1	14.3
Pb^{2+}	0.5	1	12.3
Zn^{2+}	0.5	1	11.4
磺基水杨酸配合物			
Al^{3+}	0.1	1，2，3	12.9，22.9，29.0
Fe^{3+}	3	1，2，3	14.4，25.2，32.2
邻二氮菲配合物			
Ag^+	0.1	1，2	5.02，12.07
Cd^{2+}	0.1	1，2，3	6.4，11.6，15.8
Co^{2+}	0.1	1，2，3	7.0，13.7，20.1
Cu^{2+}	0.1	1，2，3	9.1，15.8，21.0，
Fe^{2+}	0.1	1，2，3	5.9，11.1，21.3，
Hg^{2+}	0.1	1，2，3	-，19.65，23.35，
Ni^{2+}	0.1	1，2，3	8.8，17.1，24.8，
Zn^{2+}	0.1	1，2，3	6.4，12.15，17.0
乙酰丙酮配合物			
Al^{3+}	0.1	1，2，3	8.1，15.7，21.2
Cu^{2+}	0.1	1，2	7.8，14.3
Fe^{3+}	0.1	1，2，3	9.3，17.9，25.1
氟配合物			
Al^{3+}	0.53	1，…，6	6.1，11.15，15.0，17.7，19.4，19.7
Fe^{3+}	0.5	1，2，3，	5.2，9.2，11.9
Th^{4+}	0.5	1，2，3	7.7，13.5，18.0
TiO^{2+}	3	1，…，4	5.4，9.8，13.7，17.4
Sn^{4+}	*	6	25
Zr^{4+}	2	1，2，3	8.8，16.1，21.9
乙二胺配合物			
Ag^+	0.1	1，2	4.7，7.7
Cd^{2+}	0.1	1，2	5.47，10.02
Cu^{2+}	0.1	1，2	10.55，19.60
Co^{2+}	0.1	1，2，3	5.89，10.72，13.82
Hg^{2+}	0.1	2	23.42
Ni^{2+}	0.1	1，2，3	7.66，14.06，18.59
Zn^{2+}	0.1	1，2，3	5.71，10.37，12.08

附录九　难溶化合物的溶度积常数（18℃）

难溶化合物	化学式	K_{sp}	温度
氢氧化铝	$Al(OH)_3$	2×10^{-32}	
溴酸银	$AgBrO_3$	5.77×10^{-5}	25℃
溴化银	$AgBr$	5.0×10^{-13}	
碳酸银	Ag_2CO_3	8.1×10^{-12}	25℃
氯化银	$AgCl$	1.8×10^{-10}	25℃
铬酸银	Ag_2CrO_4	1.1×10^{-12}	25℃
氢氧化银	$AgOH$	1.52×10^{-8}	25℃
碘化银	AgI	8.3×10^{-17}	25℃
硫化银	Ag_2S	1.6×10^{-49}	
硫氰酸银	$AgSCN$	1.0×10^{-12}	25℃
碳酸钡	$BaCO_3$	8.1×10^{-9}	25℃
铬酸钡	$BaCrO_4$	1.6×10^{-10}	
草酸钡	$BaC_2O_4 \cdot 3\frac{1}{2}H_2O$	1.62×10^{-7}	
硫酸钡	$BaSO_4$	1.1×10^{-10}	25℃
氢氧化铋	$Bi(OH)_3$	4.0×10^{-31}	
氢氧化铬	$Cr(OH)_3$	5.4×10^{-31}	
硫化镉	CdS	3.6×10^{-29}	
碳酸钙	$CaCO_3$	2.8×10^{-9}	25℃
氟化钙	CaF_2	5.3×10^{-9}	25℃
草酸钙	$CaC_2O_4 \cdot H_2O$	1.78×10^{-9}	
硫酸钙	$CaSO_4$	9.1×10^{-6}	25℃
硫化钴	$CoS(\alpha)$	4×10^{-21}	
	$CoS(\beta)$	2×10^{-25}	
碘酸铜	$CuIO_3$	1.4×10^{-7}	25℃
草酸铜	CuC_2O_4	2.87×10^{-8}	25℃
硫化铜	CuS	6.3×10^{-36}	25℃
溴化亚铜	$CuBr$	4.15×10^{-9}	(18～20℃)
氯化亚铜	$CuCl$	1.02×10^{-6}	(18～20℃)
碘化亚铜	CuI	1.1×10^{-12}	(18～20℃)

难溶化合物	化学式	K_{sp}	温度
硫化亚铜	Cu_2S	2×10^{-47}	(16～18℃)
硫氰酸亚铜	$CuSCN$	4.8×10^{-15}	
氢氧化铁	$Fe(OH)_3$	2.79×10^{-39}	25℃
氢氧化亚铁	$Fe(OH)_2$	4.87×10^{-17}	25℃
草酸亚铁	FeC_2O_4	2.1×10^{-7}	25℃
硫化亚铁	FeS	3.7×10^{-19}	
硫化汞	HgS	$4 \times 10^{-53} \sim 2 \times 10^{-49}$	
溴化亚汞	Hg_2Br_2	5.8×10^{-23}	
氯化亚汞	Hg_2Cl_2	1.3×10^{-18}	
碘化亚汞	Hg_2I_2	4.5×10^{-29}	
磷酸铵镁	$MgNH_4PO_4$	2.5×10^{-13}	25℃
碳酸镁	$MgCO_3$	2.6×10^{-5}	12℃
氟化镁	MgF_2	7.1×10^{-9}	
氢氧化镁	$Mg(OH)_2$	1.8×10^{-11}	
草酸镁	MgC_2O_4	8.57×10^{-5}	
氢氧化锰	$Mn(OH)_2$	1.9×10^{-13}	25℃
硫化锰	MnS	1.4×10^{-15}	
氢氧化镍	$Ni(OH)_2$	6.5×10^{-18}	
碳酸铅	$PbCO_3$	3.3×10^{-14}	
铬酸铅	$PbCrO_4$	1.77×10^{-14}	
氟化铅	PbF_2	3.2×10^{-8}	
草酸铅	PbC_2O_4	2.74×10^{-11}	
氢氧化铅	$Pb(OH)_2$	1.43×10^{-15}	25℃
硫酸铅	$PbSO_4$	1.6×10^{-8}	25℃
硫化铅	PbS	3.4×10^{-28}	
碳酸锶	$SrCO_3$	1.6×10^{-9}	25℃
氟化锶	SrF_2	2.8×10^{-9}	
草酸锶	SrC_2O_4	5.61×10^{-8}	
硫酸锶	$SrSO_4$	3.81×10^{-7}	17.4℃
氢氧化锡	$Sn(OH)_4$	1×10^{-57}	
氢氧化亚锡	$Sn(OH)_2$	5.45×10^{-28}	25℃
氢氧化钛	$TiO(OH)_2$	1×10^{-29}	
氢氧化锌	$Zn(OH)_2$	3×10^{-17}	25℃
草酸锌	ZnC_2O_4	1.35×10^{-9}	
硫化锌	ZnS	1.2×10^{-23}	

附录十　标准电极电势（18～25℃）

半　反　应	φ°/V
F_2（气）$+2H^++2e^-=2HF$	3.06
$O_3+2H^++2e^-=O_2+H_2O$	2.07
$S_2O_8^{2-}+2e^-=2SO_4^{2-}$	2.01
$H_2O_2+2H^++2e^-=2H_2O$	1.77
$MnO_4^-+4H^++3e^-=MnO_2$（固）$+2H_2O$	1.695
PbO_2（固）$+SO_4^{2-}+4H^++2e^-=PbSO_4$（固）$+2H_2O$	1.685
$HClO_2+2H^++2e^-=HClO+H_2O$	1.64
$HClO+H^++e^-=1/2Cl_2+H_2O$	1.63
$Ce^{4+}+e^-=Ce^{3+}$	1.61
$H_5IO_6+H^++2e^-=IO_3^-+3H_2O$	1.60
$HBrO+H^++e^-=1/2Br_2+H_2O$	1.59
$BrO_3^-+6H^++5e^-=1/2Br_2+3H_2O$	1.52
$MnO_4^-+8H^++5e^-=Mn^2+4H_2O$	1.51
Au（III）$+3e^-=Au$	1.50
$HClO+H^++2e^-=Cl^-+H_2O$	1.49
$ClO_3^-+6H^++5e^-=1/2Cl_2+3H_2O$	1.47
PbO_2（固）$+4H^++2e^-=Pb^2+2H_2O$	1.455
$HIO+H^++e^-=1/2I_2+H_2O$	1.45
$ClO_3^-+6H^++6e^-=Cl^-+3H_2O$	1.45
$BrO_3^-+6H^++6e^-=Br^-+3H_2O$	1.44
$Au(III)+2e^-=Au(I)$	1.41
Cl_2（气）$+2e^-=2Cl^-$	1.359 5
$ClO_4^-+8H^++7e^-=1/2Cl_2+4H_2O$	1.34
$Cr_2O_7^{2-}+14H^++6e^-=2Cr^{3+}+7H_2O$	1.33
MnO_2（固）$+4H^++2e^-=Mn^{2+}+2H_2O$	1.23
O_2（气）$+4H^++4e^-=2H_2O$	1.229
$IO_3^-+6H^++5e^-=1/2I_2+3H_2O$	1.20

半 反 应	$\varphi^{\ominus}$ /V
$ClO_4^-+2H^++2e^-=ClO_3^-+H_2O$	1.19
Br_2^-（水）$+2e^-=2Br^-$	1.087
$NO_2+H^++e^-=HNO_2$	1.07
$Br_3^-+2e^-=3Br^-$	1.05
$HNO_2+H^++e^-=NO$（气）$+H_2O$	1.00
$VO_2^++2H^++e^-=VO^{2+}+H_2O$	1.00
$HIO+H^++2e^-=I^-+H_2O$	0.99
$NO_3^-+3H^++2e^-=HNO_2+H_2O$	0.94
$ClO^-+H_2O+2e^-=Cl^-+2OH^-$	0.89
$H_2O_2+2e^-=2OH^-$	0.88
$Cu^{2+}+I^-+e^-=CuI$（固）	0.86
$Hg^{2+}+2e^-=Hg$	0.845
$NO_3^-+2H^++e^-=NO_2+H_2O$	0.80
$Ag^++e^-=Ag$	0.799 5
$Hg_2^{2+}+2e^-=2Hg$	0.793
$Fe^{3+}+e^-=Fe^{2+}$	0.771
$BrO^-+H_2O+2e^-=Br^-+2OH^-$	0.76
O_2(气)$+2H^++2e^-=H_2O_2$	0.682
$AsO_2^-+2H_2O+3e^-=As+4OH^-$	0.68
$2HgCl_2+2e^-=Hg_2Cl_2$（固）$+2Cl^-$	0.63
Hg_2SO_4（固）$+2e^-=2Hg+SO_4^{2-}$	0.615 1
$MnO_4^-+2H_2O+3e^-=MnO_2$（固）$+4OH^-$	0.588
$MnO_4^-+e^-=MnO_4^{2-}$	0.564
$H_3AsO_4+2H^++2e^-=HAsO_2+2H_2O$	0.559
$I_3^-+2e^-=3I^-$	0.545
I_2（固）$+2e^-=2I^-$	0.534 5
$Mo(VI)+e^-=Mo(V)$	0.53
$Cu^++e^-=Cu$	0.52
$4SO_2$（水）$+4H^++6e^-=S_4O_6^{2-}+2H_2O$	0.51
$HgCl_4^{2-}+2e^-=Hg+4Cl^-$	0.48
$2SO_2$（水）$+2H^++4e^-=S_2O_3^{2-}+H_2O$	0.40
$Fe(CN)_6^{2-}+e^-=Fe(CN)_6^{4-}$	0.36

半　反　应	$\varphi^{\ominus}$ /V
$Cu^{2+}+2e=Cu$	0.337
$VO_2^++2H^++e^-=V^{3+}+H_2O$	0.337
$BiO^++2H^++3e=Bi+H_2O$	0.32
$Hg_2Cl_2（固）+2e^-=2Hg+2Cl^-$	0.267 6
$HAsO_2+3H^++3e^-=As+2H_2O$	0.248
$AgCl（固）+e^-=Ag+Cl^-$	0.222 3
$SbO^++2H^++3e^-=Sb+H_2O$	0.212
$SO_4^{2-}+4H^++2e^-=SO_2（水）+2H_2O$	0.17
$Cu^{2+}+e^-=Cu^+$	0.159
$Sn^{4+}+2e^-=Sn^{2+}$	0.154
$S+2H^++2e^-=H_2S（气）$	0.141
$Hg_2Br_2+2e^-=2Hg+2Br^-$	0.139 5
$TiO^{2+}+2H^++e^-=Ti^{3+}+H_2O$	0.1
$S_4O_6^{2-}+2e^-=2S_2O_3^{2-}$	0.08
$AgBr（固）+e^-=Ag+Br^-$	0.071
$2H^++2e^-=H_2$	0.000
$O_2+H_2O+2e^-=HO_2^-+OH^-$	−0.067
$TiOCl^++2H^++3Cl^-+e^-=TiCl_4^-+H_2O$	−0.09
$Pb^{2+}+2e^-=Pb$	−0.126
$Sn^{2+}+2e^-=Sn$	−0.136
$AgI（固）+e^-=Ag+I^-$	−0.152
$Ni^{2+}+2e^-=Ni$	−0.246
$H_3PO_4+2H^++2e^-=H_3PO_3+H_2O$	−0.276
$Co^{2+}+2e^-=Co$	−0.277
$Tl^++e^-=Tl$	−0.336 0
$In^{3+}+3e^-=In$	−0.345
$PbSO_4（固）+2e^-=Pb+SO_4^{2-}$	−0.3553
$SeO_3^{2-}+3H_2O+4e^-=Se+6OH^-$	−0.366
$As+3H^++3e^-=AsH_3$	−0.38
$Se+2H^++2e^-=H_2Se$	−0.40
$Cd^{2+}+2e^-=Cd$	−0.403
$Cr^{3+}+e^-=Cr^{2+}$	−0.41

半 反 应	$\varphi^{\ominus}$ /V
$Fe^{2+}+2e^-=Fe$	-0.440
$S+2e^-=S^{2-}$	-0.48
$2CO_2+2H^++2e^-=H_2C_2O_4$	-0.49
$H_3PO_3+2H^++2e^-=H_3PO_2+H_2O$	-0.50
$Sb+3H^++3e^-=SbH_3$	-0.51
$HPbO_2^-+H_2O+2e^-=Pb+3OH^-$	-0.54
$Ga^{3+}+3e^-=Ga$	-0.56
$TeO_3^{2-}+3H_2O+4e^-=Te+6OH^-$	-0.57
$2SO_3^{2-}+3H_2O+4e^-=S_2O_3^{2-}+6OH^-$	-0.58
$SO_3^{2-}+3H_2O+4e^-=S+6OH^-$	-0.66
$AsO_4^{3-}+2H_2O+2e^-=AsO_2^-+4OH^-$	-0.67
$Ag_2S（固）+2e^-=2Ag+S^{2-}$	-0.69
$Zn^{2+}+2e^-=Zn$	-0.763
$2H_2O+2e^-=H_2+2OH^-$	-0.828
$Cr^{2+}+2e^-=Cr$	-0.91
$HSnO_2^-+H_2O+2e^-=Sn+3OH^-$	-0.91
$Se+2e^-=Se^{2-}$	-0.92
$Sn(OH)_6^{2-}+2e^-=HSnO_2^-+H_2O+3OH^-$	-0.93
$CNO^-+H_2O+2e^-=CN^-+2OH^-$	-0.97
$Mn^{2+}+2e^-=Mn$	-1.182
$ZnO_2^{2-}+2H_2O+2e^-=Zn+4OH^-$	-1.216
$Al^{3+}+3e^-=Al$	-1.66
$H_2AlO_3^-+H_2O+3e^-=Al+4OH^-$	-2.35
$Mg^{2+}+2e^-=Mg$	-2.37
$Na^++e^-=Na$	-2.714
$Ca^{2+}+2e^-=Ca$	-2.87
$Sr^{2+}+2e^-=Sr$	-2.89
$Ba^{2+}+2e^-=Ba$	-2.90
$K^++e^-=K$	-2.925
$Li^++e^-=Li$	-3.042

元 素 周 期 表

IUPAC 2001

氧化态（单质的氧化态为0，未列入，常见的为红色）

以 $^{12}C=12$ 为基准的相对原子质量（注●的为人造元素，最长同位素的相对原子质量）

95
Am
镅 *
$5f^77s^2$
243.06 *

原子序数
元素符号（红色的为放射性元素）
元素名称（注●的为人造元素）
外层电子构型

s区元素	p区元素
d区元素	ds区元素
f区元素	稀有气体

参考答案（部分习题）

第一章

4. 28.6 kPa；38.0 kPa；0.286

5. 15.30 mol

6. 24.3 g·mol^{-1}

7. 2.72 mL

8. 0.46 kg

9. 82.5 kPa；41.3 kPa

第二章

10. 答：（2）（5）（6）不存在。

13. 4；4s 4p 4d 4f；1、3、5、7；16；3 个 p 轨道、5 个 d 轨道、7 个 f 轨道。

15. （B）（D）（A）（C）

16. （1）s 区，四，ⅡA（2）p 区，三，ⅦA（3）d 区，四，ⅤB
    （4）ds 区，五，ⅡB；（2）的电负性最大，（1）的电负性最小。

17. [Kr]4d^{10}5s^{2}5p^2；锡；Sn

18. 1s^{2}2s^{2}2p^{6}3s^{2}3p^{6}3d^{2}4s^2，四，ⅣB；1s^{2}2s^{2}2p^{6}3s^{2}3p^{6}3d^{10}4s^{2}4p^3，四，ⅤA

28. BF$_3$ 分子中 B 采用 sp^2 杂化，而 NF$_3$ 分子的 N 采用 sp^3 杂化。

29. BF$_3$（sp^2）　CO$_2$（sp）　CF$_4$（sp^3）　PH$_3$（sp^3）　SO$_2$（sp）

30. （1）色散力　（2）色散力、诱导力　（3）色散力、取向力
    （4）色散力、取向力和氢键

31. （1）色散力　（2）色散力、取向力和氢键　（3）色散力、取向力
    （4）色散力、诱导力　（5）色散力、取向力

第三章

6. $K_{p3}^{\ominus}=1.0\times10^{-28}$

7. $K_{p3}^{\ominus}=6.8\times10^{-15}$

13. $c(Pb^{2+})=0.031\ mol\cdot L^{-1}$；$c(Pb^{2+})=0.063\ mol\cdot L^{-1}$

14. $Q_p=0.25<K^{\ominus}$，反应向右进行

15. （2）p(CO$_2$, 700℃) = 2.92 kPa，p(CO$_2$, 900℃)=105 kPa

16. （1）转化率 α =62%；（2）转化率 α =88%

17. $p(HI)=68.1\ kPa$，$p(H_2)=p(I_2)=9.24\ kPa$

18. （1）p（NH_3）$= p(HCl) =10.2$ kPa；　（2）$m(NH_4Cl) = 0.860$ g

第四章

12. 0.1 mol·L^{-1}，$1.3×10^{-3}$ mol·L^{-1}

13. （1）$4.3×10^{-12}$；　$8.7×10^{-8}$；　$1.8×10^{-4}$

　　（2）0.25；1.38；7.80；12.50

16. $1.8×10^{-5}$

17. $1.0×10^{-6}$ mol·L^{-1}，1.0%

19. 4.6 g

20. $0.005\,300$ g·mL^{-1}

21. $0.02\,240$ g·mL^{-1}；　$0.009\,687$ g·mL^{-1}；　$0.005\,060$ g·mL^{-1}；　$0.006\,197$ g·mL^{-1}

23. 96.43%

25. 0.064 mol·L^{-1}

26. 0.087 mol·L^{-1}

28. $0.246\,2$ mol·L^{-1}

29. $0.002\,016$ mol·L^{-1}

30. 99.99%

32. 7.20

33. $NaHCO_3$：22.19%；　Na_2CO_3：75.03%

34. 36.37%

36. 3.16；1.64；0.0279；5.34；0.328

38. 37.34%；0.30%；0.11%；　0.13%；　0.35%

第五章

5. c（Ca^{2+}）$=1.1×10^{-3}$ mol·L^{-1}；　c（F^-）$=2.2×10^{-3}$ mol·L^{-1}

　　c（Pb^{2+}）$= c$（SO_4^{2-}）$=1.3×10^{-4}$ mol·L^{-1}

6. （1）m（$BaSO_4$）$=2.3×10^{-4}$ g；　（2）m（$BaSO_4$）$=2.6×10^{-7}$ g

7. （1）$K_{sp}^{\ominus}$ [$Mg(OH)_2$]$=1.8×10^{-11}$；　（2）$K_{sp}^{\ominus}$ [$Ni(OH)_2$]$=2.0×10^{-15}$

8. Ba^{2+} 先沉淀，Ag^+沉淀时，c（Ba^{2+}）$=7.9×10^{-8}$ mol·L^{-1}，可以分离。

17. 4.5 mL

18. 41.95%

19. 61.11%

20. 2.72%；20.59%

21. 19.53%；16.53%

22. 17.36%；39.77%

23. $0.100\,0$ mol·L^{-1}

24．22.82%；77.18%

25．0.2720g

26．29.12%

第六章

13．（1）−0.195 V； （2）0.764 V； （3）1.170 V； （4）1.485 V

14．φ_1（HClO/Cl$^-$）=1.46 V； φ_2（HClO/Cl$^-$）=1.28 V

15．（2） $\varphi^{\ominus}$（Co^{2+}/Co）=−0.27 V； （4）E=1.57 V

16．（1）$E^{\ominus}$=0.010 V； （2）c（Pb^{2+}）=0.46 mol·L^{-1}

17．（2）$E^{\ominus}$=1.59 V； （3）$K^{\ominus}$=5.20×10^{53}

25．0.000 560 8 g·mL^{-1}，0.001 001 g·mL^{-1}

26．26.53%

27．63.55%

28．63.87%，0.007 872 g·mL^{-1}

29．18.09%；9.69%

30．38.72%

第七章

5．（1）c（Cu^{2+}）=2.4×10^{-18} mol·L^{-1}，c（NH$_3$）=5.6 mol·L^{-1}，c(Cu(NH$_3$)$_4^{2+}$)=0.1 mol·L^{-1}；

（2）Q（Cu(OH)$_2$）=2.4×10^{-22}＜$K_{sp}^{\ominus}$（Cu(OH)$_2$），不形成 Cu(OH)$_2$ 沉淀；

（3）Q（CuS）=2.4×10^{-22}＜$K_{sp}^{\ominus}$（CuS）；有 CuS 生成。

18．0.010 25 mol·L^{-1}；0.834 2 mg·mL^{-1}；0.818 4 mg·mL^{-1}

19．106.1 μg·mL^{-1}；41.55 μg·mL^{-1}

20．1.77%

21．98.31%

22．12.09%；8.34%

23．6.04%

24．0.016 35 mol·L^{-1}；0.016 18 mol·L^{-1}；0.008 128 mol·L^{-1}

25．3.21%

26．0.516 0 mg·mL^{-1}；0.472 5 mg·mL^{-1}

27．0.021 56 mol·L^{-1}；0.037 58 g

参考文献

1 曹素忱主编. 无机化学. 北京: 高等教育出版社, 1993.
2 北京师范大学, 华中师范大学, 南京师范大学等校编. 无机化学. 北京: 高等教育出版社, 1993.
3 高职高专化学教材编写组编. 无机化学. 北京: 高等教育出版社, 1993.
4 李学孟, 李广贤主编. 无机化学. 北京: 化学工业出版社, 1995.
5 高职高专化学教材编写组编. 分析化学（第二版）. 北京: 高等教育出版社, 2000.
6 高职高专化学教材编写组编. 分析化学实验（第二版）. 北京: 高等教育出版社, 2000.
7 武汉大学主编. 分析化学（第四版）. 北京: 高等教育出版社, 2000.
8 钟国清, 赵明宪主编. 大学基础化学. 北京: 科学出版社, 2003.
9 浙江大学主编. 无机及分析化学. 北京: 高等教育出版社, 2003.
10 倪静安主编. 无机及分析化学. 北京: 化学工业出版社, 1998.
11 陈必友, 李启华主编. 工厂分析化验手册. 北京: 化学工业出版社, 2002.
12 林树昌, 胡乃非, 曾泳淮编. 分析化学（第二版）. 北京: 高等教育出版社, 2004.
13 天津大学无机化学教研室编. 无机化学（第三版）. 北京: 高等教育出版社, 2002.
14 杨宏秀, 傅希贤, 宋宽秀编. 大学化学. 天津: 天津大学出版社, 2001.
15 高职高专化学教材编写组. 无机化学（第二版）. 北京: 高等教育出版社, 2000.
16 黄秀景主编. 无机及分析化学. 北京: 科学出版社, 2004.
17 谢运芳, 潘银山, 胡明方等编. 分析化学. 重庆: 西南师范大学出版社, 1987.
18 季剑波, 凌昌都主编. 定量化学分析例题与习题. 北京: 化学工业出版社, 2004.